风景园林师考试培训教材

风景园林规划与设计

（第二版）

重庆市园林事业管理局
重庆市风景园林学会 编著

中国建筑工业出版社

图书在版编目（CIP）数据

风景园林规划与设计/重庆市园林事业管理局，重庆市风景园林学会编著．—2版．—北京：中国建筑工业出版社，2016.11（2022.1重印）
风景园林师考试培训教材
ISBN 978-7-112-20089-4

Ⅰ.①风… Ⅱ.①重…②重… Ⅲ.①园林设计-景观设计-资格考试-教材 Ⅳ.①TU986.2

中国版本图书馆CIP数据核字（2016）第265253号

本教材遵循理论与实践相结合的原则编成，共七章。在简要介绍城市总体规划基本原理及其编制主要内容、中国古典园林与国外园林发展史及其特点的基础上；系统阐述了园林美学的基本原理与园林造景应用以及城市园林绿地系统规划的任务、原则、基本程序与主要内容等；重点介绍了城市道路与广场绿地、居住区园林绿地、公园绿地、单位附属绿地等规划设计的基本原理和方法，详细介绍了园林土方工程、给水排水工程、水景工程、园路工程、假山工程的有关技术以及园林工程概预算、园林工程招投标、园林工程监理、园林工程竣工验收等基本程序、内容与要求；最后简要论述了城市园林绿化管理与法规等园林组织保障体系的主要内容。本教程主体内容涵盖城市规划、园林史、园林艺术、园林规划与设计、园林工程、园林管理等多学科多专业知识，兼具基础性与应用性，内容广泛，可作为风景园林师的培训教材和高等院校风景园林专业及其相关专业的教学参考书，也可供城市园林绿化管理和科技人员使用。

责任编辑：陈 桦 杨 琪
责任校对：李美娜 李欣慰

风景园林师考试培训教材
风景园林规划与设计
（第二版）
重庆市园林事业管理局
重庆市风景园林学会 编著
*
中国建筑工业出版社出版、发行（北京海淀三里河路9号）
各地新华书店、建筑书店经销
北京佳捷真科技发展有限公司制版
北京建筑工业印刷厂印刷
*
开本：787×1092毫米 1/16 印张：18¾ 字数：463千字
2017年1月第二版 2022年1月第八次印刷
定价：**49.00**元
ISBN 978-7-112-20089-4
（29571）

风景园林师考试培训教材
修编委员会

本书编委会

主　　编：秦　华

副 主 编：张建林　刘　骏

编修人员：（按姓氏笔画排列）

毛华松　叶　凯　龙　俊　刘　骏
刘　磊　邢佑浩　孙春红　余以平
张建林　陈雨茁　周建华　罗爱军
夏　晖　涂代华　秦　华　戴　欣

编写说明

随着生态文明建设和风景园林事业快速发展，为适应园林行业新型人才发展的需要，搞好风景园林师的培训考试工作，本书是在2007年由中国建筑工业出版社出版发行的园林景观规划设计师（风景园林师）培训考试教材（试用）《园林景观规划与设计》的基础上进行修订编写。

《风景园林规划与设计》由重庆市园林事业管理局、重庆市风景园林学会组织编写，西南大学园艺园林学院、重庆大学建筑城规学院、重庆文理学院参与修编和审稿。

前　言

这些年来，风景园林学科发展及国家生态环境建设突飞猛进，有关风景园林规划与设计方面的理论研究与实践应用国内外都取得了许多新的研究成果，特别是2011年风景园林学被国家正式批准为一级学科以来，对风景园林行业及其从业人员均提出了新的更高的要求，因此，作为风景园林师培训教材的《园林景观规划与设计》必须适应新的形势。

本教材是在原《园林景观规划与设计》（试用）2007年（第一版）基础上，主要根据考生使用后的反馈信息修编的。本次修编将新的培训教材名称定为《风景园林规划与设计》，与风景园林一级学科的内涵契合。与原教材比较，新教材总体篇章结构未做大的变动，适当精简了城市的产生与发展等方面的内容；强化了风景园林规划理论与实践、风景园林工程招投标及工程监理等方面的论述；结合相关章节内容，新增或充实了海绵城市、生态园林、节约型园林等方面内容的介绍；在各章末增加了本章思考题、本章深化阅读资料等，便于学习。

在修编过程中，得到了重庆市园林事业管理局、重庆市风景园林学会以及西南大学与重庆大学风景园林专业硕士研究生等相关人士的关心与协助，并参考引用了不少原《园林景观规划与设计》及其他相关书籍、文章有价值的资料，特此致谢。

教材虽然由主编进行了统稿，但修编本中仍然难免还有问题与不足之处，万望读者指正。

目　录

第一章　城市规划概论

第一节　城市的产生与定义

一、城市的形成与定义

1. 城市的形成

城市是人类文明史的重要组成部分，最早的城市是人类劳动大分工的产物。第一次人类劳动大分工是农业和畜牧业的分离，逐渐产生了固定的居民点；第二次人类劳动大分工，使商业和手工业从农牧业中分离出来，于奴隶社会初期产生了城市。同时人类社会的城市化进程是与工业化进程紧密相关的。工业化对于城市化的促进作用表现在两个方面：一方面是“农村的推力”，另一方面是“城市的引力”。

2. 城市的定义

城市是以非农产业和非农业人口聚集为主要特征的居民点，包括国家行政建制设立的直辖市、市和建制镇，是一定区域的经济、政治与文化中心。在我国按人口规模可分为大城市、中等城市和小城市，其中大城市是指城市常住人口 100 万以上 500 万以下的城市，中等城市是指城市常住人口 50 万以上 100 万以下的城市，小城市是指城市常住人口不满 50 万以下的城市。

二、城市的发展

城市是由于人类在集居中对防御、生产、生活等方面的要求而产生，并随着这些要求的变化而发展。人们集居形成社会，城市建设要适应和满足社会的需要，同样也受到科学技术发展的促进和影响。城市的发展，大致可以分为两大社会发展阶段，即农业社会发展阶段和工业社会发展阶段。

三、城市化

城市化是乡村变成城市的一种复杂过程，其实质含义是人类进入工业社会时代，社会经济发展中农业活动的比重逐渐下降和非农业活动的比重逐步上升的过程。按城市化的进程与特点可以分为三个阶段：初期阶段：城镇人口占总人口比重在 30％以下；中期阶段：城镇人口占总人口比重在 30％～70％之间；后期阶段：城镇人口占总人口比重在 70％～90％之间。

城市化的发生与发展遵循着共同的规律，即受着农业发展、工业化和第三产业崛起等三大力量的推动与吸引。农业发展是城市化的初始动力，工业化是城市化的根本动力，第三产业是城市化的后续动力。

第二节　城乡规划学科的产生与发展

一、古代城市规划理论

1. 中国古代城市规划思想

在中国古代城市规划思想散见于《周礼》、《商君书》、《管子》和《墨子》等政治、伦理和经史书中。其中公元前11世纪左右的《周礼·考工记》记述了周代王城建设的空间布局，“匠人营国，方九里，旁三门。国中九经九纬，经涂九轨，左祖右社，面朝后市。市朝一夫”。《周礼》反映了中国古代哲学思想开始进入都城建设规划，其代表着一脉相承的儒家思想，维护传统的社会等级和宗教法礼，表现了城市形制中皇权至上的理念，对中国古代城市规划实践活动产生了深远的影响。而以《管子》强调的“因天材，就地利，故城廓不必中规矩，道路不必中准绳”的城市建设思想，代表着打破城市单一的周制布局模式的变革思想，从城市功能出发，理性思维和以自然环境和谐的准则确立起来，对战国及后世城市的建设影响深远。元代大都城是一个全部按城市规划修建而成的都城，城市布局强调中轴对称，在很多方面体现了《周礼·考工记》上记载的王城空间布局制度。同时又结合了当时的经济、政治和文化发展的要求，并反映了元大都选址的地形地貌特点。

中国古代城市规划强调整体概念和长远发展，强调人工环境和自然环境的和谐，强调严格有序的城市等级制度。这些理念在中国古代的城市规划和建设实践中得到充分的体现，同时也影响了日本、朝鲜等东亚国家的城市建设实践。

2. 欧洲古代城市典型格局

欧洲古代城市早期以古希腊和古罗马城市为代表，其中古希腊在公元前500年间提出了城市建设的希波丹姆（Hippodamus）规划模式，以方格网的道路系统为骨架，以城市广场和公共建筑作为城市核心的格网状布局。公元前300年间古罗马建造了大量的营寨城，以广场、铜像、凯旋门和纪功柱成为城市空间的核心和焦点，重视道路、桥梁、城墙、输水道等城市设施。中世纪时欧洲战争频繁，城市逐渐形成了以教堂为城市的中心，结合不规则的街道和广场的以城市防御为出发点的规划模式。文艺复兴和巴洛克时期的欧洲城市，具有典型的古典风格，以构图严谨的广场和街道统辖城市空间结构，出现轴线放射的街道、宫殿花园和规整对称的公共广场。

二、现代城市规划学科的产生与发展

1. 现代城市规划产生的历史背景

现代城市规划产生于工业革命，极大改变了人类居住点的模式和城市化进程的迅速推进，各类城市都面临着新的城市问题的社会经济背景和空想社会主义、豪斯曼的巴黎改建、城市美化运动等新兴思想萌发的知识背景。

2. 现代城市规划早期思想

霍华德的田园城市（Garden City）理论：1898年英国人霍华德（Ebenezer Howard）提出了“田园城市”的理论，指出“城市应与乡村结合”，是为健康、生活以及产业而设计的，它的规模能足以提供丰富的社会生活，但不应超过这一程度。四周要有永久性农业地带围绕，城市的土地归公众所有，由委员会管理。霍华德的理论对人口密度、城市经

济、城市绿化的重要性问题都提出了见解，对城乡规划学科的建设起了重要的作用，被认为是现代城市规划的开端。

柯布西耶的现代城市设想：1925年柯布西耶（Le Corbusier）出版了《城市规划设计》一书，将工业化思想大胆的带入城市规划。他认为城市应当集中发展，由此而带来的城市问题可以通过技术手段解决——采用大量的高层建筑来提高密度和建立一个高效率的城市交通系统。

3. 其他探索

1）索里亚·玛塔的线形城市（1882年）：城市建设的一切其他问题，均以城市运输问题为前提。

2）戈涅的工业城市（1904年）：现代城市在生活和技术基本背景中的功能组织，是用地功能分区的雏形。

3）西谛的城市形态研究（1908年）：出版了《根据艺术原则建设城市》，对当今城市设计产生深刻的影响。

4）格迪斯的学说（1915年）：强调人与环境的关系。建立了城市一区域研究方法。名言是“先诊断后治疗”，形成了调查—分析—规划的公式。

三、现代城市规划学科主要理论的发展

1. 城市发展模式理论的发展

1）从田园城市到新城（霍华德，20世纪初），卫星城市是一个经济上、社会上、文化上具有现代城市性质的独立城市单位，但同时又是从属于某个大城市的派生产物。新城是对按规划设计建设的新建城市的统称。如，昌迪加尔、巴西利亚。

2）有机疏散理论（伊里尔·沙里宁，1942年），把大城市一整块拥挤的区域，分解成若干个集中单元，并把这些单位组成在活动上相互关联的功能的集中点。方法：“对日常生活进行功能性的集中，对这些集中点进行有机的分散”。

3）广亩城（赖特，1932年），把城市分散发展的思想发挥到了极致，每户一英亩用地，依靠高速公路相互联系。

2. 区域规划理论的发展

城市体系：区域内所有城市在职能之间的相互关系——经济学的地域分工和生产力布局学说；城市规划上的相互关系——等级规模分布关系；城市在地域空间分布上的关系——中心地理论。

3. 城市规划方法的发展

1）综合规划，是从总体规划的基础上发展而来的，其理论基础是系统思想及其方法论。

2）分离渐进规划，基础是理性主义和实用主义思想的结合。属于就事论事地解决问题的方法。

3）混合审视规划，基础决策——综合规划；项目决策——分离渐进规划。

4）连续性城市规划，不同城市规划要素的不同时效性；城市规划应当是从现状出发的不断推演过程。

4. 城市规划思想的发展

1）雅典宪章（1933年），城市规划的出发点：人的需要和以人为出发点的价值观。居住、工作、游憩和交通——将各种预计作为居住、工作、游憩的不同地区，在位置和面积方面作一个平衡，同时建立一个联系三者的交通网。

2）马丘比丘宪章（1978年），强调人与人之间的相互关系对于城市和城市规划的重要性，深信人的相互作用和交往是城市存在的基本根据。指出《雅典宪章》将城市进行功能分区，牺牲城市的有机联系，努力去创造一个综合的多功能的生活环境，并努力实现和保证生活基本质量和与自然协调。

第三节　当代城市发展的主要理论和实践

一、可持续发展理论

根据《我们共同的未来》（1987年），可持续发展是既满足当代人需要，又不对后代人满足其需要的能力构成危害的发展。《全球21世纪议程》（1992年）涉及经济与社会的可持续发展、可持续发展的资源利用与环境保护、社会公众与团体在可持续发展中的作用，可持续发展的实施手段和能力建设。《中国21世纪议程》（1994年）文件认为，可持续发展之路是中国未来发展的自身需要和必然选择。一方面，中国是发展中国家，要提高社会生产力、增强综合国力和不断提高人民生活水平，就必须把发展国民经济放在首位。另一方面，中国是在人口基数大、人均资源少、经济和科技水平都比较落后的条件下实现经济快速发展的，使本来就已经短缺的资源和脆弱的环境面临更大的压力。

二、知识经济、信息社会和经济全球化

知识经济直接以生产、分配和利用知识与信息为基础。信息化大大地缩短了从知识产业到知识应用的周期，促进了知识对于经济发展的主导作用。正因为信息化对于知识经济的关键作用，现代社会被称为是信息社会。经济全球化是指各国之间在经济上越来越相互依存，各种发展资源的跨国流动规模越来越扩大。

城市规划的意义在于城市发展的指导和控制。它通过对城市未来发展目标的确定，制定实现这些目标的途径、步骤和行动纲领，并通过对社会实践的引导和控制来干预城市的发展。城市规划作用的发挥主要是通过对城市空间尤其是土地使用的分配和安排来实现的。城市规划的主要任务是从城市的整体和长远利益出发，合理和有序地配置城市空间资源，提高城市的运作效果，促进经济和社会的发展，增强城市发展的可持续性。并通过建立各种引导机制和控制规划，确保各项建设活动与城市发展目标相一致。

城市规划编制一般分总体规划和详细规划两个阶段。总体规划编制包括总体规划纲要制定，城镇体系规划，总体规划，分区规划；详细规划编制包括控制性详细规划，修建性详细规划和修建设计。

三、城市总体规划

城市总体规划的主要任务是综合研究和确定城市性质、规模和空间发展状态，统筹安

排城市各项建设用地，合理配置城市各项基础设施，处理好远期发展与近期建设的关系，指导城市合理发展。

城市总体规划的期限一般为20年，同时应当对城市远景发展做出预测性的规划安排。城市近期建设规划是总体规划的一个组成部分，应当对城市近期的发展布局和主要建设项目做出安排。城市近期建设规划期限一般为5年。建制镇总体规划的期限可以为10～20年，近期建设规划可以为3～5年。

1. 城市总体规划应当包括下列内容

1）市域城镇体系规划纲要，内容包括：提出市域城乡统筹发展战略；确定生态环境、土地和水资源、能源、自然和历史文化遗产保护等方面的综合目标和保护要求，提出空间管制原则；预测市域总人口及城镇化水平，确定各城镇人口规模、职能分工、空间布局方案和建设标准；原则确定市域交通发展策略。

2）提出城市规划区范围。

3）分析城市职能、提出城市性质和发展目标。

4）提出禁建区、限建区、适建区范围。

5）预测城市人口规模。

6）研究中心城区空间增长边界，提出建设用地规模和建设用地范围。

7）提出交通发展战略及主要对外交通设施布局原则。

8）提出重大基础设施和公共服务设施的发展目标。

9）提出建立综合防灾体系的原则和建设方针。

2. 市域城镇体系规划应当包括下列内容

1）提出市域城乡统筹的发展战略。其中位于人口、经济、建设高度聚集的城镇密集地区的中心城市，应当根据需要，提出与相邻行政区域在空间发展布局、重大基础设施和公共服务设施建设、生态环境保护、城乡统筹发展等方面进行协调的建议。

2）确定生态环境、土地和水资源、能源、自然和历史文化遗产等方面的保护与利用的综合目标和要求，提出空间管制原则和措施。

3）预测市域总人口及城镇化水平，确定各城镇人口规模、职能分工、空间布局和建设标准。

4）提出重点城镇的发展定位、用地规模和建设用地控制范围。

5）确定市域交通发展策略；原则确定市域交通、通信、能源、供水、排水、防洪、垃圾处理等重大基础设施，重要社会服务设施，危险品生产储存设施的布局。

6）根据城市建设、发展和资源管理的需要划定城市规划区。城市规划区的范围应当位于城市的行政管辖范围内。

7）提出实施规划的措施和有关建议。

3. 中心城区规划应当包括下列内容

1）分析确定城市性质、职能和发展目标。

2）预测城市人口规模。

3）划定禁建区、限建区、适建区和已建区，并制定空间管制措施。

4）确定村镇发展与控制的原则和措施；确定需要发展、限制发展和不再保留的村庄，提出村镇建设控制标准。

5）安排建设用地、农业用地、生态用地和其他用地。

6）研究中心城区空间增长边界，确定建设用地规模，划定建设用地范围。

7）确定建设用地的空间布局，提出土地使用强度管制区划和相应的控制指标（建筑密度、建筑高度、容积率、人口容量等）。

8）确定市级和区级中心的位置和规模，提出主要的公共服务设施的布局。

9）确定城市交通发展战略和城市公共交通的总体布局，落实公交优先政策，确定主要对外交通设施和主要道路交通设施布局。

10）确定绿地系统的发展目标及总体布局，划定各种功能绿地的保护范围（绿线），划定河湖水面的保护范围（蓝线），确定岸线使用原则。

11）确定历史文化保护及地方传统特色保护的内容和要求，划定历史文化街区、历史建筑保护范围（紫线），确定各级文物保护单位的范围；研究确定特色风貌保护重点区域及保护措施。

12）研究住房需求，确定住房政策、建设标准和居住用地布局；重点确定经济适用房、普通商品住房等满足中低收入人群住房需求的居住用地布局及标准。

13）确定电信、供水、排水、防洪、供电、通信、燃气、供热、消防、环保、环卫发展目标及重大设施总体布局。

14）确定生态环境保护与建设目标，提出污染控制与治理措施。

15）确定综合防灾与公共安全保障体系，提出防洪、消防、人防、抗震、地质灾害防护等规划原则和建设方针。

16）划定旧区范围，确定旧区有机更新的原则和方法，提出改善旧区生产、生活环境的标准和要求。

17）提出地下空间开发利用的原则和建设方针。

18）确定空间发展时序，提出规划实施步骤、措施和政策建议。

4. 城市总体规划的强制性内容包括

1）城市规划区范围。

2）市域内应当控制开发的地域。包括：基本农田保护区、风景名胜保护区、湿地、水源保护区等生态敏感区，地下矿产资源分布地区。

3）城市建设用地。包括：规划期限内城市建设用地的发展规模，土地使用强度管制区划和相应的控制指标（建设用地面积、容积率、人口容量等）；城市各类绿地的具体布局；城市地下空间开发布局。

4）城市基础设施和公共服务设施。包括：城市干道系统网络、城市轨道交通网络、交通枢纽布局；城市水源地及其保护区范围和其他重大市政基础设施；文化、教育、卫生、体育等方面主要公共服务设施的布局。

5）城市历史文化遗产保护。包括：历史文化保护的具体控制指标和规定；历史文化街区、历史建筑、重要地下文物埋藏区的具体位置和界线。

6）生态环境保护与建设目标，污染控制与治理措施。

7）城市防灾工程。包括：城市防洪标准、防洪堤走向；城市抗震与消防疏散通道；城市人防设施布局；地质灾害防护规定。

总体规划纲要成果包括纲要文本、说明、相应的图纸和研究报告。

城市总体规划的成果应当包括规划文本、图纸及附件（说明、研究报告和基础资料等）。在规划文本中应当明确表述规划的强制性内容。

四、城市分区规划

编制分区规划的主要任务是：在总体规划的基础上，对城市土地利用、人口分布和公共设施、城市基础设施的配置做出进一步的安排，以便与详细规划更好地衔接。

分区规划应当包括下列内容：

（1）确定分区的空间布局、功能分区、土地使用性质和居住人口分布。

（2）确定绿地系统、河湖水面、供电高压线走廊、对外交通设施用地界限和风景名胜区、文物古迹、历史文化街区的保护范围，提出空间形态的保护要求。

（3）确定市、区、居住区级公共服务设施的分布、用地范围和控制原则。

（4）确定主要市政公用设施的位置、控制范围和工程干管的线路位置、走向、管径，进行管线综合。

（5）确定城市干道的红线位置、断面、控制点坐标和标高，确定支路的走向、宽度，确定主要交叉口、广场、公交站场、交通枢纽等交通设施的位置和规模，确定轨道交通线路走向及控制范围，确定主要停车场规模与布局。

分区规划的成果应当包括规划文本、图件，以及包括相应说明的附件。

五、城市详细规划

详细规划分为控制性详细规划和修建性详细规划。详细规划的主要任务是：以总体规划或者分区规划为依据，详细规定建设用地的各项控制指标和其他规划管理要求，或者直接对建设做出具体的安排和规划设计。

根据城市规划深化和管理的需要，一般应当编制控制性详细规划，以控制建设用地性质、使用强度和空间环境，作为城市规划管理的依据，并指导修建性详细规划的编制。

控制性详细规划应当包括下列内容：

（1）确定规划范围内不同性质用地的界线，确定各类用地内适建，不适建或者有条件地允许建设的建筑类型。

（2）确定各地块建筑高度、建筑密度、容积率、绿地率等控制指标，确定公共设施配套要求、交通出入口方位、停车泊位、建筑后退红线距离等要求。

（3）提出各地块的建筑体量、体型、色彩等城市设计指导原则。

（4）根据交通需求分析，确定地块出入口位置、停车泊位、公共交通场站用地范围、站点位置、步行交通以及其他交通设施。规定各级道路的红线、断面、交叉口形式及渠化措施、控制点坐标和标高。

（5）根据规划建设容量，确定市政工程管线位置、管径和工程设施的用地界线，进行管线综合。确定地下空间开发利用具体要求。

（6）制定相应的土地使用与建筑管理规定。

（7）控制性详细规划确定的各地块的主要用途、建筑密度、建筑高度、容积率、绿地率、基础设施和公共服务设施配套等规定应当作为强制性内容。

修建性详细规划应当包括下列内容：

（1）建设条件分析及综合技术经济论证。

（2）建筑、道路和绿地等的空间布局和景观规划设计，布置总平面图。

（3）对住宅、医院、学校和托幼等建筑进行日照分析。

（4）根据交通影响分析，提出交通组织方案和设计。

（5）市政工程管线规划设计和管线综合。

（6）竖向规划设计。

（7）估算工程量、拆迁量、总造价和分析投资效益。

控制性详细规划成果应当包括规划文本、图件和附件。图件由图纸和图则两部分组成，规划说明、基础资料和研究报告收入附件。

六、城市专项规划

1. 城市综合交通系统规划

城市综合交通涵盖了存在于城市与城市有关的各种交通形式。从地域关系上，城市综合交通大致可分为城市对外交通和城市交通两大部分。其中城市交通系统是由城市运输系统（交通行为的运作）、城市道路系统（交通行为的通道）和城市交通管理系统（交通行为的控制）组成。城市道路系统是为城市运输系统完成交通行为而服务的，城市交通管理系统则是整个交通系统正常、高效运转地保证。城市交通规划的任务就是以市区内的交通规划为主，以城市总体规划为基础，注意与国土规划和区域规划等上一级规划相一致，考虑城市的自然、经济、社会、文化及历史等特色，城市的环境影响，与周围城市相协调，与城市其他设施的配合，公共投资的规模和效益，以及技术的发展，保证城市交通系统正常高效运转。

城市道路系统规划应满足组织城市各部分用地布局的“骨架”要求，各级道路应成为划分城市各分区、组团、各类城市用地的分界线和通道，同时城市道路的选线应有利于组织城市景观，并与城市绿地系统和主要建筑相配合。城市道路按城市“骨架”可分为快速路、主干路、次干路、支路，其中快速路不小于40m，主干路红线宽30～45m，次干路红线宽20～40m，一般道路红线宽12～25m。规范规定，当道路设计车速大于50km/h时，必须设置中央分隔带。按道路功能可分为主要解决过境交通及组织城市交通运输的交通性道路和联系市区、居住区和文化商业区的生活性道路。

2. 城市工程管线规划

城市工程系统由城市供电工程、城市燃气工程、城市供热系统、城市通信工程、城市排水工程、城市防灾工程和城市环境卫生工程等构成。城市工程管线规划是根据经济社会发展目标，结合本城市实际情况，合理确定规划期内各项工程系统的设施规模、容量，布局各项设施，制定相应的建设策略和措施。各项城市工程系统规划在城市经济发展总目标的前提下，根据本系统的实况和特性，明确各自的规划任务。

3. 城市竖向规划

城市用地竖向规划的目的是在城市规划工作中利用地形达到工程合理、造价经济、景观美好的重要途径，主要包括城市用地选择、各项建设要素（如防护堤、排水干管出口、桥梁等）的控制标高、道路坡度、地面排水和土方平衡等基本要素。竖向规划的方法有等高线法、高程箭头法和纵横断面法。

4. 城市防灾系统规划

城市防灾主要包括城市防洪、防火、抗震等，是城市规划中防灾和灾后救护恢复的重要规划控制措施。城市防灾措施分为政策性措施和工程性措施两种，二者是相互依赖、相辅相成的。

城市防洪规划在城市规划中属重要项目，其主要内容是确定城市防洪的标准、城市防洪工程设施的布局及排涝工程的设施等。城市防洪标准是以洪峰流量和水位为依据的，而洪水的大小通常是以某一频率的洪水量来表示。

抗震标准，地震有二种指标分类法。一种是按所在地区受影响和受破坏的程度进行分级，称为地震烈度。在我国分为12个等级，其中6度地震是强震，7度为损害震。另一种按震源释放出的能量来划分地震等级，称为震级。地震释放的能量越大，震级越高。目前的记录未超过9级。

城市消防标准，参见《建筑设计防火规范》GB 50016—2014、《消防站建筑设计标准》和《城镇消防站布局与技术装备标准》等。

5. 城市绿地与景观系统规划

城市绿地具有改善气候、改善城市卫生环境、减少地表径流、减缓暴雨积水、涵养水源、蓄水防洪、防灾和改善城市景观、承载游憩活动和调节心理平衡等功能。城市绿地可以分为公园绿地、生产绿地、防护绿地、附属绿地和其他绿地等。

城市绿地系统规划的任务是通过规划手段，对城市绿地及其物种在类型、规模、空间和时间等方面所进行的系统化配置及相关安排。包括确定城市绿地系统规划的指导思想和规划原则，调查与分析评价城市绿地现状、发展条件及存在问题，研究确定城市绿地系统的发展目标和主要指标，参与综合研究城市的布局结构，确定城市绿地系统的用地布局，确定各类绿地的控制原则，按照规定标准确定绿地面积，分层次合理布局公共绿地，确定防护绿地、大型公共绿地等的绿线，确定分解建设步骤和近期实施项目，提出建议。编制城市绿地系统规划的图纸和文件。

在城市总体规划阶段的景观系统规划，其任务是调查与评价城市的自然景观、人文景观和户外游憩条件等。研究和协调城市景观建议与相关城市建设用地的关系，评价、确定和部署城市景观骨架及重点景观地带，处理远期发展与近期建设的关系，指导城市景观的有序发展。景观系统规划应遵循舒适性原则、城市审美原则、生态环境原则、因借原则、历史文化保护原则和整体性原则等。

6. 城市历史文化遗产的保护规划

城市是历史文化发展的载体，每个时代都在城市中留下自己的痕迹。保护历史的连续性，保存城市的记忆是人类现代生活发展的必然需要。经济越发展，社会文明程度越高，保护历史文化遗产的工作就越显重要。《中华人民共和国城乡规划法》规定，编制城市规划应注意保护历史文化遗产、城市传统风貌、地方特色和自然景观。《中华人民共和国文物保护法》也规定，要保护有历史、科学和艺术价值的文物。城市历史文化遗产泛指城市地域之内的地上地下所有的有形遗存和无形文化积累，此处狭义指只包括有形的不可动的历史遗存，并用这个名词来概括不同层次的保护规划。我国有关法规确定的保护文化遗产的三个层次是历史文化名城、历史文化保护区和文物保护单位，并要求按相应层次完成保护规划设计，划定的紫线（保护范围线），提出相应保护原则和保护措施。

七、城市规划的实施

1. 城市规划实施的目的与作用

1）城市规划实施的概念

城市规划编制的目的是为了实施，即通过依法行政和有效的管理手段把制定的规划逐步变为现实。城市规划的实施是一个综合性的概念，既是政府的职能，也涉及公民、法人和社会团体的行为。

（1）政府实施城市规划

城市人民政府依法律授权负责组织编制和实施城市规划。所以，政府在实施城市规划方面居主导地位，体现为政府的直接行为和控制、引导行为。

直接行为，政府实施城市规划的直接的主导行为表现为三个方面：

一是政府根据经济社会发展计划和城市规划，制定其他有关的计划，如近期建设计划、土地使用计划、市政公用设施各系统的发展计划等，以使城市规划所确定的目标得以具体落实；政府根据城市总体规划，进一步组织编制城市分区规划和详细规划，以使城市规划进一步深化和具体化，从而可以付诸实施操作。

二是政府通过财政拨款及信贷等筹资手段，直接投资于某些城市规划所确定的建设项目，如道路交通设施和供排水设施等市政公用工程设施，以便实现规划的目标。

三是政府根据城市规划的目标，制定有关政策来引导城市的发展。例如，通过制定产业政策，促使城市产业结构的调整，以体现城市规划所确定的城市性质和职能。

控制、引导行为，除了直接的主动行为以外，城市人民政府及其城市规划行政主管部门还负有管理城市各项具体建设活动的责任。对于非政府直接安排的建设投资项目，政府规划主管部门的工作主要是对建设项目的申请实施控制和引导，如建设项目选址管理、建设用地规划管理、建设工程规划管理以及对建设活动及土地和房屋设施的使用方式实施监督检查。

（2）公民、企事业单位和社会团体与城市规划的实施

经批准的城市规划是建设和管理城市的依据。城市规划的实施关系到城市的长远发展和整体利益，也关系到公民、企事业单位和社会团体各方面的根本利益。所以，实施城市规划既是政府的职责，也是全社会的事情。

公民、企事业单位和社会团体实施城市规划的作用体现在以下两个方面：一方面是公民、企事业单位和社会团体根据城市规划的目标，可以主动参与，如对城市规划中确定的公益性和公共性项目进行投资，关心并监督城市规划的实施等；另一方面是公民、企事业单位和社会团体的投资和置业等活动，即便是完全出于自身利益，只要遵守城市规划的规定和服从规划管理，客观上就有助于城市规划目标的实现，也就可视为城市规划实施的组成部分。

城市的建设和发展要靠政府的公共投资，更要靠商业性的投资，所以城市规划的实施离不开非公共部门的作用。

2）城市规划实施的目的与作用

（1）城市规划实施的目的

城市规划实施的根本目的是对城市空间资源加以合理配置，使城市经济、社会活动及建设活动能够高效、有序、持续地按照既定规划进行。

（2）城市规划实施的作用

城市功能与其物质性设施之间总是处于“平衡—不平衡—新的平衡”的动态过程之中。城市的功能会不断地发展和调整，城市的物质性设施和空间结构需要不断地更新和优化。城市规划的实施就是为了使城市的功能与物质性设施及空间组织之间不断趋于平衡。城市规划实施的作用表现为：使城市的发展与经济发展的要求相适应，为经济发展服务，与经济发展形成互动的良性循环；使城市的发展与城市社会的发展相适应，适应城市社会的变迁，满足不同人群的需要及平衡不同集团的利益和相互关系；使城市各项功能不断优化及保持动态平衡，城市物质财富的积累与城市人文环境的优化相协调。

2. 城市规划实施与公共行政

1）城市规划实施与公共政策

对城市建设和发展加以规划和实施规划管理，是有别于市场自发行为的公共干预。这种干预是为了社会公众的利益，由政府以公共的名义来施行某些特定政策。从某种意义上讲，制定和实施城市规划的一个重要方面就是制定和实施城市公共政策。从实践的角度看，在城市发展和建设领域中，要有公共政策来干预市场的自发过程，以克服市场机制的缺陷。这些缺陷表现为：开发企业为了片面追求利润和短期经济效益，对城市土地进行高强度的开发或开发地段和项目选择不当，损害公众利益；在城市更新过程中破坏自然和人文环境，影响历史文化遗产保护以及城市风貌和特色等。因此，城市规划的实施是为了贯彻既定的公共政策，克服市场机制的缺陷，使城市空间资源等得以优化配置，力求经济效益、社会效益和环境效益的统一。

2）城市规划实施与行政权力

（1）城市规划实施与行政权力

城市规划在实施中表现为城市土地和空间资源的合理配置，涉及社会各方面的利益关系，以及资源开发利用的价值判断和对人们行为的规范。无论是对城市规划实施管理的主动行为还是控制、引导，都必然联系到权威的存在及权力的应用。

（2）城市规划行政与立法授权

城市规划作为城市政府的一项职能，行政权力来源于不同方式的立法授权。

在英国，城市规划作为城市政府的职能起源于公共卫生和住房政策。城市公共卫生方面政策的成功和经验导致这种公共政策扩展到了对城市的开发规划。1909 年英国产生了第一部城市规划法《住房和城市规划法》，这部法律授予地方当局编制用于控制新住宅区发展规划的权力。从 1909 年至今，英国的城市规划法已多次修改，城市规划方面的法律已增加到数十部，法律对地方政府规划行政的授权已十分详尽，其内容也随社会经济条件的变化而不断调整更新。

从美国城市规划的发展历史看，政府对私人财产权利实行控制的权力演变是最为关键的因素。自 20 世纪 20 年代以来，规划作为一种立法对城市土地使用的政府控制方式和城市规划实施得到了广泛的应用和持续的发展。

在我国，随着法制建设的不断深入，城市规划行政的立法授权也已基本形成。《中华人民共和国宪法》、《中华人民共和国地方各级人民代表大会和地方各级人民政府组织法》以及其他的有关行政法律赋予国务院和地方人民政府领导和管理经济工作和城乡建设的权力。1990 年 4 月 1 日起施行的《中华人民共和国城市规划法》，在新中国历史上第一次以国家法律的形式规定了城市规划制定和实施的要求，明确了规划工作的法定主体和程序。2008 年 1 月我国颁布了新的《中华人民共和国城乡规划法》，拓展了原《中华人民共和国城市规划法》的范畴，明确规定，县级以上地方人民政府应当根据当地经济社会发展的实际，在城市总体规划、镇总体规划中合理确定城市、镇的发展规模、步骤和建设标准；各级人民政府应当将城乡规划的编制和管理经费纳入本级财政预算；国务院城乡规划主管部门负责全国的城乡规划管理工作，县级以上地方人民政府城乡规划主管部门负责本行政区域内的城乡规划管理工作等。总之，我国通过城市或城乡规划法及其相关法规、配套法规的建设，使各级城市规划行政主体获得了相应的授权，规划行政管理的原则、内容和程序也得到了明确，从而使城市规划行政实现了有法可依，城市规划逐步走上了法制化的轨道。

3）城市规划行政行为与其他公共行政行为的关系

现代社会的结构极其复杂，需要政府管理的事务极其繁多。政府为了有效地管理国家和社会，需要设立一定数量的工作部门，由各工作部门来主管指定的事务。城市规划行政主管部门是政府众多行政主管部门中的一个，因此对城市规划行政行为与其他政府公共行政行为的相互关系要有正确的认识，并处理好以下几个关系。

（1）城市规划行政主管部门与城市人民政府的关系

《中华人民共和国城乡规划法》、《中华人民共和国地方各级人民代表大会和地方各级人民政府组织法》规定，县级以上的地方各级人民政府“执行国家经济和社会发展计划、预算，管理本行政区内事业和财政、民政、公安、民族事务、司法行政、监察、计划生育等行政工作”；“领导所属各工作部门和下级人民政府的工作”。

根据法律的这些规定，应当明确地方城市规划行政主管部门是同级地方人民政府领导下的一个工作部门。地方人民政府的行政权限和责任要高于部门行政的主体。

（2）城市规划行政主管部门与其他行政主管部门的关系

地方人民政府往往设有多个不同的行政主管部门来分管不同的事务。城市规划行政主管部门与其他各行政主管部门是平行的职能机构。各个机构依据法律授权或同级地方人民政府的指定，各有其主管的事务范畴，互不覆盖。各部门应当各司其职，互不越权。但是，城市规划与计划、土地、房产、环保、环卫、防疫、文化、水利等许多方面的工作都有着密切的关系。各行政主管部门的工作需要相互衔接和配合。各行政主管部门的行政行为均是代表政府的行为，要体现行政统一的原则。这就要求：各级行政主体所制定的行政法律规范的内容要相互协调、衔接，不能相互抵触和冲突，不同行政主体制定的行政法律规范要根据《中华人民共和国立法法》的规定，遵守立法的内在等级秩序；各级各类行政主管部门的行政活动要严格按照法定程序来进行，及时沟通联系。一旦行政行为成立后，非经济法定程序改变，无论是管辖该事务的行政主体，还是它的上级行政主体或下级行政主体以及其他行政主体，都要受其内容的拘束，不得做出与之相抵触或相互矛盾的另一行政行为。

3. 城市规划的实施机制和原则

1）城市规划的实施机制

（1）城市规划实施的行政机制

城市规划主要是政府行为，在城市规划的实施中，行政机制具有最基本的作用。我国宪法赋予了县以上地方各级人民政府依法管理本行政区的城乡建设的权力。城乡规划法更明确的授予了城市人民政府及其城市规划行政主管部门在组织编制、审批、实施城市规划方面的种种权力。如《中华人民共和国城乡规划法》就明确要求，“地方各级人民政府应当根据当地经济社会发展水平，量力而行，尊重群众志愿，有计划，分步骤地组织城乡规划”。

所谓城市规划实施的行政机制，就是城市人民政府及其城市规划行政主管部门依据宪法、法律和法规的授权，运用命令、指示、规定、计划、标准、通知许可等行政方式来实施城市规划。

首先是行政机制的法理基础。行政机制的基础在于政府机关享有行政行为的羁束权限及自由裁量权限，即政府的行政行为既有确定性和程序性的一面，又有可以审时度势和灵活应对客观事物的一面，可通过个案审定来做出决策，城市规划行政机构依法享有的羁束权限及自由裁量权限的存在是规划实施行政机制的法理依据。

其次是行政机制的有效条件。行政机制发挥作用，产生应有的效力，需要有几个条件。主要为：①法律、法规对行政程序和行政权限有明确、完整的授权，使行政行为有法可依、有章可循。②行政管理事务的主体明确、行政机构的结构完整，有相应的行政决策、管理、执行、操作的层级，从而使行政管理真正落到实处。③公民、法人和社会团体支持和服从国家行政机关的管理。在出现行政争议的时候，可以通过法定程序加以解决。④有国家强制力为后盾，依法的行政行为是具有法律效果的行为。行政行为成立后，行政主体必须有权采取一定的手段，使行政行为的内容得到完全的实现。城市规划等具体行政行为虽是以规划行政主体的名义作出，但又是国家意志的体现，因此，需要由国家强制力为保障。

再者是城市规划实施的财政机制。财政是国家为实现其职能，在参与社会产品分配和再分配过程中与各方面发生的经济关系。这种分配关系与一般的经济活动所体现的关系不同，它是以社会和国家为主体，凭借政治、行政权力而进行的一种强制性分配。因此也可以说，财政是关于利益分配与资源配置的行政。财政机制在城市规划实施中有着重要地位，表现为：政府可以按城市规划的要求，通过公共财政的预算拨款，直接投资兴建某些重要的城市设施。特别是城市重大基础工程设施和大型公共设施；政府经必要的程序可发行财政债券来筹集城市建设资金，以加强城市建设；政府可以通过税收杠杆来促进和限制某些投资和建设活动，以实现城市规划的目标，如开征建设税、投资方向调节税或免征部分房产开发项目的营业税和交易契税等，前者是为了限制某些投资和建设活动，抑制过热的开发，后者是为了扩大房地产市场的需求，促进存量房产的消化。它们都与城市规划的实施有关。

（2）城市规划实施的市场机制

市场机制是指平等民事主体之间的民事关系，是以自愿等价交换为原则。城市规划实施中的市场机制是对行政机制、财政机制及法律机制的补充，是以市场为导向的平等民事主体之间的行为。城市人民政府及其城市规划行政主管部门既是规划行政主体，同时又享有民事权利。城市规划实施中经济机制的引进，是政府部门主动运用市场力量来促进城市规划的实施。

根据改革开放以来的实践，城市规划实施中市场机制主要表现为：政府以法律规定及城市规划的控制条件有偿出让国有土地使用权，从而既实现了符合规划的物业开发，又可为城市建设筹集资金；政府借贷以解决实施城市规划的资金缺口，借贷是要还本付息的，所以是一种民事的经济关系；城市基础设施使用的收费，包括各种附加费，通过有偿服务来筹集和归还基础设施的建设资金，并维持正常运转，从而使城市规划确定的基础设施得以实施；通过出让某些城市基础设施的经营权来加快城市基础设施建设，包括有偿出让基础设施的经营权，以及采用BOT方式，即让非政府部门来投资建设，并在一定期限内经营某些城市设施，经营期满后再将有关设施交返给政府部门。

（3）城市规划实施的社会机制

城市规划实施的社会机制是指公民、法人和社会团体参与城市规划的制定和实施、服从城市规划、监督城市规划实施的制度安排。城市规划实施的社会机制体现为以下几个方面：公众参与城市规划的制定，有了解情况、反映意见的正常渠道；社会团体在制定城市规划和监督城市规划实施方面的有组织行为；新闻媒体对城市规划制定和实施的报道和监督；城市规划行政管理做到政务公开，并有健全的信访、申诉受理和复议机构及程序。

2）城市规划实施的原则

（1）行政合法原则

行政法首要的和基本的原则是行政合法性原则，它是社会主义法制原则在行政管理中的体现和具体化。行政合法原则的核心是依法行政，其主要内容是：任何行政法律关系的主体都必须严格执行和遵守法律。在法定范围内依照法律规定办事；任何行政法律关系的主体都不能够享有不受行政法调节的特权，权利的享受和义务的免除都必须有明文的法律依据；国家行政机关进行行政管理必须有明文的法律依据，一般来说，一个国家的法律对行政机关的规定与行政相对人的规定是不一样的；对行政机构来说，只有法律规定能为的行为，才能为之，即“法无授权不得行，法有授权必须行”。而对于行政相对人来说，只要法律不禁止的行为都可以为之，只要法律明文禁止的行为才不能为之。因为行政权力是一种公共权力，它以影响公民的权益为特征。为了防止行政机关行使权力时侵犯公民的合法权益，就必须对行政权力的使用范围加以设定；任何违反行政法律规范的行为都是行政违法行为，它自发生之日起就不具有法律效力。一切行政违法主体和个人都必须承担相应的法律责任。

（2）行政合理原则

行政合理原则的宗旨在于解决行政机关行政行为的合理性问题，这就要求行政机关的行政行为在合法的范围之内还必须做到合理。

行政合理原则的具体要求是：行政机关在行使自由裁量权时，不仅应事实清楚，在法律、法规规定的条件和范围内做出行政决定，而且要求这种决定符合立法目的。

行政合理性原则的存在有其客观基础，行政行为固然应该合法，但是任何法律的内容都是有限的。由于现代国家行政活动呈现多样性和复杂性，特别是像城市规划这类管理的专业性、技术性因素很多，立法机关不可能详尽、周密地制定各个方面的法律规范。为了保证对国家的有效管理，行政机关需要享有一定程度的自由裁量权。行政机关需要根据具体情况，灵活应对复杂局面的行为选择权。此时，行政机关应在法定的原则指导下，在法律规定的幅度内，运用自由裁量权，采取适当的措施或做出合适的决定。

赋予国家行政机关以自由裁量权，使国家行政机关将普遍性的法律、法规适用的具体要求是：行政行为要符合客观规律，要符合国家和人民的利益，要有充分的客观依据，要

公平和公正。

在某些特殊的紧急情况下，出于国家安全、社会秩序或公共利益的需要，行政机关可以采取超越法定要求和正常秩序的措施，例如，抢险工程可以先施工后补办规划审批手续。

不合理的行政行为属于不适当的行为，做出不合理行政行为的行政机关必须承担相应的法律责任。

(3) 行政效率原则

遵循依法行政的原则并不意味着可以不讲行政效率。廉洁高效是人民群众对政府的要求，提高行政效率是国家行政改革的基本目标。为追求效率，行政管理机关一般都采用首长负责制。在法律规定的范围内决策，按法定的程序办事，遵守操作规则，将大大提高行政效率，有助于避免失误和不公正，减少行政争议。

(4) 行政公开原则

《中华人民共和国宪法》总纲中规定，“中华人民共和国的一切权力属于人民”。人民依照法律规定，通过各种途径和形式管理国家事务。行政公开原则是社会主义民主与法制原则的具体体现，要求国家行政机关的各种职权行为除法律特别规定以外，应一律向社会公开。具体要求为：行政立法程序、行政决策程序、行政裁决程序和行政诉讼公开；一切行政法规、规章和规范性文件必须向社会公开，未经公布者不能发生法律效力，更不能作为行政处理的依据；国家行政机关及公务员在进行行政处理时，必须把处理的主体、处理的程序、处理的依据、处理的结果公开，接受相对人的监督，并告知相对人对不服处理的申诉或起诉的时限和方式；行政相对人向行政主体了解有关的法律、法规、规章、政策时，行政主体有提供和解释的义务。

八、城市景观规划设计与城市规划的关系

城市景观包括自然、人文、社会诸要素，它的通常含义是指通过视觉所感知的城市物质形态和文化生活形态。为改善城市景观，1960 年以后涌现出许多规划设计理论、方法和实践。概括地看，城市景观的完善需要多种社会经济因素的调控，需要多个层次的规划与设计的长期协同配合。

1. 城市景观规划设计内容和层次

1) 城市景观要素与构成特色

城市景观是由不同的要素构成的，且各有特性，主要包括三个方面：

自然因素：即山水、林木、花草、动物、天象、时令等自然因素。在中国的传统文化里，城市的自然景观要素被赋予了丰富的象征意义。如山象征着崇高与稳定，水寓意着运动与包容，木代表着生命与成长，苍天预示着神秘与永恒，大地显示出质朴与纯美。自然要素是构成城市景观特色的基础。

人文景观要素：即建筑、道路、广场、园林、雕塑、艺术装饰、大型构筑物等人文因素。它们是人类活动在城市地区的文化积淀，表现了人类改造自然的智慧与能力。

心理感知要素：形、色、声、光、味等能影响人类审美心理感知的物理因素。尤其“形”，是人类感知世间万物的主要视觉要素。城市景观在很大程度上即为城市“形”象。城市的地标（Landmark）和天际轮廓线（Skyline），就是靠“以形制胜”而给人以深刻的

感染力。城市景观中的色彩构成，也是创造民族性、地方性和时代性的重要前提。如金碧辉煌的北京皇家建筑、纯净明快的古希腊雅典卫城、艳丽多彩的西亚伊斯兰柱廊、色差强烈的拉萨布达拉宫等。

2）城市景观规划设计层次

城市景观规划要充分运用景观生态学的研究成果，贯彻生态优先的思想，提供使城市人居环境舒适优美、生态健全的空间发展规则。在实际工作中，一套完整的城市景观规划通常应包括下列内容：

宏观尺度——景观评估与环境规划。景观评估是环境规划的依据，主要是在收集、调查和分析城市景观资源的基础上，对其社会、经济和文化价值进行评价，找出区域发展的潜力及限制因子。环境规划则要对区域性的自然与社会经济要素，按照区域规划的流程制定环保策略和发展蓝图。与宏观尺度景观规划设计的对应的是城市总体规划阶段的城市绿化景观规划及其专项规划，但不同于总体规划的“总体最优”原则，专项规划应更多地从城市生态、城市景观、城市生活出发，对总体规划的绿化景观进行优化、美化、生态化，重点在于构筑城乡一体的生态大绿化环境，建构城市开敞空间体系。

中观尺度——场地规划与各类环境详细规划。这是将城市地区的土地利用、资源保护和景观改善过程融为一体，落到实处的具体环节。其主要工作对象，是城市及其片区形态的建造和环境质量的改善，如荒地、农田、林地和水域开发，开敞空间布置，绿地系统建立，城市景观轴线、历史文化街区、商业步行街及文化旅游景观建设等内容。与中观尺度景观规划设计对应的是城市详细规划阶段的城市绿化景观规划，是对城市总体规划确定的绿化景观规划的深化充实，着眼于各类公共、生产防护绿地的确定，地块建设的绿地率控制和空间环境景观组织。

微观尺度——景观设计和敷地计划。目的在于景观要素的保存、维护和资源开发，确保水域、土地、生物等资源永续利用，促进景观形成平衡的物质体系，把人工构建物的功能要求与自然因素的影响有机地结合起来，发挥人文景观与自然景观平衡的最佳使用效益。与微观尺度景观规划设计对应的是建设项目的城市绿化景观规划，是指具体项目的绿化景观设计，包括各类景观和绿地建设工程的设计施工、文件制作、工程施工监督及绿地运营管理。

3）城市景观规划设计内容

在城市总体规划阶段，城市景观系统规划指对影响城市总体形象的关键因素及城市开放空间的结构进行统筹与总体安排。该阶段的任务是调查与评价城市的自然景观、人文景观和户外游憩条件，研究、协调城市景观建设与相关城市建设用地的关系，评价、确定和部署城市景观骨架及重点景观地带，处理好远期发展与近期建设的关系。城市景观系统规划的主要内容如下：

（1）依据城市自然、历史文化特点和经济社会发展规划的战略要求，确定城市景观系统规划的指导思想和规划原则。

（2）调查发掘与分析评价城市景观资源、发展条件及存在问题。

（3）研究确定城市景观的特色与目标。

（4）研究城市用地的结构布局与城市景观的结构布局，确定符合社会思想的城市景观

结构（可参考各种理论主张，如易识别性、城市文脉、城市生活原型等）。

（5）规划有关城市景观控制区，如城市背景、制高点、门户、景观轴线及重点视廊视域、特征地带等，并提出相关安排。

（6）确定需要保留、保护、利用和开发建设的城市户外活动空间，整体安排客流集散中心、闹市、广场、步行街、名胜古迹、亲水地带和开敞绿地的结构布局。

（7）确定分期建设步骤和近期实施项目。

（8）提出实施管理建议。例如，通过制定景观分区、景观轴、景观节点的规划建设的基本方针与准则，提供具体的景观意向；为市民和开发商提供更多易于理解景观的信息和更多观察景观的机会，并为开发建设行为提供设计上的指导；通过公共事业的建设，为形成美的城市景观奠定一定的基础；运用相关制度、条例来促进景观系统的形成；充实有关机构以有利于景观规划的实施和推行。

（9）编制城市景观系统规划的图纸和文件。

2. 城市景观规划设计原则

1）整体性原则

主体意义上的城市景观是人们对城市客观感知的综合与记忆，它要求城市景观要素之间具有较好的连贯性、一致性和协同性。同时应充分考虑感官与文化心理对城市纷杂信息的承受能力及评价标准，研究创造有特色、有内涵、可识别、和谐、悦目的城市审美品质。

2）以人为本原则

充分考虑人类在城市环境中的行为心理规律，研究创造便利、舒适、安逸的城市生活环境。

3）生态优先原则

城市景观系统规划必须在改善生态环境方面尽其所能，充分利用阳光、气候、动植物、土壤、水体等自然资源，与人工手段结合，创造健康的生存环境。并借助山脉、河湖、林地等自然景观大背景，结合城市内部的自然地形地物和人文资源条件，俗者避之、佳者收之，因地制宜地保护与利用城市景观资源。

4）历史文化保护原则

重视城市历史文化的继承与保护，重视城市景观的历史延续性及其本土文化特性。

3. 城市景观规划设计与绿地系统

1）城市景观与绿地系统规划的互补关系

城市景观规划主要关注的问题是城市形象的美化与塑造，其关键是开放空间的合理安排。而城市绿地系统规划主要解决的问题是城市地区土地资源的生态化合理利用。二者的工作对象基本一致，都是城市规划区内的开放空间。所以，这两项专业规划在实际操作中有很强的互补性。因此，建设生态健全、功能完善的城市绿地系统，对于每一个追求景观优美、环境舒适的现代城市都至关重要。城市绿地系统规划所归纳、提炼出的规划理念和建设目标，要具体落实到城市的土地利用和城市设计层次，才能得以实现。城市绿地系统规划，总体上要按照功能为主、生态优先的原则进行空间布局，并要充分考虑满足城市景观审美的需要进行相应的规划设计。

2）城市景观与绿地系统需要协同规划与建设

搞好城市景观与绿地系统规划，是营造生态城市的必要环节，是城市生态环境可持续发展的基本保障。从国内外的发展趋势来看，城市景观与绿地系统的规划建设，越来越密切合作，趋于一体化。随着对视觉景观形象、生态环境绿化和大众行为心理这三方面的研究日益深入，以及电子计算机等高科技手段的应用，为学科间的协同发展创造了条件。正如中国古典园林中“物境”、“情境”、“意境”可以达到“三境一体”的规划设计原理一样，通过以视觉形象为主的景观感受通道，借助于绿化美化城市环境规划设计的理论基础，城市建筑形象、园林绿化空间、大众活动场地和生态环境质量已成为衡量城市现代文明水平的重要指标。

城市景观具有自然生态和文化内涵两重性。自然景观是城市的基础，文化内涵则是城市的灵魂。生态绿地系统作为城市景观的重要部分，既是人居环境中具有生态平衡功能的生存维持、支撑系统，也是反映城市形象的重要窗口。所以，现代城市的景观与绿地系统规划都越来越注重引入文化内涵，使景观构成的大场面与小环境之间，有限制的近景、中景与无限制的远景之间，人工景物与自然景观之间，空间物质化的表现与诗情画意的联想之间得以沟通。绿地和建筑借助与文化寓意所呈现出的“信息载体”，使城市景观显得更加丰富精彩。

3）我国城市景观与绿地系统规划的发展趋势

自1949年新中国成立五十多年来，由于各种因素的影响，我国的城市景观与绿地系统规划理论和实践一直发展比较缓慢，直到最近十多年才有较大进步。许多地方的城市规划工作中存在着偏重经济、建筑等规划，在各种用地基本定局后再“见缝插绿”的习惯，往往造成规划绿地不足，规划绿线控制随意性大等问题。还有的片面强调城市绿地布局，搞“点线面结合”的行政指导方针，使城市绿地系统的景观特色损失不少，“千城一面”的现象比比皆是。近年来，各地城市吸取现代城市科学的新理论、新成果，拓展多学科、多专业的融贯研究，重点探索城市绿地系统设置如何与城市结构布局有机结合，城市绿地与市郊农村绿地如何协调发展，不同类型、规模的城市如何构筑生态绿地系统框架等问题，取得了显著突破和许多有益的经验。即城市地区在宏观层次上要构筑城市生态大环境绿化圈，强调区域性城乡一体，大框架结构的生态绿化；中观层次上要在中心城区及郊区城镇形成“环、楔、廊、园”有机结合的绿化体系；微观层次上要搞好庭院、阳台、屋顶、墙面绿化及家庭室内绿化，营造健康舒适的生活小环境。通过保护和营造上述三个系列的生态绿地，建立纵横有致的物种生存环境结构和生物种群结构，疏通城乡自然系统的物流、能流、信息流、基因流，改善生态要素间的功能耦合网络关系，从而扩大生物多样性的保存能力和承载容量。这些基于生态学原理的城市景观与绿地系统规划方法，正在实践中逐渐得到认同和应用。

在高科技的运用方面，城市景观与绿地系统规划也有许多共同之处。由于景观生态的研究对象和应用规划都是多变量的复杂系统，规模庞大且目标多样，随机变化率高。只有依靠现代电子计算机技术的帮助，才能运用泛系理论语言来描述和分析区划与规划问题，分析各种多元关系的互相转化，并进行各种专业运算，以便在一定的条件下优化设计与选择方案。还有CAD辅助设计、遥感、地理信息系统、全球卫星定位技术的应用等，解决了大量基础资料的实时图形化、格网化、等级化和数量化难题。目前，上海、江苏、浙

江、广州等地已采用航空摄影和卫星遥感技术的动态资料来进行城市绿地现状调查。通过航片和遥感数据的计算机处理，可以精确地计算出各类城市绿地的分布均衡度和城市热岛效应强度。有些城市在绿地系统规划研究中，还采用了多样性指数、优势度指数、均匀度指数、最小距离指数、连接度指数和绿地廊道密度等评价指标，分类处理城市绿地遥感信息资料，使规划的立论基础更加科学化。

我国地域辽阔，各地自然条件和经济发展水平不同，各个城市进行城市景观和园林绿化建设的有利条件和制约因素也不一样。应当提倡尊重客观规律，因地制宜地搞好城市环境绿化和景观美化。城市绿地系统的规划与建设，要在优先考虑生态效益的前提下，尽可能贯彻“绿地优先”的城市用地布局原则，在继续实施“见缝插绿”的基础上，积极推进“规划建绿”战略，兼顾城市景观效益，充分发挥绿地对美化城市的作用。根据2001年5月《国务院关于加强城市绿化建设的通知》，今后一个时期我国城市绿化的工作目标和主要任务是：到2005年，全国城市规划建成区绿地率达到30%以上，绿化覆盖率达到35%以上，人均公共绿地面积达到8m^2以上。城市中心区人均公共绿地达到4m^2以上；到2010年，上述指标要分别达到30%、40%、10m^2和6m^2以上；从根本上改变我国城市绿化总体水平较低的现状，使我们伟大祖国的城市水碧天蓝、花红草绿、绿荫婆娑，欣欣向荣。

本章思考题

1. 霍华德的田园城市（Garden City）理论的基本思想是什么？
2. 从雅典宪章（1933年）到马丘比丘宪章（1978年），规划思想发生了哪些主要变化？
3. 城市规划编制体系包含哪些基本内容？
4. 城市总体规划的主要任务是什么？
5. 城市控制性详细规划的主要内容是什么？
6. 城市修建性详细规划的主要内容是什么？
7. 城市总体规划的专项规划包括哪些？其内容分别是什么？
8. 城市景观构成要素及其特征是什么？
9. 城市景观规划设计内容有哪些？
10. 城市规划的实施机制和原则有哪些？

本章延伸阅读书目

1. 国家及地方城市规划与管理相关法律、法规：

《中华人民共和国城乡规划法》、《城市规划编制办法》、《城市绿线管理办法》、《城市蓝线管理办法》、《城市紫线管理办法》等。

2. 周进．城市公共空间建设的规划控制和引导，中国建筑工业出版社，2005.10。
3. 齐康．城市环境规划设计与方法，中国建筑工业出版社，1999.4。

第二章　中外园林简史

第一节　园林概述

园林是建造在地上的“天堂”，是一处理想生活场所的模型。人类社会在文明初期就有着对美好居住环境的憧憬和向往，也从侧面反映了先民们对园林的理解。中国古代广为流传的西王母的“瑶池”和黄帝的“悬圃”，就有着美妙的园林。基督教《圣经》里所记载亚当和夏娃生活的“伊甸园”，园内流水潺潺，遍植奇花异树，景色旖旎，即是古犹太民族对人间天堂的向往。佛教宣扬渴望升西天的极乐世界，《阿弥陀经》内描述道：“极乐世界，七重栏楯，七重罗网，七重行树，皆是四宝周匝围绕，……有七宝池，八功德水充满其中，池底纯以金沙布地，四边阶道金、银、琉璃、玻璃合成……”，也是古印度人的理想乐园的扩大。伊斯兰教的《古兰经》中安拉为信徒们修造的“天园”界墙内随处都是果树浓荫，水、乳、酒、蜜四条小河，以喷泉为中心，十字交叉流注其中，成为后世伊斯兰园林的基本模式。这些在各自母体文化长久的历史发展中，逐步形成了规整式园林和风景式园林。前者包括以法国古典主义园林为代表的大部分西方园林，讲究规矩格律、对称均齐，具有明确的轴线和几何对位关系，甚至花草树木都加以修剪成型并纳入几何关系之中，着重在显示园林总体的人工图案美，表现一种人为控制的有秩序、理性的自然。后者是以中国古典园林为代表的东方园林体系，其规则完全自由灵活而不拘一格，着重显示纯自然的天成之美，表现一种顺乎大自然景观构成规律的缩移和摹拟。

第二节　中国古典园林

中国古典园林是风景式园林的渊源，比起同一阶段的其他园林体系而言，历史最久、持续时间最长、分布范围最广，以其丰富多彩的内容和高度的艺术境界在世界园林独树一帜。秦汉以来中国文化中的“天人合一”、“君子比德”及神仙传说孕育了自然山水式园林的雏形，在魏晋、唐宋山水风景园和山水诗、山水散文、山水画相互资借影响，交流融汇，使造园艺术得到了源远流长和波澜壮阔的发展，取得了艺术上光辉灿烂的成就。至明清中国古典园林在意境的丰富、手法的多样、理论的充实诸方面更是深入发展，形成博大精深的自然山水式园林体系。

一、中国古典园林的类型

根据不同的标准，中国古典园林有不同的分类方式。按照园林基址的选择和开发方式的不同，中国古典园林可分为人工山水园和天然山水园两大类型。

人工山水园，即在平地上开凿水体、堆筑假山，人为地创设山水地貌，配以花木栽植

和建筑营造，把天然山水风景缩移摹拟在一个小范围之内。这类园林多出现于城镇内的平坦地段上，故也称之为“城市山林”。人工山水园因造园所受的客观制约条件很少，人的创造性得以最大限度地发挥，艺术创造游刃有余，形成了丰富多彩的造园手法和园林内涵。所以说，人工山水园是最能代表中国古典园林艺术成就的一个类型。

天然山水园，一般建在城镇近郊或远郊的山野风景地带，包括山水园、山地园和水景园等，对于基址的原始地貌采用因地制宜的原则做适当的调整、改造、加工，再配以花木和建筑。兴造天然山水园的关键在基址的选择，就是“相地合宜，构园得体”，若选址恰当则能以少量的花费而获得远胜于人工山水园的天然风景之真趣。有的大型天然山水园，其总体形象无异于名胜区，所不同的是后者经长时期的自发形成，而前者则在短时期内得之于自觉的经营规划。

按照园林的隶属关系加以划分，中国古典园林也可归纳为若干类型，其中主要的有皇家园林、私家园林、寺观园林三大类型。

皇家园林属于皇帝个人和皇室所拥有，古籍称之为苑、苑圃、宫苑、御园等。“率土之滨，莫非王土”，皇帝是最高的统治者，凡与皇帝有关的起居环境诸如宫殿、坛庙、园林乃至都城等，莫不利用其建筑形象和总体布局以显示皇家气派和皇权的至尊。皇家园林尽管是摹拟山水风景的，也要在不悖于风景式造景原则的情况下尽量显示皇家的气派。同时，又不断地向民间的园林汲取造园艺术的养分，从而丰富皇家园林的内容，提高宫廷造园的艺术水平。再者，皇帝能够利用其政治上的特权和经济上的富厚财力，占据大片的地段营造园林以供一己享用，无论人工山水园还是天然山水园，规模之大远非私家园林所能比。皇家园林的代表如魏晋南北朝以后出现的大内御苑、行宫御苑、离宫御苑。

私家园林为民间的贵族、官僚、缙绅所私有，古籍中称之为园、园亭、园墅、池馆、山池、山庄、别业、草堂等。中国古代封建社会，“耕、读”为立国之根本，文人与官僚合流的士，位于“士、农、工、商”这个民间序列等级的首位。商人虽居末流，由于他们在繁荣城市经济，保证皇室、官僚、地主的奢侈生活供应方面所起的重要作用，往往也成为缙绅。大商人积累了财富，相应地提高了社会地位，一部分甚至侧身于仕林。贵族、官僚、文人、地主、富商兴造园林供一己之用，同时也以此作为夸耀身份和财富的手段。

寺、观园林即佛寺和道观的附属园林，也包括寺观内部庭院和外围地段的园林化环境。郊野的寺、观大多修建在风景优美的地带，甚至选占于山奇水秀的名山胜境。佛教和道教是盛行于中国的两大宗教，佛寺和道观的组织经过长期的发展而形成一整套的管理制度——丛林制度。寺、观拥有土地，也经营工商业，寺观经济——丛林经济与世俗的小农经济并无二致，而世俗的封建政治体制和家族体制也正是丛林制度之根本。因此，寺观的建筑形制逐渐趋同于宫廷、宅邸，乃是不言而喻的事情。寺观园林既建置独立的小园林，也很讲究内部庭院的绿化，多有栽培名贵花木于世。郊野的寺、观大多修建在风景优美的地带，周围向来不许伐木采薪。因而古树参天，绿树成荫，再配以小桥流水或少许亭榭的点缀，又形成寺、观外围的园林化环境，如九华山、普陀山、峨眉山等。

二、中国古典园林发展概况

中国古典园林历史悠久，大约从公元前11世纪的奴隶社会末期始直到19世纪末封建社会解体为止，其演进的过程，相当于以汉民族为主体的封建大帝国从开始形成转化为全盛、成熟直到消亡的过程，其逐步完善的动力亦得益于王朝交替过程中经济、政治、意识三者间的自我调整而促成的物质文明和精神文明的进步。因而我们可以把中国古典园林的全部发展历史分为五个时期：

1. 生成期

生成期即中国古典园林从萌芽、产生而逐渐成长的时期，这段时期的园林发展虽然尚处在比较幼稚的初级阶段，但却经历了奴隶社会末期和封建社会初期1200多年的历史，相当于殷、周、秦、汉四个朝代。

这一时期的造园主流是皇家园林。秦统一中国后，在短短的十二年间建置的离宫约有五六百处之多。到西汉时，武帝刘彻再度扩建秦代上林苑，建成后的上林苑规模宏伟，宫室众多，建置了大量的宫、观、楼、台等建筑，并蓄养珍禽异兽供帝王行猎（图2-1）。可见汉代上林苑的功能已由早先的狩猎、通神、求仙、生产为主，逐渐转化为后期的游憩、观赏为主。两汉时期，也出现了中国最早的私家园林，如西汉梁孝王刘武的兔园，袁广汉的私园以及东汉梁冀洛阳的宅院，但私家园林在数量、艺术上还处于起步发展阶段。

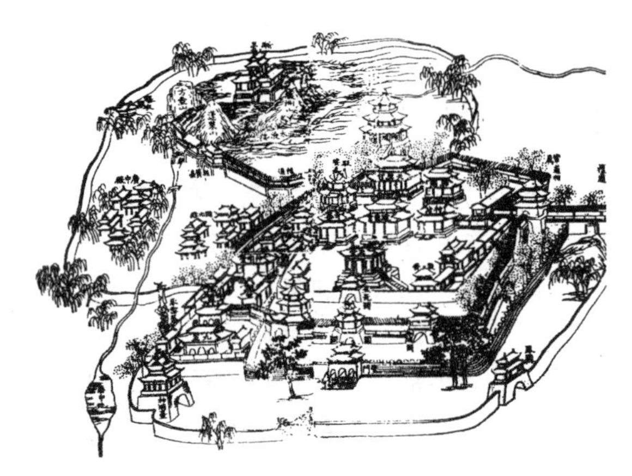

图2-1　汉林苑中建章宫

园林生成期逐渐形成了可视为中国古典园林原始雏形的三个要素“园”、“囿”、“台”。最早见于文字记载的园林形式是“囿”，而园林里面主要的建筑物是台。中国古典园林的雏形产生于囿和台的结合。“文王之囿，方七十里，刍荛者往焉，雉兔者往焉，与民同之”，囿除了为王室提供祭祀、丧纪所用的牺牲、供应宫廷宴会的野味之外，还兼“游”的功能，即在囿里面进行游观活动。春秋战国时期，各诸侯国都竞建苑囿，如魏之温囿、鲁之郎囿、吴之长洲苑、赵之乐野苑等。“台”，即用土堆筑而形成的方形高台，其最初功能是登高以观天象、通神明。台还可以登高远眺，观赏风景。后来台的游观功能逐渐上升，成为一种宫廷建筑物，并结合绿化种植形成以它为中心的空间环境，这个空间环境就逐渐向园林雏形方向转化了。园是种植树木的场地。园囿是中国古典园林除囿、台之外的第三个源头。这三个源头之中，囿和园囿属于生产基地的范畴，它们的运作具有经济方面的意义。因此，中国古典园林在其产生的初始便与生产、经济有着密切的关系，这个关系甚至贯穿于整个生成期的始终。

天人合一、君子比德、神仙思想这三个影响中国古典园林向着风景式方向发展的重要意识形态因素在这一时期形成。“天人合一”包含两层意义：一是人是天地生成的，人的生活服从自然界的普遍规律；二是人生的理想和社会的运作应该和大自然谐调，保持两者的亲和关系。“君子比德”是从功利、伦理的角度来认识大自然，将大自然的某些外在形态、属性与人的内在品德联系起来，典型的如“知者乐水，仁者乐山。知者动，仁者静”，这种“人化自然”哲理必然会导致人们对山水的尊重。“神仙思想”产生于周末，盛行于秦汉，其中以东海仙山和昆仑山最为神奇，流传也最广，成为我国两大神话系统的渊源。

西汉建章宫内的苑囿就是历史上第一座具有完整的三仙山的仙苑式皇家园林。天人合一、君子比德、神仙思想三个重要意识形态因素的哲理主导，使中国古典园林从雏形开始就不同于欧洲规整式园林处于理性哲学主导而表现的“理性自然”和“有秩序的自然”，从而明确了园林的风景式发展方向。

2. 转折期——魏、晋、南北朝

魏晋南北朝长期动乱，是思想、文化、艺术上有重大变化的时代，这些变化引起了园林创作的变革。此时造园活动普及于民间，园林的经营完全转向于以满足人的本性的物质享受和精神享受为主，并升华到艺术创作的新境界。人们开始追求返璞归真，把自然视为至善至美。寄情山水，隐遁江湖，被视为高雅而受到尊敬。自然界已不再是人类可畏可敬的对立物，而是可倚可亲的依托环境。对自然美的发觉和追求，成了这个时期造园艺术发展的生机勃勃的推动力，于是山水诗、山水画应运而生，再现自然美的山水园也发展起来了，园林也由此成为一种真正的艺术。

官僚士大夫纷纷造园，门阀士族的名流、文人也非常重视园居生活，有权势的庄园主亦竞相效仿，私家园林便应运而兴盛起来。如南朝都城建康，苑园尤盛，帝苑以华林（图2-2）、乐游两地最为著名，大臣之园多近秦淮、清溪二水。东晋纪瞻在乌衣巷建园，“馆宇崇丽，园池竹木，有足玩赏焉”（《晋书·纪瞻传》）。谢安“于土山营墅，楼馆林竹甚盛”（《晋书·谢安传》）。帝王造园由于受到当时思想潮流的影响，欣赏趣味也向追求自然美方面转移，例如东晋简文帝入华林园，顾左右曰：“会心处不必在远，翳然林水，便自有濠濮间想也”（《世说新语》）。本时期另一个新发展就是出现了公共旅游的城郊风景点。这是一种众人共享的公共旅游区，和一般私园和苑囿不同，江南许多城市在城墙或高地上面建造楼阁，作为游眺之所，如齐时东阳太守沈约所建元畅楼，经历代诗人题咏成为东南的名胜地；建康的瓦馆阁，是眺望长江壮丽景色的著名景点。名士高逸和佛徒僧侣为逃避尘嚣而寻找清净的安身之地促进了山区景点的开发。如谢灵运在始宁立别业，佛教净土宗大师慧远在庐山北麓创建东林寺，面向香炉峰，前临虎溪，对庐山的开发起了促进

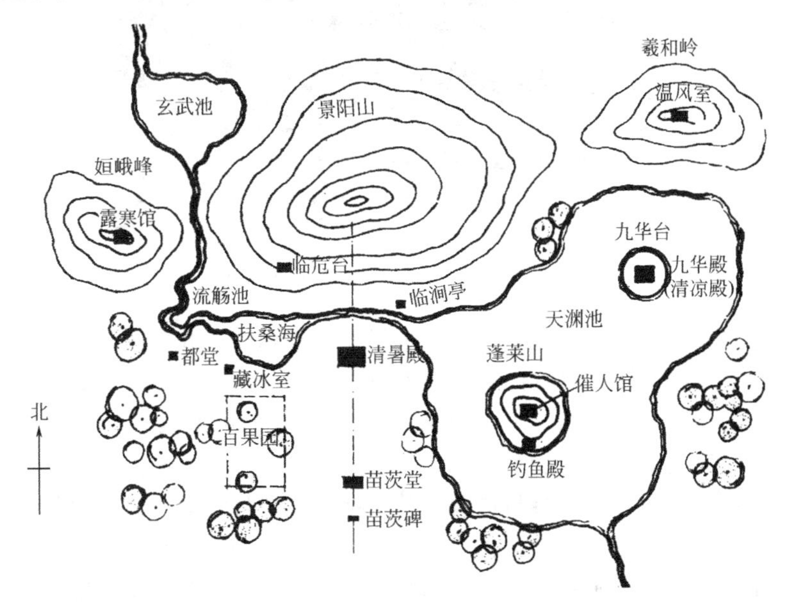

图 2-2　北魏洛阳华林园平面设想图

作用。

南北朝时期园林形式和内容的转变。园林形式由粗略的模仿真山真水转到用写实手法再现山水；园林植物由欣赏奇异花木转到种草栽树，追求野致；园林建筑不再徘徊连属，而是结合山水，列于上下，点缀成景。南北朝时期园林是山水、植物和建筑互相结合组成的山水园，多向、普遍、小型、精致、高雅和人工山水写意化是本时期园林发展的主要趋势，可称作自然（主义）山水园或写实山水园。

代表作品：铜雀园、芳林苑、华林园等等。

3. 全盛期——隋、唐

在魏晋南北朝所奠定的风景式园林艺术的基础上，隋唐园林随着封建经济、政治和文化的进一步发展而臻于全盛的局面，各类型的园林都得到了极大的发展，园林艺术水平也有了长足的进步。隋唐时期皇家园林的“皇家气派”已经完全形成，形成了大内御苑、行宫御苑、离宫御苑三个类别及其类别特征。皇家气派是皇家园林的内容、功能和艺术形象的综合而予人一种整体的审美感受。它的形成，与隋唐宫廷规制的完善、帝王园居活动的频繁和多样化有着直接的关系，标志着以皇权为核心的集权政治的进一步巩固和封建经济、文化的空前繁荣。作为这个园林类型所独具的特征，“皇家气派”不仅表现为园林规模的宏大，而且反映在园林总体的布置和局部的设计处理上面。因此，皇家园林在隋唐三大园林类型中的地位，比魏晋南北朝时期更为重要，出现了像西苑、华清宫（图 2-3）、九成宫等这样一些具有划时代意义的作品。

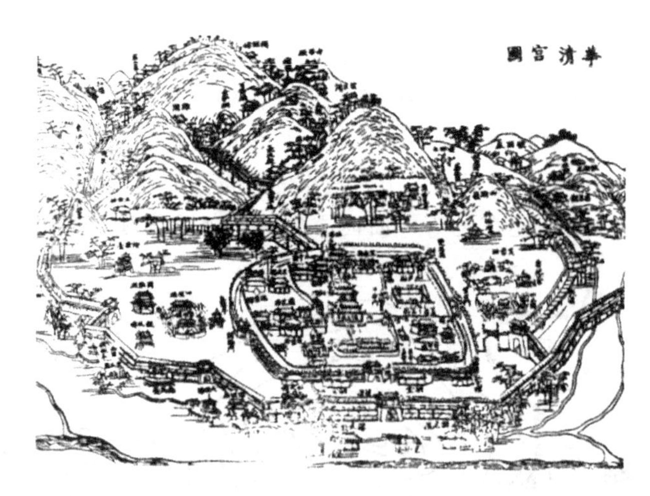

图 2-3　华清宫图（摹自《陕西通志》）

山水画、山水诗文、山水园林这三个艺术门类已互相渗透并促进了私家园林的艺术性的升华，开始着意于刻画园林景物的典型性格以及局部的细致处理。如诗人王维的诗作生动地描写山野、田园的自然风光，使读者悠然神往，他的画亦具有同样气质而饶有诗意(图 2-4)。以诗入园、因画成景的做法在唐代已见端倪，中国古典园林的第三个特点——诗画的情趣开始形成。同时文人参与造园活动，把士流园林推向文人化的境地，又促成了文人园林的兴起。唐代已涌现一批文人造园家，把儒、道、佛禅的哲理融汇于他们的造园思想之中，从而形成文人的园林观。文人园林不仅是以“中隐”为代表的隐逸思想的物化，它所具有的清沁淡雅格调和较多的意境涵蕴，在一部分私家园林创作中也有所体现。

这些，使得写实与写意相结合的创作方法又进一步深化，为宋代文人园林兴盛打下基础。

寺观园林的普及是宗教世俗化的结果，同时也促进了宗教和宗教建筑的进一步世俗化。城市寺观具有城市公共交往中心的作用，寺观园林亦相应地发挥了城市公共园林的职能。郊野寺观的园林（包括独立建置的小园、庭园绿化和外围的园林化环境），把寺观本身由宗教活动的场所转化为点缀风景的手段，吸引香客和游客，促进原始型旅游的发展，也在一定程度上保护了郊野的生态环境。宗教建设与风景建设在更高的层次上相结合，促成了风景名胜区，尤其是山岳风景名胜区普遍开发的局面，使中国所特有的“园林寺观”获得了长足发展。

图 2-4 唐代诗人王维的辋川别业（《辋川图》摹本）

风景式园林创作技巧和手法的运用，较之上代又有所提高而跨入了一个新的境界。造园用石的美学价值得到了充分肯定，园林中的“置石”已经比较普遍。“假山”一词开始用作为园林筑山的称谓，筑山既有土山，也有石山（土石山），但以土山居多。杜甫《假山·序》描写其为：“一匮盈尺……旁植慈竹。盖兹数峰，嵚岑婵娟，宛有尘外致。”至于石山，因材料及施工费用昂贵，仅见于宫苑和贵戚官僚的园林中。但无论土山或石山，都能够在有限的空间内堆造出起伏延绵、摹拟天然山脉的假山，既表现园林“有若自然”的氛围，又能以其造型而显示深远的空间层次。园林的理水，除了依靠地下泉眼而得水之外，更注意于从外面的河渠引来活水。郊野的别墅园一般都依江临河，即便城市的宅园也以引用沟渠的活水为贵。西京长安城内有好几条人工开凿的水渠；东都洛阳城内水道纵横，城市造园的条件较长安更优越。活水既可以为池、为潭，也能成瀑、成濑、成滩，回环萦流，足资曲水流觞，潺潺有声，显示水体的动态之美，大为丰富了水景的创造。园林植物题材更为多样化，文献记载中屡屡提及有足够品种的观赏树木和花卉以供选择。园林建筑从极华丽的殿堂楼阁到极朴素的茅舍草堂，它们的个体形象和群体布局均丰富多样而不拘一格，这从敦煌壁画和传世的唐画中也能略窥其一斑。

4. 成熟前期——两宋

从北宋到清雍正朝的七百多年间，中国古典园林继唐代全盛之后，持续发展而臻于完全成熟的境地。两宋作为成熟时期的前半期，在中国古典园林发展史上，乃是一个极其重要的承先启后阶段。

在皇家园林、私家园林、寺观园林三大园林类型中，私家的造园活动最为突出。士流园林全面地“文人化”，文人园林大为兴盛。文人园林作为一种风格几乎涵盖了私家造园活动，并为它在下一个阶段的发展奠定了基础。文人园林的风格特点，也就是中国风景式园林的四个主要特点在某些方面的外延。文人园林的兴盛，成为中国古典园林达到成熟境地的一个重要标志。皇家园林较多地受到文人园林的影响，显示了比任何时期都更接近私家园林的倾向。这种倾向冲淡了园林的皇家气派，也从一个侧面反映出两宋封建政治一定程度的开明性和文化政策一定程度的宽容性。皇家园林的数量和建设规模并不逊前朝，卞京的帝苑多达九处，其中最著名的就是宋徽宗所建的寿山艮岳（图 2-5），这是一座因风水之说而建立在皇城东北角的园林，曾耗费大量人力物力，从江南罗致奇花异石，动用运粮纲船送来汴京，这就是历史上著名的"花石纲"。寺观园林由世俗化而更进一步文人化，文人园林的风格也涵盖了绝大多数寺观园林。公共园林虽不是造园活动的主流，但比之上代已更为活跃、普遍。某些私家园林和皇家园林定期向社会开放，亦多少发挥其公共园林的职能。

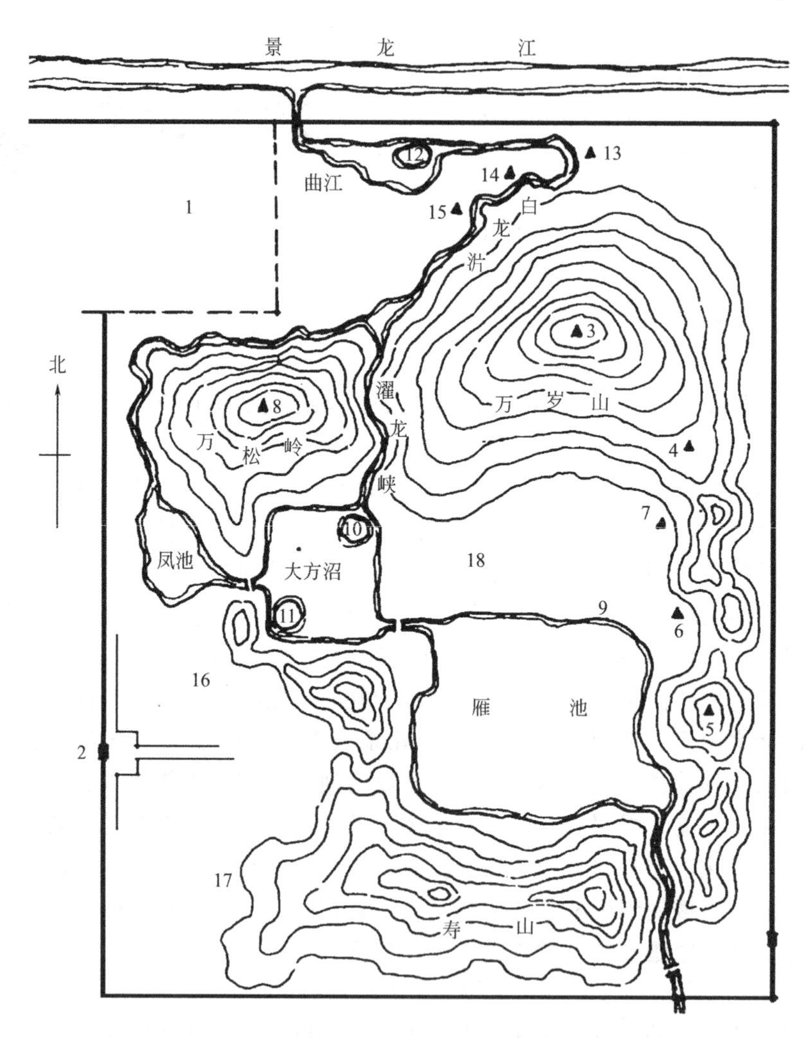

图 2-5　艮岳平面设想图

叠石、置石均显示其高超技艺，理水已能够缩移摹拟大自然界全部的水体形象与石山、土石山、土山的经营相配合而构成园林的地貌骨架。对奇石的追求，宋人不亚于唐人。苏轼嗜石，家中以雪浪、仇池二石最为著名，米芾对奇石所定的"瘦、透、皱、漏"四字品评标准，久为后人所沿用。观赏植物由于园艺技术发达而具有丰富的品种，为成林、丛植、片植、孤植的植物造景提供了多样选择余地。作为造园要素之一的园林建筑已经具备后世所见的几乎全部形象，对于园林的成景起着重要作用。尤其是建筑小品、建筑细部、室内家具陈设之精美，比之唐代又更胜一筹，这在宋人的诗词及绘画中屡屡见到。

文人画的画理介入造园艺术，从而使得园林呈现为“画化”的表述。景题、匾联的运用，又赋予园林“诗化”的特征。它们不仅更具象地体现了园林的诗画情趣，同时也深化了园林意境的涵蕴。而后者正是写意的创作方法所追求的最高境界。所以说，“写意山水园”的塑造，到宋代才得以最终完成。

5. 成熟后期——元明清

元、明、清是中国古典园林成熟期的第二阶段，一方面继承前一时期的成熟传统而更趋于精致表现了中国古典园林的辉煌成就；另一方则暴露出某些衰颓的倾向，已多少丧失前一时期的积极、创新精神。这个时期的造园活动曾经出现两个高潮：一是明中晚期南北两京和江南一带私园的繁荣；一是清代中叶清帝苑囿和扬州、江南各地私园的兴盛。其他如山岳风景区、名胜风景区、城郊风景点等也有较大发展明。中叶以前园林活动甚少，到正德、嘉靖两朝，奢靡之风大盛，各地第宅逾制，亭园华美的现象比比皆是。如江南名园拙政园（图 2-6）、寄畅园、瞻园都建于正、嘉年间。此后北京海淀李伟的清华园和米万钟的芍园，是万历年间修建的两座名园。入清以后，自从康熙平定国内反抗，政局较为稳定之后开始建造离宫苑囿，从北京香山行宫、静明园、畅春园、清漪园（颐和园）（图 2-7）到承德避暑山庄，工程迭起。乾隆六下江南，各地官员、富豪大事兴建行宫和园林，以寄邀宠于一时，使运河沿线和江南有关的城市掀起一个造园热潮，其中最典型的当推盐商们的造园热。当时扬州城内有园数十，瘦西湖两岸十里楼台一路相接形成了沿水上游线连续展开的园林带。明清两代，苏州始终是经济、文化发达的城市，优越的生活条件吸引着众多官僚富豪来这里营建园宅。

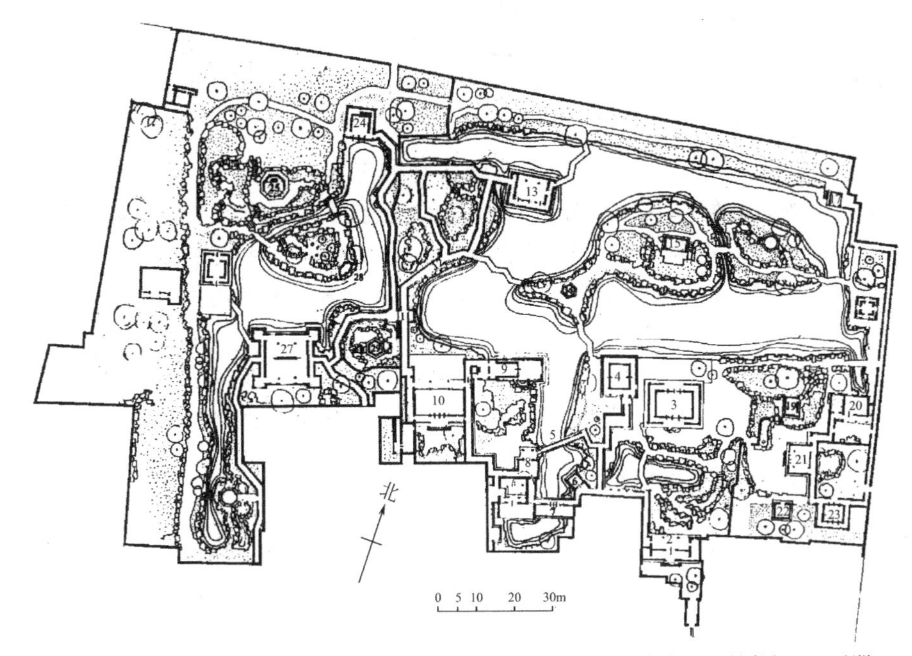

1—园门　2—腰门　3—远香堂　4—倚玉轩　5—小飞虹　6—松风亭　7—小沧浪　8—得真亭　9—香洲　10—玉兰堂
11—别有洞天　12—柳荫曲路　13—见山楼　14—荷风四面亭　15—雪香云蔚亭　16—北山亭　17—绿漪亭
18—梧竹幽居　19—绣绮亭　20—海棠春坞　21—玲珑馆　22—嘉宝亭　23—听雨轩　24—倒影楼
25—浮翠阁　26—留听阁　27—三十六鸳鸯馆　28—与谁同坐轩　29—宜两亭　30—塔影亭

图 2-6　拙政园中部平面图

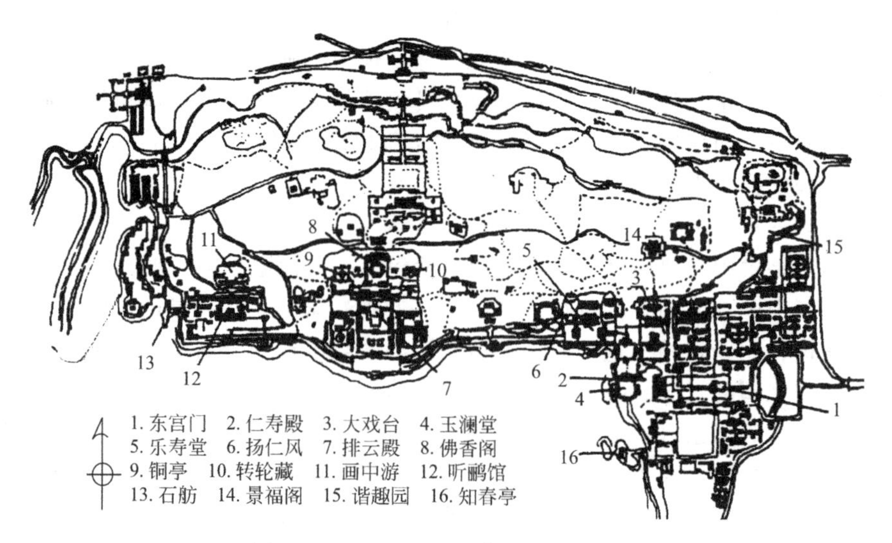

图 2-7 颐和园万寿山建筑分布示意图

皇家园林的规模趋于宏大，皇家气派又见浓郁。这种倾向多少反映了明以后绝对君权的集权政治日益发展。另一方面，皇家园林吸收江南私家园林的养分，保持大自然生态的“林泉抱素之怀”，则无异于注入了新鲜血液，为下一个时期——成熟后期的皇家园林建设高潮之兴起打下了基础。在某些发达地区，城市、农村聚落的公共园林已经比较普遍。它们多半利用水系而加以园林化的处理，或者利用旧园废址加以改造，或者依附于工程设施的艺术构思，或者为寺观外围的园林化环境的扩大等等，都具备开放性的、多功能的绿化空间的性质。无论规模的大小，都是城市或乡村聚落总体的有机组成部分。所以说，公共园林虽然不是造园活动的主流，但作为一个园林类型，其所具备的功能和造园手法，所表现的开放性特点，已是十分明显了。

明清时期园林的兴盛造就了一批从事造园活动的专家，如计成、周秉臣、张涟、叶洮、李渔、戈裕良等，他们中有一部分人有较高的文化艺术素养，又从事园林设计与施工，因而把园林创作推向更高层次，提高了园林的艺术水平。计成在总结实践经验基础上，著成《园冶》一书，是我国古代最系统的园林艺术论著，是江南民间造园艺术成就达到高峰境地的重要标志。

清末民初，封建社会完全解体，历史急剧变化，西方文化大量涌入，中国园林的发展亦相应地产生了根本性的变化，结束了它的古典时期，开始进入现代园林的阶段。

三、中国古典园林的基本特征

中国古典园林作为一个园林体系，与世界上其他园林体系相比较，具有鲜明的个性特征。而它的各类型之间，又有着许多相同的共性。这些个性和共性可以概括为四个方面。

1. 源于自然与高于自然

自然风景以山、水为地貌基础，以植被作装点。山、水、植物是构成自然风景的基本要素，当然也是风景式园林的构成要素。但中国古典园林不是一般地利用或简单地摹仿自然，而是有意识地加以改造、调整、加工、剪裁，正如“一拳则太华千寻，一勺则江湖万顷”，从而表现一个精练概括的、典型化的自然，即本于自然而又高于自然的园

林空间。

2. 建筑美与自然美的融糅

中国古典园林中的建筑，无论多寡，也无论其性质、功能如何，都力求把山、水、花木等其他造园要素有机地组织在一系列风景画面之中。突出彼此谐调，互相补充的积极一面。限制彼此对立，相互排斥的消极一面。从而在园林总体上使得建筑美和自然美融合起来，达到一种人工与自然高度谐调的境界——天人谐和的境界。

3. 诗画的情趣

园林是综合时空的艺术，中国古典园林的创作能充分地把握这一特性运用各个艺术门类，触类旁通，熔铸诗画艺术于园林。使得园林从总体到局部都包含着浓郁的诗画情趣，即通常所谓的诗情画意。

4. 意境的蕴涵

意境是中国艺术创作和鉴赏方面的一个极重要的美学范畴。简单说来，意即主观的理念、感情，境即客观的生活、景物。意境产生于艺术创作中。此两者的结合，即创作者把自己的感情、理念熔铸于客观生活、景物之中，从而引发鉴赏者类似的情感激动和理念联想。

中国古典园林中意境的体现可通过浓缩自然山水创设“意境图”、预设意境的主题和语言文字等方式来体现。

第三节　外国园林简史

一、外国古典园林渊源

世界上最先由原始社会进入奴隶社会的国家，有古代埃及、巴比伦、印度和中国。这四个亚非文明古国被称为世界文明的摇篮。他们在奴隶制的基础上创造了灿烂的古代文化，即出现了巨大的建筑物、灌溉系统、城市等，并开始有了造园的活动。

1. 古埃及的造园

埃及气候干旱，处于沙漠地区的人们尤其重视水和绿荫。尼罗河谷园艺发达，公元前3500年就出现有实用意义的树木园、葡萄园、蔬菜园，与此同时，出现了供奉太阳神庙和崇拜祖先的金字塔陵园，成为古埃及园林形成的标志。古埃及园林可划分为宫苑园林、圣苑园林、陵寝园林和贵族花园等四种类型。一般庭园成矩形，绕以高垣，园内以墙体分隔空间，或以棚架绿廊分隔成若干小空间，互有渗透与联系。园内花木的行列式栽植，水池的几何造型，都反映出恶劣的自然环境中人们力求改造自然的人本思想（图2-8）。

2. 古巴比伦的“悬园”

巴比伦城位于幼发拉底河中游，土地肥沃，森林植被茂密，园林以自然风格和狩猎为主的森林猎苑是典园林的最初形式。公元前7世纪的“空中花园”（图2-9）是历史上第一名园，被列为世界七大奇迹之一。它由一座金字塔形的数层露台构成。顶上有殿宇、树丛和花园，山边层层种植花草树木，并用人工将水引上山，做成人工溪流和瀑布，远观有将庭园置于空中之感。

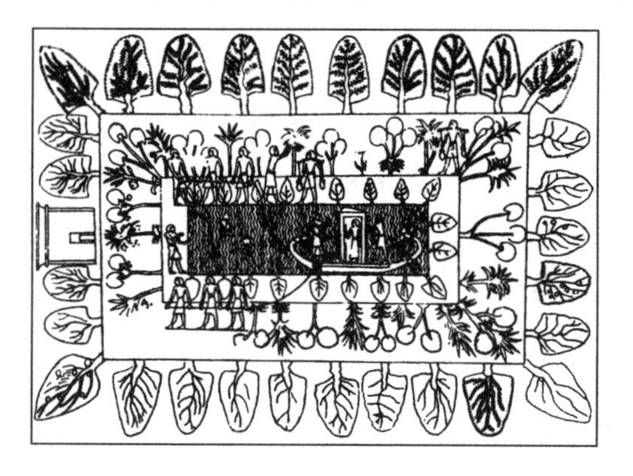

图 2-8　古埃及园林雷克玛拉（Pekhmara）平面图

图 2-9　巴比伦的空中花园

3. 古希腊的造园

古希腊是欧洲文明的摇篮，音乐、绘画、雕塑和建筑等艺术达到了很高的水平，发达的民主思想和公共集体活动的需要，促进了大型公园园林、娱乐建筑和设施的发展。而以苏格拉底、柏拉图、亚里士多德为杰出代表的古希腊哲学、美学、数理学研究，对古希腊园林乃至整个欧洲园林产生了重大影响，使西方园林朝着有秩序的、有规律的、协调均匀的方向发展。

古希腊园林由于受到特殊的自然植被条件和人文因素的影响，出现许多艺术风格的园林。园林类型多样，主要可划分为庭院园林、圣林、公共园林和学术园林等四种类型，成为后世欧洲园林的雏形。近代欧洲的体育公园、校园、寺庙园林等都残留有古希腊园林的痕迹。

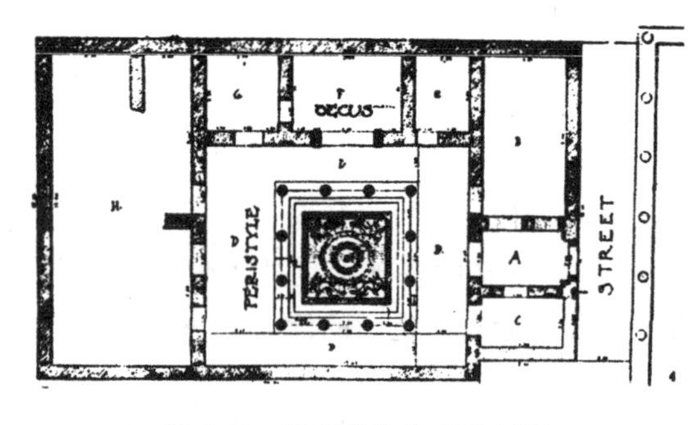

图 2-10　带列柱的住宅平面图

古希腊园林往往属于建筑整体的一部分，因为建筑是几何形空间，园林空间布局也采用规则形式以求得与建筑的协调（图 2-10）。同时，由于数学、美学的发展，也强调均衡、稳定的规则式园林。

4. 古罗马的造园

古罗马境内多丘陵山地，冬季温暖湿润，夏季闷热，而坡地凉爽，这些特殊的地理气候条件对园林布局风格有一定的影响，在学习希腊的建筑、雕塑和园林艺术的基础上，古希腊园林文化得到了进一步发展，在园林类型上分为宫苑园林、别墅庄园园林（图 2-11）、中庭式（柱廊式）园林和公共园林等四大类型。

古罗马园林前期以实用为主的果园、菜园和种植香料、调料的园地，后期在希腊园林艺术影响下，逐渐加强园林的观赏性、装饰性和娱乐性。罗马人把花园视为宫殿、住宅的延伸，同时受古希腊园林规则式布局影响，在规划上采用类似建筑的设计方式，地形处理上也是将自然坡地切成规整的台层，园内的水体、园路、花坛、行道树、绿篱等都有几何外形，无不展现出井然有序的人工艺术魅力。在园林植物造型上，常采用黄杨、紫杉和柏树作为造型树木，并把植物修剪成各种几何形体、文字和动物图案，称为绿色雕塑或植物

雕塑。花卉种植形式有花台、花池、蔷薇园、杜鹃园、鸢尾园、牡丹园等专类植物园，另外还有“迷园”。迷园图案设计复杂，迂回曲折、扑朔迷离，娱乐性强，后在欧洲园林很流行。后期古罗马园林盛行雕塑作品，从雕刻栏杆、桌椅、柱廊到墙上浮雕、圆雕，为园林增添艺术魅力。

古罗马横跨欧、亚、非三大洲，它的园林除了受到古希腊影响外，还受到古埃及和中亚、西亚园林的影响。例如，古巴比伦空中花园、猎苑，美索布达米亚的金字塔式台层等都在古罗马园林中出现过。

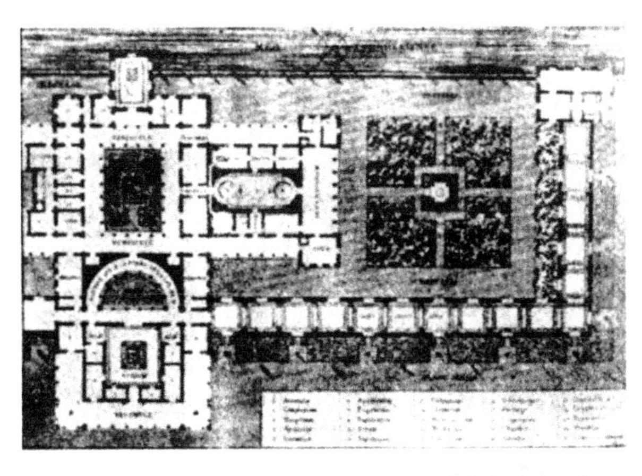

图 2-11　豪德波特（Haudebourt）的劳伦提努姆别墅复原图（特里格斯）(Triggs，H. I)

二、中世纪欧洲的庭院

中世纪社会动荡，战争频繁，政治腐化，经济落后，加之教会仇视一切世俗文化，采取愚民政策，排斥古希腊、古罗马文化，是西欧历史上光辉思想泯灭、科技文化停滞、宗教蒙昧主义盛行的“黑暗时代”，其文明主要是基督教文明，此时的园林则以实用性为目的的寺院园林和后期简朴的城堡庭园为主。

在中世纪西欧的造园中，通常有两种庭院：一种是装饰性庭院——回廊式中庭，由两条垂直远路把庭院分为四个区，园路交点通常设由水盘和喷泉，用于忏悔和净化心灵之用。周围四块草地，种植以花卉、果树装饰，作为修道士休息、社交的场所。另一种是为了栽培果树、蔬菜或药草的实用性庭院。中世纪前期西欧的造园是以意大利为中心的修道庭院（图 2-12），后期是以法国和英国为中心的城堡式庭院。

图 2-12　位于罗马的中世纪庭院圣保罗巴西利卡（St. Paul Basilica）

三、文艺复兴时的意大利造园

意大利位于欧洲南部亚平宁半岛，境内多山地和丘陵，该地区属于亚热带地中海气候，夏季谷地和平原闷热逼人，而山区丘陵凉风送爽。这些独特的地形和气候条件是意大利台地园林形成的重要自然因素。同时文艺复兴各个时期发展也促使了园林风格的差异，以此可分为美第奇式园林、台地园林和巴洛克式园林三种。

文艺复兴初期多流行美第奇式园林，选址比较重视丘陵地和周围环境，要求远眺、俯

图 2-13　意大利文艺复兴花园兰台

瞰等借景条件。园地依山势成多个台层，各台层相对独立，没有贯穿各台层的中轴线。建筑往往位于最高层以借景园内外，建筑风格尚保留一些中世纪痕迹。建筑和庄园比较简朴、大方。喷泉水池可作为局部中心，并与雕塑结合。水池造型比较简洁，理水技巧大方。绿丛植坛图案简单，多设在下层台地。

文艺复兴中期多流行台地园林（图 2-13）。选址也重视丘陵山坡，依山势劈成多个台层。园林规划布局严谨，有明确的中轴线贯穿全园，联系各个台层，使之成为统一的整体，庭院轴线有时分主次轴，甚至不同轴线成垂直、平行或放射状。中轴线以上多以水池、喷泉、雕塑以及造型各异的台阶、坡道等加强透视效果，景物对称布置在中轴线两侧。各台层以上往往以多种水体造型与雕塑结合作为局部中心。建筑有时也会作为全园主景而置于园地最高处。庭院作为建筑的室外延续部分，力求在空间形式上与室内协调和呼应。

文艺复兴后期主要流行巴洛克式园林。受巴洛克建筑风格的影响，园林艺术具有追求新奇、表现手法夸张的倾向，并在园林中充满装饰小品。园内建筑体量一般很大，占有明显的控制全园的地位。园中的林荫道综合交错，甚至用三叉式林荫道布置方式。植物修剪技术空前发达，绿色雕塑图案和绿丛植坛的花纹也日益复杂精细。

四、法国古典主义园林

17 世纪的法国，达到了极盛时代，与德国、英国并驾齐驱争夺霸权。路易十四称霸全欧，为了满足他的虚荣，表示他的自尊和权威，建造了宏伟的凡尔赛宫苑。凡尔赛宫苑是法国最杰出的造园大师勒诺特设计和主持建造的。勒诺特（Andre le notre，1613—1700）生于巴黎，出身园艺师家庭，学过绘画、建筑，曾到意大利游学，深受文艺复兴影响。回国后从事造园设计，耗费毕生精力于凡尔赛宫，又曾为法国贵族建造私人园林百余所。勒诺特的修养和成就提高他的地位，博得“宫廷造园师之王”的美称。勒诺特设计的园子，具有统一的风格和共同的构图原则，善于把园地与建筑结成一体，但又各具特色，富有想象力。初期曾好用意大利台地园的形式，但根据法国的地形条件和生活风尚，乃将瀑布跌水改为水池水渠，高瞻远景变为前景的平眺。由于他一方面继承了法兰西园林民族形式的传统，一方面批判地吸取了外来的园林艺术的优秀成就，结合法国自然条件而创作了符合新内容要求的新形式，具有独特的风格。通常把这个时期法兰西的苑园形式尊称为勒诺特式。

法国古典主义园林最主要的代表是孚·勒·维贡府邸（Vaux·le·Vicomte）花园和凡尔赛宫（图 2-14），它们都是勒诺特设计的。

凡尔赛宫苑全面积是当时巴黎市区的 1/4，这个大花园，范围很大，围墙周长有 45km，有一条明显的中轴线，长达 3km。其主体思想是要表彰法国皇家至高无上的权威，

体现着达到顶峰的绝对君权。在总体布局上采用明显的中轴线，以广大空间来适应盛大集会和游乐，以壮丽华美来满足君主穷奢极欲的生活要求。宫殿放在城市和林莽之间，前面通过干道伸向城市，后面穿过花园伸进林莽，这条轴线就是整个构图的中枢。道路、府邸、花园、河渠都围绕它展开，形成统一的整体。在中轴线上是一条纵向1560m长，横向长1013m，宽120m的十字形大运河，这条运河原来是低洼沼泽区，因此具有泄水蓄水的功能。水面的反光和倒影又丰富了环境特色，使宫苑显得宏伟宽阔，对增加轴线的深远意境起了极为重要的作用。在主轴的左右两侧是称为“小园林”的12个丛林小区，每个小区，在密林深处，各有它特殊的题材，别开生面的构思和鲜明的风格。宫的南北两个侧翼，各有一大片图案式花坛群，在南面的称南坛园，台下有柑桔园、树木园，在北面的称北坛园，有花坛群，有大型绿丛植坛的布置和理水设计。

图2-14 凡尔赛中轴线鸟瞰

法国古典主义园林，体现“伟大风格”，追求宏大壮丽的气派，勒诺特继承自己祖国造园的优秀传统，巧妙大胆地组织植物题材构成风景线。并创造各个风景线上的不同视景焦点，或喷泉，或水池，或雕像互相都可眺望，这样连续地四面八方展望，视景一个接着一个，好似扩展、延伸到无穷无尽。这是勒诺特继承法国丛林栽植的造园优秀传统，并根据法国地势平坦的特点，采用这种在丛林中辟出视景线的方法，而组成了丰富的园林景象。

在理水方面，法国平坦的原野上是不能像意大利庄园那样设置众多宏大的喷泉群，并用活水来不断形成跌落和瀑布，而且这种理水方式建造费用和维持费用浩大。因此，勒诺特采片继承本民族传统并巧妙运用水池和河渠的方式，用这种大片的静水使法国古典主义园林更加典雅。勒诺特园林形式的产生，揭开了西方园林发展史上的新纪元，使勒诺特园林风格也像意大利文艺复兴时期的台地园一样，风行全欧洲。

五、英国自然风景园林

英国是大西洋中的岛国，北部为山地和高原，南部为平原和丘陵，属海洋性气候，这为植物生长提供了良好的自然条件，并且英国是以畜牧业为主的国家，草原面积占国土的70%，森林占10%，这种自然景观又为英国自然园林风格的形成奠定了天然的环境条件。同时由于圈地运动的进行，牧区不断扩大，出现了牛羊如云的草原景观，为风景式园林在英国的出现提供了良好的社会条件。18世纪英国田园文学的兴起和自然风景画派的出现，在中国园林“虽由人作，宛自天开”的思想影响下，自然风景园也更深入人心。英国自然风景园可以划分为宫苑园林、别墅园林、府邸花园三种类型。

从18世纪初到19世纪的百年间，自然风景园林成为造园新时尚，园林专家辈出。布里·奇曼（Charles Bridgeman，不详～1738年）是自然式园林的实践者，是使规则式园林向自然式园林过渡的典型代表人物。威廉·肯特（William Kent，1686～1748年）是完全摆脱了规则式园林的第一位造园家，成为真正自然风景园林的创始人。朗斯洛特·布朗（Lancelot Brown，1715～1783年）继肯特之后成为英国园林界泰斗，他设计的园林遍布全英国，被誉为“大地的改造者”。胡弗莱·雷普顿（Humphry Rrpton，1752～1818年）是18世纪后期最著名的风景园林大师，主张风景园林要由画家和造园家共同完成，给自然风景园林增添了艺术魅力。威廉·钱伯斯更极力传播中国园林艺术风格，为自然风景园林平添高雅情趣和意境。

初期自然主义风景园林设计师不断摸索风景园的创作，企图能把握自然风景的特性，尽他们当时所有的一切艺术技巧来表现自然的风致：把直线条弃去不用，而代之树丛和圆滑的弧线苑路。在风景式的园林中，除为了创造水池等的需要而对地形有较大的变动外，通常都是随着本来地形而设计，水和树常用以加强地形和地貌。

英国自然风景园林所追求的是广阔的自然风景构图，注重从自然要素直接产生的情感，模仿自然、表现自然、回归自然，是自然风光的再现，这些是英国风景式园林的根本特征。成熟期的英国园林排除直线条道路、几何形水体和花坛，中轴对称布局和等距离的植物种植形式。尽量避免人工雕琢痕迹，以自由流畅的湖岸线、动静结合的水面、缓缓起伏的草地上高大稀疏的乔木或丛植的灌木取胜。在园林理水方面摒弃了规则式园林几何形水池、大量喷泉设施和直线水道等理水手法，把自然水体及其相关人文景观引入园内。园内往往利用自然湖泊或设置人工湖，湖中有岛，并有堤桥连接，湖面辽阔，有曲折的湖岸线，近处草地平缓，远方丘陵起伏，森林茂密。湖泊下游设置弯曲的河流，河流一侧又有开阔的牧场，沿河流域布置有庙宇、雕塑、桥、亭、村、舍等。同时自然种植树林，开阔的缓坡草地散生着高大的乔木和树丛，起伏的丘陵生长着茂密的森林。树木以乡土树种为主，如山毛榉、椴树、七叶树、冷杉、雪松等，不需要人工修剪和整形。

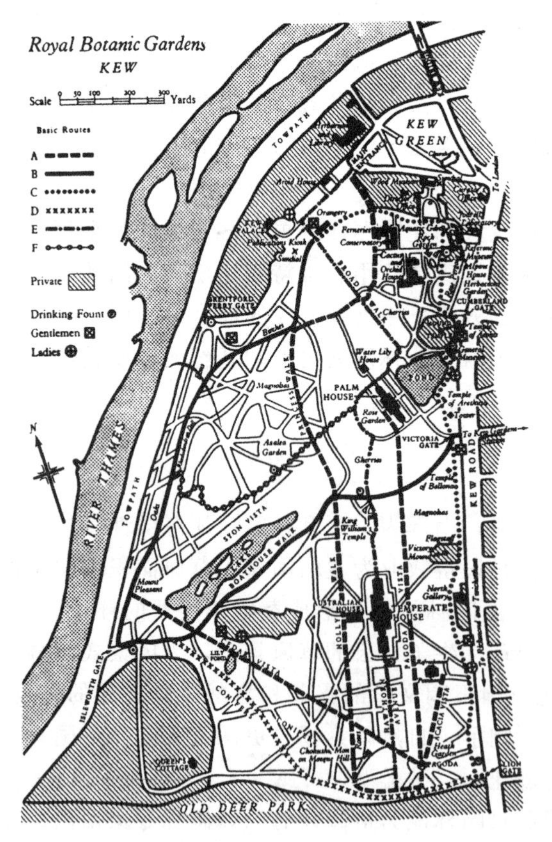

图2-15　邱园平面图

邱园，也称英国皇家植物园，是英国自然风景园林的代表作品（图2-15）。1731年威尔士亲王腓特烈（Freaderick）开始居住于此，称为邱宫。当时亲王夫人在此收集植物品种。1759年奥古斯塔公主在宫殿周围开始建植物园。此时，著名园林建筑大师威廉·钱伯斯被国王乔治三世聘请到邱园，留下了大量中国式风格的建筑作品。如1761年修建的中国塔及孔庙、清真寺亭、桥、假山、岩洞、废墟等这些建筑标志着中国园林风格对英国园林的重大影响。邱园首先以邱宫为中心，以后在

其周围建园，又逐渐扩大面积，增加不同局部，形成了多个中心。邱园以邱宫、棕榈温泉室等为中心，形成局部的优美环境，加之自然的水面、草地、风姿美丽的孤植树，茂密的树丛，绚丽多彩的月季亭，千奇百怪的岩石园等，是邱园不仅在园林艺术方面有很高的观赏价值，而且在国际植物学方面具有权威地位。具有中国风格的园林建筑如亭桥塔假山岩洞等为邱园增添风采。邱园从欧洲、亚洲、澳洲、美洲等世界各地引种的植物异彩纷呈，复杂多样，如中国的银杏、白皮松、珙桐、鹅掌楸等名贵树木栽培其中，这是邱园的显著特色之一。

英国风景式园林以其返本复出的自然主义和天然纯朴自由的风格冲破了长期统治欧洲的规则式园林教条的束缚，极大地推动了当时欧洲各国园林风格的变迁，对近代欧洲乃至世界各国园林的发展都产生了深远的影响。

六、伊斯兰园林

伊斯兰园林始自波斯，公元前5世纪的波斯“天堂园”，四面有墙，墙的作用是和外面隔绝，便于把天然与人为的界限划清。从8世纪被伊斯兰教徒征服后，波斯庭院开始把平面布置成方形“田”字。用纵横轴线分作四区，十字林荫路交叉处设中心水池，以象征天堂。在西亚高原冬冷夏热、大部分地区干燥少雨的情况下，水是庭院的生命，更是伊斯兰教造园的灵魂。

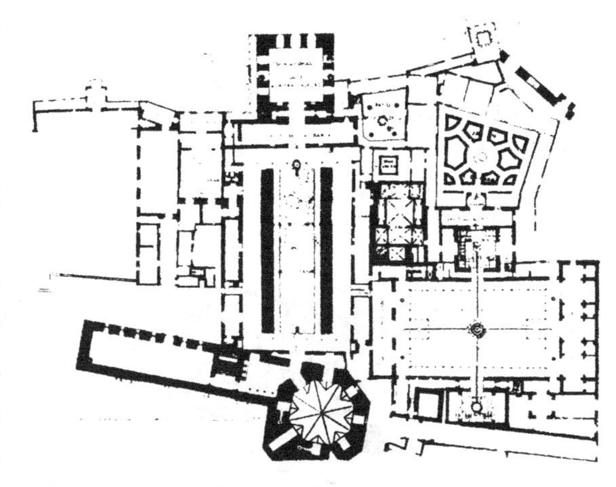

图2-16 阿尔罕布拉宫平面图

公元8世纪前西班牙造园为仿罗马中庭样式，被阿拉伯人征服后，又接受伊斯兰造园传统，公元14世纪前后兴造的阿尔罕布拉宫（Alhambra），（图2-16）经营百年由大小六个庭院和七个厅堂组成，以1377年所造“狮庭”（CourtofLions）最称精美。庭中植有桔树，用十字形水渠象征天堂，中心喷泉的下面由十二石狮圈成一周，作为底座。各庭之间以洞门联系互通，隔以漏窗，可由一院窥见邻院。植物种类不多，仅有松柏、石榴、玉兰、月桂，杂以香花。建筑物色彩丰富，装饰以抹灰刻花出做底，染成红蓝金墨，间以砖石贴面，夹配瓷砖，嵌装饰阿拉伯文字。

在印度河流域，构成古印度庭园的主要元素是水，常被贮放在水池中，具有装饰、沐浴、灌溉三种用途。除水池之外，凉亭在庭园中也是不可缺少的，它与水池一样兼有装饰与实用的功能，由于是热带气候，作为庭园植物的绿荫树也倍受重视，以创造更多的绿树浓荫，而不用花草造园。公元1000年左右后印度国内出现了伊斯兰教徒的各个王朝，在整个印度疆内移植了伊斯兰文化。在历代国王中以沙·贾汉时代的伊斯兰庭院最为发达，泰姬陵（Taj Mahal）就是这一时期的印度伊斯兰式建筑和庭院的力作。它是一座优美而平坦的庭园，该园的特征就是它的主要建筑物均不位于庭园中心，而是偏于一侧，即在通向巨大的圆拱形天井大门之处，以方形池泉为中心，开辟了与水渠垂直相交的大庭园，迎面而立的大理石陵墓的动人的形体倒映在一池碧水之中。庭园也以建筑轴线为中心，取左右均衡的极其单纯的布局方式，用十字形水渠来造成四个分园，在它的中心处筑造了一个高于地面的白色大理石的美丽喷水池。

七、日本园林

日本庭园深受中国文化的影响，尤其是唐宋山水园和禅宗思想由中国传到日本以后，发展很快，并且结合日本国土地理条件和风俗特点，形成了日本独特的风格。日本庭园以幽雅、古朴和清丽取胜，表现出日本民族所喜爱的纤巧、秀媚。以少胜多、小中见大的东方风情，善于利用每一平方米的空间，给人创造出一种悦目爽神而又充满诗情画意的境界。

日本民族所特有的山水庭的主题是在小块庭地上表现一幅自然风景的全景图。这是结合自然地形地貌组织园林景观，并将外界的风景引入园林里来，是自然风景模型的缩小，是完全忠实于自然的，是自然主义的写实，但又富有诗意和哲学的意味，是象征主义的写意。

日本庭园形式，大致可分为下列几种：

（1）筑山庭

又称山水庭或筑山泉水庭，主要有山和池，即利用地势高差或以人工筑山引入水流，加工成逼真的山水风景。另一种抽象的形式，称作枯山水。在狭小的庭园内，将大山大水凝缩，用白砂表现海洋、瀑布或溪流，是内涵抽象美的表现（图 2-17）。

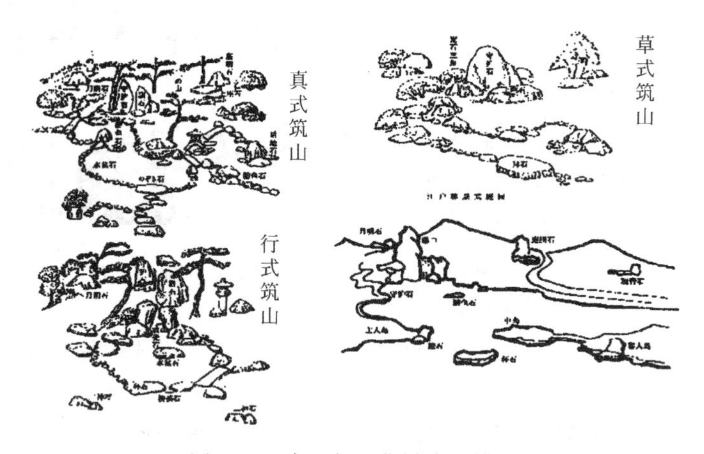

图 2-17　真、行、草样式的筑山

（2）平庭

即在平坦地上筑园，主要是再现某种原野的风致。其中可分许多种：芝庭以草皮为主；台庭——以青苔为主；水庭——以池泉为主；石庭——以砂为主；砂庭——不同于石庭，有时伴以苔、水、石作庭；林木庭——根据庭园的不同要求配置各种树木（图 2-18）。

（3）茶庭

附随茶室的庭园，是表现茶道精神的场所。庭院四周用竹篱围起来，有庭门和小径，通道茶室，以飞石、洗手钵为观赏的主要部分，设置石灯笼，以浓荫树作背景，主要表现自然的片断和茶道的精神（图 2-19）。

图 2-18　真、行、草三种样式的平庭

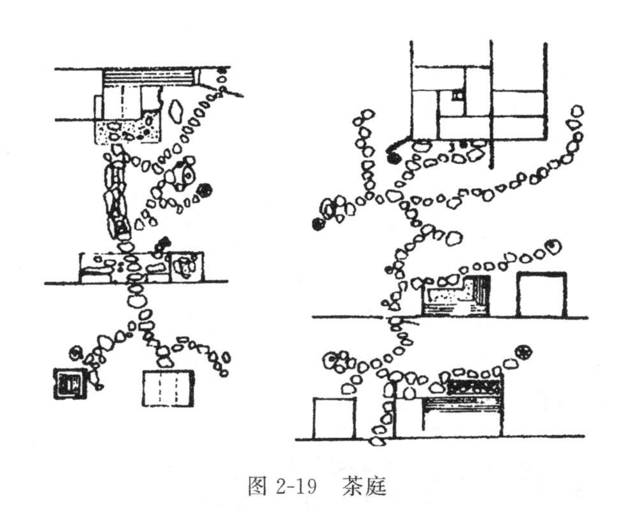
图 2-19　茶庭

第四节　西方现代园林简介

一、西方现代园林的产生

西方的传统园林多是为上流阶层服务的，它是社会地位的象征。18 世纪中叶，由于中产阶级的兴起，英国的部分皇家园林开始对公众开放。随即法国、德国等国家争相效仿，开始建造一些为城市自身以及城市居民服务的开放型园林。1843 年，英国利物浦市的伯肯海德公园的对外免费开放，标志着城市公园的正式诞生。1858 年美国的第一个城市公园——纽约中央公园诞生。纽约中央公园为城市居民带来了清新安全的一片绿洲，有效地改善了城市居住环境，受到社会高度的好评和认可。纽约中央公园的建成促使欧美掀起了城市公园建设的高潮，被称为“城市公园运动”。但公园都被密集的建筑群所包围，形成了一个个“孤岛”因此也就显得十分脆弱。到 1880 年，波士顿公园系统——“翡翠项链”形成，将数个公园连成一体，在波士顿中心地区形成了景观优美、环境宜人的公园体系，突破了这一格局，对城市绿地系统理论的发展产生了深远的影响。这种以城市中的河谷、台地、山脊为依托形成城市绿地的自然框架体系的思想，也是当今城市绿地系统规划的一大原则。

城市公园（Public Park）的产生是对城市卫生及城市发展问题的反映，是提高城市生活质量的重要举措之一。城市公园成为真正意义上的大众园林，它通常用地规模较大，环境条件复杂，要求在设计时综合考虑使用功能、大众行为、环境、技术手段等要素，有别于传统园林的设计理论与方法。可以说，19 世纪欧美的城市公园运动拉开了西方现代园林发展的序幕。城市公园运动尽管使园林在内容上与以往的传统园林有所变化，但在形式上并没有创造出一种新的风格。真正使西方现代园林形成一种有别于传统园林风格的是 20 世纪初西方的工艺美术运动和新艺术运动而引发的现代主义浪潮，正是由于一大批富有进取心的艺术家们掀起的一个又一个的运动，才创造出具有时代精神的新的艺术形式，带动了园林风格的变化。

19 世纪中期，在英国以拉斯金和莫里斯为首的一批社会活动家和艺术家发起了“工艺美术运动”是由于厌恶矫饰的风格、恐惧工业化的大生产而产生的，因此在设计上反对华而不实的维多利亚风格，提倡简单、朴实、具有良好功能的设计，在装饰上推崇自然主义和东方艺术。

在工艺美术运动的影响下，欧洲大陆又掀起了一次规模更大、影响更加广泛的艺术运动——新艺术运动。新艺术运动是 19 世纪末 20 世纪初在欧洲发生的一次大众化的艺术实践活动，它反对传统的模式，在设计中强调装饰效果，希望通过装饰的手段来创造出一种新的设计风格，主要表现在追求自然曲线形和直线几何形两种形式。新艺术运动中的园林以庭园为主，对后来的园林产生了广泛的影响，它是现代主义之前有益的探索和准备，同时预示着现代主义时代的到来（图 2-20）。

图 2-20 巴塞罗那居尔公园

现代主义受到现代艺术的影响甚深，现代艺术的开端是马蒂斯开创的野兽派（The wild Beasts）。它追求更加主观和强烈的艺术表现，对西方现代艺术的发展产生了重要的影响。20 世纪初，受到当时几种不同的现代艺术思想的启示，在设计界形成了新的设计美学观，它提倡线条的简洁、几何形体的变化与明亮的色彩。现代主义对园林的贡献是巨大的，它使得现代园林真正走出了传统的天地，形成了自由的平面与空间布局、简洁明快的风格和丰富的设计手法。

二、西方现代园林的代表人物及其理论

西方现代园林设计从20世纪早期萌发到当代的成熟，逐渐形成了功能、空间组织及形式创新为一体的现代设计风格。

现代园林设计一方面追求良好的使用功能，另一方面注重设计手法的丰富性和平面布置与空间组织的合理性。特别是在形式创造方面，当代各种主义与思想、代表人物纷纷涌现，现代园林设计呈现出自由性与多元化特征。

1. 唐纳德（ChristopherTunnard 1910～1979年，英国）

英国著名的景观设计师，他于1938年完成的《现代景观中的园林》一书，探讨在现代环境下设计园林的方法，从理论上填补了这一历史空白。在书中他提出了现代园林设计的三个方面，即功能的、移情的和艺术的。

唐纳德的功能主义思想是从建筑师卢斯和柯布西耶的著作中吸取精髓，认为功能是现代主义景观最基本的考虑。移情方面来源于唐纳德对于日本园林的理解，他提倡尝试日本园林中石组布置的均衡构图的手段，以及从没有情感的事物中感受园林精神所在的设计手法。在艺术方面，他提倡在园林设计中，处理形态、平面、色彩、材料等方面运用现代艺术的手段。

1935年，唐纳德为建筑师谢梅耶夫设计了名为“本特利树林”（Bentley wood）的住宅花园（图2-21），完美地体现了他提出的设计理论。

图2-21　本特利树林景观

2. 托马斯·丘奇（ThomasChurh 1902～1998，美国）

20世纪美国现代景观设计的奠基人之一，是20世纪少数几个能从古典主义和新古典主义的设计完全转向现代园林的形式和空间的设计之一。20世纪40年代，在美国西海岸，私人花园盛行，这种户外生活的新方式，被称之为“加州花园”，是一个艺术的、功能的和社会的构成，具有本土性、时代性和人性化的特征。它使美国花园的历史从对欧洲风格的复制和抄袭转变为对美国社会、文化和地理的多样性的开拓，这种风格的开创者就是托马斯·丘奇。“加州花园”的设计风格，平息了规则式和自然式的斗争，创造了与功能相

适应的形式，使建筑和自然环境之间有了一种新的衔接方式。丘奇最著名的作品是 1948 年的唐纳花园（Donnel Garden）（图 2-22）。

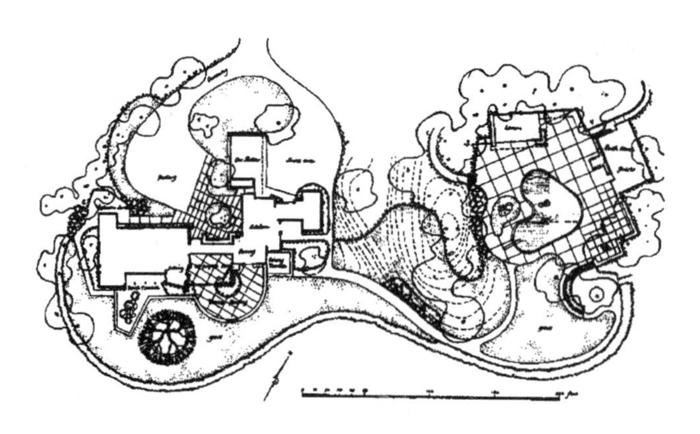

图 2-22　唐纳花园平面图

3. 劳伦斯·哈普林（LawrenceHalprin 美国）

新一代优秀的景观规划设计师，是第二次世界大战后美国景观规划设计最重要的理论家之一，他视野广阔，视角独特，感觉敏锐，从音乐、舞蹈、建筑学及心理学、人类学等学科吸取了大量知识。这也是他具有创造性、前瞻性和与众不同的理论系统的原因。哈普林最重要的作品是 1960 年为波特兰设计的一组广场和绿地（图 2-23）。三个广场是由爱悦广场（Lovejoy plazz）、柏蒂格罗夫公园（pettigrove park）、演讲堂前庭广场（Auditoriun Fore-court 现称为 Ira c keller Fountain）组成，它由一系列改建成的人行林荫道来连接。在这个设计中充分体现了他对自然的独特的理解。他依据对自然的体验来进行设计，将人工化了的自然要素插入环境，无论从实践还是理论上来说，劳伦斯·哈普林在 20 世纪美国的景观规划设计行业中，都占有重要的地位。

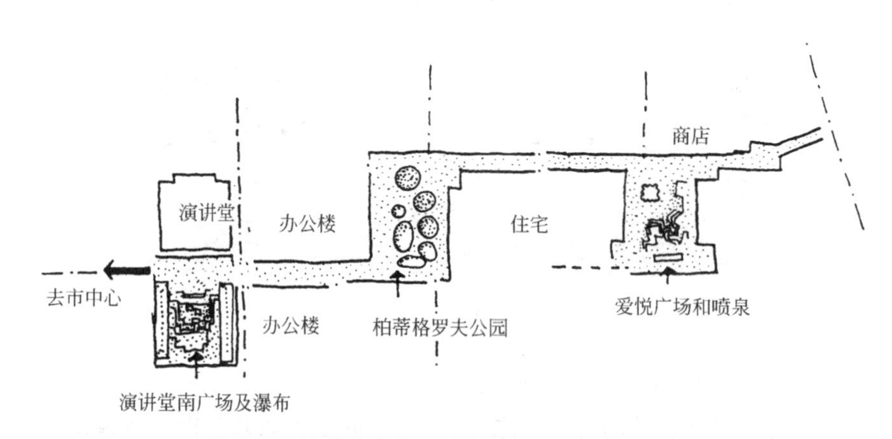

图 2-23　波特兰大市系列广场和绿地平面位置图

4. 布雷·马克斯（Roberto Burle Mark 1909～1994，巴西）

20 世纪最杰出的造园家之一。布雷·马克斯将景观视为艺术，将现代艺术在景观中的运用发挥得淋漓尽致。他的形式语言大多来自于米罗和阿普的超现实主义，同时也受到立体主义的影响，在巴西的建筑、规划、景观规划设计领域展开了一系列开拓性的探索。

他创造了适合巴西的气候特点和植物材料的风格。他的设计语言如曲线花床（图 2-24）、马赛克地面被广为传播，在全世界都有着重要的影响。

图 2-24 现代艺术博物馆景观

三、西方现代园林设计的多样化发展

从 20 世纪 20 年代至 60 年代起，西方现代园林设计经历了从产生、发展到壮大的过程，70 年代以后园林设计受各种社会的、文化的、艺术的和科学的思想影响，呈现出多样的发展。

1. 生态主义与现代园林

1969 年，美国宾夕法尼亚大学为园林教授麦克哈格（LanMcharg 1920～2001）出版了《设计结合自然》一书，提出了综合性生态规划思想，在设计和规划行业中产生了巨大的反响。20 世纪 70 年代以后，受生态和环境保护主义思想的影响，更多的园林设计师在设计中遵循生态的原则，生态主义成为当代园林设计中一个普遍的原则。

2. 大地艺术与现代园林

20 世纪 60 年代，艺术界出现了新的思想，一部分富有探索精神的园林设计师不满足于现状，他们在园林设计中进行大胆的艺术尝试与创新，开拓了大地艺术（Land Art）这一新的艺术领域。这些艺术家摒弃传统观念，在旷野、荒漠中用自然材料直接作为艺术表现的手段，在形式上用简洁的几何形体，创作出这种巨大的超人尺度的艺术作品。大地艺术的思想对园林设计有着深远的影响，众多园林设计师借鉴大地艺术的手法，巧妙地利用各种材料与自然变化融合在一起，创造出丰富的景观空间，使得园林设计的思想和手段更加丰富。

3. “后现代主义与现代园林”

进入 20 世纪 80 年代以来，人们对现代主义逐渐感到厌倦，于是“后现代主义（Post-modernism）”这一思想应运而生。与现代主义相比，后现代主义是现代主义的继续与超越，后现代的设计应该是多元化的设计。历史主义、复古主义、折中主义、文脉主义、隐喻与象征、非联系有序系统层、讽刺、诙谐都成了园林设计师可以接受的思想。1992 年建成了巴黎雪铁龙公园（Parc Andre-Citroen）（图 2-25）带有明显的后现代主义的一些特征。

4.“解构主义”与现代园林

“解构主义”（Deconstruction）最早是法国哲学家德世达提出的。在 20 世纪 80 年代，成为西方建筑界的热门话题。“解构主义”可以说是一种设计中的哲学思想，它采用歪曲、错位变形的手法，反对设计中的统一与和谐，反对形式、功能、结构、经济彼此之间的有机联系，产生一种特殊的不安感。解构主义的风格并没有形成主流，被列为解构主义的景观作品也极少，但它丰富了景观设计的表现力，巴黎为纪念法国大革命 200 周年们建设的九大工程之一的拉·维莱特公园（Parc de la viuette）（图 2-26）是解构主义景观设计的典型实例，它是由建筑师屈米（Bernard Tschumi 1944）设计的。

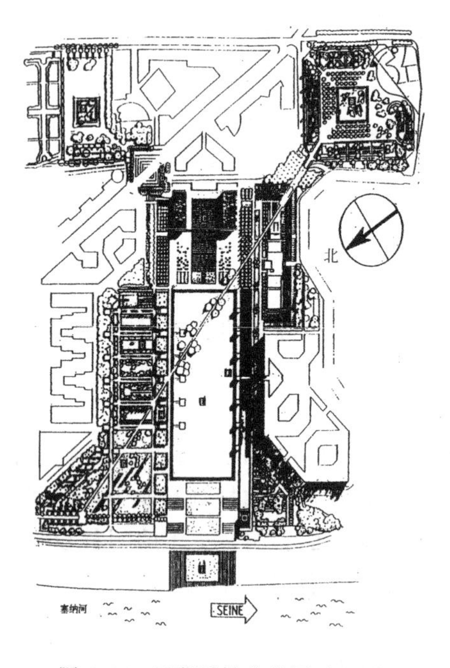

图 2-25　巴黎雪铁龙公园平面图

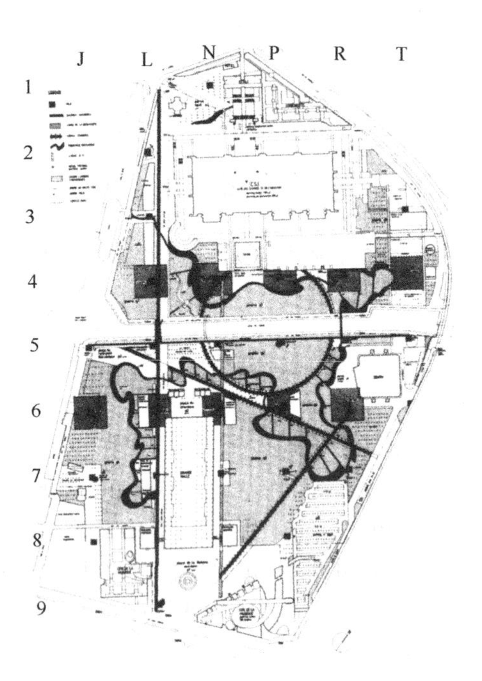

图 2-26　拉·维莱特公园模型照片

5.“极简主义”与现代园林

极简主义（Minimalsm）产生于 20 世纪 60 年代，它追求抽象、简化、几何秩序，以极为单一简洁的几何形体或数个单一形体的连续重复构成作品。极简主义对于当代建筑和园林景观设计都产生相当大的影响，不少设计师在园林设计中从形式上追求极度简化，用较少的形状、物体和材料控制大尺度的空间，或是运用单纯的几何形体构成景观要素和单元，形成简洁有序的现代景观。具有明显的极简主义特征的是美国景观设计师彼得·沃克（Peter Walker）的作品（图 2-27）。

西方现代园林从产生、发展到壮大的过程都与社会、艺术和建筑紧密相连。各种风格和流派层出不穷，但是发展的主流始终没有改变，现代园林设计仍在被丰富，与传统进行交融，和谐完美是园林设计师们追求的共同目标。

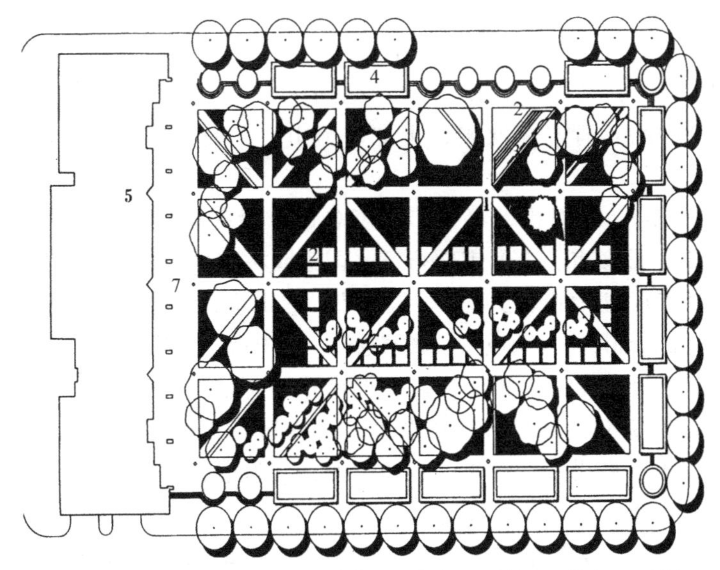

1. 石不道　2. 水池　3. 座椅　4. 花池　5. 建筑　6. 草地　7. 广场

图 2-27　伯纳特公园（Burnett Park）平面图

第五节　中国现代园林发展

一、城市公共园林发展

中国民众的民主思想在“五四运动”中得以激活和提升，在随后的各大城市建设中，大众公园得到了充分的重视和发展，传统私家园林式的个人自我欣赏空间逐步让位于城市公众生活。例如重庆在 1921 年杨森始建中山公园（现人民公园）后，陆续建设了江北公园（1927 年）、北碚公园（1930 年）及一些社区性小游园，改善了城市居民的生活质量。新中国成立后，各地更是大力建设劳动人民休闲娱乐的城市公园，重庆在建国初期就建设了动物园（1955 年）、枇杷山公园（1955 年）、沙坪公园（1956 年）、鹅岭公园（1958 年）等城市组团中心公园和南区园、两江嘴园、梅堡园等一批小游园，掀起了城市公园园林建设的高潮。

二、当代园林城市建设

1992 年后，我国开展了以创建国家园林城市为目标的城市环境整治活动，取得了明显成效，带动了全国城市建设向生态优化的方向发展。以此为动力，各城市积极开展了创建园林城市的活动，从改善城市生态环境，提高人居质量出发，不仅提高了城市的整体素质和品位，改善了投资和生活环境，也激励了广大市民群众更加爱护、关心自己城市的环境质量和景观面貌，使城市的精神文明建设水平得以升华和提高，大大促进了当地社会、经济、文化的全面发展。至 2016 年，先后 18 批城市被评为“国家园林城市”，它们是：

第一批（1992 年）：北京、合肥、珠海；

第二批（1994年）：杭州、深圳；

第三批（1996年）：马鞍山、威海、中山；

第四批（1997年）：大连、南京、厦门、南宁；

第五批（1999年）：青岛、濮阳、十堰、佛山、三明、秦皇岛、烟台、上海浦东区（国家园林城区）；

第六批（2001年）：江门市、惠州市、茂名市、肇庆市、海口市、三亚市、襄樊市、石河子市、常熟市、长春市、上海市闵行区（国家园林城区）；

第七批（2003年）：上海市、宁波市、福州市、唐山市、吉林市、无锡市、扬州市、苏州市、绍兴市、桂林市、绵阳市、荣成市、张家港市、昆山市、富阳市、开平市、都江堰市；

第八批（2005年）：武汉市、郑州市、邯郸市、廊坊市、长治市、晋城市、包头市、伊春市、日照市、淄博市、寿光市、新泰市、胶南市、徐州市、镇江市、吴江市、宜兴市、安庆市、嘉兴市、泉州市、漳州市、许昌市、南阳市、宜昌市、岳阳市、湛江市、安宁市、遵义市、乐山市、宝鸡市、库尔勒市。

第九批（2006年）：成都市、焦作市、黄山市、淮北市、湖州市、广安市、宜春市、景德镇市等8个地级市和（潍坊）青州市、（洛阳）偃师市、（苏州）太仓市、（绍兴）诸暨市、（台州）临海市、（嘉兴）桐乡市等6个县级市；

第十批（2007年）：石家庄市、沈阳市、四平市、松原市、常州市、南通市、衢州市、淮南市、铜陵市、南昌市、新余市、莱芜市、新乡市、黄石市、株洲市、广州市、东莞市、潮州市、贵阳市、银川市、克拉玛依市等21个地级市，（唐山）迁安市、（铁岭）调兵山市、（无锡）江阴市、（金华）义乌市、（三明）永安市、（青岛）胶州市、（威海）乳山市、（威海）文登市（现威海市文登区）、济源市、（平顶山）舞钢市、（郑州）登封市、（昌吉州）昌吉市、（伊犁州）奎屯市等13个县级市；天津市塘沽区（现属天津市滨海新区）、重庆市南岸区、重庆市渝北区等3个国家园林城区；

第十一批（2008年）：淮安市、赣州市、长沙市、南充市、西宁市等5个地级市和（延边州）敦化市、（绍兴）上虞市（现绍兴市上虞区）、（宜昌）宜都市等3个县级市；

第十二批（2009年）：重庆市1个直辖市，承德市、太原市、铁岭市、宿迁市、泰州市、台州市、池州市、萍乡市、吉安市、潍坊市、临沂市、泰安市、三门峡市、安阳市、商丘市、平顶山市、鄂州市、湘潭市、韶关市、梅州市、汕头市、柳州市、遂宁市、昆明市、玉溪市、西安市等26个地级市和（邯郸）武安市、（长治）潞城市、（临汾）侯马市、（铁岭）开原市、（常州）金坛市（现常州市金坛区）、（嘉兴）平湖市、（嘉兴）海宁市、（济南）章丘市、（泰安）肥城市、（郑州）巩义市、（西双版纳州）景洪市、（吴忠）青铜峡市、（哈密地区）哈密市（现哈密市伊州区）、（伊犁州）伊宁市等14个县级市；

第十三批（2010年）：信阳市1个地级市和（宁波）余姚市、（延边州）延吉市2个县级市；

第十四批（2011年）：张家口市、阳泉市、本溪市、丹东市、连云港市、芜湖市、六安市、莆田市、龙岩市、九江市、上饶市、东营市、济宁市、聊城市、驻马店市、荆门市、荆州市、娄底市、北海市、百色市、丽江市、吴忠市等22个地级市和（吕梁）孝义市、（南通）如皋市、（扬州）江都市（现扬州市江都区）、（衢州）江山市、（台州）温岭市、（烟台）龙口市、（烟台）海阳市、（商丘）永城市等8个县级市；

第十五批（2012年）：保定市、佳木斯市、七台河市、咸宁市等4个地级市和（晋中）介休市、（牡丹江）海林市2个县级市；

第十六批（2013年）：邢台市、大同市、朔州市、盐城市、金华市、丽水市、滁州市、鹰潭市、抚州市、德州市、滨州市、菏泽市、随州市、郴州市、阳江市、清远市、梧州市、自贡市、德阳市、眉山市、普洱市、拉萨市、金昌市、乌鲁木齐市等24个地级市和（杭州）建德市、（泉州）晋江市、（烟台）莱州市、（潍坊）诸城市、（宜昌）当阳市、（恩施州）恩施市、仙桃市、（玉林）北流市、（红河州）开远市、（德宏州）芒市、（酒泉）敦煌市、（阿勒泰地区）阿勒泰市、五家渠市等13个县级市；

第十七批（2014年）：通辽市、鄂尔多斯市、宁德市、泸州市、咸阳市、中卫市等6个地级市和（潍坊）高密市、（银川）灵武市2个县级市；

第十八批（2015年）：沧州市、呼和浩特市、乌海市、乌兰察布市、鞍山市、大庆市、黑河市、温州市、蚌埠市、宿州市、宣城市、枣庄市、开封市、孝感市、黄冈市、钦州市、玉林市、曲靖市、嘉峪关市、石嘴山市等20个地级市和（呼伦贝尔）扎兰屯市、（通化）集安市、（延边州）珲春市、（佳木斯）同江市、（徐州）新沂市、（盐城）东台市、（盐城）大丰市（现盐城市大丰区）、（镇江）扬中市、（泰州）靖江市、（杭州）临安市、（丽水）龙泉市、（宣城）宁国市、（枣庄）滕州市、（安阳）林州市、（南阳）邓州市、（黄石）大冶市、（孝感）应城市、（荆州）松滋市、（咸宁）赤壁市、潜江市、天门市、（南充）阆中市、（大理州）大理市、（酒泉）玉门市、（昌吉州）阜康市、（博尔塔拉蒙古自治州）博乐市等26个县级市。

在园林城市的建设过程中，充分结合具有中国特色的社会政治经济制度，集中财力、物力建设各类与城市居民生活、城市形象改善的城市公共园林，体现了城市景观建设的人性化、生态化、经济性理念，超越了西方超现实只见物不见人的大地景观模式的现代景观发展思路，涌现出一大批成功的景观设计案例。

在创建“园林城市”的基础上，建设部出台了“生态园林城市”（2004年6月）的申报和评选办法，把“生态园林城市”创建作为建设生态城市的阶段性目标，进一步提高对城市绿地系统完善，城市大气污染、水污染、土壤污染、噪声污染和各种废弃物的防治和减少，促进城市中人与自然的和谐，使人居环境更加清洁、安全、优美、舒适。“生态园林城市”已成为各园林城市新的建设目标，这对提高城市建设的标准和要求，促进城市生态景观的健康发展起到了极大的引导性作用。同时对城市人居环境建设的具体成功案例建设部也推出了中国人居环境奖（2002年5月）的申报和评选办法，2003年北京市海淀区元代土城遗址保护、上海市松江区老城保护与新城生态环境建设、上海市浦东新区张家浜景观河道综合整治、重庆市北碚区中心城区生态环境工程等27个城市生态景观建设项目获得首批“中国人居环境范例奖”。

三、风景园林理论与学科建设发展

建国初期我国的园林理论以研究中国传统园林为主，出现了一批如童寯、陈从周、彭一刚、周维权等为代表的传统园林研究专家，对江南私家园林、北方皇家园林进行了深入的研究和分析，出版了如《园论》（童寯）、《说园》（陈从周）、《中国古典园林分析》（彭一刚）、《中国园林史》（周维权）等优秀的理论研究书籍。同时也开始深入探讨中国传统园林与西方传统园林的异同，如陈志华先生的《外国园林史》，提升了国人对我国园林的认识与理解。与之相对应的园林学科建设也以推行传统园林的营造建设为蓝本的教育模式，主要集中于各类农林院校中的园林专业，培养了早期的风景园林建设者。

随后，风景园林学科经历了1965～1978年的学科发展低谷时期，1979～1998年的学科发展恢复期，1999～2011年的学科无序发展期，以及2011年成为一级学科后，逐步规范和健康发展的黄金发展期。1965～1973年由于政治、经济、政策等因素影响，风景园林专业在全国范围内曾一度停止招生，风景园林学科受到打压，学科发展呈现出倒退的局面；其后，随着1977年全国恢复高考招生制度，风景园林学科迎来了学科恢复发展的时期，北京林业大学风景园林专业恢复招生，同济大学、南京工学院建筑系（现东南大学建筑学院）、重庆建工学院建筑系（现重庆大学建筑城规学院）、武汉城市建设学院（现华中科技大学建筑与城市规划学院）苏州城市建设环境保护学院建筑系（现苏州科技学院建筑系）等院校正式开始招收风景园林专业。随着改革开放的深入，各地掀起了城市建设的热潮，与城市环境景观和人民生活密切相关的风景园林建设实践也呈现出蓬勃之势，风景园林学科得到了长足的发展。一批从国外学成归来的专家学者，将国外先进的风景园林规划设计理念引入国内，并结合我国的实际情况，创作出不少风景园林优秀实践作品。同时，在现代风景园林理论研究方面也做出了一定的成绩。据统计，截止到2009年，我国共设有风景园林及相关专业的有175个本科专业点、32个专业硕士点、86个科学硕士点、30个科学博士点，每年招生增长速度本科14%、硕士19%、博士28%。开设风景园林专业的院校学科背景包含了农林、建筑、艺术等，在学科快速的发展中，也暴露了诸多的问题。因此，在风景园林界专家学者的共同努力，2011年3月8日，国务院学位委员会、教育部公布的《学位授予和人才培养学科目录（2011）》显示："风景园林学"正式成为110个一级学科之一，列在工学门类，可授工学、农学学位。一级学科的成立标志着风景园林学科真正走上了规范、健康、持续发展的轨道。

一级学科成立以后，对学科名称、学科内涵以及各层次人才的培养目标等做了明确的界定。同时设立了包括风景园林历史与理论、园林与景观设计、大地景观规划与生态修复、风景园林遗产保护、风景园林植物应用、风景园林科学技术等6个方向的二级学科目录。一级学科的建立，能够极大的满足风景园林行业蓬勃发展的需要，提升风景园林社会地位和影响力；可以从根本上理顺了风景园林教育学科体系，促进学科科研和基础理论的研究；可以通过专业教育的评估机制，规范风景园林教育的核心体系，保障和提升教育水平和学科的健康发展；可以推进风景园林职业制度的建立，完善教育体系与职业制度的关联，同时在国际交流中真正与其历史和未来的地位相匹配，是学科得到更全面更健康的发展。

21世纪充满机遇和挑战。城市化将对城市环境、社会服务等提出新的要求。随着中国社会的进步和经济的快速增长，风景园林已经成为国家建设与发展不可或缺的重要学科，风景园林必将迎来更美好的明天。

本章思考题

1. 中国古典园林的类型有哪些？
2. 中国古典园林的发展分为哪几个阶段？

3. 中国古典园林的基本特征是什么？

4. 中国山水诗画对古典园林的影响有哪些？

5. 明清时代著名的造园家及他们的成就分别有哪些？

6. 思考意大利台地园的发展及其特征。

7. 思考法国勒诺特园林的代表及其特征。

8. 思考英国自然风景园林的产生背景及其特征。

9. 简述伊斯兰园林的代表作品及其特征。

10. 简述日本园林的类型及各类园林的特征。

11. 西方现代园林的代表人物及代表作品有哪些？

12. 简述中国风景园林学科的发展历程。

本章延伸阅读书目

1. 夏昌世．园林述要．广州：华南理工大学出版社，1995.

2. 张祖刚．世界园林发展概论．北京：中国建筑工业出版社，2003.

3. 吴良镛．人居环境科学导论．北京：中国建筑工业出版社，2001.

4. 俞孔坚、李迪华．景观设计：专业学科与教育．北京：中国建筑工业出版社，2003.

5. 王向荣、林菁．西方现代景观设计的理论与实践．北京：中国建筑工业出版社，2002.

第三章　城市绿地系统规划

第一节　城市绿地系统概述

一、城市绿地

1. 城市绿地概念

城市绿地是指以自然植被和人工植被为主要存在形态的城市用地，它包括城市建设用地范围内用于绿化的土地和城市建设用地之外的对城市生态、景观和居民休闲生活具有积极作用、绿化环境较好的特定区域。城市绿地以自然要素为主体，在功能上具有改善城市生态环境，维持城市生态平衡，为城市居民提供新鲜空气、清洁用水和户外游憩场所，并对人类的科学发展与历史景观保护起到承载、支持和美化的重要作用；同时，城市绿地作为一种景观，是城市中最能体现生态的自然景观，是构成城市景观的重要组成部分，对营造城市景观风貌和城市景观文化意义重大。

2. 城市绿地的功能与作用

21 世纪是人类与自然共存的世纪。在城市生态系统中，绿地系统的地位是极其重要的，绿地在城市中也充分发挥着其特殊功能，保证着城市的健康发展。随着社会的进步和科技的发展，人们对绿地功能的认识，也在不断变化，从最开始简单的满足视觉美和性情陶冶发展到为满足市民休闲娱乐的功能。近年来，随着城市环境保护意识的增强和生态理论在城市规划中的应用，绿地的生态功能也被强调。随着绿地种类和城市规模的发展，城市绿地的功能也变得更为综合与复杂。总的来说，城市绿地的功能包括生态功能、景观功能、游憩功能等几方面，此外还有社会和经济功能。

1）生态功能

人类与自然环境是一个有机整体，自然环境是人类赖以生存的必要条件。但是随着人类社会的发展与不断进步，我们赖以生存的自然环境也遭到了巨大的破坏，并表现为一系列的环境问题，威胁到人类的生存。环境问题受到了前所未有的重视，人们也认识到绿地在改善城市环境方面发挥着不可替代的作用。城市绿地的生态功能主要是通过植物材料本身的生理生化特征调节修复自然环境及绿地系统的布局，改善城市大环境，如改善大气环流、改善城市热岛效益等（图 3-1）。城市绿地的生态功能主要有：

（1）净化空气、水体和土壤

空气是人类赖以生存的物质，是重要的环境因素之一，而城市环境的主要问题就是大气污染。工业的发展使得大量有害气体不断进入大气，对人类与生物造成危害。如果不加以控制与防治，将会严重破坏生态系统与人类生存条件。要改善与提高城市环境质量，一方面是减少污染，另一方面就是提高城市绿地面积和建立合理的城市绿地系统。

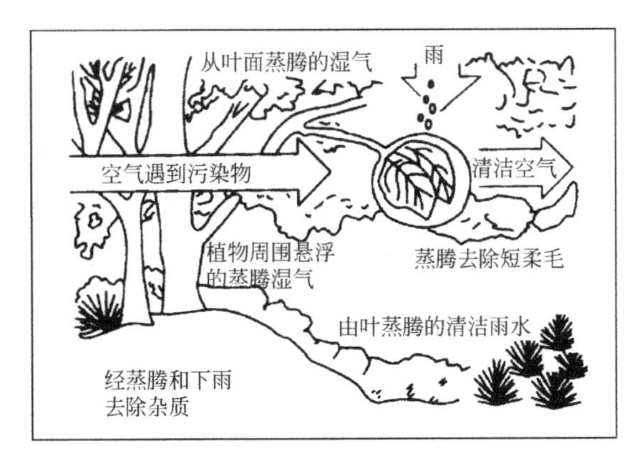

图 3-1　绿地的生态作用

图片来源：王绍增．城市绿地规划 M. 北京：中国农业出版社，2005.05.

绿色植物不但可以通过光合作用等系列的生化反应吸收 CO_2，放出 O_2，还能够吸收有害气体和一些放射性物质，净化空气，例如炼钢厂、炼铁厂、玻璃厂等企业的生产过程中要排放一些氟化物，而氟化物对人体危害很大，植物则可以吸收氟化物而使空气中氟化物的含量降低。绿色植物还有阻滞、过滤、吸附大气中粉尘的作用，从而净化空气，此外许多植物的芽、叶、花粉还能够分泌一种叫杀菌素的物质，能够杀死细菌、真菌等，从而减少空气中的细菌数量（图 3-2）。

图 3-2　树木补充氧气与净化空气示意图

图片来源：王绍增．城市绿地规划［M］．北京：中国农业出版社，2005.05.

城市中的工业废水，生活污水污染了城市自然水体，而绿色植物，尤其是水生植物和沼泽植物对污水有明显的净化作用。例如 $1m^2$ 的芦苇 1 年可聚集 9kg 污染物质。在种有芦苇的水池中，水中的悬浮物可减少 30%，氯化物可减少 90%，有机氮可减少 60%，总的硬度能够减 33%。还有的水生植物如水葱、田蓟等还能杀死水中大额细菌。此外，草地、树木根系能够滞留有害重金属，从而降低水中污染物数量。植物的地下根也能够吸收大量的有害物质，而具有净化土壤的能力。

（2）改善城市小气候

城市人口、建筑密度大，而且工矿企业发达，缺少绿化植被，下垫面与周边郊区和农村不同，使得城市周围辐射散热少，气温偏高，空气湿度小，风速减小减慢等，严重的地方还形成城市热岛，影响着人们生活的舒适度。而植被对地表温度、湿度及小区气候的温、湿度影响尤为显著。绿色植物能够改善城市不良气候特征，形成舒适宜人的小气候（图 3-3）。

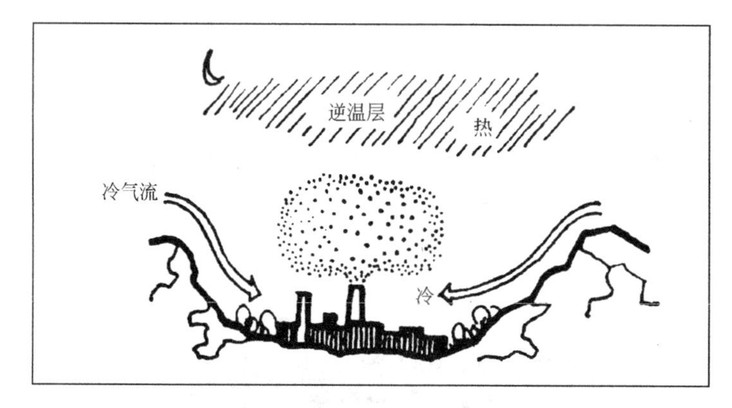

图 3-3　城市热岛效应

图片来源：杨赉丽．城市园林绿地规划［M］．北京：中国林业出版社，2012.

植物的蒸腾作用可以消耗大量热量，降低周围的气温。同时植被的蒸腾作用也增加了空气的湿度。据统计，每公顷生长旺盛的森林，每年要蒸腾 8000t 水，消耗热量 167.5 亿 kJ。绿化植被有明显减低风速的作用，这种效应在一定的风速范围内还随着风速的增加而增强。城市外围的防风林带能够很好地减小冬季季风和风沙对市区的危害。另外，植被还可以促进城市气流的交换，如城市中带状绿地能够形成城市的“绿色通风道”，将郊区的空气引进市中心，从而改善城市的空气质量与通风条件。

（3）降低噪声

噪声污染是城市中的主要污染之一。城市中的噪声一旦超过卫生标准的 30～40dB，就会影响人们的日常生活及身心健康，轻则使人疲劳、烦躁，重则可以使人引起心血管及中枢神经系统方面的疾病。要减轻城市的噪声污染，一方面应注意控制噪声源，另一方面应大力发展城市绿化。有关研究表明，植物特别是林带对降低噪声有一定的作用。由于植物是软质材料，茂密的枝叶犹如多孔材料，因而具有一定的吸声作用。此外，噪声投射到树叶上，被生长方向各异的叶片反射到各个方向，造成树叶微振，消耗声能，因此也可以减弱噪声。据有关测定表明，40m 宽的林带可以降低噪声 10～15dB，30m 宽林带可降低噪声 4～8dB。在公路两旁设有乔、灌木搭配的 15m 宽林带，可降低噪声一半，快车道的汽车噪声穿过 12m 宽的悬铃木树冠达到树冠后面的三层楼窗户时，与同距离空地相比降低噪声 3～5dB。

(4) 其他

另外，城市绿地还有涵养水源，保持水土，提供城市野生动物生存环境，维持生物多样性，减灾避灾等安全防护功能。

城市绿地作为结构中的自然生产力，通过植物的一系列生态效益完成净化城市空气、水体、土壤；改善城市小气候；降低噪声，放风固沙，蓄水保土，为野生动物提供庇护等一系列生态功能，实现了城市自然物流、能流的良性循环和流动，从而改善了城市环境，提高了人们的生活空间质量及生活水平。

2) 美化功能

许多环境优美的城市不仅有良好的建筑群，还拥有大量风景秀丽的自然景观。城市园林绿地是城市景观的重要组成部分。因此，园林绿化的好坏对城市的面貌常起着决定性的作用。绿色植物是城市人工环境中重要的自然元素，它的存在不仅给城市带来了生机与活力，还给城市增添了富于变化的美丽景色，丰富了城市景观，使人们充分领悟自然与人工和谐美。

绿色植物的美化功能主要体现在以下几个方面：

(1) 丰富城市建筑群体轮廓线

在城市绿地的规划设计中，应注意绿化与建筑群体的关系。通过合理的设计及植物配置，使绿色植物与建筑群体成为有机整体。以植物多变的色彩及优美起伏的林冠线为建筑群进行衬托，丰富建筑群的轮廓线及景观，使建筑群更具魅力，从而使整个城市给人们留下更加深刻和美好的印象（图 3-4）。

图 3-4　桂林滨江路绿化

图片来源：刘骏，蒲蔚然．城市绿地系统规划与设计［M］．北京：中国建筑工业出版社，2004.

(2) 美化市容

城市中的道路和广场是人们感受城市面貌的重要场所。广场和道路景观的好坏，将极大地影响到人们对整个城市的认识。绿化良好的广场及道路可以改善广场及道路环境，提高景观效果，从而达到美化市容市貌的目的。近年来植物的这一美化功能受到了相当高的重视，各城市都十分重视道路绿化及广场建设，出现了许多成功的范例，如：重庆市沙坪坝的三峡广场，以长江三峡作为设计母体，整个广场随形就势在都市闹区再现壮美的三峡自然景观。

（3）衬托建筑，增加建筑艺术效果

城市中重要的公共建筑，是城市的标志和象征。这些建筑除了在建筑本身的造型、色彩、肌理等方面应精心设计以外，还应该充分重视绿化对建筑的衬托作用。配植合理的植物将对建筑的形象、气氛以及特征的形成起到很好的陪衬作用。如松、柏等常绿植物来烘托纪念性建筑庄严、肃穆的氛围（图 3-5）。

图 3-5　配置合理的植物对建筑起到很好的陪衬作用

图片来源：刘骏，蒲蔚然．城市绿地系统规划与设计［M］．北京：中国建筑工业出版社，2004.

（4）体现城市特色

随着信息化的发展，城市中的建筑物及其城市风貌等越来越趋于统一、千篇一律、缺乏特色。为了改变这种状况，一方面应在城市建设中挖掘地方文脉、地域精神对建筑的影响，搞好建筑设计；另一方面则应结合绿地建设，以不同地域的乡土植物为骨干树种，根据不同的环境因子组成多种结构的植物群落，结合城市总体布局结构形成不同结构形式的城市绿地系统，并以此形成不同地域的城市特色（图 3-6）。

随着人们生活水平及审美意识的提高，对于城市绿地美化功能的运用也在不断深入及发掘，我们相信城市绿地将有助于形成越来越美丽的城市景观。

3）游憩功能

随着人类社会的发展及科学技术水平的提高，人们的生活水平也在不断提高，工作时间缩短，闲暇时间增加。人们在闲暇时间进行的休闲、游憩及文化娱乐活动成为现代生活的重要组成部分。城市绿地具有满足人们多种休闲活动功能，我们将这种功能称为城市绿地的使用功能。

图 3-6　不同的植物结构形式，形成不同的城市特色

图片来源：刘骏，蒲蔚然、城市绿地系统规划与设计［M］. 北京：中国建筑工业出版社，2004.

（1）日常休息娱乐活动

在城市中，人们的工作学习、休息娱乐都需要一定的环境作为载体，良好的环境能够激发诱导人们参与各种活动，增加人与人之间的交流。这些环境包括：城市中的公园、街头小游园、城市林荫道、广场、居住区公园、小区公园、组团院落绿地等城市绿地。人们在这些绿地空间中进行各种日常的休息娱乐活动，如晒太阳、小坐、散步、观赏、游戏、锻炼、交谈等，可以消除疲劳、恢复体力、调剂生活、促进身心健康，是人们得以放松的最好方式。

（2）观光旅游及休养基地

随着城市中各种环境问题的加剧以及人们生活压力的增加，现代人对于自然的渴望越来越强烈。另外，随着科技的进步、工作时间的缩短以及闲暇时间的增加，人们走进自然，观光旅游的愿望越发增强，旅游已成为人们现代生活必不可少的休闲活动之一。我国幅员辽阔，历史悠久，自然风景资源及人文景观资源较为丰富。这些景观成为中外旅游者向往的旅游胜地。除此之外，还有各具特色的城市公园、历史名胜、都市景观等都是人们观光旅游的对象。城市的公共绿地、风景区绿地以及具有合理结构的城市绿地系统形成的优美城市环境等，都是人们观光旅游的重要组成部分。

另外，城市绿地除可以满足人们观光旅游的要求外，有些绿地如郊区的森林、水域附近、风景优美的园林及风景区等景色优美，气候宜人，空气清新，可以供人们休假和疗养，能够让远离自然的都市人缓解压力，恢复身心健康。因此，在城市规划中，应将这些区域规划为人们休假活动的用地。一些风景区及自然地段有着特殊的地理及气候等自然条件，如高山气候、矿泉、富含负氧离子的空气等。这些特殊条件对于治愈某些疾病有着重要的作用。因此，这些区域也会规划一些疗养场所，如重庆北碚的北温泉风景区，天然的温泉含有各种对身体有益的矿元素，是疗养的好地方。

（3）文化宣传及科普教育

城市绿地还是进行绿化宣传及科普教育的场所。在城市的综合公园、居住公园及小区的绿地等设置展览馆、陈列馆、宣传廊等以文字、图片形式对人们进行相关文化知识的宣传，利用这些绿地空间举行各种演出、演讲等活动，能以生动形象的活动形式，寓教于乐地进行文化宣传，提高人们的文化水平。另外，一些主题公园还针对某一主题介绍相关知识，让人们能直观系统地了解与该主题相关的知识。城市中的动物园、植物园以及一些特意保留的绿地，如湿地生态系统绿地等，是对青少年进行科普教育的最佳场所。

二、城市绿地系统与城市绿地系统规划

1. 城市绿地系统的内涵

所谓系统就是指有若干相互联系和相互作用的要素组成的具有一定结构和功能的有机整体，系统具有整体性、层次性、稳定性、适应性等特征。

绿地系统就是指充分利用自然条件、地貌特征、基础种植（自然植被）和地带性园林植物，根据国家统一规定和城市自身的情况确定的标准，将规划设计的和现有的各级各类园林绿地用植物群落的形式绿化起来，并以一定的科学规律给予沟通和连接，构成的完整有机的系统。这一系统同时与自然、河川等城市依托的自然环境、林地、农牧区相沟通，形成城郊一体的生态系统。是城市居民游憩休闲活动的主要载体和城市风貌特色形成的主导因素。

绿地系统的特征：

（1）以城市绿地为主要对象；

（2）具备一定量的城市绿色空间；

（3）必须保持城市风貌，形成城市特色；

（4）构建城市绿色生态网络。

2. 城市绿地系统规划的内涵

城市绿地系统规划是在城市用地范围内，在深入调查研究的基础上，根据《城市总体规划》中的城市性质、发展目标、用地布局等规定，科学制定各类城市绿地的发展指标，合理安排城市各类园林绿地建设和市域大环境绿化的空间布局，达到保护和改善城市生态环境，优化城市人居环境，促进城市可持续发展的目的。

城市绿地系统规划与城市绿化建设是一项关系城市建设全局的系统工程，涉及城市建设用地布局、道路交通、建筑、园林、防灾减灾等多方面。它直接与城市总体规划和土地利用规划相衔接，是影响城市发展的重要专项规划之一，是城市总体规划体系中不可缺少的组成部分。《城市绿地系统规划》由城市规划行政主管部门和城市园林行政主管部门共同负责编制，并纳入《城市总体规划》。《城市绿地系统规划》是《城市总体规划》的专业规划，是对《城市总体规划》的深化和细化。只有科学合理地进行绿地系统规划，才能够充分发挥城市绿地保护自然生态、美化城市景观、为市民提供休闲游憩的场所等方面的功能。

三、城市绿地系统规划理论的起源与发展

绿地系统规划是在19世纪工业大生产，人类居住环境遭到严重破坏，人们开始关注

与反思人类居住环境的背景下，在城市公园出现的基础上，出于保护和改善城市环境与提高城市居民生活质量，人们开始对城市绿地进行系统性规划，并对其做理论研究，通过不断地发展与充实，最后形成了一个比较独立的理论体系。

1. 国外绿地系统规划发展简介

国外城市绿地系统规划理论经历了以下几个阶段：

1）“城市公园”运动及“公园体系”

这一时期，城市绿地系统规划理论的特征是：由以单个的城市公园绿地来缓解城市出现的种种环境问题，发展到以带状绿地联系数个公园，形成公园体系来更有效地解决城市危机。

19世纪下半叶，现代技术给城市发展带来巨变的同时也给自然资源和人类居住环境以极大的破坏。许多学者开始关注如何保护大自然和充分利用土地资源，并通过在城市中修建公园来改善城市居住环境。1843年，英国利物浦市的波肯海德公园的对外免费开放，标志着城市公园的正式诞生。1858年美国的第一个城市公园——纽约中央公园诞生。纽约中央公园为城市居民带来了清新安全的一片绿洲，有效地改善了城市居住环境，受到社会高度的好评和认可。纽约中央公园的建成促使欧美掀起了城市公园建设的高潮，被称为“城市公园运动”。但公园都被密集的建筑群所包围，形成了一个个“孤岛”因此也就显得十分脆弱。到1880年，波士顿公园系统——“翡翠项链”形成，将数个公园连成一体，在波士顿中心地区形成了景观优美、环境宜人的公园体系，突破了这一格局，对城市绿地系统理论的发展产生了深远的影响。这种以城市中的河谷、台地、山脊为依托形成城市绿地的自然框架体系的思想，也是当今城市绿地系统规划的一大原则。

2）“田园城市”运动

这一阶段城市绿地系统规划理论的特征是：从局部的城市调整转向对整个城市结构的重新规划。其中最具代表性的理论是“田园城市”理论（图3-7、图3-8）。

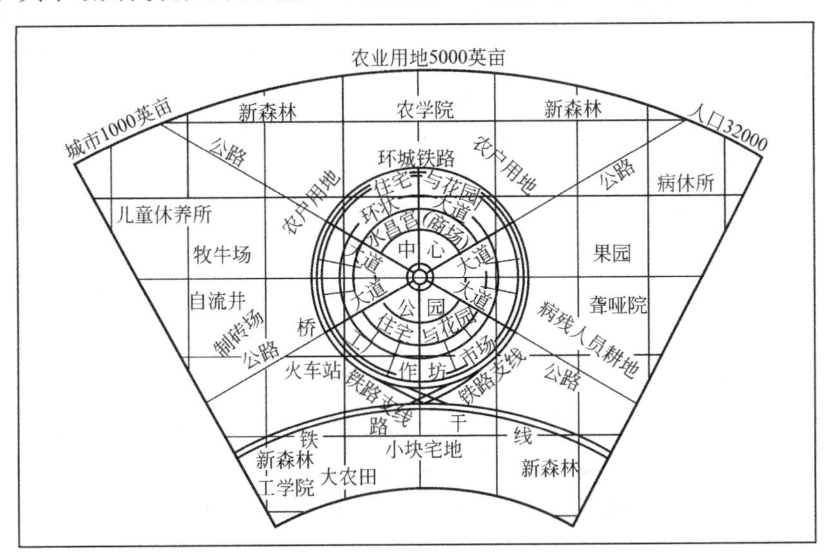

图3-7　田园城市

图片来源：王绍增．城市绿地规划［M］．北京：中国农业出版社，2005.5.

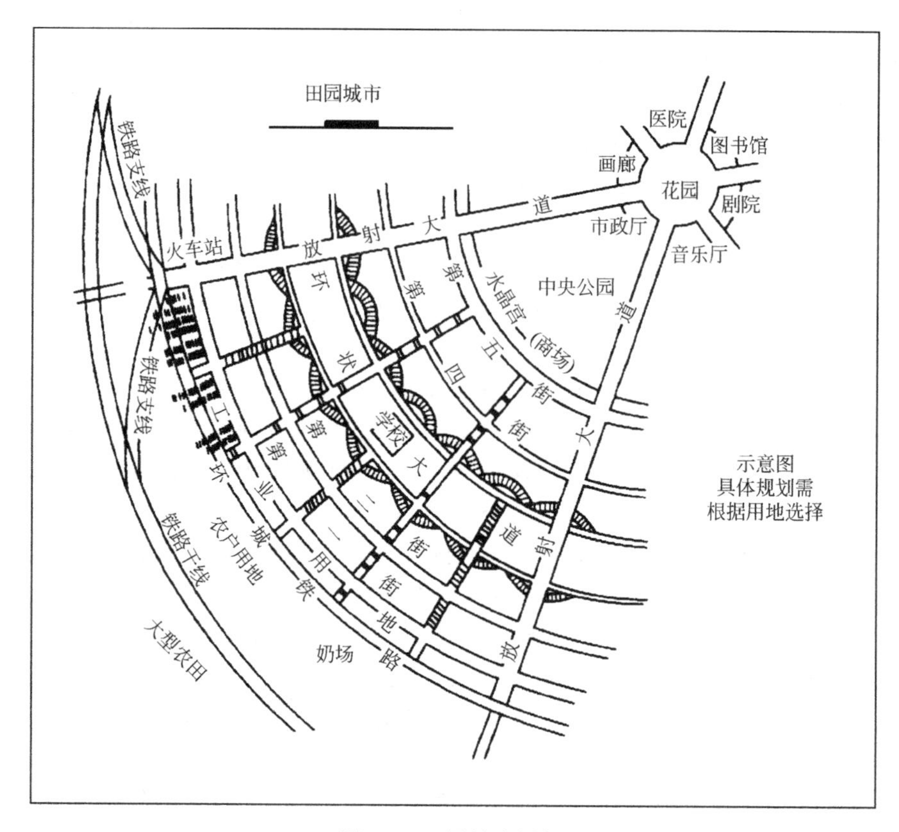

图 3-8　田园城市局部

图片来源：王绍增．城市绿地规划［M］．北京：中国农业出版社，2005.5.

田园城市理论是 1898 年由英国社会活动家霍华德提出，从城市规划的角度对绿地系统推出了独创性的见解。其理论是：立足于建设城乡结合、环境优美的新型城市。他所设想的田园城市是为居民提供居住场所和就业机会的城市，规划用宽阔的农业地带环抱环保城市，农田的面积比城市大 5 倍，每个城市的人口限制在 3.2 万人左右，城市的大小直径不超过 2km，城市中心为大面积的公共绿地，面积多达 $60hm^2$，城市中每个居民的公共绿地面积超过 $35m^2$，整个城市鲜花盛开，绿树成荫，形成一种城市与乡村田园相融的健康环境。在霍华德的倡导下，在英国相继建设了两个田园城市，即 1904 年建成莱奇沃斯（Letchworth）和 1919 年建成的韦林（Wellwyn）。“田园城市”理论和实践给 20 世纪绿地系统规划带来了深远的影响，也为城市绿地系统融入城市规划的总体布局拓展了新的思路。

3）战后大发展

二战之后，西方各国重建，各国都开始注重城市建设与自然环境的有机融合，城市绿地的发展进入继“城市公园运动”后的又一高潮。“田园城市”、“有机疏散”等规划理论在这些城市的重建中得到应用。许多城市采取措施疏散大城市人口，拓展城市中的绿化空间，并力求使绿化环境与城市环境相融合，已形成宜人的城市环境。华沙、莫斯科等通过系统的规划增加城市绿地面积，形成了完整的城市绿地系统，成为城市中保持优美环境的佳例。平壤、华盛顿、新加坡等城市则在规划中保留和利用了原有的地形和植被，注重绿

地的合理布局，形成与城市相融的绿地系统，创造城市的优美环境。

4）生物圈意识

在20世纪70年代初，全球兴起了保护生态环境运动。联合国在1971年11月召开了人类与生物圈计划（MAB）国际协调会，并于1972年6月在斯德哥尔摩召开了第一次世界环境会议，会议通过了《人类环境宣言》。同年，美国国会通过了城市森林法。而在欧洲，1970年被定为欧洲环境保护年。在这样的大环境下，与城市绿地系统规划密切相关的城市规划领域也出现了一些新的理论及动向，即以生态的理论指导城市规划，使城市成为一个完整的生态系统。其中以美国景观建筑师麦克哈格（Mcharg）所著的《设计结合自然》为代表，该书提出在尊重自然规律的基础上，建造与人共享的人造生态系统的思想。在这些理论的影响下，这一阶段的城市绿地的规划和建设体现了生态园林的理论探讨和实践摸索的特点，这主要表现在城市绿地系统规划中更重视将城市中的绿地与城市的自然地形、河流、湿地等相结合，并把各种类型的绿地连成网络，同时考虑城市绿地与城市范围以外广阔的自然地段的联系，使城市完全融入绿色环境，充分发挥城市绿地的生态功能。

城市绿地系统的发展走过了一个由集中到分散，由分散到联系，由联系到融合的过程。这种自然和城市相融合的城市绿地系统将更有效地发挥生态效益，更有助于城市的可持续发展。

2. 国内绿地系统规划发展概况

我国城市绿地系统的规划和建设起步是在新中国成立以后，从1949年到改革开放前，这期间经历了风风雨雨，城市绿化建设的发展时快时慢，总是保持一个不太高的发展水平。改革开放以后，城市绿化工作才真的有了较大的发展，城市绿化水平也有了较大的提高。单从城市绿地指标来看，从1986年到1999年，全国城市绿化覆盖率由16.86%提高到我国近期城市园林绿化概况27.44%，绿地率由15%提高到23%，人均公园绿地面积由3.45m^2提高到6.52m^2。尤其是在1992年颁布的《城市绿化条例》后，绿地系统建设开始受到政府的重视，才要求各个政府抓紧编制和补充完善城市绿地系统规划。此后，绿地系统规划在我国开始全新的发展研究阶段，实践和理论都开始研究发展。一些位于改革开放前沿的新兴城市，如深圳、珠海、上海的浦东新区等，在城市绿地系统规划上很下功夫，使城市绿地系统布局更加合理，绿化水平进一步提高，城市生态环境保持了良好的发展态势，成为中国新兴城市的代表。其中，珠海还被联合国评为最适于居住的城市。

然而，由于种种历史及现实原因，我国城市绿化的总体水平与世界发达国家之间还有较大差距，在城市绿地系统规划和建设中还存在不少的问题。

3. 绿地系统发展趋势

从20世纪末到21世纪初，随着全球性生态运动的不断发展以及由信息产业和知识经济的发展带来的城市格局的变化，城市绿地系统的发展将面临新的机遇和挑战，城市绿地系统规划也将出现一些新的趋势，主要表现在以下几个方面：

1）城市绿地系统规划广度上拓展，城市绿地元素趋于多元化

随着对城市绿地系统生态功能认识的深入，城市绿地系统在城市中发挥的生态效益越来越受到重视。经过长期的研究表明，单纯地进行城市建成区的绿地系统规划并不能充分发挥绿地的生态效益。因此，当今的城市绿地系统规划从广度上已由城市建成区拓展至整

个城市规划区，甚至进入区域规划的范围。一些专家学者甚或提出“大地景观规划”和“大地园林规划”的规划尺度，随着城市规划从较小尺度的城镇物质环境的建设规划，走向宏观尺度的区域性“社会——经济——生态”综合发展规划，城市绿地系统规划尺度由微观到宏观的发展也将成为新的趋势。

同时，绿地系统规划中景观生态思想强调不将单一元素作为设计对象，而是对生态系统的所有元素进行协调，以达到整体优化的目标。绿地系统规划、建设管理的对象从土地、植物两大要素扩展到水文、大气、动物、能源等要素。

2）城市绿地系统规划研究在深度上拓展，绿地系统结构趋于网络化

21世纪城市绿地系统规划研究深度由单纯地对绿地系统本身进行分类、布局、定量等工作拓展到对绿地与城市生态环境、绿地与城市经济以及绿地与城市社会学等诸多方面的相互关系上的研究，力求发挥城市绿地系统的综合效益，保证城市健康持续地发展。城市绿地系统由集中到分散、再由分散到联系。由联系到融合，呈现出逐步走向网络连接、城郊融合的发展趋势，城市中人与自然日趋密切的同时，生物与环境的关系也正日趋畅通和逐步恢复。

3）新技术在城市绿地系统规划中的运用

城市绿地系统规划是一项技术性极强的工作，无论是绿地现状情况的调查分析，还是各类绿地的定位、定量以及功能的确立等均需要借助一定的技术手段才能完成。随着科学技术的进步，尤其是计算机学科的不断发展，许多新技术在城市绿地系统规划中得到运用。利用红外遥感（RS）技术监测绿地状况，对绿地的分布、规模、三维绿量、绿化覆盖率等情况可以进行准确的测定，为后期的绿地系统规划准备充分翔实的第一手资料。地理信息系统（GIS）在城市绿地系统规划中的运用，也有助于使绿地系统规划更为合理科学，同时也更容易协调城市绿地与城市其他用地之间的关系。这些新技术的运用，使城市绿地系统规划更趋于科学合理，因此，新技术在城市绿地系统规划中的运用已成为新的趋势。

四、城市绿地系统规划的任务与功能

1. 城市绿地系统规划的任务

归纳起来，城市园林绿地系统规划的基本任务有以下几点：

（1）根据实际条件与发展前景，确定全市园林绿地系统规划的总原则、总目标。

（2）决定园林绿地的性质，划定各类绿地的位置、范围、面积，并按照国民经济发展计划、生产与生活水平、城市发展规模、建设速度和水平，拟定园林绿地分期建设的各项指标。完成公园绿地、生产绿地、防护绿地、附属绿地及其他绿地等各类绿地规划。

（3）提出城市园林绿地调整、充实、改造与提高的设想，划出应控制、保留的绿化用地，定出分期建设与修建项目的实施计划。必要时对重点公园绿地提出规划方案或实施计划，绘出重点公园绿地示意图，定出规划方案，写出设计任务书，以说明绿地性质、位置环境、布局形式、服务对象和游人量等作为该项绿地详细规划的依据。

（4）规划若干环状、带状、楔状绿地穿插市区内外，使绿地形成纵横交错的网络，包围和镶嵌城市。在城市外围规划宽阔的绿化带，形成良好的大环境绿化圈。按城市规划要求协调好城市近郊的风景区、森林公园、农业、林业、水利、环保、旅游、休疗养等部门

用地。

（5）完成各专项规划，其中包括总结分析并规划好主要的绿化树种，特别是行道树种、基调树种、骨干树种，提出城市生物多样性保护培育规划等。

（6）提出绿地系统规划建设实施措施。

2. 城市绿地系统规划的功能

城市绿地系统生态规划，就是将生态规划的思想方法应用于城市绿地规划，即在城市用地范围内，根据各种绿地的不同功能用途，合理布置，以获得更贴近自然的环境，进而以此为依据改善城市小气候条件，改善市民的生产生活条件，并创造出清洁卫生、美丽的城市环境，因此是改善人类生存空间环境，解决城市环境问题的最佳理论和方法。

五、城市绿地系统规划中的绿地分类

1. 我国各时期的分类情况

我国城市绿地的分类情况随着绿地建设及规划思想的发展在各个时期有所不同。1961 年出版的高等学校教科书《城乡规划》中，将城市绿地分为城市公共绿地、小区及街坊绿地、专用绿地和风景游览、休疗养区的绿地四大类。1963 年中华人民共和国建筑工程部的《关于城市园林绿化工作的若干规定》中，将城市绿地分为公共绿地、专用绿地、园林绿化生产用地、特殊用途绿地和风景区绿地五大类。这是我国第一个法规性的城市绿地分类。1975 年国家建委城建局的《城市建设统计指标计算方法（试行本）》中，将城市绿地分为公园、公用绿地、专用绿地、郊区绿地四大类。1982 年城乡建设环境保护部颁发的《城市园林绿化管理暂行条例》中，将城市绿地分为公共绿地、专用绿地、生产绿地、防护绿地、城市郊区风景名胜区五大类。1993 年建设部编写的《城市绿化条例释义》及 1993 年建设部文件《城市绿化规划建设指标的规定》中，将城市绿地分为公共绿地、居住区绿地、单位附属绿地、防护绿地、生产绿地和风景林地六类。

以上各个时期的城市绿地分类，是我国新中国成立后逐步摸索、不断发展的产物，在各时期均对城市绿地的建设起过重要的指导作用。然而，随着我国城市化进程的不断加快以及人们对城市绿地系统认识的进一步提高，现行的城市绿地分类标准已不能适应新的城市建设需要，引发了一系列问题。鉴于这些情况，出台新的城市绿地分类标准已势在必行。

2. 我国城市绿地现行分类标准

新的分类标准应该与现有的标准相协调，保持现有分类的延续性，同时根据新形势下的具体情况，主要从绿地的功能角度进行分类，使其能为城市绿地的规划、建设、管理、统计服务，并能对城市绿地系统的内部结构、城市大环境绿化的发展起推动、引导作用，同时对风景园林及城市绿地规划学科的建设发展做出贡献。

根据我国新形势下绿地建设的需要，建设部颁布了新的《城市绿地分类标准》，批准为行业标准，于 2002 年 9 月 1 日起正式实施。

城市园林绿地按主要功能进行分类，同时与城市用地分类相对应。在分类时将城市绿地分为大类、中类、小类三个层次，绿地类别采用英文字母与阿拉伯数字混合型代码来表示。将城市绿地分为 5 个大类、13 个中类、11 个小类（表 3-1）。

绿地分类表 **表 3-1**

类别代码			类别名称	内容与范围	备注
大类	中类	小类			
G1			公园绿地	向公众开放，以游憩为主要功能，兼具生态、美化、防灾等作用的绿地	
	G11		综合公园	内容丰富，有相应设施，适合于公众开展各类户外活动的规模较大的绿地	
		G111	全市性公园	为全市民服务，活动内容丰富、设施完善的绿地	
		G112	区域性公园	为市区内一定区域的居民服务，具有较丰富的活动内容和设施完善的绿地	
	G12		社区公园	为一定居住用地范围内的居民服务，具有一定活动内容和设施的集中绿地	不包括居住组团绿地
		G121	居住区公园	服务于一个居住区的居民，具有一定活动内容和设施，为居住区配套建设的集中绿地	服务半径：0.5～1.0km
		G122	小区游园	为一个居住小区的居民服务、配套建设的集中绿地	服务半径：0.3～0.5km
	G13		专类公园	具有特定内容或形式，有一定游憩设施的绿地	
		G131	儿童公园	单独设置，为少年儿童提供游戏及开展科普、文体活动，有安全、完善设施的绿地	
		G132	动物园	在人工饲养条件下，移地保护野生动物，供观赏、普及科学知识，进行科学研究和动物繁育，并具有良好设施的绿地	
		G133	植物园	进行植物科学研究和引种驯化，并供观赏、游憩及开展科普活动的绿地	
		G134	历史名园	历史悠久，知名度高，体现传统造园艺术并被审定为文物保护单位的园林	
		G135	风景名胜公园	位于城市建设用地范围内，以文物古迹、风景名胜点（区）为主形成的具有城市公园功能的绿地	
		G136	游乐公园	具有大型游乐设施，单独设置，生态环境较好的绿地	绿化占地比例应大于等于65%
		G137	其他专类公园	除以上各种专类公园外具有特定主题内容的绿地。包括雕塑园、盆景园、体育公园、纪念性公园等	绿化占地比例应大于等于65%
	G14		带状公园	沿城市道路、城墙、水滨等，有一定游憩设施的狭长形绿地	
	G15		街旁绿地	位于城市道路用地之外，相对独立成片的绿地，包括街道广场绿地、小型沿街绿化用地等	绿化占地比例应大于等于65%

续表

类别代码			类别名称	内容与范围	备注
大类	中类	小类			
G2			生产绿地	为城市绿化提供苗木、花草、种子的苗圃、花圃、草圃等圃地	
G3			防护绿地	城市中具有卫生、隔离和安全防护功能的绿地。包括卫生隔离带、道路防护绿地、城市高压走廊绿带、防风林、城市组团隔离带等	
G4			附属绿地	城市建设用地中绿地之外各类用地中的附属绿化用地。包括居住用地、公共设施用地、工业用地、仓储用地、对外交通用地、道路广场用地、市政设施用地和特殊用地中的绿地	
	G41		居住绿地	城市居住用地内社区公园以外的绿地，包括组团绿地、宅旁绿地、配套公建绿地、小区道路绿地等	
	G42		公共设施绿地	公共设施用地内的绿地	
	G43		工业绿地	工业用地内的绿地	
	G44		仓储绿地	仓储用地内的绿地	
	G45		对外交通绿地	对外交通用地内的绿地	
	G46		道路绿地	道路广场用地内的绿地，包括行道树绿带、分车绿带、交通岛绿地、交通广场和停车场绿地等	
	G47		市政设施绿地	市政公用设施用地内的绿地	
	G48		特殊绿地	特殊用地内的绿地	
G5			其他绿地	对城市生态环境质量、居民休闲生活、城市景观和生物多样性保护有直接影响的绿地。包括风景名胜区、水源保护区、郊野公园、森林公园、自然保护区、风景林地、城市绿化隔离带、野生动植物园、湿地、垃圾填埋场恢复绿地等	

3．各类绿地特征

1）公园绿地

公园绿地是指向公众开放，以游憩为主要功能，兼具生态、美化、防灾等作用的绿地。这类绿地主要安置在生活居住区范围内，是城市绿地中最重要的组成部分，也是人们接触最多，对城市影响最大的绿地。一般城市都包含以下几种类型公园：综合公园、社区公园、专类公园、带状公园、街旁绿地。

（1）综合公园

指在市、区范围内供城市居民进行休息、游览、文化娱乐的综合性功能为主的有一定用地规模的绿地。根据服务半径的不同，综合公园可分为全市性公园和区域性公园。大城市一般设置几个全市性服务的市级公园，每个区可有一至数个区级公园。市级公园面积一般在10公顷以上，居民乘车30分钟可达。区级公园面积可在10公顷以下，步行15分钟可达（服务半径一般为1000～1500m），居民可进行半天以上的活动。综合性公园的内容、设施较为完备，规模较大，质量较好，园内一般有较明确的功能分区，如文化娱乐区、体育活动区、儿童游戏区、安静休息区、动植物展览区、园务管理区等（图3-9）。

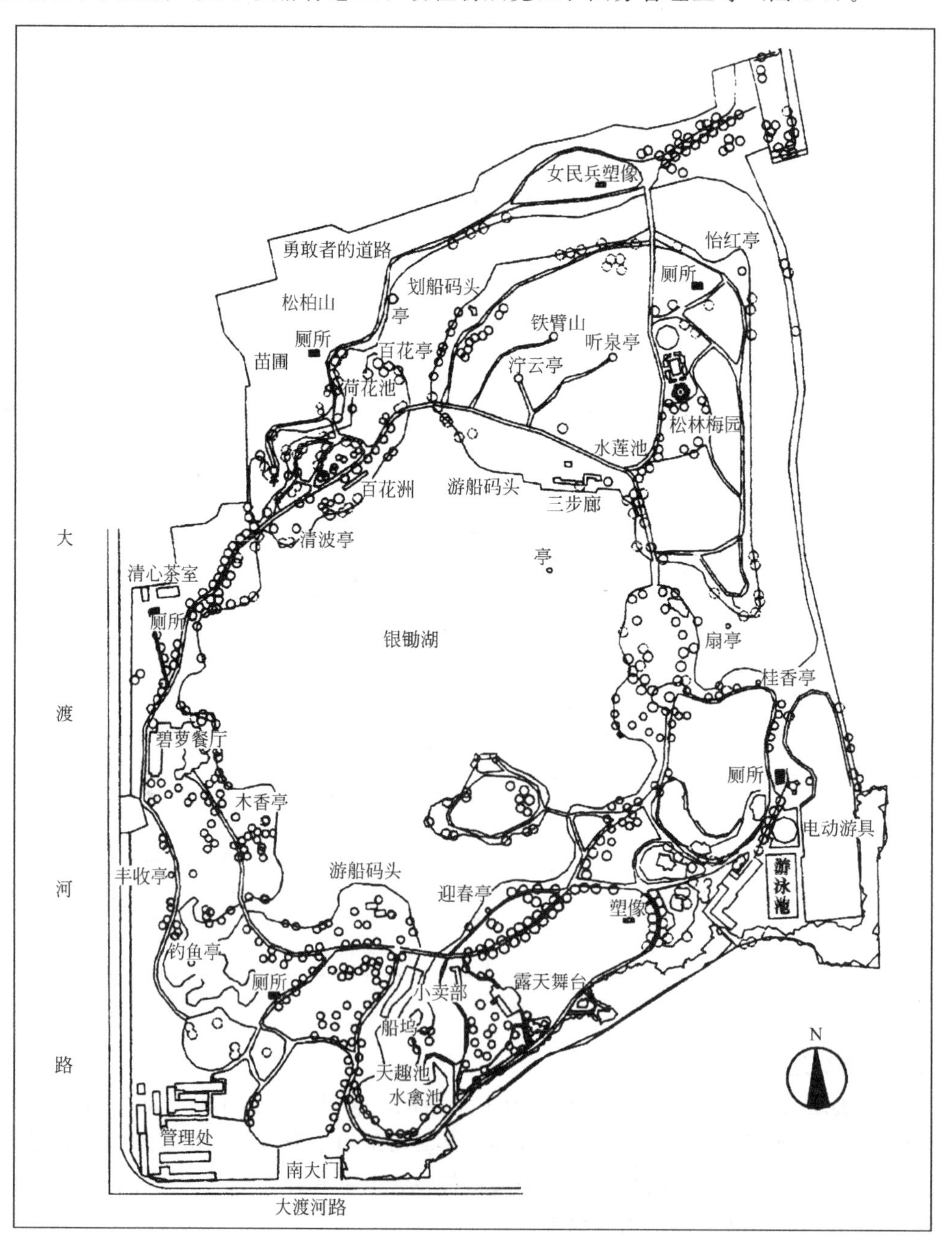

图3-9　上海长风公园平面图

图片来源：王绍增．城市绿地规划［M］．北京：中国农业出版社，2005.05.

综合性公园要求有风景优美、植物种类丰富的自然环境，因此选择用地要符合卫生条件，空气畅通，不滞留潮湿阴冷的空气。用地土壤条件应适宜园林植物正常生长的要求，以节约管理、土地整理、改良园址的费用。但在城市用地紧张的情况下，在城市总体规划中，一般都把不宜修建建筑地段、沙荒划作公园用地，在这种情况下，也应尽可能因地制宜将其改造建设成公园。另外，还应尽量利用城市原有的河湖、水系等条件。

(2) 社区公园

社区公园是指为一定居住用地范围内的居民服务，这类绿地同居民生活关系密切，要求具有适于居民日常休闲活动的内容和相应的设施。《城市居住区规划设计规范》GB 50180—93（2002 版）将社区公园分为居住区公园和小区游园两个小类。居住区公园为一个居住区的居民服务，面积一般 2～5 公顷，服务半径 500～1000m，步行 5～10 分钟可以到达。小区游园为一个居住小区的居民服务，服务半径 300～500m（图 3-10）。

图 3-10 小区游园，为一个居住小区居民服务

图片来源：刘骏，蒲蔚然．城市绿地系统规划与设计［M］．北京：中国建筑工业出版社，2004

(3) 专类公园

专类公园是指具有特定内容和形式、有一定游憩设施的绿地。专类公园科分为儿童公园、动物园、植物园、历史名园、风景名胜公园、游乐园、体育公园。

① 儿童公园

是指为服务于儿童及携带儿童的成年人，而专门规划的独立的公园。公园面积一般为 5 公顷左右。园内的娱乐设施、运动器械及建筑物的布置设计要考虑到少年儿童的心理生理特征，充分考虑儿童活动的安全性、趣味性、知识性。设施内容丰富，要能够启发儿童智力发展。园内还根据不同年龄段分别设有不同年龄儿童活动区。

儿童公园应规划布置在居住区中心，并避免穿越交通频繁的城市干道。

② 动物园

动物园是根据动物学和游憩学规律建成的大型专类公园。动物园的任务之一就是集中饲养和展览各种野生动物及品种优良的家禽家畜，进行各种动物的分类、繁殖、驯化等方面的研究，保护和研究濒危动物，成为动物基因保存基地。任务之二就提供市民参观游览、休憩娱乐以及对市民进行文化教育及科普宣传。

在大城市中一般独立设置，在中小城市常附设在综合性公园中。动物园的用地选择应该远离有烟尘及有害的工业企业、城市的喧闹区。要有可能为不同种类（山野、森林、草地、水族等），不同区域（热带、寒带、温带等）的动物创造适合的生长环境，其笼舍的布置也要按照动物的习性及生活要求来布置。动物园的布置还要远离居民密集地区，以免病疫互相传染，更应与屠宰场、动物皮毛加工厂、垃圾处理厂等保持必要的防护距离，必要时要设防护林带。动物园一般设置在城市的上风向，有水源、电源及交通方便的地方。如果附设在综合公园中，一般设在下风、下游地带。

③ 植物园

是指广泛收集和栽植植物种类，并按照植物学要求种植布置，同时满足人们参观游览等要求的专类公园。植物园的任务之一是广泛收集各种植物材料，并对植物进行引种驯化、定向培养、品种分类，研究植物在环境保护，综合利用等方面的价值，保护濒危植物种类，成为植物基因保存基地。任务之二是提供市民参观游览，休憩娱乐，并进行科普知识的教育。

植物园规模一般较大，必须有相当广阔的园地。选址时多在有方便交通的远郊区，要避免在城市有污染的下风向下游地区，以免影响植物正常生长。要有适宜的水文条件，避免建设在垃圾场、土壤贫瘠、下水位过高、缺乏水源的地方。

④ 游乐园

是指单独设置的，具有大型游乐设施，生态环境较好的公园绿地。

⑤ 体育公园

体育公园是指有完备及一定技术标准的体育运动及健身设施，良好的自然环境及充分绿化，可以进行各类体育比赛、训练以及日常的体育锻炼、健身等游憩活动的特殊公园绿地。另外还应设置一定比例的休息游览建筑，以及其他服务设施。在绿化种植上，尽量种植大乔木，同时注意不妨碍比赛及观众的视线，尽少采用落叶期早、种子飞扬，不利于场地或游泳池清洁卫生的树种，草坪及场地的面积可多些。体育公园一般面积比较大（大于 $10hm^2$），位置应选在与居住区有方便交通联系的地段。随着人们生活水平的提高，体育公园的建设越来越受到重视。

⑥ 历史名园与纪念性公园

历史名园指历史悠久，知名度高，体现传统造园手法并被审定为文物保护单位的园林。这类公园在我国公园中占有一定数量，是历史、文化内涵最为丰富的绿地类型，可以反映一个城市的历史文脉，体现城市的历史文化风貌。纪念性公园设立的目的是以革命活动故址、烈士陵园、历史名人活动旧址及墓地为中心的园林绿地，供群众瞻仰、凭吊及游览休息的园林。如南京中山陵、雨花台烈士陵园、广州起义烈士陵园、成都杜甫草堂、成都武侯祠。园内除纪念用地或建筑外，尚可利用周围自然条件扩建若干休息游览区，寓革命传统教育、纪念性于娱乐之中。

古典园林的周围，应按其文物保护单位级别，制定保护距离，以免造成景观的破坏。这方面的经验教训甚多。如苏州拙政园是属于全国文物保护单位，在 20 世纪 70 年代初却在园林的北部建立了一座大型高层厂房，把园内的主景、透视线破坏殆尽。无锡市太湖之

滨“蠡园”后面，建立了一座现代化旅游宾馆，“蠡园”已经成为宾馆前的大盆景，园林艺术意境全被破坏。

（4）带状公园

在城市中有相当宽度（8m 以上）的带状公园绿地。常常设在城市道路的两侧、滨河，湖、海两侧。主要供城市居民作休息，游览之用。其中可设小型服务设施、如茶室、小卖部、休息亭廊、座椅、雕塑等。植物配置以遮荫大树、开花灌木、草坪花卉为主。在与城市道路相邻处，需用植篱相隔，以防尘及噪声（图 3-11、图 3-12）。

图 3-11　沿河布置的绿地是人们游憩、锻炼的好地方

图片来源：俞孔坚，李迪华．城市景观之路［M］．北京：中国建筑工业出版社，2003.

图 3-12　城市内的绿色非机动车道

图片来源：俞孔坚，李迪华．城市景观之路［M］．北京：中国建筑工业出版社，2003

（5）街旁绿地

是指位于城市道路用地之外，相对独立或成片的绿地，可包括小型沿街绿化用地、街道广场绿地等。

① 小型沿街绿化用地

即街头小游园，一般分布在街头、旧城改造区或历史保护区内，供市民游戏、休憩的公园绿地。这类绿地一般面积不大（1000m^2左右），但数量多，分布广，多分布在建筑密度大，人员密集的地方，使用率极高，深受城市居民的喜爱（图 3-13）。

图 3-13　城市沿街绿化

图片来源：刘骏，蒲蔚然．城市绿地系统规划与设计［M］．北京：中国建筑工业出版社，2004.

② 街道广场绿地

街道广场绿地是近几年来发展最为迅速的一类绿地。街道广场绿地是指位于道路红线之外的，以绿化为主的城市广场。广场绿地是公园绿地的重要组成部分。能够满足居民进行休憩、游戏、集会等活动，还能够改善城市环境，美化城市景观（图 3-14）。

2）生产绿地

生产绿地是指为城市绿化提供苗木、花草、种子的苗圃、花圃、草圃等用地，是城市绿化的生产基地。一般生产绿地占地面积较大，通常应安排在郊区，并保证与市区有方便的交通联系，以便苗木运输。花圃、苗圃用地范围内要求土壤及水源条件较好，以利于培育及节约投资费用。在城市建成区范围内不要占用大片土地作苗圃、花圃。在目前节约土地的情况下，应尽量利用山坡造田、围海造田、河滩地等。有的还可以利用农田边缘角隅生产苗木以供城市绿化需要。还有些大城市花圃建设条件较好，也可以局部适当开放，以弥补公园绿地不足之处。

图 3-14　城市广场绿地

图片来源：俞孔坚，李迪华．城市景观之路［M］．北京：中国建筑工业出版社，2003.

3）防护绿地

是指为了满足城市对卫生、隔离、安全的要求而设置的绿地，主要功能是改善城市的自然条件和卫生条件，根据其功能防护绿地包括卫生隔离带、道路防护绿地、城市高压走廊绿带、防风林、安全防护林、城市组团隔离带等。

（1）卫生隔离带

是指为了防止有害气体、噪音等污染源对城市其他地区的污染而设立的林带。如介于工厂与居住区之间，依工矿企业散发有害气体及骚扰程度不同，设有不同级别宽度的林带。其他的如城市公用设施单位周围，如污水处理厂、垃圾处理站、水源地等都应按规定设置防护绿地。

（2）城市防风林带

保护城市免受大风沙侵袭。一般位于城市外围，建立总宽度为 100～200m 的防风林带，与主导风向垂直。如北京在 20 世纪 50 年代绿地规划中，于西北部设置几条防风林带。在某些夏季炎热的城市，应设置通风林带，与夏季盛行风向平行，并可结合水系、城市道路，形成透风走廊，使季风吹入城市中心区（图 3-15）。

（3）安全防护林带

安全防护林带是为了减少因地震、火灾、滑坡等灾害，增加城市的抵抗灾害能力，减少对人们生活造成的影响，是为了安全考虑而设置的林带。高压线走廊绿地也是为了安全而设置。

（4）城市组团隔离带

是在城市建成区以内以自然地理条件为基础，在生态敏感区域规划的城市绿化带。城市组团隔离带具有多重复合型的功能。一方面它可有效地缓解城市建成区过度拥挤的局

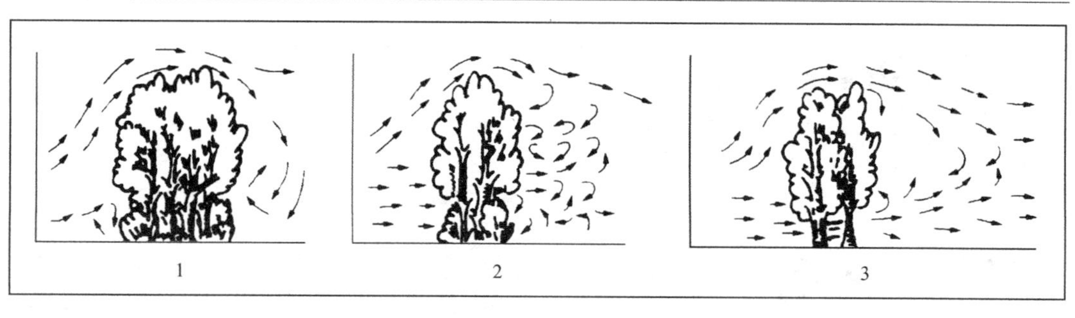

图 3-15　不同结构的林带（1 紧密结构林带；2 稀疏结构林带；3 通风结构林带）

图片来源：王绍增．城市绿地规划［M］．北京：中国农业出版社，2005.

面，保护和提高城市环境质量；另一方面可为市民提供观赏和休闲去处，还可起到保持区域绿色空间延续，保护其不受城市其他建设用地侵占等作用。

4）附属绿地

附属绿地是指城市建设用地中绿地之外各类用地中的附属绿化用地。它包括居住用地、公共设施用地、工业用地、仓储用地、对外交通用地、道路广场用地、市政设施用地和特殊用地中的绿地。

（1）居住绿地

是指居住区用地范围内的绿地。它的主要功能是改善居住环境，供居民日常户外活动（这些活动包括休憩、游戏、健身、社交、儿童活动等等）。它可细分为组团绿地、宅旁院落绿地、居住区公共建筑附属绿地以及居住区道路绿地等（图 3-16）。

图 3-16　居住区组团绿化

图片来源：刘骏，蒲蔚然．城市绿地系统规划与设计［M］．北京：中国建筑工业出版社，2004.

居住区绿地是市民日常接触最多的绿地。它与市民生活息息相关，其质量的高低将直接影响到居民的日常生活及环境质量。居住绿地对于提高我国整体的绿化水平，提高人民生活水平及城市的环境质量都起着非常重要的作用（图 3-17）。

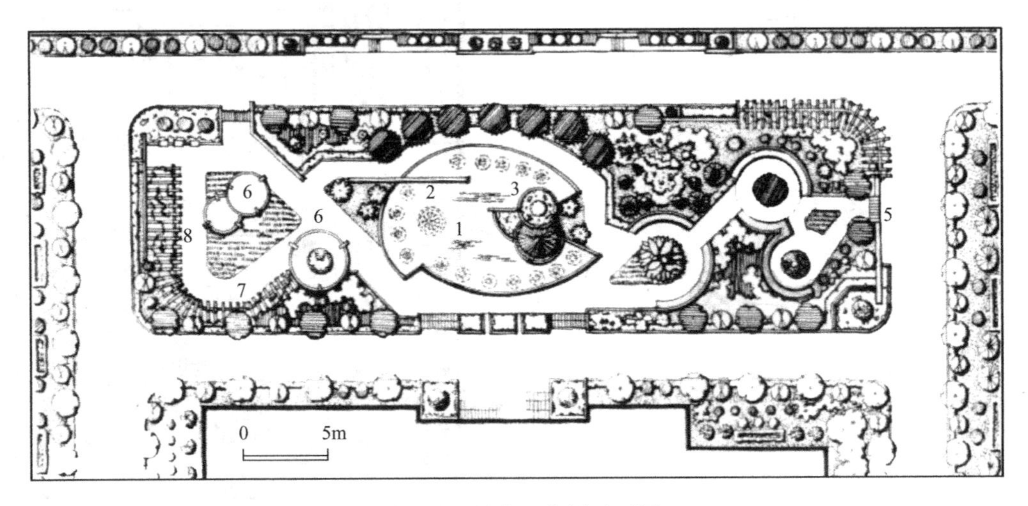

图 3-17　居住区庭园平面图

图片来源：黄晓鸾．园林绿地与建筑小品［M］．北京：中国建筑工业出版社，1996.

（2）道路绿地

是指居住区级以上的城市道路广场用地范围内的绿化用地，它的主要功能是改善城市道路环境，防止汽车尾气、噪声对城市环境的破坏，美化城市景观。它可细分为：道路绿带（行道树带、分车隔离绿带、路侧绿带等），交通岛绿地（中心岛、导向岛等绿地）、交通广场和停车场绿地等。

道路绿地不仅能改善城市景观，防止汽车尾气及噪声的污染，同时还可缓解热辐射，提高交通的快捷及安全性。此外，城市道路绿地随道路网延伸至城市的每一个角落，在整个城市绿地系统的空间布局中扮演着重要的联系者的角色，城市中的各种点状及面状的绿地，通过线状的城市道路绿地的联系形成网络，构成一个完整的绿地系统。因此，道路绿地是城市绿地系统重要的组成部分。

（3）公共设施绿地

是指居住区级以上的公共设施的附属绿地，如医院、电影院、体育馆、商业中心等的附属绿地。工厂绿地、仓储绿地是工厂、仓储用地范围内的绿化用地，其主要功能是减轻有害物质对工人及附近居民的危害（图 3-18）。

（4）对外交通绿地

对外交通绿地是对外公路、铁路用地范围内的绿地。

（5）市政公用设施绿地

市政公用设施绿地包括水厂、污水处理厂，垃圾处理站等用地范围内的绿地。

（6）其他特殊用地

其他特殊用地的附属绿地包括军事、外事、保安等用地范围内的绿地。各类附属绿地在整个城市的绿地系统中所占比例大、分布广，因此提高附属绿地的数量和质量是提高整个城市普遍绿化的重要手段。

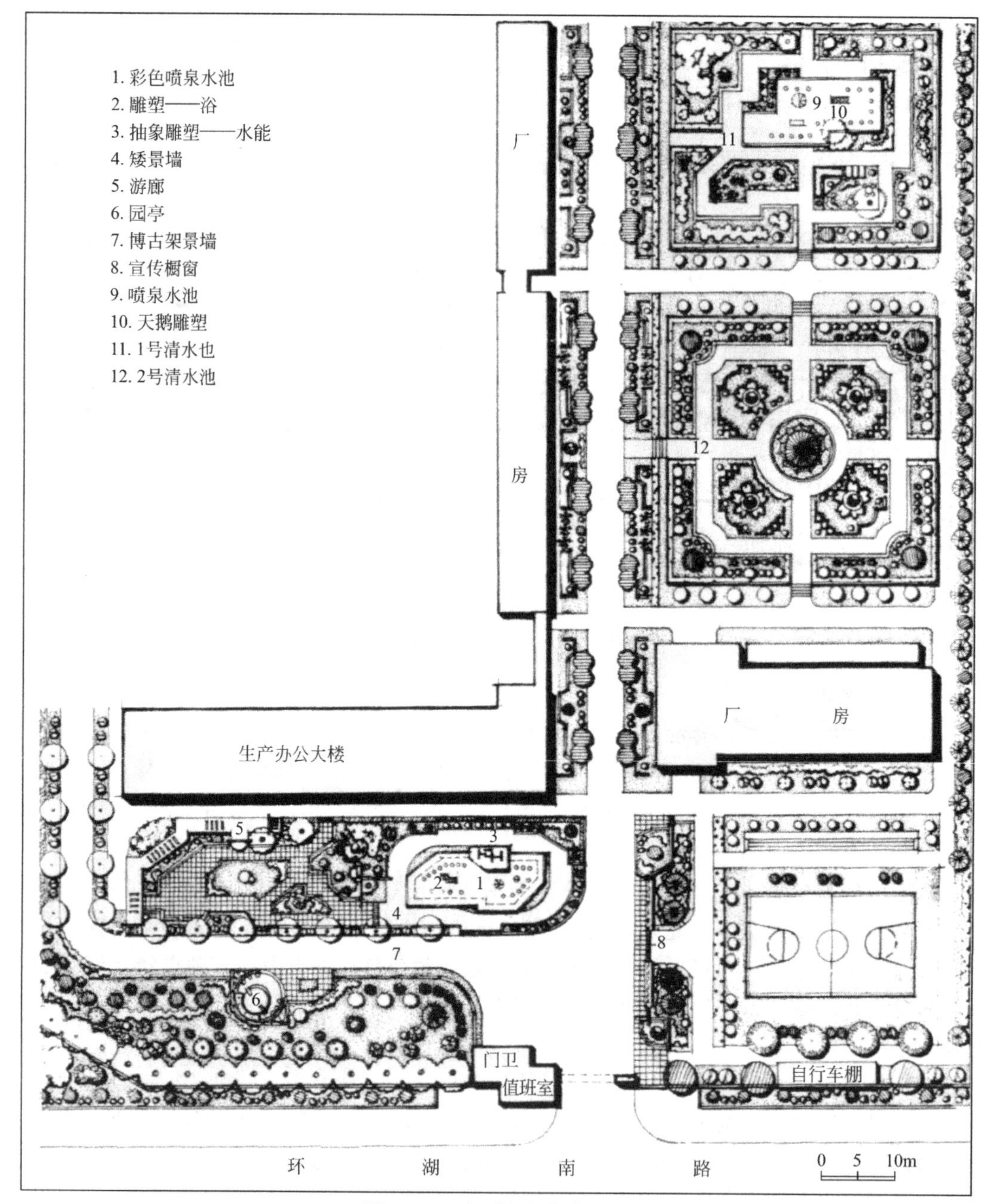

图 3-18　厂区绿地总平面图

图片来源：黄晓鸾．园林绿地与建筑小品［M］．北京：中国建筑工业出版社，1996.

4．其他绿地

其他绿地是指对城市生态环境质量、居民休闲生活、城市景观和生物多样性保护有直接影响的绿地，包括风景名胜区、水源保护区、郊野公园、森林公园、自然保护区、风景林地、城市绿化隔离带、野生动植物园、湿地、垃圾填埋场恢复绿地等。其他绿地通常位于城市建设用地以外，一般是植被覆盖较好，山水地貌较好或应改造好的区域，这类绿地的主要功能是保护生态环境、培育景观、控制建筑、减灾防灾、观光旅游、郊游探险、保

护自然和文化遗产等。其中风景名胜区是指位于城市周边，有丰富的动植物种类，有良好的自然或人文景观，环境类型丰富多样的区域。风景名胜区具有各种功能特征，这些功能包括供人们观赏、游览，休闲及科研活动，保护动、植物及历史人文资源，保持水土、保护水源等等。由于风景名胜区位于城市周边，其规模较大，绿化及景观价值均较高。因此风景名胜区绿地对改善城市的生态环境，满足市民游憩及旅游功能，防止城市不合理的蔓延和扩张，改善城郊的环境及景观现状等方面，都起着非常重要的作用。

城市绿化隔离带是指为防止城镇无序蔓延连片，在城镇之间设置的绿色空间。城市绿化隔离带是城区附近的绿色生态背景，它既可在用地上对城市的无序蔓延加以控制，又可通过其大规模的绿化形成由城区人工化建设向郊区自然式保护的过渡，有利于形成完整的城市绿地系统。

其他绿地中所谓的湿地是指在城市建设用地范围以外的沼泽、湿原、泥炭地或水域。湿地是地球上具有重要环境能力的生态系统，是多种生物的栖息地和孳生地，同时也是原材料和能源的地矿资源。城市周边湿地的存在可有效地维持城市生物多样性及景观多样性，改善城市的环境质量，另外还可为居民的休闲生活服务，同时也可成为对青少年进行生态知识教育的基地。

第二节　城市绿地系统规划的主要内容

一、城市绿地指标的确定

1. 城市绿地指标概述与影响因素

城市园林绿地指标一般是指城市居民所占有的城市园林绿地面积，通常是指人均公园绿地面积。园林绿地指标是一个城市园林绿化的基本标志，它反映着一个城市一个时期的经济水平、城市环境质量及城市居民文化生活水平。很多国家都根据自己的情况制定了控制性的城市园林绿地指标，用以指导本国城市规划建设。

影响一个城市园林绿地指标的因素是复杂的、多方面的。由于各个城市情况不同，其指标也有所不同，一个城市的各类绿地应该是多少才是经济合理的，这需要全面的调查和认真的分析与总结。在城市园林绿地建设过程中，影响园林绿地指标的因素有：

1） 城市性质

不同性质的城市对于不同类型的绿地及指标有不同要求。如一些以风景游览、休疗养性质为主的城市，由于旅游、休闲等功能的要求，公园绿地指标定额较高；一些工业及交通枢纽城市，由于环境保护的需求，防护绿地的指标相应较高（表 3-2）。

几个不同性质城市的绿地指标比较表　　**表 3-2**

城市	城市性质	人均公园绿地面积(m^2/人)	绿地率(%)	绿化覆盖(%)
承德	旅游	26.66	27.3	28.65
杭州	旅游	5.78	29.54	33.18
鞍山	钢铁	7.74	27.05	31.6
桂林	旅游	6.68	33.79	36.46
重庆	工业	2.29	17.98	19.97
上海	工业、金融	2.84	13.35	15.56

2）城市规模

城市规模大小的不同，绿地数量亦可有多少。城市规模较大的城市一般人口密集，建筑密度较高。为了缓解这些因素带来的城市问题，应该有更多的绿地，尤其是公园绿地。但由于种种原因，现实中大城市的绿地指标反而较低，这已带来了城市拥挤、城市环境恶化等问题。因此在大城市新区的规划中，应更加重视绿化，提高绿地指标。

3）城市经济水平

绿地指标同国民经济水平密切联系。随着国民经济的发展，人们生活得到改善与提高，对环境质量的要求也越来越高。从新中国成立以来，各时期所制定的绿地指标也各不相同，这是同当时国民经济有关系的。

4）自然条件

不同地区城市的自然条件往往不同，而绿化水平的高低与自然条件的好坏密切相关。自然条件好的地区绿化水平一般来说相应较高。如南方的城市，气候温暖、土壤肥沃、水源充足、日照时间长、有利于植物生长，植物种类也丰富。这些城市的绿地指标则较高，绿化景观也丰富。而北方多数城市由于气候寒冷，干旱多风，自然条件不利于植物生长，植物种类也较单一，绿地指标往往相对较低。因此，绿地指标的制定还应从城市的自然条件出发，因地制宜、切合实际。

5）园林绿化的现状及其建设基础

原有绿化基础较好的城市，如北京、杭州、苏州等历史文化名城，城内名胜古迹众多，自然山水条件也好，同时还有发展绿地的潜力和余地，那么这些城市的绿地指标则较高。而像另一些老的工业城市，如上海、天津、重庆等，旧城中建筑密度大，用地紧张，本身的绿化基础差，旧城中另外开辟绿地难度也较大，这些城市的绿地指标也就相应较低。

影响城市园林绿地指标的具体因素很多，但是归纳起来主要有以下两大类：一是保护环境和维持生态平衡。如维护碳氧平衡，促进城市空气对流循环和局部小气候的改善，防尘灭菌，降低噪音，吸收有害气体防火避灾等；二是满足城市居民文化娱乐休憩等方面的需要。随着人民生活水平的提高，人们的户外活动不断增多，游憩节假日、周末出游的时间越来越多，对城市绿地的数量、种类要求也越来越多和丰富。

2. 城市绿地指标制定与计算

1）城市绿地指标制定

城市绿地指标不仅能指导城市绿地系统的规划建设，对于整个城市的生态平衡及可持续发展也起着非常重要的作用。城市绿地系统指标的制订是一项复杂的工作。要根据不同城市的特殊情况，制定出合理的指标定额、需求考虑多种因素。这些因素相互联系、相互制约、错综复杂。一个合理的城市绿地系统指标的确定需要不断实践，不断深入研究和总结才能获得。正是由于绿地系统指标制定的复杂性及重要性，现在国内外的有关专家投入大量人力及财力进行研究，并提出了一些新的观点和内容。

随着经济建设的发展及科学技术的进步，城市绿地量化指标也越来越丰富、科学和合理，指标的水平也逐步提高。20 世纪 50 年代，城市绿地指标主要有树木株数、公园个数与面积、公园每年的游人量等。到 1979 年，在国家城建总局转发的《关于加强城市园林绿化工作的意见书》中首次出现了“绿化覆盖率”这一指标。此后，指导我国城市绿地规

划建设的三大指标即确定，它们是：城市人均公共绿地面积、城市绿化覆盖率和城市绿地率。2002 年 9 月 1 日，建设部颁布《城市绿地分类标准》出台，其中也提出了有关的绿地指标，标准中绿地指标为人均公园绿地面积、人均绿地面积、绿地率。这三大指标将成为以后城市绿化建设及管理工作中的三大主要指标。

我国城市绿地系统所选取的三大指标的最低标准是一个基本指标标准，是根据我国的实际情况及发展速度制定的。它是一个经过努力可以达到的最低水平标准。这些标准与满足城市的生态卫生需求及理想的城市发展需求等所需要的标准相差还较远，因此城市绿化达到三项基本指标的城市应进一步提高绿地的数量和质量，并可研究引入一些更为系统、更科学合理和具有指导意义的相关绿地指标。这些指标包括城市绿化三维量、绿容率、城市绿化结构指标、游憩指标、城市绿地计划管理指标、城市绿地人均指标等。

2）三大指标计算

根据《城市绿地分类标准》中的规定，城市园林绿地指标包括人均公园绿地面积、绿地率和人均绿地面积三大指标。

在计算城市现状绿地和规划绿地的指标时，应分别采用相应的城市人口数据和城市用地数据；规划年限、城市建设用地面积、规划人口应与城市总体规划一致，统一进行汇总计算。绿地应以绿化用地的平面投影面积为准，每块绿地只应计算一次。绿地的主要统计指标应按下列公式计算。

(1)
$$A_{glm}=A_{gl}/N_p$$

式中　A_{glm}——人均公园绿地面积（m^2/人）；

A_{gl}——公园绿地面积（m^2）；

N_p——城市人口数量（人）。

(2)
$$\lambda_g=[(A_{g1}+A_{g2}+A_{g3}+A_{g4})/A_c]\times 100\%$$

式中　λ_g——绿地率（%）；

A_{g1}——公园绿地面积（m^2）；

A_{g2}——生产绿地面积（m^2）；

A_{g3}——防护绿地面积（m^2）；

A_{g4}——附属绿地面积（m^2）；

A_c——城市的用地面积（m^2）。

(3)
$$A_{gm}=(A_{g1}+A_{g2}+A_{g3}+A_{g4})/N_p$$

式中　A_{gm}——人均绿地面积（m^2/人）；

A_{g1}——公园绿地面积（m^2）；

A_{g2}——生产绿地面积（m^2）；

A_{g3}——防护绿地面积（m^2）；

A_{g4}——附属绿地面积（m^2）；

N_p——城市人口数量（人）。

(4) 根据《城市绿化规划建设指标的规定》中，还有城市绿化覆盖率指标，城市绿化覆盖率是指规划期建成区绿化覆盖面积与建成区面积的比率，绿化覆盖率应作为绿地建设的考核指标。

计算公式：绿化覆盖率＝建成区绿化覆盖面积/建成区面积×100%

（三）国家园林城市建设与园林城市绿地指标（表 3-3）

国家园林城市绿地建设指标规定　　表 3-3

2 绿地建设	1	建成区绿化覆盖率(%)		*	≥36%	≥40%
	2	建成区绿地率(%)		*	≥31%	≥35%
	3	城市人均公园绿地面积	人均建设用地小于 80m^2 的城市	*	≥7.50m^2/人	≥9.50m^2/人
			人均建设用地 80～100m^2 的城市		≥8.00m^2/人	≥10.00m^2/人
			人均建设用地大于 100m^2 的城市		≥9.00m^2/人	≥11.00m^2/人
	4	建成区绿化覆盖面积中乔、灌木所占比率(%)		*	≥60%	≥70%
	5	城市各城区绿地率最低值		*	≥25%	—
	6	城市各城区人均公园绿地面积最低值		*	≥5.00m^2/人	—
	7	公园绿地服务半径覆盖率(%)		*	≥80%	≥90%
	8	万人拥有综合公园指数		*	≥0.06	≥0.07
	9	城市道路绿化普及率(%)		*	≥95%	100%
	10	城市新建、改建居住区绿地达标率(%)		*	≥95%	100%
	11	城市公共设施绿地达标率(%)		*	≥95%	—
	12	城市防护绿地实施率(%)		*	≥80%	≥90%
	13	生产绿地占建成区面积比率(%)		*	≥2%	—
	14	城市道路绿地达标率(%)		*	≥80%	—
	15	大于 40hm^2 的植物园数量		*	≥1.00	—
	16	林荫停车场推广率(%)		*	≥60%	—
	17	河道绿化普及率(%)		*	≥80%	—
	18	受损弃置地生态与景观恢复率(%)		*	≥80%	—

需要指出的是：首先，国家规定的园林城市标准的三大指标既不是按照生态、卫生要求，也不是按照理想的社会发展需要来制定的，而是根据我国目前实际情况和发展速度，经过努力，可以达到的低水平标准。因此我国城市绿化指标距达到满足生态需要的标准相差甚远。因此达到指标的城市还应该进一步提高绿地数量和绿化质量，不能因城市发展和人口增加使环境质量有所下降。

二、城市绿地系统的布局

1. 城市绿地系统布局概述

1）概述

城市绿地系统布局是指城市绿地（包括公园绿地、生产绿地、防护绿地、其他绿地）和道路绿化与水体绿化以及重要的生态景观区域等在规划时统一考虑，合理安排，形成一定的布局形式。城市绿地系统的布局在城市绿地系统规划中占有相当重要的地位。因为即使一个城市的绿地指标达到要求，但如果其布局不合理，那么它也很难满足城市生态的要求以及市民休闲娱乐的要求。反之，如果一个城市的绿地不仅总量适宜，而且布局合理，能与城市的总体规划紧密结合，真正形成一个完善的绿地系统，那么这个城市的绿地系统将在城市生态的建设和维护以及为市民创造一个良好的人居环境，促进城市的可持续发展

等方面起到城市的其他系统不可替代的重要作用。

2）城市绿地布局的目的及要求

（1）满足改善城市生态环境的要求

改善城市生态环境是城市绿地最主要的功能，这项功能的发挥与绿地的布局形式密切相关，有关资料研究显示，小块分散的绿地对于城市生态环境的改善效果并不明显，只有形成一个完善的绿地系统，才能充分发挥城市绿地的生态功能。因此在城市绿地的布局上应做到点、线、面结合，即用“绿廊”、“绿带”等形式将城市中点状、线状、面状的绿地结合起来，形成一个分布均匀的绿色网络，才能更有效地改善城市的生态环境。此外，城市生态环境的建设除了建成区范围的人工生态系统外还应包括整个市域范围内的自然生态系统。因此，城市绿地系统的布局还应考虑城市周边大面积的风景区、生态保护林地等城郊绿地的布局以及这些绿地与城市绿地的关系。这样不仅可以改善城市所在区域及城市边缘的整体生态环境，同时为城市发展留出足够空间，为城市环境的改善提供充分的绿化支持，保证城市可持续地发展。

（2）满足全市居民日常生活及休闲游憩的要求

随着人民生活水平的提高，人们日常休闲娱乐、旅游观赏的要求也越来越多，因此作为人们日常休闲活动载体的城市绿地，在布局上应能满足人们的这一使用要求，在人们日常使用最多的公园绿地及居住绿地的布局上，应该按照合理的服务半径分不同的级别均匀地分布，避免绿化服务盲区的存在，使人们在日常生活及休闲时可以方便地使用。

（3）满足工业生产防护、生产生活安全卫生的要求

为了减轻城市中一些污染区域（如工矿企业、仓储用地、污水污物处理场、医院等）对其他区域的影响，应在这些区域内及边缘布置适当规模及宽度的卫生防护林，以减少污染对本区域的影响以及防止污染向周边区域的蔓延。在高压走廊等处也应布置安全防护林带，满足安全要求。另外，城市大、中、小型开敞绿地的布局也应均匀合理，以满足避灾时的救援、疏散等安全要求。

（4）满足改善城市艺术面貌的要求

城市绿地的布局还应考虑与城市的山体、水系、道路、广场、建筑等结合，这样可形成自然与人工结合的城市环境特色，体现城市特有的自然景观及文化历史，丰富城市整体轮廓线，美化市容，衬托建筑，以达到改善城市整体艺术面貌的要求。

2. 城市绿地系统布局原则与模式

1）城市园林绿地系统规划布局应考虑以下原则

（1）城市园林绿地系统规划应结合城市其他部分的规划，综合考虑，全面安排。

绿地在城市中分布很广，潜力较大，园林绿地与工业区布局、公共建筑分布、道路系统规划应密切配合、协作，不能孤立地进行。例如在工业区和居住区布局时，就要设置卫生防护需要的隔离林带。在河湖水系规划时，就要安置水源涵养林带及城市通风绿带。在生活居住用地范围内，接近居住区的地段，开辟各项公共绿地。在公共建筑、住宅群布置时，就要考虑到绿化空间对街景变化、城市轮廓线、“对景”，“框景”的作用，把绿地有机地组织进建筑群中去。不应出现先建筑后种树的填空白的被动局面。在进行城市街道网规划时，尽可能将沿街建筑红线后退，预留出街道沿街绿化用地。要根据道路的性质、功

能、宽度、朝向、地上地下管线位置，建筑间距、层数等，统筹安排，在满足交通功能的同时，要考虑植物生长的良好条件，因为行道树的生长，需在地上地下占据一定的空间，需要适宜的土壤与日照条件。

（2）城市园林绿地系统规划，必须因地制宜，从实际出发

我国地域辽阔，各地区城市情况错综复杂，自然条件及绿化基础各不相同。因此城市绿地规划必须结合当地自然条件，现状特点。各种园林绿地必须根据地形、地貌等自然条件、城市现状和规划远景进行选择，充分利用原有的名胜古迹、山川河湖，组成美好景色。地处高纬度的北方城市要特别注意设置防风沙林带，及通过园林绿地来改善城市小气候条件。低纬度的南方城市：要考虑通风，通过园林绿地的合理布置，形成通风林带来降低气温。工业城市要多考虑防护、隔离及国防上隐蔽的需要。风景旅游及休疗养城市，则因休疗养及风景游览的需要，园林绿地在城市总体规划中占一定的地位。因此，在选择城市的工业区及工业布点时，应全面考虑，使这些工业地段，远离风景或休疗养地区。

（3）城市园林绿地均衡分布，比例合理，满足全市居民休息游览需要。

城市中各种类型的绿地担负有不同的任务，各具特色。以公园绿地中的公园为例，大型公园设施齐全，活动内容丰富，可以满足人们在节假日休息游览、文化体育活动的需要。而分散的小型公园、街头绿地，以及居住小区内的绿地，则可以满足人们日常的休息活动的需要，各类园林在城市用地范围内大体上应均匀分布。公园绿地的分布，应考虑一定的服务半径，根据各区的人口密度来配置相应数量的公共绿地，保证居民能方便地利用。但往往在人口密度大，建筑密集的地区，可供作园林绿地的地段少，在规划中就需要积极注意开辟公共绿地，尽量多争取满足该区居民的绿地的需要。根据我国城市建设的经验，在旧城改建过程中，首先发展小型公园绿地优点较多（投资少、建设期短、收益显著；美化街景、美化市容，改善局部小气候条件；接近居民、利用率高、便于老年人及儿童就近活动休息；便于发动居民就地参加建园、管理、养护工作，有利于地震区临震时就近疏散及形成隔离防护带等。）大型公园绿地往往由于城市的开拓、建设力量投资不足和用地分配问题，常离市中心较远，居民使用频率较低，但大型公园设施齐全，活动内容丰富，对改善城市小气候效果大。在可能条件下，大小绿地都应兼顾为好。

（4）城市园林绿地系统规划既要有远景的目标，也要有近期的安排，做到远近结合。

规划中要充分研究城市远期发展的规模，根据人们生活水平逐步提高的要求，制定出远期的发展目标，不能只顾眼前利益，而造成将来改造的困难。同时还要照顾到由近及远的过渡措施。例如，对于建筑密集、质量低劣、卫生条件差、居住水平低、人口密度高的地区，应结合旧城改造，新居住区规划中留出适当的园林绿化用地。在远期规划为公园的地段内，近期可作为苗圃，既能为将来改造公园创造条件，又可以防止被其他用地侵占，起到控制用地作用。

2）城市绿地的布局模式

绿地在城市中有不同的分布形式，总的来说可以概括为八种基本模式（图 3-19），即：点状、环状、放射状、放射环状、网状、楔状、带状、指状。就我国各城市的绿地现状来看，城市绿地系统形式概括起来可以分为四种：

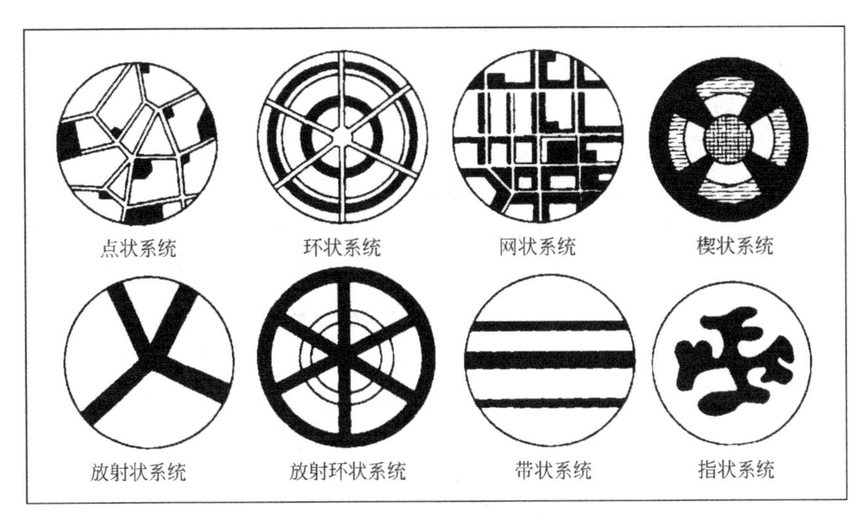

图 3-19　城市绿地常见布局模式

图片来源：王绍增．城市绿地规划［M］．北京：中国农业出版社，2005.

（1）以块状绿地为主的布局

这类绿地布局形式是指绿地以大小不等的地块形式，分布于城市之中。这类情况多出现在旧城改建中，如上海、天津、武汉，大连、青岛等，目前我国多数城市情况属此。这种绿地布局形式，可以做到均匀分布，接近居民，便于居民日常休闲使用。但由于块状绿地在城市中规模不可能太大，加之位置分散，对改善城市小气候条件和改善城市艺术面貌的作用都不显著。

（2）以带状绿地为主的布局

这种布局多数由于利用河湖水系、城市道路，旧城墙等因素，形成纵横向绿带、放射状绿带与环状绿地交织的绿地网，如哈尔滨、苏州、西安、南京等地。带状绿地的布局对一个城市非常重要，它不仅可以联系城市中其他绿地，使之形成网络，还可以形成生态廊道，有效缓解城市生态压力，其形式容易表现城市的艺术面貌。

（3）以楔形绿地为主的布局

凡城市中由郊区伸入市中心的由宽到狭的绿地，称为楔形绿地，如合肥市，一般都是利用河流、起伏地形，放射干道等结合市郊农田防护林来布置。优点是能使城市通风条件好，有利于城市艺术面貌的体现。

（4）混合式绿地布局

是前三种形式的综合运用。可以做到城市绿地点、线、面结合，组成较完整的体系。其优点是：可以使生活居住区获得最大的绿地接触面，方便居民游憩，有利于小气候的改善，有助于城市环境卫生条件的改善，有利于丰富城市总体与各部分的艺术面貌。如北京市的绿地系统规划布局即按此种形式来发展。

三、各类城市绿地规划和专项规划

主要包括常规规划和其他规划，其中常规规划有城市各类绿地规划与城市园林树种规划；其他规划主要包括市域绿地系统规划、避灾减灾绿地规划、生物多样性保护规划、古树名木保护规划、城市绿地分期建设规划、绿化建设措施规划等。

1. 各类城市绿地规划

1）公园绿地规划

（1）概述

公园绿地指向公众开放的经过专业规划设计，具有一定的活动设施和园林艺术布局，以供市民休憩、游览和娱乐为主要功能特色的城市绿地；此外，城市公园绿地还有改善城市生态环境、美化城市景观，减灾防灾、教育等一系列的功能和作用。城市公园包括市级、区级、居住区级各类公园、带状公园绿地、绿化广场和街旁游园。

进行公园规划的意义在于：为建设方（政府、社区、出资人）和享受方（一定范围内的居民）提供未来公园的概貌方案和造价匡算，以供其选择；解决与城市规划和城市绿地系统规划相衔接的问题；为下一步单项工程的初步设计提供编写设计任务书的基础。

城市规划面积应根据城市人口规模确定，按城市常住人口计算，人均公园绿地面积要达到或超过国家或重庆市相关指标规定。公园绿地规划也应按相关规定指标执行。

（2）公园绿地规划设计中应遵循的基本原则

公园绿地的规划设计应首先满足使用功能的要求；

公园绿地的规划设计应能保证绿地的生态效益得到充分发挥；

公园绿地规划设计应满足美化环境的景观要求。

（3）公园绿地规划要求

预测公园绿地发展的合理规模；

提出公园绿地的发展指标；

确定公园绿地的合理布局；

提出公园绿地的分类规划：市级公园规划（游园、绿点和绿化广场）；区级公园规划与居住区级公园规划；专类公园；带状公园绿地（包括游憩林荫带）；街头绿地。

提出公园绿地规划设计导向：艺术风格；绿化指标控制；近期建设确定的重要公园绿地规划意向。

2）生产绿地规划

（1）概述

生产绿地是城市绿地系统中必不可少的组成部分，城市其他绿地的绿化面貌、绿化效果、绿化质量等都直接受它的影响。生产绿地在城市绿化建设中发挥着重要作用。

为了满足城市绿化的用苗需要，除各单位有自用的分散苗圃以外，各城市园林部门均需开辟较大规模的苗圃花圃等，为城市绿化培养和提供大量的苗木、花卉。生产绿地不仅可以创造经济价值，同时也可为城市绿化树种的培养与引种驯化等科学研究提供科研场地。另外，一些景观条件较好的生产绿地，还可全部或部分对外开放，供游人观赏游览，丰富人们的生活。和其他绿地一样，生产绿地对改善城市环境等都能够起到一定的作用。

（2）生产绿地的规划要点

选址

生产绿地的选择应结合城市总体规划的要求，考虑既能方便地为城市绿化提供苗木、

花卉，又能满足各种苗木、花卉的生长环境要求。一般情况下，常选址于城市近郊或城市组团的分隔地带，并有良好土壤、水源、较少污染的地段。

功能分区

按不同功能划分，生产绿地一般可以划分为：生产区、仓储区和办公管理区。生产区是生产绿地的主要组成部分，按不同苗木的培养栽种要求，可分为大棚生产区，遮阳棚生产区、灌木生产区、乔木生产区等；仓储区包括仓库、堆码场、养殖场等用地，对于对外开放的生产绿地，这一部分将会影响景观，因此常置于视线隐蔽处；办公管理区负责管理全园业务及对外接待，多位于入口附近。

道路系统

根据生产绿地规模的大小，道路系统可分为三级：主干道、次干道、游步道（或两级：主干道，游步道）。主干道：宽 4～7m，主要是方便园内交通运输，是各功能分区的分界线及联系纽带。次干道：宽 2.5～3m，对于规模较大的苗圃、花圃等，需次干道联系各类型的生产区，是这些小区的分界线。游步道：1.5～2m，为步行道，主要满足日常养护管理工作及游人游览需要。

灌溉系统

随着科技的进步和发展，网络化的喷灌、微喷、滴灌的技术已成熟，在有条件的情况下，应大力推广。另外，还应加强检测手段，按不同季节土壤的含水量、苗木的需水量进行灌溉，这样既可节约用水，又可以保证不同品种的苗木正常生长。

3）防护绿地规划

（1）概述

防护绿地指用于城市隔离、卫生、安全、防灾等目的的绿带、绿地。包括防风林带、工业区卫生防护林带、安全防护林带、城市组团隔离带等类型。

（2）防护绿地规划要求

建立市域生态空间的保护体系；

确定城市防护绿地的发展指标；

进行城市防护绿地的分类布局；

提出城市防护绿地的设计导则与控制指标；

提出城市组团隔离绿地的布局要求与规划控制措施。

（3）规划主要内容

防风林带

是指为了防止强风及所带的粉尘、砂土对城市的袭击所建造的林带。防风林带的布置方向及其组合数量等均应根据城市的具体情况而定。一般是风力越大，防风林的组合数量越多。一般林带组合有三带制、四带制、五带制，每条林带宽度不应小于 10m，林带与林带之间的距离为 300～600m 之间。靠近市区越近，林带宽度越大，林带间距离越小。

卫生防护林带

卫生林带的宽度及结构组成与工厂、道路、垃圾填埋场等污染源所排放种类及对环境影响程度有关。

卫生防护林带的树种选择应该选对有害物质有抗性强，或能吸收有害物质的树种。

安全防护林带

安全防护林带的设置一般是为了减少因地震、火灾、滑坡等灾害，增加城市的抵抗灾害能力，减少对人们生活造成的影响。如在容易发生滑坡的山地城市中，在坡度超过25%的地方，不宜修建建筑的地区就应该划出“绿线”，进行严格控制，选择一些根系发达的植物设置安全防护林带。城市中的自然河段一般也要布置绿地，可通过植被防止暴雨对土壤的直接冲击，可阻挡流水冲刷，防止水土流失。河边的防护林宽度一般在10m以上，可结合滨河绿地开发。另外在一些地震高发城市，除了规划公园、广场等避灾防灾绿地外，还应该规划安全防护林将这些分散的绿地连成一个完整大的防灾网络，形成安全通道，减少灾害带来的损失。

城市组团隔离带

城市组团隔离带的规划中，首先应该注意以生态效益为主，充分利用现有地形地貌，最大限度的改善城市环境；其次在树种选择上以乡土树种为主，遵循生物多样性和景观多样性原则，进行合理配置。实践证明，城市组团隔离带在改善城市生态环境中发挥了良好的作用，城市组团隔离带的建设是城市园林绿地建设的新方向，也是城市绿地系统可持续发展的重要举措。

4）附属绿地规划

（1）居住区绿地

居住区绿地规划是居住区规划的主要组成部分。它应与居住区总体布局同步进行，以形成一个与居住区的布局结构相吻合的、合理的绿化体系，使居住区绿地的各项功能得到充分发挥。居住区绿地包括居住区公园、小区游园、组团绿地、宅旁绿地、居住区道路绿地等。

① 居住区绿地规划原则

统一规划，合理组织，分级布置，形成系统；

充分利用现状条件；

充分考虑居民的使用要求，突出家园环境特色；

在植物配置上，既要考虑发挥绿地的卫生防护及改善环境的生态功能，又要形成自己的景观特色。

② 居住区各类绿地规划内容

居住小区游园

居住小区游园是供整个居住小区居民使用，小区游园的面积一般不得低于0.4公顷，人们步行3～5分钟即可到达。小区游园的布局形式一般有规则式、自由式、混合式三种。小区游园规划的要点主要有：

充分利用自然地形及原有的植物，形成有特色的小区中心绿地；

选择合适的位置和规模，方便小区居民使用；

布局紧凑并有一定的功能划分；

综合考虑，同其他绿地相协调。

组团绿地

组团绿地与居住组团建筑相连接，紧邻组团级道路。组团绿地的位置、大小、形式、布局等因建筑组团的方式和布局手法变化而变化。但是组团绿地的面积也不得小于

$400m^2$。规划的要点有：

要尽量满足居民邻里之间的交往和居民户外活动的需求。

注意植物配置及其小品设施的可识别性，增强组团的领域感。

宅旁绿地

宅旁绿地包括宅前、宅后及住宅之间的绿化用地。宅旁绿地的规模大小、布局形式等与住宅建筑的类型、层数、间距、建筑组合形式等紧密相关。这些形式的不同，决定宅旁绿地的形式十分丰富，风格自由多变。

居住区道路绿地

居住区道路是指居住区内各类道路红线范围内的绿地。居住区道路绿地对于改善居住区环境及其景观、增加居住区绿地覆盖面积等具有积极作用。居住区道路绿地设计应该注意满足改善环境，美化景观以及行人行车交通安全等的要求。居住区道路绿地共分四级，各级道路绿地在设计中应该与道路的功能相结合，因而具有不同的设计要点。

居住区级道路主要用于居住区的内外联系，道路绿化时首先要考虑行车的安全需求。行道树的布置不影响车辆的行驶。其次考虑行人遮阳、阻隔噪音等要求。

居住小区级道路，是居住区的次级道路，用以解决居住区内部的联系。规划时道路可随地形自然变化，灵活布置，小区绿化形式也可多样化。

居住组团道路，是居住区内部的支路。在规划布局时要保证消防车、救护车的正常通行，在道路的尽端一般要布置回车场地。

宅前小道主要是通往各单元门的道路，主要供人行走使用。道路绿化可结合休息活动场地的布置，可与宅旁绿地结合和布置，组成完整整体。

(2) 道路绿化

道路绿地包括道路绿带（行道树绿带，分车隔离带、路侧绿带等）、交通岛绿地（中心岛、导向岛、立体互交绿岛等）、道路广场绿地、停车场绿地等（图 3-20）。

道路绿地规划原则：

道路绿地规划要与道路规划建设同步进行；

道路绿地规划应满足交通安全要求；

道路绿地规划应该满足生物多样性；

道路绿地规划应该体现城市文化历史及地方特色。

道路绿地率指标：

道路绿地率是指道路红线范围内各种绿带宽度之和占总宽度的百分比。道路绿地率应该符合以下规定：园林景观路绿地率不得小于 40%，红线宽度大于 50m 的道路绿地率不得小于 30%；红线宽度在 40～50m 之间的道路率绿地率不得小于 25%；红线宽度小于 40m 的道路绿地率不得小于 20%。

道路绿地分类规划设计：

① 道路绿带

道路绿带规划设计主要有以下几种类型：

一板两带式

是较为常见的绿化形式，中间式行车道，在行车道两侧的人行道上种植行道树。形成简单整齐的景观，用地经济也方便管理。这类道路绿化主要用于道路红线不宽、车流量不

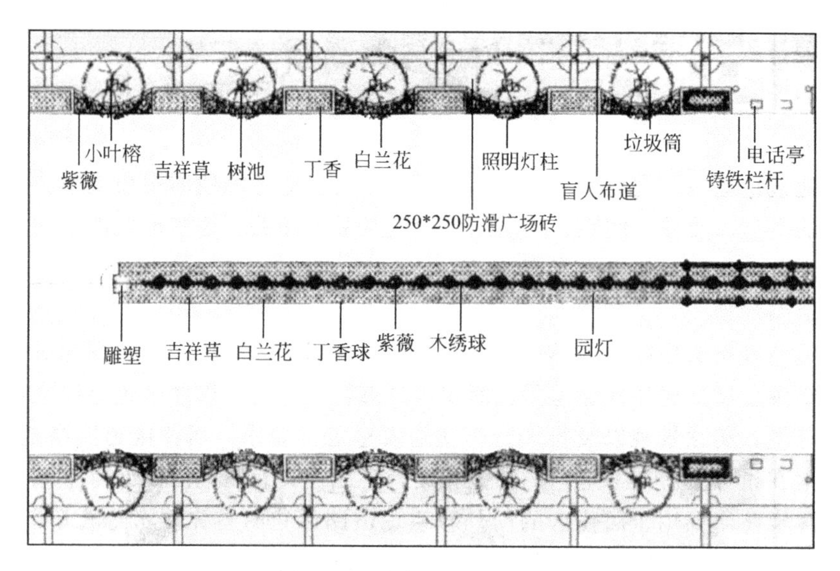

图 3-20　道路植物配置模式

图片来源：刘骏，蒲蔚然，城市绿地系统规划与设计［M］．北京：中国建筑工业出版社，2004.

大的支路。为增加绿化三维量通常采用乔、灌、草、地被混合的复层式种植模式，以发挥其生态效益。

两板三带式

除在车道两侧的人行道上种植行道树布置绿带以外，在车行道中用一条绿化分割带将其分成单向行驶的两条车道。

三板四带式

两条绿化分割带将车道分为三块，中间为机动车道，两侧为非机动车道，在非机动车道与人行道之间另外有两条行道树绿化带。

四板五带式

即在三板四带式的机动车道中再布置一条分隔带，将机动车道分为单向行驶的两条车道。这种形式常用于道路红线宽、车流量大的地方。

道路绿地断面形式多种多样，采用何种形式应根据具体条件而定，既不能片面追求形式，讲求气派，无限加宽道路红线来满是绿化，造成土地的浪费；也不能只采用单一的行道树方式，达不到道路绿地的生态效益及景观效果要求。

② 交叉口、交通岛绿地规划设计

交叉口绿地是由道路转角处的行道树、交通岛以及一些装饰性的绿地组成。为了保证交叉口的行车安全，在视距三角内不得允许有任何阻碍视线的东西。如在此地段布置防护绿篱或其他装饰性绿地，植株高度不得超过 1.2m，如果有个别行道树种入该区域，则应保证树干直径在 0.4m 以内，株距在 6m 以上，树干高在 2m 以上，这样才可保证司机能及时看到车辆行驶情况及交通管制信号。

位于交叉口中心的交通岛，主要是组织交通、约束车道、限制车道和装饰道路之用。因此其绿化也应有利于组织交通、提高交叉口的通行能力。虽然有的交通岛面积较大，但也不能布置成供行人休息用的小游园或吸引游人欣赏的美丽花坛。交通岛的绿化应以嵌花

草皮、花坛和以常绿灌木组成的简单的图案花坛为主，在花坛中心部分可用雕塑、喷泉或姿态优美、观赏价值较高的乔灌木加以强调，切忌采用常绿小乔木或灌木充塞交通岛，这样既不符合行车安全要求，又难以取得良好景观效果。

随着车流量的加大，平交的交叉口形式常常会出现交通拥挤和堵塞的情况，因此许多大中城市纷纷将原来的平交口改造成了立交桥的形式，立交桥的绿化也越来越受到重视。立交桥的绿化包括桥体周围可以绿化的全部地段以及桥体、围墙、栏杆为依托的垂直绿化。桥体周围可根据具体情况种植乔木、灌木及草坪。用于垂直绿化的植物则可选择一些如藤本月季、藤本忍冬、紫藤等植物，形成季相及色彩变化丰富的绿色风景线。

③ 道路广场和停车场绿地设计

广场绿地的设计应充分考虑到广场功能、规模和周边环境的不同情况。例如人流集中的公共活动广场的周边宜种植高大的乔木，广场中集中成片的绿地面积应不小于广场总用地面积的25%，植物配植应以疏朗通透的风格为主；车站、码头、机场等集散广场的绿化应选用有地方特色的乡土树种，以突出城市特色。此类广场一般车流量及人流量均较大，因此绿化应有利于人流和车流的疏散，集中成片绿地可为不小于广场总面积的10%。停车场绿地的主要功能是组织车辆停靠，同时可为停靠车辆遮风蔽日。因此，在停车场周边应种植高大的庇荫乔木，同时应布置隔离防护绿带；在停车场内应结合停车间隔带种植高大庇荫乔木，地面也可结合铺装间植草皮。停车场绿地中选择的庇荫乔木应符合停车位净高度的有关规定，即小型汽车为2.5m；中型汽车为3.5m；载货汽车为4.5m。

(3) 工厂及单位绿地规划

工厂绿地是指工厂用地范围内的绿地，工厂绿地在改善工厂的环境、保护工厂周围地区免受污染、提高职工的工作效率等方面都起着非常重要的作用。在许多城市，尤其是工业城市，工厂绿地分布广，数量多，因此对整个城市的总体绿化水平有较大的影响。

根据绿地在工厂所处位置及作用的不同，工厂绿地可分为以下几个组成部分：工厂道路绿地、休憩和装饰性绿地、防护带绿地和其他绿地等。

工厂道路绿地

工厂道路绿地是工厂厂区的动脉，道路绿地通过道路延伸至厂区各处，并形成网络联系着其他工厂绿地，因此，道路绿地是工厂绿地的重要组成部分。工厂道路绿地的布置一方面应考虑能阻挡行车时扬起的灰尘、废气和噪声，保护工厂环境；另一方面应满足工厂生产要求及保证厂区内交通运输的通畅。工厂道路绿地的布置可因道路的级别及位置不同而不同，一般在主干道或厂区入口道路两侧，在条件允许的情况下，应采用乔木、灌木和花卉、地被、草坪相结合的复式种植模式；而且根据使用要求，还可与人行道相结合，形成休息林荫道，在其中布置座椅、雕像、宣传栏、休息亭等小品设施。这样不仅可满足使用要求，同时还可大大提高厂区的景观效果。在厂区的次干道则可根据情况布置相应的绿化带或行道树。在布置绿化带或行道树时应尽可能考虑庇荫效果和对灰尘、废气、噪声的阻挡效果。

休憩和装饰性绿地

这类绿地可根据厂区的具体情况采用集中或分散的方式布置。集中布置一般可与厂前区的布置相结合。该区是广场内外道路衔接的枢纽，也是职工上下班集散的场所，许多厂的主要办公大楼也位于该区，因此将这类绿地集中布置在厂前区，不仅可以满足使用要求，同时对改善厂区面貌和城市景观也能发挥很好的作用。分散布置则是除厂前区布置装饰绿地以外，根据具体情况选择适当的位置将休憩绿地穿插于生产车间的附近。这样布置的优点是方便工人在短暂的工间休息时间里使用，同时可改善生产车间周围的环境状况。休憩绿地的大小按不同的条件有不同的标准，一般在人数较多的工厂，休憩绿地建议可按每班25%工人数计算，每人约为40～60m^2；短暂时间使用的休憩绿地每人按6～8m^{2}计算。

休憩绿地及装饰绿地的布置，应根据职工的生理及心理需求，结合一些公园绿地规划的原则，达到消除体力疲劳和缓解心理及精神上的倦怠，改善工厂环境，提高工厂景观效果的作用。

防护带绿地

工厂防护绿地的主要作用是隔离工厂有害气体、烟尘等污染物质对工人和居民的影响，降低有害物质、尘埃和噪声的传播，以保持环境的清洁。此外，对一些有重要军事意义的工厂还可起到伪装的作用。防护绿地的布置一般有透风式、半透风式和密闭式三种。三种形式均由乔木和灌木组合而成，而且三种形式常混合布置，防护效果较好。此外也有一些工厂根据具体情况采取果树混交林带的形式，这样不仅可以达到保护环境卫生，利于工厂生产和工人休息的目的，同时还能产生多种经济效益。防护绿带的布置还应结合当地气候条件（风向、风力）和自然条件（地形、地貌）等加以考虑。合理调整林带的疏密关系，以利于各种空气污染物的扩散和稀释，务求使防护绿地真正起到防护的作用。

防护带绿地的宽度随工业生产性质的不同和产生有害气体的种类的不同而异，按国家卫生规范规定分为五级，其宽度分别在1000m、500m、300m、100m和50m。当防护带较宽时，允许在其中布置供人们短时间使用的建构筑物，如仓库、浴室、车库等。按有关标准，建筑面积不得超过防护带绿地面积的10%左右。

其他绿化

除上述工厂绿地外，厂区内还有一些零星边角地带，可充分绿化。如厂区边缘的一些不规则地段，沿厂区周围围墙的地带，工厂的铁路线、露天堆场、煤场和油库、水池附近以及一些堆置弃土、废料的地方等都可加以绿化，起到整洁工厂环境、美化空间的作用。这些地段的绿化可根据用地规模和现状条件形成以植物（乔木、灌木、草坪）为主的绿地以及以绿化和小品相结合的休憩绿地等。

5）其他绿地规划

这类绿地除了提供人们在自然条件下，进行各种游憩活动，体育活动外，同时又是城市附近清洁空气的贮藏所，又为城市创造防风的条件。如重庆北碚缙云山风景区。在风景游览区中，还可设立休、疗养区，体育运动基地、青少年夏令营基地等。因此，在规划中必须利用原有自然条件，在自然的林地上进行规划设计。但从我国情况来看，在大、中城市郊区的森林已遭破坏。因此，首先宜在郊区用地上有计划地进行风景林的营造，在山地、水库、城郊等地大片造林，与风景游览内容组合成一个整体。最近几十年来风景游览

区最主要的任务是进行全面营造风景林，提高城市周围的森林覆盖率，并为开辟森林公园打下基础。风景游览区的出入口应与城市有方便的交通联系，同时城市中心到达主要出入口的行车时间不应超过1.5～2小时。修养所、疗养院一般可以设在风景及气候条件较好的风景游览区及森林公园内，应单独成区，疗养院还可以选择在高山、森林、矿泉、海滨等具有特殊医疗意义的地区。自然保护区在大城市郊区有条件的地区应积极建立。自然保护区分为两种类型：一种为半开放式；一种为绝对保护区。一般在大城市郊区的能作为城市居民游览的是属于第一种。而绝对保护区是不开放作旅游用的。保护区内部必须保持原始森林状态，以观察自然界的演变，仅在其周围铺设一些道路，及少数供经营管理用的建筑物。这种类型的自然保护区，大多远离城市。半开放式的自然保护区，可利用周围自然风景开辟休息游览活动场地，这类自然保护区应与城市交通有方便联系，城市中心到达保护区的行车时间一般不宜超过2小时。

2. 其他专项规划

1）树种规划

(1) 树种规划概述

城市园林树种规划就是对城镇园林绿化应用的植物种类（乔木、灌木、藤木及草本植物）作全面的规划，在书中调查的基础上，根据各城镇的性质、环境条件，在植物资源调查的基础上，按比例选择一批能适应当地城镇、郊区、山地等不同环境条件，能较好地发挥园林绿化等多种功能的植物种类。

(2) 树种规划原则

适地适树原则

优先选择适应本地环境、生长发育良好、抗逆性强的树种。

“乡土树种”为主，外来树种相结合原则

以乡土树种为主，适当引进经长期栽培适于本地区生长的外来树种，满足城市绿化对物种多样性的要求，实现地带性景观与开放型城市的和谐统一。

景观价值性原则

充分开发园林植物形、姿、色等观赏特性，构筑丰富多彩、色彩灿烂的观赏多样性，扩大观花、观形、遮荫树种的应用范围，突出季相变化的原则，为花园式生态城市建设奠定基础。

物种多样性原则

扩大物种、基因资源的利用，提高物种多样性和基因多样性。丰富植物生态型、植物生活型，乔、灌、藤、草本植物综合利用，比例合理。突出以乔木为主，乔、灌、藤、草合理配置的原则。

生态经济性原则

与环保模范城市建设同步，体现速生与慢生、常绿与落叶搭配的合理性与科学性的原则，使生态功能与景观效果并重，兼顾经济效益。

(3) 树种规划内容

城市绿地系统规划中的树种规划，可按以下的步骤进行：

调查研究

在进行树种规划之前，应进行调查研究的工作：通过实地的勘察及相关资料的查阅，掌握当地固有的和外地引进已驯化的树种，并了解它们的生态习性、对环境的适应性及对有害污染物的抗性等基本特性。另外，在调查中还应特别注意各种树种在不同立地条件下的生长情况，同时还可通过调查污染源附近不同距离范围内生长的树种及其生长情况，具体地掌握不同树种对不同污染的抗性强弱。除此之外，还应了解自然环境条件下经自然演替所形成的植物群落的结构组成，并以此来指导规划中树种的搭配和组合。

确定骨干树种

选择骨干树种时，应首先将适合作行道树的树种选出来，这是因为行道树所处的生态环境最为恶劣，这里日照时间短、人为破坏大、建筑垃圾多、土壤坚硬、空气中灰尘量大、汽车排放的有害气体多，天上地下管线复杂。因此选择行道树的条件最苛刻，应选择满足以下要求的树种为行道树：对土壤的适应性强，抗污染，抗病虫害能力强；耐修剪，又不易萌发根孽；不会落下有臭味或影响街道卫生的种毛、浆果等；行道树种选定以后，还应选择一些适应性强，抗性强，有一定观赏价值，适合推广的阔叶、针叶的乔木和灌木作为城市的骨干树种，形成城市的绿化基调。

确定主要树种比例

骨干树种选定以后则应根据各类绿地的不同需要，制定主要的树种比例，并以此来计划苗木的生产，使苗木的种类、数量与绿化的使用协调，保证城市绿地规划的有效实施，加快城市绿地建设的速度。

所谓主要的树种比例，包括两方面的内容：

乔木与灌木的比例：应以乔木为主，因为乔木是行道树和庭荫树的主要树种，一般的乔木、灌木的比例在 7∶3 左右；

落叶树和常绿树的比例：落叶树和常绿树各有特征，落叶树一般生长较快，每年更换新叶，对有毒气体，尘埃的抵抗力较强。常绿树冬夏常青，可使城市一年四季都有良好的绿化效果和防护作用，但它的生长一般较慢，栽植时较落叶树费工费时。由于各城市自然条件及经济条件等现实情况不同，因此应根据各城市的具体情况，制定不同的落叶和常绿的比例。

为城市重点地段推荐具有合理配植结构的种植参考模式

由于植物配植的结构不同可导致绿化三维量的不同，在相同的种植面积中，具有合理配置结构的绿地其三维量较大，则绿地所发挥的生态效益也越大。另外，配植结构合理的绿地其景观的丰富度也大大高于单一结构形式的绿地。因此在城市的重点地段应对绿地配置结构做一定的控制，在树种规划中应提供一些合理的种植参考模式。有关专家提出以乔、灌、草为基本形式的复层结构种植形式，并结合这种种植形式进行了耐阴植物分类、筛选以及对乔、灌、草的合理配植比例等方面的研究，提出了可供选择的耐荫植物种类和乔、灌、草配植的适宜比例。该比例建议乔∶灌∶草∶绿地为 1∶6∶20∶29（即在 $29m^2$ 的绿地上应设计 1 株乔，6 株灌木，不含绿篱，$20m^2$ 的草坪）。另外，该研究还具体提出了相应的种植参考模式。这些参考模式包括了居住区用地、专用绿地以及隔离带林地的各类复层结构种植模式。这些模式在城市绿地系统的树种规划中十分有用，特别在城市的重点地段，为了保证其绿化的生态效益和景观效果，应该在树种规划中提出相应的种植参考模式。

在城市重点地段绿地布置中，还应注意避免过多使用草坪。20 世纪 90 年代，许多城市都掀起过“草坪热”，单纯使用草坪带来的弊端后来逐一显现：首先，草坪的三维绿量远小于乔木、灌木，因此它对于净化空气、调节城市小气候等生态作用远不如乔木、灌木。研究表明，由乔、灌、草组成的植物群落的生态效益是草坪绿地的 4～5 倍。其次，草坪的养护费用大大高于由植物群落组成的绿地，往往是后者的 2～3 倍，因而给地方政府造成了较大的经济负担。最后，草坪往往只供观赏，游人一般不能进入，减小了公园绿地的容量，形成了绿化与游憩空间的矛盾。另外，草坪植物种类单一，不利于城市生物多样性的维护，也不利于保持生态系统平衡。因此，在城市中不宜盲目地大量发展草坪，而应通过以乔木、灌木和草坪的合理搭配来营造城市绿地。

2）市域绿地系统规划

（1）概述

城市绿地系统规划作为改善城市生态环境质量和景观环境的重要方式，不仅要为城市居民提供环境优美的城市环境，更多的还要解决城市的生态危机，协调处理人与自然的关系。建设生态城市的绿地系统也不再仅仅局限于城市建成区的园林绿地规划，而是系统的对市域范围内的城市生态环境质量和人们休闲生活、城市景观和生物多样性保护密切相关的绿地作出统一安排。城市外围的农林生态大环境（耕地、林地、牧草地、水域、荒草地、盐碱地、沼泽地等）对整个城市的环境改善影响很大，城市绿地也只有融入整个大自然中去才能够更好地发挥其功能。因此，城市绿地系统规划不仅要规划整个城市园林绿地，而且也要加强整个市域绿地系统的规划。要对城市及周边区域内的绿色空间统一进行整体考虑，加强城乡一体化绿化建设。城市绿地系统规划也只有在城乡绿化一体化的基础上才能形成完整的构架。

市域绿地系统规划是在城市行政管辖地域内对城市生态环境质量、居民休闲生活、城市景观和生物多样性保护有直接影响的绿化用地进行综合规划，使其发挥城市绿地的生态效益、社会效益和经济效益。它包括市域内的各类公园绿地、生产绿地、防护绿地、附属绿地、风景名胜区、水源保护区、郊野公园、森林公园、自然保护区、风景林地、城市绿化隔离带、野生动植物保护区、湿地、垃圾填埋场恢复绿地等。市域绿地系统规划不局限于城市建成区，而是从系统观的角度，整体规划建设市域大环境的城市绿地结构和空间布局，并对城市各类绿地做出发展规划，规划建设城市发展所需的良好生态环境基础。

（2）市域绿地系统的规划目标

市域绿地系统规划要从系统化和整体化的角度出发，以生态理论为指导，实现：

① 系统整合，建构城乡融合的生态绿地网络系统，优化城市空间布局。

市域绿地系统规划从区域和系统的角度进行自然生态和人文景观环境保护，开发城市游憩空间，推进城市生态绿地建设，构筑城郊绿化一体化体系，完善城市功能，促进城市空间的优化发展，提高城市综合功能。城乡绿化一体化规划一方面可以控制城市“摊大饼”式的无限制、无序蔓延扩张，保护城市外围的农田、水域、森林不被占用。另一方面，可利用城郊绿化限制和引导城市空间发展，创造较好的城市空间形态。

② 充分保护和合理利用自然资源，维护区域生态平衡。

市域绿地系统规划要综合考虑市郊的农田、耕地、林地、水域等自然要素，充分保护和合理利用这些自然资源，控制对传统农业、自然村落、湿地林地的开发，引导城市建设合理有序地进行。

③ 加强对生态敏感区的管理和保护，形成良好的市域生态结构。

市域绿地系统规划要加强对城市周围的河流，生态山地林地、生态农田、生态敏感区等的环境保护工作，诸如整治大气、固体废物的处理、水源治理等。构筑良好的市域自然生态结构，加强生态安全建设。

④ 建设具有地域特色的绿地环境

市域绿地系统规划将城市周边规划区内具有历史意义、文化艺术和科学价值的风景名胜区、历史建筑和历史街区等统一考虑纳入城市建设保护范围，建设具有地域特色的绿地环境。

3）避灾减灾绿地规划

（1）概述

城市绿地除具有改善环境质量、维护生态平衡、美化景观等功能外，同时还具有避震，防洪、抗旱、保持水土，防火，防御放射性污染和备战防空等作用。

① 避震

城市绿地可以作为震后的避难场所。一般地震发生后，部分树木不致倒伏，可以利用树木搭建帐篷，创造避震的临时生活环境。

② 防洪、抗旱、保持水土

绿地通过截留降水、土壤吸收等途径对径流速度和流量具有明显调控功能。树林的林冠可以截留一部分降水。由于树冠的截留、地被植物的截留和土壤的渗透作用，减少了地表径流量，并减缓了流速，从而起到减小洪水、保持水土和涵养水源的作用。绿地可有效涵养35%天然降水，无林地只能涵养5%。在干旱季节，绿地可通过强大的蒸腾作用释放出水分，增加空气湿度，以缓解旱情。此外，由于绿地具有保持水土的作用。因此，它还可以有效地防止水土流失、泥石流、山体坍塌等自然灾害。

③ 防火

强烈地震除造成建筑物本身的破坏外，一般还会引起许多次生灾害，如火灾、水灾、海啸、山崩地陷等，其中以火灾最为常见，其危害也最大。一定面积规模的城市公园等绿地，能够阻断火灾的蔓延，防止飞火延烧，在熄灭火灾、控制火势、减少火灾损失等方面有独特的贡献。许多绿化植物枝叶中含有大量水分，一旦发生火灾，可以阻止火势蔓延扩大，如珊瑚树，即使叶片全部烤焦，也不会出现火焰；银杏在夏天，即使叶片全部燃尽，仍可萌芽再生；其他如槐树、白杨、樱花等都是很好的防火树种，在地震产生的次生火灾中能起到阻燃作用。

④ 防御放射性污染和备战防空

绿色植物能过滤、吸收和阻隔放射性物质，减低光辐射的传播和冲击波的杀伤力，阻挡弹片的飞散，并对重要建筑、军事设备、保密设施等可起隐蔽作用，尤其是密林更为有效。规划中应把绿地与人民防空有效结合起来，避免和减少空袭等可能带来的灾害。

（2）规划内容

为了在城市的各项开发建设中充分发挥绿地的防灾、减灾和避灾作用，提高城区的抗

灾能力，为城区居民创造一个安全的生活工作环境，一般需要规划以下几种类型的避灾绿地：

① 避灾据点绿地

避灾据点与避灾通道的规划，主要是针对城市自然灾害及灾后引起的二次灾害，利用城市公园绿地（城市公园、小游园、林荫道、广场等）建立城市的避灾体系。

一级避灾据点

一级避灾据点，是震灾发生时居民紧急避难的场所。规划中应按照城区的人口密度和避难场所的合理服务范围，均匀地分布于市区内。一级避灾据点，多数是由与居民朝夕相处的居住区级公园、小游园、单位附属绿地等组成。因此，在居住区开发规划、城市控制性详细规划中要具体定性、定位、定规模。为保证一级避灾据点的安全性、可达性，首先必须保证它与有崩塌、滑坡等危险地带和洪水淹没地带有足够的安全距离，并与避灾通道有直接联系。因此，在城市规划中把洪泛区和危岩滑坡等不可建设用地用作规划绿地时不得规划为避灾据点，这些绿地将为紧急时的避灾、减灾造成重大隐患。

二级避灾据点

二级避灾据点，是震灾后发生的避难、救援、恢复建设等活动的基地，可利用规模较大的城市公园、体育场和文化教育设施等组成。二级避灾据点往往是灾后相当时期内避难居民的生活场所，也是城市恢复建设的重要基地。因此，在进行这些设施的规划建设时，必须考虑到平常时期与非常时期不同的使用需求，形成多功能，具有应变的能力，以提高城市的减灾、救灾、避灾能力。

② 避灾通道绿地

避灾通道，是利用城市次干道及支路将一级、二级避灾据点连成网络，形成避灾体系。同时为保证城市居民的避灾地与城市自身救灾和对外联系等不发生冲突，避灾通道应尽量不占用城市主干道。

③ 救灾通道绿地

城市救灾通道，是灾害发生后城市与外界的交通联系通道，也是城市自身救灾的主要线路。城市救灾通道的规划布置，是城市防灾规划与城市道路交通规划的内容之一。

为了保证灾害发生后城市与外界交通联系通畅，规划一般以高速公路、城市快速干道和主干道等为市区救灾通道。这些道路在其道路红线两侧，均应规划5～30m不等的绿化带，绿化带对保证发生灾害时救灾通道的通畅具有重要意义，道路两侧应严格控制建设用地的建筑红线距离。从城市救灾、减灾的角度看，它们也是城市减灾绿地的一类，必须按规划严格的控制、实施。道路规划绿线，不容许任何单位和个人侵占。

④ 滨河防灾减灾绿带

滨河绿地，既是城市重要的自然景观特色，也是极其重要的防汛、防洪通道。因而，在自然水域两侧应安排规划为绿地。而沿河流两侧分布的滩涂和沼泽地是洪泛区，对于排洪蓄水都具有重要意义应安排为绿地予以保护。滨河绿带的规划建设要结合滨河道路的规划建设，首先要保证防汛、防洪设计达到足够的安全系数，同时考虑市民游憩的需要和满足城市设计的要求。

4）生物多样性保护规划

（1）概述

生物多样性（Biodiversity）是在漫长的地球生命进化过程中形成的，包括地球上所有植物、动物和微生物物种及其所拥有的基因，各物种之间及其与生境之间的相互作用所构成的生态系统及其生态过程。通常认为生物多样性有三个水平，即遗传多样性、物种多样性和生态系统多样性。随着研究不断向着深度和广度发展，景观多样性成为倍受关注的生物多样性的第四个水平。

遗传多样性：这是用种、变种、亚种或品种的基因变异来衡量种内变异性的概念。基因是一种遗传信息的化学单位，他能从这一代传到下一代去。

物种多样性：是一个很重要的概念，即生命有机体（动物、植物、微生物）物种的多样化。它是用一定的空间范围物种数量和分布的频率来衡量的，可反映生境中物种的丰富度、变化程度或均匀度，也可反映不同自然地理条件与群落的关系。

生态系统多样性：生态系统多样性是指生物圈内生境、生物群落和生态系统的多样性以及生态系统内生境差异、生态过程变化的多样性。生态系统多样性既与生境有关，也与物种本身的多样性和兴旺程度密切相关。

景观多样性：是指景观结构、功能和时间变化方面的多样性，是景观水平上生物组成多样化程度的表征。在较大的时空尺度上，景观多样性构成了其他层次生物多样性的背景，并制约着这些层次生物多样性的时空格局及其变化过程。

城市生物多样性保护是城市生态保护和建设的重要内容之一，加强城市生物多样性的保护工作，对于维护城市生态安全和生态平衡、改善城市人居环境等具有重要意义。目前，我国很多城市及城市周边很多地区都不同程度地出现景观单调，病虫害猖獗，地力衰退、资源枯竭与环境恶化等问题，这些都与生物多样性受到破坏有密切关系。城市园林虽然属于人工生态系统，但其本质与背景仍然是自然界，主体也应该是生物群落。由于城市的盲目建设使得城市自然群落种类组成减少，野生动植物衰退。生物多样性减少，城市景观变得单调，缺乏自然性，从而使城市生态系统变得更加脆弱。现代化的城市环境理应是人工环境与自然环境的合理糅合。

（2）绿地系统规划中的生物多样性保护规划措施

城市绿地系统规划中加强生物多样性保护，应提高城市环境素质，改善城市生态，促进本地区生物多样性趋向丰富。建设部在《城市绿地系统规划编制纲要（试行）》中指出：在城市绿地系统规划编制中制定生物多样性保护计划，并在《关于加强城市生物多样性保护工作的通知》中指出保护应包括：

① 对城市规划区内的生物多样性物种资源保护和利用进行调查，组织和编制《生物多样性保护规划》，协调生物多样性规划与城市总体规划和其他相关规划之间的关系，并制定实施计划。

② 合理规划布局城市绿地系统，建立城市生态绿色网络，完善生境，加强城市自然植物群落和生态群落的保护，划定生态敏感区和景观保护区，划定绿线，严格保护以永续利用。

③ 构筑地域植被特征的城市生物多样性格局，加强地带性植物的保护与可持续利用，保护地带性生态系统。

④ 在城区和郊区合理划定保护区，保护城市的生物多样性和景观的多样性。

⑤ 对引进物种负面影响的预防。一些外来引进物种侵害性极强，可能引起其他植物难以存栖息之地，导致一些本地物种减少，甚至引起灭亡。

⑥ 划定国家生物多样性保护区。

因此，在城市绿地系统规划中保护生物多样性，可通过以下规划对策实现保护目的：

① 规划建设群落稳定、结构科学、类型多样的城市绿地。

园林绿地类型的多样化正是保护与发展生物多样性的基础。保护生物多样性，首先要保护生态环境和各种各样的生态系统，多样化的生态园林绿地则提供了有利于生物生存与发展的生境条件。在规划、创建各类型绿地时，要考虑生态学上的科学性，充分利用当地丰富的生物资源，保护与发展当地的生物多样性。

② 创建异质化的园林绿地空间，丰富生物多样性。

园林空间异质性与生物多样性密切相关。空间异质性包括环境多样性和自然度两个方面。环境越多样化，所能提供的生境就越多样。能定植和栖息的物种越丰富。自然度对于野生动物的存在具有重要意义，保证了它们的觅食、繁殖、隐蔽及安全条件。绿地系统的规划建设，提倡因地制宜，根据生态学原则，实行乔木、灌木和草本植物相互配置在一个群落中，充分利用空间资源，构成一个稳定的、长期共存的复层混交植物群落，以此提高环境多样性和自然度，从而为昆虫、鸟类、小型兽类等野生动物的引入创造良好条件，使整个园林空间更加异质化，极大地丰富物种多样性。

③ 积极推行城市大园林绿地建设。

在城市大园林建设中，我们应当把城区内的各种生境岛（公园、绿地等）看作大园林的有机组成部分，利用岛屿生物地理学原理，在城市各生境岛之间以及它们与城外自然环境之间修建“廊道”（绿化带），把这些散在分布的公园，绿地连接起来，以形成城市大园林的有机网络。这样就使得城市大园林系统成为一种开放空间，把自然引入城市之中，不但给生物提供了更多的栖息地和更大的生境面积，而且有利于城外自然环境中的野生动、植物通过“廊道”向城区迁移。在城市大园林建设中，还应当利用生态系统交接重合的边缘地带物种多样性增大的原理，重视城乡交接带的绿化、园林建设。城市城郊之间有大片过渡地带，自然条件优越，应规划建设防护林带、风景林带，形成绿色走廊和绿色网路，并使之与城区绿地系统贯通。此外，在城郊还应规划发展森林公园、自然保护区、野生动植物保护点，以在城市外围形成多层次、规模性的绿色系统，极大地丰富城郊接合部的生物多样性，使之一方面可作为城市居民提供休闲、娱乐、的源泉，另一方面又可作为净化环境、增加生物多样性的城市边缘良性生态库，充分发挥其社会、经济和环境效益。此外，对城区环境而言，周围环境野生生物种类越丰富，输入就越强。城郊生态工程的建设，有利于增加城区的野生生物多样性。而且，城郊边缘带还可作为一种缓冲带，它为城区野生生物受人类胁迫外迁时提供良好的避难场所。

5）古树名木保护规划

（1）概述

古树指树龄达 100 年以上的树木，它们经历了漫长了历史变迁，是大自然留给人类的宝贵的遗产。在同种树木中，它们寿命长，树体大，是饱经风雨沧桑的“老寿星”，成为大自然和人类历史发展的活见证。名木是指国内外重要的历史人物亲手种植，或与某一历史事件联系，成为一个城市或地方的一段历史纪实的象征，或为当地自然分布的稀有、濒危的或表现民族风情特性的树种。这类树木既可以构成美丽的景观，同时也是活的文物，是当地悠久文化历史的见证，具有不可估量的人文价值，为研究城市的历史文化、古气候变化、环境变迁、植物分布和树木生命周期提供重要的资料，对城镇的树种规划具有重要的参考价值。

古树名木是珍贵的自然和文化遗产，一旦丧失则无法弥补。保护好古树名木，是一种社会性的行为，不是某个单位或部门能够独立承担完成的，而应是全社会共同参与。

(2) 古树名木保护规划的方法与措施

古树名木的保护工作，必须从宣传、立法、研究、管理等方面入手，通过加强对市民有关古树保护的教育、宣传，提高市民保护古树的意识；完善古树名木的保护条例，加强立法工作及加大执法的强度，逐渐形成古树保护有法可依，有法必依的局面；开展有关古树保护及养护管理技术等方面的研究，制定古树名木养护管理的技术规程，建立古树名木合法的、合理的、科学的、系统的保护管理体系。

① 广泛宣传，提高市民对古树名木的保护意识

充分利用电视、广播、报纸、书籍等媒体，介绍城市城古树名木的现状，宣传古树知识和保护古树的意义，对破坏古树的行为给予及时曝光，引起全社会对这一工作的关注，促进古树名木保护工作的开展。利用古树的围栏、铭牌等进行保护宣传，对一些有纪念意义、历史意义的古树名木可增加铭牌的内容，提高群众的科普知识。有历史纪念意义的古树名木还可以增加历史文化等方面的内容，以强化宣传效果，唤醒群众保护古树名木的意识。

② 健全保护法规和管理体系

制定本地区的保护法规。以国务院颁布的《城市绿化条例》和《城市古树名木保护管理办法》为依据，结合城市绿化管理的有关管理办法，制定针对古树名木保护方面的有关保护法规，使对古树名木的保护有法可依；结合城市建设规划，在古树生长较集中的街区，尽量规划为绿地，既保护古树，同时也使古树发挥其独特的自然景观和良好的绿荫效果；城市建设项目选址时，必须考虑古树名木，原则上不得在古树名木生长的地段规划市政建设项目；设置专门机构，明确职权，落实保护经费。古树名木的保护应作为园林部门日常工作的一部分，配备专门队伍，专职负责对古树名木的保护。古树所在单位必须积极加强对辖区内的古树名木保护工作。

③ 进一步加强对古树名木的保护与管理

加强城市古树名木保护管理工作，严格按《城市古树名木保护管理办法》和相应规范实施。古树名木的保护以就地保护为主，结合迁地保护。保护其生境，以形成一定的数量群体，对于分散的孤立树，应保护树木的局部生境，以利古树名木的生存、繁衍；储藏其种子、根、茎、花粉组织于种子库或基因库内，长期保存，以适应植物保护发展的长期需要。

④ 加大对保护古树名木的科学研究力度

要安排古树名木保护专用经费，通过各相关研究机构，加强对本地区古树名木的种群生态、生理与生态环境适应性、树龄鉴定、综合复壮技术、病虫害防治技术等方面的研究。组织有关部门对本地区的古树名木进行调查、树龄鉴定、定级编号、建立档案等工作，并设立标记铭牌，落实养护责任单位和责任人等。

6）城市绿地分期建设规划

（1）概述

为使城市绿地系统规划在实施过程中便于政府相关部门操作，在人力、物力、财力及技术力量的调集、筹措方面能有序运行，一般要按城市发展的需要，分近、中、远期三个阶段做出分期建设规划。分期规划中应包括近期建设项目与分年度建设计划、建设投资概算及分年度计划等内容。

（2）绿地分期规划建设的原则

① 与城市总体规划和土地利用规划相协调，合理确定规划的实施期限。

② 与城市总体规划提出的各阶段建设目标相配套，使绿地建设在城市发展的各阶段都具有相对的合理性，符合市民游憩生活的需要。

③ 结合城市现状、经济水平、开发顺序和发展目标，切合实际地确定近期绿地建设项目。

④ 根据城市远景发展要求，合理安排绿地的建设时序，注重近、中、远期项目的有机结合，促进城市环境的可持续发展。

（3）分期建设绿地确定的依据

在实际工作中，绿地的分期建设规划一般宜遵循以下建设顺序来统筹安排各个时期绿地建设项目。

① 对城市近期面貌影响较大的项目优先建设，如市区主要道路的绿化，河道水系、高压走廊、过境高速公路的防护绿带等。这些项目的建设征地费用较少，易于实现。

② 在完善城市建成区绿地的同时，要先行控制城市发展区内的生态绿地空间不被随意侵蚀。

③ 优先发展与城市居民生活、城市景观风貌关系密切的项目，如市、区级公园、居住区小游园等。这些项目的建设，能使市民感到环境的变化和政府的关怀，对美化城市面貌也起到很大作用。

④ 在项目选择时宜先易后难，近期建设能为后续发展打好基础的项目（如苗圃）应先上。

⑤ 对提高城市环境质量和城市绿地率影响较大的项目（如生态保护区、城市中心区的大型绿地等），对缓解城区的热岛效应能起到很大作用，规划上应予优先安排，尽早着手建设。

此外，绿地分期建设规划还要及时适应国家政策的变化，把握时机引导发展，并注意留有余地。

7）绿化建设措施规划

（1）概述

城市绿地建设和绿化养护管理是城市绿地系统规划工作的后续环节，需要制定得力有效的措施以保证规划目标的实现。因此，在绿地系统规划中，要提出有关规划目标实施措施和完善管理体制的决策建议。一般可包括法规性措施、政策性措施、行政性措施、技术性措施、经济性措施等方面。

（2）绿化建设措施规划的主要内容

① 建立绿线管理制度，明确划定各类绿地范围控制线，切实保证城市绿化用地。

绿地规划所确定的绿化用地，必须逐步建设成为城市绿地，不得改作他用，更不能进行经营性开发建设。城市范围内的江、河、湖、海岸线和山体、坡地等地段，是营造城市景观最重要的区位，也是居民最适宜的游憩活动场所，应当作为城市绿化管理的重点地段严加整治。特别要严格保护城市古典园林，古树名木、风景名胜区和重点公园，在城市开发建设中决不能破坏。对于用地紧张的大城市和特大城市，要设法增加城市绿地。如散布于城市外围的垃圾填埋场和工业废料堆放场，远期就可规划作大型绿地。像美国华盛顿的亚基萨县、德国汉诺威、日本大阪、我国广东的茂名市，都有成功实例。还可以结合殡葬改革和义务植树活动，规划开辟各类植树基地，远期形成近郊森林。城市中心区改造拆房建绿时，可将地面规划为绿化广场、地下为停车库，一地多用。

② 要通过规划引导，建立稳定的、多元化的绿化投资渠道。

从国内外城市绿化发展的经验来看，城市绿化建设资金应当是城市公共财政支出的重要组成部分，因而必须坚持以政府投入为主的原则。通过合理规划和计划的调控，使城市各级财政安排必要的资金保证城市绿化工作的需要，尤其要加大城市绿化隔离林带和大型公园绿地建设的投入，增加城市绿地维护管理的资金。同时，也要拓宽资金来源渠道，积极引导社会资金用于城市绿化建设。具体措施如：将居住区内的绿地建设经费纳入住宅建设成本，居住区内日常绿化养护费用可从房屋租金或物业管理费中提取一定比例。道路绿化经费可列入道路建设总投资，由市政建设部门按规划与道路建设同步实施。地区综合开发或批租时，应将绿地建设纳入开发范围，政府从批租收入中按比例提取投入绿化设施的建设。城市大型绿地的开发，还可以采取综合开发的方式筹集建设资金。城市干道两侧绿带、城市组团间大型绿地的开发建设应列为重点项目，享受一定的政策优惠。除政府拨款投入外，在征地、建设、经营中可反馈市属各项税费，作为国有资产的投入份额，保证绿地建成后的稳定性。

③ 依法治绿是搞好城市绿化养护工作的基本原则。

要通过多种形式开展全民绿化教育，了解绿化与保护自然环境的深远意义，促进形成人人爱护绿化、参与绿化的社会风气，尤其要提高各级领导的生态意识，并将城市绿地的规划建设任务分解后，列入各地区领导任期目标，作为其业绩考核的内容之一。

④ 在城市绿地系统规划中还要考虑城市规划区内单位附属绿地的配套建设、城市绿化工程建设的监督管理、绿地养护管理制度的完善、绿化技术人才的培养、城市绿化建设队伍的优化、加强城市绿化科研设计工作、绿化行业市场的规范化运行等内容，特别是要通过制定和完善地方性城市绿化技术标准和规范，逐步完善城市绿化建设管理的法规体系。

8）海绵城市建设对绿地系统规划的要求

（1）概述

海绵城市是指城市能够像海绵一样，在适应环境变化和应对自然灾害等方面具有良好的“弹性”，下雨时吸水、蓄水、渗水、净水，需要时将蓄存的水“释放”并加以利用。海绵城市建设也可称为低影响开发（Low Impact Development，LID），低影响设计（Low Impact Design，LID）或低影响城市设计和开发（Low Impact Urban Design and Development，LIUDD），其意是指在城市开发建设过程中，通过生态化措施，尽可能维持城市开发建设前后水文特征不变，有效缓解不透水面积增加造成的径流总量、径流峰值与径流污染的增加等对环境造成的不利影响。

海绵城市的建设目标包括：

① 保护原有水生态系统。通过科学合理划定城市的“蓝线”、“绿线”等开发边界和保护区域，最大限度地保护原有河流、湖泊、湿地、坑塘、沟渠、树林、公园草地等生态体系，维持城市开发前的自然水文特征。

② 恢复被破坏水生态。对传统粗放城市建设模式下已经受到破坏的城市绿地、水体、湿地等，综合运用物理、生物和生态等的技术手段，使其水文循环特征和生态功能逐步得以恢复和修复，并维持一定比例的城市生态空间，促进城市生态多样性提升。

③ 推行低影响开发。在城市开发建设过程中，合理控制开发强度，减少对城市原有水生态环境的破坏。留足生态用地，适当开挖河湖沟渠，增加水域面积。此外，从建筑设计开始，全面采用屋顶绿化、可渗透的路面、人工湿地等促进雨水积存净化。

④ 通过种种低影响措施及其系统组合有效减少地表水径流量，减轻暴雨对城市运行的影响。

海绵城市建设目标必须要借助良好的城市规划来落实，实施海绵城市建设的城市规划可分为三个层面的工作，他们分别是：第一层次是城市总体规划。要强调自然水文条件的保护、自然斑块的利用、紧凑式的开发等方略。还必须因地制宜确定城市年径流总量控制率等控制目标，明确城市低影响开发的实施策略、原则和重点实施区域；第二层次是专项规划。包括城市水系统、绿地系统、道路交通等基础设施专项规划；第三层次是控制性详细规划。分解和细化城市总体规划及相关专项规划提出的低影响开发控制目标及要求，提出各地块的低影响开发控制指标，并纳入地块规划设计要点，并作为土地开发建设的规划设计条件，统筹协调、系统设计和建设各类低影响开发设施。三个层面规划的关系如下图3-21：

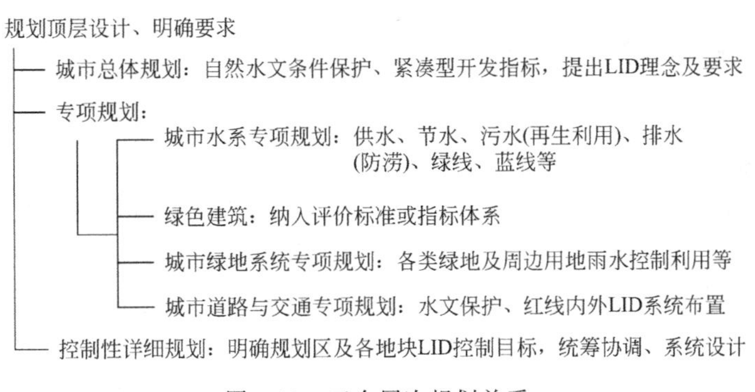

图 3-21　三个层次规划关系

（2）海绵城市建设中绿地系统规划的主要任务

城市绿地是建设海绵城市、构建低影响开发雨水系统的重要场地。城市绿地系统规划应明确低影响开发控制目标，在满足绿地生态、景观、游憩和其他基本功能的前提下，合理地预留或创造空间条件，对绿地自身及周边硬化区域的径流进行渗透、调蓄、净化，并与城市雨水管渠系统、超标雨水径流排放系统相衔接，要点如下：

① 提出不同类型绿地的低影响开发控制目标和指标。

根据绿地的类型和特点，明确公园绿地、附属绿地、生产绿地、防护绿地等各类绿地低影响开发规划建设目标、控制指标（如下沉式绿地率及其下沉深度等）和适用的低影响开发设施类型。

② 合理确定城市绿地系统低影响开发设施的规模和布局。

应统筹水生态敏感区、生态空间和绿地空间布局，落实低影响开发设施的规模和布局，充分发挥绿地的渗透、调蓄和净化功能。

③ 城市绿地应与周边汇水区域有效衔接。

在明确周边汇水区域汇入水量，提出预处理、溢流衔接等保障措施的基础上，通过平面布局、地形控制、土壤改良等多种方式，将低影响开发设施融入绿地规划设计中，尽量满足周边雨水汇入绿地进行调蓄的要求。

④ 应符合园林植物种植及园林绿化养护管理技术要求。

可通过合理设置绿地下沉深度和溢流口、局部换土或改良增强土壤渗透性能、选择适宜乡土植物和耐淹植物等方法，避免植物受到长时间浸泡而影响正常生长，影响景观效果。

⑤ 合理设置预处理设施。

径流污染较为严重的地区，可采用初期雨水弃流、沉淀、截污等预处理措施，在径流雨水进入绿地前将部分污染物进行截流净化。

⑥ 充分利用多功能调蓄设施调控排放径流雨水。

有条件地区可因地制宜规划布局占地面积较大的低影响开发设施，如湿塘、雨水湿地等，通过多功能调蓄的方式，对较大重现期的降雨进行调蓄排放。

第三节　小城镇绿地与社会主义新农村绿地规划建设

一、小城镇绿地建设

1. 概述

1）小城镇绿地建设

随着我国经济的迅速发展和人口的增长，出现了越来越多的新兴小城镇。这些新兴小城镇虽然通常规模不大，但在国民经济和城市化过程中发挥着举足轻重的角色，小城镇建设已经成为我国建设的重要内容之一。但是人们盲目的抓经济建设，以牺牲小城镇环境为代价，使得小城镇环境污染严重，如：生活垃圾和建筑废物无序任意的堆放。镇容镇貌脏乱差，以路为市，以街为市，车辆、人流混杂等。目前人们对小城镇建设也认识不足，盲目地追大求洋，一个突出的问题就是求大求高，建广场，造高楼，修大道，既不符合实际，造成浪费，也缺乏人情味和舒适感，更丢失了应有的特色。小城镇绿地规划是小城镇总体规划的一部分，它主要是对小城镇中的生态绿地进行规划，而小城镇总体规划是一定时期内小城镇发展的目标和计划，是小城镇建设的综合部署，也是小城镇建设管理的依据。小城镇绿地规划与小城镇总体规划相适应，并要服从于小城镇总体规划。

2）小城镇绿地建设的优势与劣势分析

对于一个具体的小城镇来说，对其进行绿地规划首先要了解小城镇的优势和劣势，才能在具体的绿地规划建设中，有章可循。

小城镇绿化建设的优势主要体现在几个方面：

（1）地方性

小城镇是一个基本上由当地人构成的空间实体，有一定的人口和经济规模，一定的基础设施配置，具有共同的文化背景和需求，自身的环境特色和内在资源特色相对突出，在环境建设方面容易获得高度认识。

（2）尺度小

小城镇具有人们生活和工作步行可达的小尺度，因而可以避免大城市巨大的机动车交通流量带来的空气和噪声污染等环境问题。

（3）地充裕

小城镇的周围通常被乡村田野和自然山水景观所包围，没有无序蔓延的城乡接合带，是霍华德所追求的“田园城市”。具有实现“大地园林化”的现实性。

（4）城乡环境一体

小城镇通过河流、残遗的农田林网等将城市与周围的乡村自然景观连为一体，城市和乡村互相融合，可以避免在城市中建设大型开放绿地需要占用额外的土地，而将城市建设成为高效紧促的可持续城市形态。

小城镇绿化建设的劣势主要表现在：

（1）经济实力较差，绿化综合水平较低；

（2）用绿化提升城市综合竞争力的意识相对落后；

（3）专业技术力量不足；

（4）以自然发展为主，缺少自觉的规划建设意识。

2. 小城镇绿地规划

1）规划原则

（1）协调性原则

由于小城镇往往处于乡村田园环境之中，广阔的田野、蜿蜒的河流、河边的林带形成的田园乡村景观，所以要与城区园林景观协调一致，融为一体。力求城区的人工环境和周边的乡村环境协调起来，努力显现自然与人工，统一与多样，对比与协调等园林艺术法则，避免物种单调，结构简单，要合理安排、调整空间结构，增加生态多样性，乡村景观与小城镇园林景观要相互协调。

（2）生态型原则

小城镇比大城市接近大自然，但仍不同于自然环境的生态系统，是人起着主导、支配作用的，非独立的、不稳定的人工生态系统。小城镇要发展，不仅是人们的物质文化生活水平要提高，还有赖于良好生态环境的形成与创造。由于小城镇接近自然，环境条件好，生态系统稳定，要充分利用这个特点，注重小城镇之间、城乡之间绿地结构的合理配置，创造优美、清静、舒适的小城镇环境。

（3）地方性原则

注重地方特色、文化内涵，发展园林绿化。最重要的是要考虑规划区外较广阔的空间背景，较长的历史背景包括生物地理史、人文历史和自然干扰状况。因为在每一地方都有其自然和人文积淀的历史过程，因此形成了地方性的自然和人文景观，在小城镇发展过程中，绿地是地方性难得的保存地，绿地系统规划中应保留、延续、体现其地方性，把现有的自然和人文景观资源纳入其中，丰富园林绿地的内容，形成别具一格的风貌。

（4）城乡一体化原则

把小城镇建成园林化小城镇，集镇、村庄建成花园式村镇，农田建成林网化农田，同时要注意保护敏感区，对不得已的破坏要加以补偿，提高城市景观的异质性，最终形成具有高效生态经济的田园城市格局。

2）确定合理的绿化指标

小城镇处于不断变化发展之中，不同的阶段有不同的规模，相应的绿地指标也应有所不同，所以要就实际出发，确立一套切实可行的动态指标体系，并根据指标体系及城镇远、中、近期发展阶段和规模不同，对绿地建设进行动态控制，以便指导资金投入，便于绿化建设的控制和操作。一般小城镇绿地面积要在30％～50％以上。

3）规划布局

绿色生态空间对小城镇景观非常重要。从可持续发展的要求出发，生态绿地不仅要数量多，而且要分布均匀。具体的布局是：使大嵌块体与小嵌块体相结合，并通过廊道连接起来。另外，规划生态绿地空间要集中与分散相结合，应通过土地的集中布局，在建成区保留一些小的自然斑块和廊道，同时在人类活动的外部环境中，沿自然廊道布置一些小的人为斑块。具体来说，小城镇绿地布局绿地规划中应充分利用城镇的水系、农田、林地、鱼塘、文物古迹，在绿地布局上形成面、点、线、环有机结合的结构模式。

面：在绿地系统规划中，重视“面”上的绿化，动员社会各方力量，推进普遍绿化，为改善生态环境打好基础。

点：城镇主要道路入口及各村落的重要地段的点状绿地，以小为主，从小处起步，积极开辟各具特色的小型公共绿地，发挥其投资少、周期短、见效快、近居民的优点。

线：街道是小城镇的骨架，道路绿化如同一张绿网，将城镇各部分用绿树连接在一起。

环：围绕镇区，结合防护林带、道路绿带，形成以绿圈相围的格局，更有利于城乡一体环境的形成。

小城镇外围生态环境规划小城镇绿地系统规划，除了合理规划城镇内部的绿地系统，同时将其外围的风景林地、蔬菜基地、交通走廊隔离绿带、林网化农田和基本农田融合沟通，将城镇外围的自然田园风光和新鲜空气引入城镇，形成绿色开敞空间系统与人工建筑系统协调发展，谋求人与自然和谐统一的共生关系，有效保证城镇良好的“人居环境”。

在我国，有相当多的小城镇位于山坡丘陵地区，重庆尤为突出。尽管开发山地小城镇较之平地有诸多不利，但山地在保护耕地、结合地形、利用资源、保护生态以及创造空间形态和视角景观等方面有许多便利和优势条件，对未来可持续发展具有重要的意义。规划中应从战略的角度进行综合开发，科学利用。

在对山地小城镇具体的绿地规划设计中应充分利用山地多层次的地形特点，注重垂直绿化，并立足于当地的自然条件和文化背景，从文化内涵的深度和广度去综合挖掘、提炼当地的人文资源，在综合分析山地小城镇的自然因素，创造出具有浓厚地方神韵、体现自己地域特色与文化传统的地方特色园林景观。同时强调山地小城镇的弹性和动态原则，使小城镇的绿地系统规划具有灵活的变化适应性和可持续发展的连续性。

4）小城镇树种规划

小城镇树种规划是在当地自然条件、自然植被、小城镇绿化种类、比例、古树名木、历史资料等方面进行全面调查的基础上，对小城镇园林绿化应用的植物种类作全面的规划。使其能适应当地城镇、郊区、山地等不同环境条件，较好地发挥园林绿化等多种功能。

规划原则：

功能性与景观性相结合原则

在满足园林绿化综合功能的基础上，要兼顾各绿地类型及城市性质进行规划。根据园林树木的三大功能（改善环境的生态功能、美化功能及结合生产功能）进行植物种类选择及规划。一个城市中又根据不同绿化类型及满足不同的园林功能来选择树种。如行道树选择则要求：树大荫浓、树冠整齐、主干通直；生长较快、长寿、耐修剪、耐移植、耐瘠薄、抗污染；树身洁净，没有恶臭或有刺的花、果（如银杏或构树就要选择雄株）等。

经济和环境相结合原则

要鼓励营造生态经济林，提高绿地生产力，在村屯的道路绿化、居民点绿化，防护林等适量的引入经济林的种植苗圃。

保护乡土植物原则

要注重对原有植物群落和乡土性植物的保护，要注意地带性特征和城市特色，营造复层林，我国地形复杂，气候多样，物种丰富。园林植物资源丰富而被喻为“世界园林之母’，各地的城市绿化理应具有本地区的特色。

二、新农村绿地建设

1. 概述

“社会主义新农村”是指在社会主义制度下，反映一定时期农村社会以经济发展为基础，以社会全面进步为标志的社会状态。主要包括以下几个方面：一是发展经济、增加收入。二是建设村镇、改善环境。包括住房改造、垃圾处理、安全用水、道路整治、村屯绿化等内容。三是扩大公益、促进和谐。四是培育农民、提高素质。具体而言，所谓“新农村”包括五个方面，即新房舍、新设施、新环境、新农民、新风尚。这五者缺一不可，共同构成社会主义“新农村”的范畴。

所以，建设的社会主义新农村是“生产发展、生活宽裕、乡风文明、村容整洁、管理民主”的新农村，其中“村容整洁”，是建设社会主义新农村的重要基础，也是新农村园林风貌的根本体现。它所包括的内容主要是：要根据农村实际和特点，搞好乡村建设规划，加强基础设施建设，满足农民住房需求，从根本上治理脏乱差，改善村容村貌，保留历史文脉，保持自然风貌，形成优美的人居环境，实现人与自然和谐。

2. 新农村绿地规划

新农村绿地规划与设计就是要解决如何合理地安排乡村土地及土地上的物质和空间来为人们创造高效、安全、健康、舒适、优美的环境的科学和艺术，为社会创造一个可持续发展的整体新农村生态系统。新农村绿地规划离不开环境与生态，对环境问题重点考虑土壤、水体、大气、建筑物、氛围等；对生态问题则把有生命的东西，如植物、动物等考虑进去，生态是一个动态发展的过程。新农村绿地规划的核心是生态规划与设计。

1）新农村绿地建设模式

由于全市农村自然差异和经济差异较大，在规划新农村绿地建设时，应制定不同的绿地规划建设标准，着力体现区域特点和地方特色，并要正确处理保护文脉与村庄建设的关系，实现传承历史文化与融入现代文明的有机统一。因此，要在坚持基本标准统一的基础上，对各村的新农村绿地建设应因地制宜，力求形式多样、风格各异，主要有以下三种模式：

田园风光型

一些农村生态环境良好，历史文化源远流长，在绿地建设时要注重彰显特色，保护好山体、河流、水塘，保护生态环境和自然风貌。村庄规划建设尽可能少占或不占耕地，居民建筑可依地势环境步影随形，力争与山水田园、人文景观协调，打造一批颇具景观特色的田园风光型新农村。

园林服务型

对于地处政治、文化、商贸中心，具有区位独特、基础较好、环境较优的优势，紧紧围绕绿化城乡一体化发展思路，在绿地规划时既要与全市城市绿地建设总体规划相统一，更要利用好城市的辐射拉动功能，注重生态建设、园林建设，强化服务功能，作为城市的延伸区、补充区和服务区，与城市融为一体，打造既有园林风情，又颇具城市特色的园林服务型新农村。

现代小康型

一些村，因其经济发达、经济基础较好，则可按照乡村城镇化的思路，根据“乡风文明，村容整洁”的目标要求，以改善人居环境为切入点，尝试城乡互动、城市带动农村的路子。要坚持以人为本，结合文明创建活动，重点进行净化、硬化、亮化、绿化、美化、文化“六化”建设，要以人工绿地景观为主要发展方向，通过小康建设，打造一批具有“三新形象”（村容村貌焕然一新、社会风气焕然一新、治安状况焕然一新）现代小康型新农村。

2）规划原则

协调性原则

广阔的田野、蜿蜒的河流、河边的林带形成了田园乡村景观，而小城镇处于乡村田园环境之中，所以要使乡村景观与城镇园林景观协调一致，融为一体。

生态性原则

新农村所处环境更接近大自然，但仍不同于自然环境的生态系统，是人起着主导、支配作用的，非独立的、不稳定的人工生态系统。由于新农村接近自然，环境条件好，生态系统稳定，要充分利用这个特点，注重城镇之间、城乡之间绿地结构的合理配置，创造优美、清静、舒适的城镇环境。创造良好的生态系统，协调人与自然的关系，注重环境容量与可持续发展。

乡土化原则

在每一地方都有其自然和人文积淀的历史过程，可以形成了地方性的自然和人文景观，在新农村发展过程中，绿地是地方性难得的保存地，绿地系统规划中应保留、延续、体现其地方性，把现有的自然和人文景观资源纳入其中，丰富园林绿地的内容，形成别具一格的风貌。

参与性原则

民众参与规划设计，是现代规划设计活动的一个重要方面。新农村建设的特殊性，使得农民参与设计的要求更加迫切。具体的就是实地调查和访问，要征求民众的意见和建议，来进行具体的规划，规划设计图纸出来以后，又要把模型拿来给农民看。依次来保证规划设计方案没有出现偏离实际的情况。

城乡一体化原则

建设社会主义新农村的目的就是要改变城乡二元结构，实现城乡一体化，做好城市园林发展与乡村园林的对接，把农村作为地区发展的资源之一，城乡作为一个整体来进行策划和打造。一是通过城市公共基础服务设施向乡村延伸，配套乡村旅游服务需要的基础设施。二是统筹全市“城区、景区、园区、郊区”等园林资源，统一进行规划。

确立一套切实可行的动态绿化指标体系

由于现在农村所处的位置、经济状况等的不同，相应的绿地指标也应有所不同，所以要就实际出发，确立一套切实可行的动态指标体系，对绿地建设进行动态控制，以便指导资金投入，便于绿化建设的控制和操作。

3）新农村绿地建设步骤

第一、要坚持观念先导，重视新农村绿化建设的问题。

要努力做到既要保持发展的热情，更要保持清醒的头脑；既要发挥党员干部的带头作用，更要调动群众的积极性；既要依靠上级的正确领导，更要发挥自身的创造性和积极性。

第二、选择合适的规划途径来进行乡村绿地规划。

建设村镇、改善环境是社会主义新农村建设的内容之一。其中，加强新农村绿地建设是主要措施之一，但是我们在对新农村绿地建设不能按照城市绿地规划来实施，要根据新农村的特点和实际的情况来规划，起点不能太高。

具体的在规划的时候，利用“反规划”来具体实施，“反规划”是指乡村规划和设计首先应该从规划和设计非建设用地入手，而非传统的建设用地规划；其次优先规划和设计乡村生态基础设施，包括：维护和强化整体山水格局的连续性，保护和建立多样化的乡土生态系统，维护和恢复河流水系的自然形态，保护和恢复湿地系统等，保护遗产景观网络（如古老的龙山圣林，泉水溪流，古道驿站，祖先、前贤和爱国将士的陵墓遗迹等）。

因此，要加强基础设施建设，满足农民需求的同时，保留幸存历史文脉和自然风貌，才能把新农村建设成为人与自然和谐的生态型农村。

第三，要坚持依托县域经济，统筹解决新农村绿化建设的问题。要想把新农村的绿化建设搞上去，首先要大力发展县域经济。依托县域经济的发展整合资源，聚集资金，以此来推动新农村的绿化建设。用城乡统筹的办法来进行新农村的绿化建设。

第四，要坚持上下联动，形成合力，以创新精神推动社会主义新农村绿化建设。社会主义新农村绿化建设需要各方面力量共同推进，政府是推动绿化建设的主导力量；农民积极参与，是绿化建设的主体力量；社会各界给予资金、技术和知识等的支持，是新农村绿化建设力量的重要组成部分。依次形成上下联动、内外结合的方式，推进新农村绿地建设。

4）新农村绿地树种规划

按照新农村建设实施方案要求，“四旁”（村、路、水、宅）绿化、庭院美化是新农村建设文明村镇达标、塑造新风貌的内容之一。结合各地农村的具体实际，按照新农村建设的总体要求，新农村建设中绿化（这里主要是指“四旁”绿化）树种选择，是进行绿地建设的主要内容之一。

树种规划原则

乡土树种为主的原则

乡土树种对当地土壤条件、生态环境适应性强，即使管理相对粗放，也能达到生长较快、较好的效果，在对新农村树种具体规划时以当地农民常见树、苗木价位较低而经济价值较高的树种为好，以此调动农民参与“四旁”绿化的积极性。

结合发展新产业来选择树种原则

四旁林业是新农村的新型产业。四旁林业是指以山地以外的农村“四旁”空地为基地植树造林，取得相应的经济及绿化效益。用科学的发展观来搞好四旁林业，既是拓展产业发展空间、促进产业发展、增加农民收入的一大需要，也是绿化环境、保护生态的需要。又是新农村建设中发展新产业的一种有效途径。在适地适树的前提下，根据新产业的不同要求来选择不同的树种造林。

第四节　城市绿地系统规划编制

一、城市绿地系统规划编制程序

城市园林绿地系统规划编制可分为：接受甲方委托任务书；现状调研踏勘和资料收集；资料的整理与分析评价；规划图纸及其文件的编制；规划成果的审批与实施等几个阶段。

二、城市绿地系统规划编制的方法与步骤

1. 现状调研与资料收集

组织专业队伍对城市绿地现状进行现场调研踏勘，并收集各类相关基础资料，尤其是城市绿化建设现状资料的收集，是绿地系统规划编制过程中十分重要的基础工作。调研和资料收集要求全面、准确、科学。通过现场的调研和资料收集能够充分了解城市建设，城市空间分布、绿化建设等情况。只有在认真调研的基础上，才能够全面的掌握绿化现状，并对相关影响因素进行综合分析，做出实事求是的现状评价。现状资料的收集包括：城市所在地的自然资源；城市经济及社会发展资料；环境保护资料；绿地建设现状资料；绿化技术经济资料；城市古树名木保护资料；现有苗圃建设资料；历年工作所取得的绿地现状图、规划图和文字资料；现有园林植物及其生长状况、主要植物病虫害情况等方面的资料；城市绿地管理、科研、维护和资金设备情况等。

2. 现状资料的整理分析评价

将外业调查所得的现状资料和信息汇总，进行业内整理分析，主要分析内容有：城市园林绿地布局现状与城市生态状况、功能；研究城市十大类型建设用地布局，分析绿地发展结构，预测本市可能达到的绿地率；城市风貌特色与园林绿化艺术风格的分析；与国内、国外同等城市比较分析；研究公园绿地和城市绿化对人口的饱和容量，反馈城市建设

用地所占比例是否合理；绿化规划建设条件综合分析（有利条件、不利因素）等，找出问题研究解决的办法。这些分析作为后期规划的依据和指导。在有条件的城市，尤其是大城市和特大城市，可采用卫星遥感等先进的技术进行现状绿地空间分布分析、对城市进行热岛效应分析研究等，以辅助绿地系统空间布局的科学决策。

3. 确定规划依据，规划指导思想及原则

1）规划依据

规划依据是指导整个规划编制的基本依据，是整个规划科学合理、可实施的基本保障。主要是一些国家性法规文件和地方性法规文件。如国家性法规文件主要有：《中华人民共和国城市规划法》、《中华人民共和国环境保护法》、《城市绿化条例》、《城市绿化规划建设指标的规定》、《国家园林城市标准》等。地方性法规文件主要是针对当地实际情况，参照国家相关法规文件制定的适合本地建设实施的一些法规文件。如《重庆市城市规划管理条例》、《重庆市城市园林绿化条例》等。另外最重要的规划依据就是当地城市的总体规划，土地利用规划、近远期规划等，因为绿地系统规划是城市总体规划的专项规划，必须在城市总体规划的指导下进行。

2）规划指导思想

规划指导思想的确立一般是立足于本城市的实际情况，遵循城市发展建设一般规律等，综合应用城市绿地系统规划学、城市生态学、景观生态学、城市景观学、社会经济学、区域规划学等学科的理论与方法，在此基础上确立科学合理的规划指导思想，该思想既是规划编制过程的指导思想，也是以后绿地建设的指导思想。规划指导思想一般都是立足当前，着眼未来，努力提高城市的生态质量，创建一个生态结构稳定、能量良性循环、物种不断丰富、环境优美、城市居民使用方便、城市个性特色突出、综合功能强大、现代化的城市绿色人工生态系统。

3）规划原则

一般性原则有：

（1）因地制宜原则

规划要从实际出发，要重视对当地城市的自然山水和地形地貌的利用和保护，尽量发挥当地城市自然条件的优势。例如绿地的布局结构、规模大小、指标高低以及树种的选择等都应该与当地城市的自身特色相结合，切忌生搬硬套。同时要注重对当地文化和城市内涵的挖掘，要重视培育当地的城市绿化和园林艺术风格，努力体现地方特色。

（2）生态优先原则

规划要高度重视对当地城市环境保护和生态可持续发展，要坚持生态优先，科学合理的布置各类绿地，同时从城市整体空间体系出发，对整个城市及周边地区进行绿地规划和控制，使得生态效益得到最大的发挥。保障城市在发展过程中经济效益、社会效益、环境效益三大效益平衡发展。

（3）系统整合原则

要以系统整合的观念和思维为基础，使绿地系统规划符合城市、社会、经济、自然系统各因素所形成的错综复杂的时空变化规律，兼顾社会、经济和自然的整体效益，满足不同地区人群之间的发展需求。同时，通过规划加强与邻近城市间的区域合作，共同构建区域性生态绿地系统。

（4）各类绿地合理分布原则

综合考虑各类绿地的合理空间分布，力求构成系统完整，使其调节及使用功能得到充分保证，最终趋于高效合理。

（5）总体规划分期建设原则

要切合城市实际需求提出规划方案，做到统一规划、远近结合、分层开发、有序建设。努力提高规划的可操作性，建立规划与管理的畅通渠道，体现规划对绿地建设和管理工作指导意义和重要依据。

4. 确定规划目标和合理的绿地指标

依据国家园林城市标准，并根据当地城市建设和绿化建设的实际情况，制定科学、合理、可行的规划目标。并在不同时期确定明确的量化指标，指导城市建设。

绿地指标是对城镇中绿地的控制性量化指标。它可以保证绿地建设科学地实施，并反映了城镇绿地管理状况和生态效益的大小。绿地指标可根据城市总体规划中确定的各类用地指标及城市绿地系统中布局结构的要求来确定城市中各类绿地的指标。同时各类绿地指标的面积及规模也要根据各类绿地的不同特点分别进行确定。

5. 构思城市绿地的总体规划与绿地空间布局

依据城市现有的布局特点，依据绿地规划指导思想，提出适合该城市的富有特色的城市绿地布局结构。使各类绿地合理分布，形成完善的绿地系统，引导城市健康发展。

具体的做法是：对城市绿化用地规模、空间规模、空间系列组织、空间视线、环境效益等方面的综合研究，对绿地空间布置进行调整，并对绿地空间做出系统的主次功能认定，使整个城区各类绿地连在一起，构成系统。另外对区域大环境进行布局协调，使城区与郊区绿地连在一起，构成整个城市的绿化大背景，形成更大更广更稳定的绿地系统结构。

规划科采用“点、线、面”结合的方式，把城市各类绿地练成一个整体，构成系统。“点”主要是指城市中公园绿地、生产绿地、附属绿地等形成的具有一定面积的地块，分布于城市景观的各个部分中，并以较清晰的边缘与包围它的异质性景观相区别。“线”主要城市中滨河绿地、道路绿地、各类防护绿地等带状地段。这些线型绿地相互联系组成纵横交错的绿带网。

6. 各类城市绿地规划及其他专项规划

这是城市绿地系统规划的主要内容，包括的内容有：城市各类绿地规划；城市园林树种规划；市域绿地系统规划；避灾减灾绿地规划；生物多样性保护规划；古树名木保护规划；城市绿地分期建设规划；绿化建设措施规划等。其中城市绿地规划和城市园林树种规划是绿地系统规划中最基本的，必不可少的内容，通常叫常规规划。其他的规划可以结合常规规划进行，例如避灾减灾绿地可结合城市绿地规划来进行，生物多样性与古树名木规划可同城市绿地树种规划结合一起规划。当然，在规划时，各个城市要根据自己的实际情况，在做好常规规划的同时，根基当地的实际情况有重点的做好其他各类规划。例如有的城市地势平坦，城市中水系发达，交通便捷，这就决定城市中绿化将以带状绿地为主。在规划时滨河沿岸的绿化情况、景观效果、物种保护等；道路的绿化模式、树种选择等等都是规划的重点。

7. 规划成果的审批与实施

1）规划成果的初审

将以上规划成果同甲方交涉，听取甲方意见对现有规划成果进行修改完善，以适应当地城市。

2）规划成果审批

修改后的规划成果报有关部门审批，在听取专家意见后再次对规划成果修改完善，使得规划成果更趋科学、合理。审批通过后，其中规划文本和图册具有法律效力，城市相关建设部门要严格遵守，按照规划指导城市建设。

3）规划成果实施

为确保城市绿地系统规划能够顺利实施，应该分别按法规性、行政性、技术性、经济性和政策性等几个方面提出相应的实施措施，指导城市绿化建设。

三、规划成果的编写

《城市绿地系统规划》文件的编制主要包括规划图纸的绘制及规划文件的编写。编写完成后经过专家论证定案后，汇编成册，报送政府相关部门审批。规划成果一般包括：规划文本、规划图则、规划说明书和规划基础资料四个部分。其中，规划文件包括规划文本和附件，规划说明及基础资料收入附件。规划文本是对规划的各项目标和内容提出规定性要求的文件，规划说明是对规划文本的具体解释。而依法批准的规划文本与规划图纸具有同等法律效力。

1. 规划文本的编制

规划文本包括是对规划的各项目标和内容提出规定性的要求的文件，规划文本要按法定条文格式编写，行文力求简洁准确。其主要内容包括如下：

1）包括规划范围、规划依据、规划指导思想与原则、规划期限与规模等。

2）规划目标与指标。

3）市域绿地系统规划。

4）城市绿地系统规划结构、布局与分区。

5）城市绿地分类规划简述各类绿地的规划原则、规划要点和规划指标。

6）树种规划规划绿化植物数量与技术经济指标。

7）生物多样性保护与建设规划包括规划目标与指标、保护措施与对策。

8）古树名木保护古树名木数量、树种和生长状况。

9）分期建设规划分近、中、远三期规划，重点阐述近期建设项目、投资与效益估算。

10）规划实施措施包括法规性、行政性、技术性、经济性和政策性等措施。

11）附录、附表。

2. 规划附件的编制

1）基础资料的编制

基础资料的编制主要有两方面的内容，一是现状资料的收集，二是现状资料的分析。

基础资料汇编的具体内容如下：

（1）城市概况

城市概况是绿地系统规划的起点和基础，为确保绿地系统规划的科学与合理，必须全面，翔实的调研一个城市的城市风貌与城市概况。主要的内容有：

自然条件。包括城市所在地地理位置、地质地貌、当地的气候、土壤、水文、植被与主要动、植物生长状况等。这些自然条件在很大程度上决定和限制了城市的发展，绿地系统规划也必须在这些自然条件基础上进行。可通过走访，实地调查，查阅当地相关书籍等获取当地的自然材料。

经济及社会条件。主要有：经济、社会发展水平；城市发展目标、前景；人口状况；各类用地状况；城市总体规划、详细规划文件、图纸及上级有关文件等。这些是决定绿地指标、绿地规模、绿地布局的主要因素。

环境保护资料。包括主要的污染源位置、影响范围、污染成分、污染程度，各种污染分布区、现有防护和治理措施、生态功能分区与其他环保材料等。

城市历史与文化资料。包括当地的城市发展历史，重大历史事件、人物，有特色的人文景观，古建筑，民风习俗等。这些能够重塑城市特色，丰富城市内涵。

（2）城市绿化现状

城市绿地建设现状是基础资料的主要内容，是绿地系统规划的主要依据，绿地系统规划在此基础上进行。主要包括绿地建设情况与绿地建设经济技术指标两大内容，从质和量上综合分析城市绿地建设状况。

城市现有绿地建设情况。对现有各类绿地（如城市公园、广场、道路绿地、风景林地）的所处位置、面积大小、其景观结构及绿化植物生长情况，有无病虫害等进行调查和分析；城市中各类人文景观的位置、面积及可利用程度等也是调查和分析的重要内容；另外城市中现有的水资源，也是重要调查内容，因为很多绿地都是围绕水建设的，包括水系的位置、面积、流量、水位线、水质、岸线情况及利用程度等。

绿地建设的技术经济指标，这是从量上衡量城市绿地建设情况，是绿地建设最直接的反映。如：人均公园绿地面积；建成区绿化覆盖率；建成区绿地率；人均绿地面积；公园绿地的服务半径；公园绿地、风景林地的日常和节假日的客流量等。另外还有各种绿化统计表，如生产绿地的面积、苗木总量、种类、规格、苗木自给率；古树名木的数量、位置、名称、树龄、生长情况；现有园林植物、动物名录；主要植物常见病虫害记录等。

（3）管理资料

包括管理机构、管理人员、园林科研、资金与设备、园林绿地养护与管理情况等。管理机构包括：机构名称、性质、归属、编制设置、规章制度等。管理人员包括：职工总人数（万人职工比）、专业人员配备、工人技术等级情况。

2）说明书的编制

主要内容包括：

第一部分：概况及现状分析（概况：包括自然条件、社会条件、环境状况和城市基本概况等。）绿地现状与分析（包括各类绿地现状统计分析，城市绿地发展优势与动力，存在的主要问题与制约因素等。）

第二部分：规划总则：包括规划编制的意义；规划的依据、期限、范围与规模；规划的指导思想与原则。

第三部分：规划目标。包括规划目标与指标。

第四部分：市域绿地系统规划。阐明市域绿地系统规划结构与布局和分类发展规划，

构筑以中心城区为核心，覆盖整个市域，城乡一体化的绿地系统。

第五部分：城市绿地系统规划结构布局与分区。包括：规划结构、规划布局、规划分区。

第六部分：城市绿地分类规划。分述各类绿地的规划原则、规划内容（要点）和规划指标并确定相应的基调树种、骨干树种和一般树种的种类。

第七部分：树种规划。树种规划的基本原则；确定裸子植物与被子植物比例、常绿树种与落叶树种比例、乔木与灌木比例、木本植物与草本植物比例、乡土树种与外来树种比例（并进行生态安全性分析）、速生与中生和慢生树种比例，确定绿化植物名录（科、属、种及种以下单位）；基调树种、骨干树种和一般树种的选定；市花、市树的选择与建议。

第八部分：生物（重点是植物）多样性保护与建设规划。生物多样性的保护与建设的目标与指标；生物多样性保护的层次与规划（含物种、基因、生态系统、景观多样性规划）；物多样性保护的措施与生态管理对策；珍稀濒危植物的保护与对策。

第九部分：古树名木保护。

第十部分：分期建设规划。城市绿地系统规划分期建设可分为近、中、远三期。在安排各期规划目标和重点项目时，应依城市绿地自身发展规律与特点而定。近期规划应提出规划目标与重点，具体建设项目、规模和投资估算；中、远期建设规划的主要内容应包括建设项目、规划和投资匡算等。

第十一部分：实施措施分别按法规性、行政性、技术性、经济性和政策性等措施进行论述。

第十二部分：附录、附表等。

3. 规划图册

规划的图纸部分要包括以下的内容：

1）城市区位关系图

2）现状图

包括城市综合现状图、建成区现状图和各类绿地现状图以及古树名木和文物古迹分布图等。

3）城市绿地现状分析图

该图可根据实际的需要综合为一张图或分开为几张分析图，分析图应该包括城市用地现状分析、高程分析、坡度分析及绿化现状分析、绿化植被分析等。

4）规划总图

该图要反映城市绿地的布局结构，各类绿地的分布情况、面积，城市绿化指标等。

5）市域大环境绿化规划图

6）近期绿地建设规划图

该图主要要反映出近期将要实施的城市绿地种类、名称、位置、面积、布局结构等。

7）绿地分类规划图

主要规划内容包括公园绿地、生产绿地、防护绿地、附属绿地、其他绿地规划、树种规划等。

图纸比例与城市总体规划图基本一致，一般采用1：5000～1：25000；城市区位关系图宜缩小（1：10000～1：50000）；绿地分类规划图可放大（1：2000～1：10000）；并标明风玫瑰。

本章思考题

1. 城市绿地系统规划的思想发展经历了哪几个阶段？
2. 按《城市绿地分类标准》，城市绿地的组成包括哪些？
3. 城市绿地的功能有哪些？
4. 城市绿地系统编制的主要内容是什么？
5. 城市绿地系统指标确定与哪些因素相关？
6. 城市绿地系统中的三大指标分别如何计算？
7. 影响城市绿地系统布局的因素有哪些？
8. 城市公园绿地系统规划的要点是什么？
9. 树种规划的主要内容有哪些？
10. 海绵城市建设要求下绿地系统规划的主要任务有哪些？
11. 城市绿地系统规划编制的主要成果包含哪些内容？
12. 小城镇绿地系统规划的原则是什么？
13. 思考新农村绿地建设的步骤。

本章延伸阅读书目

1. 李敏．城市绿地系统与人居环境，中国建筑工业出版社，1999。
2. 贾建中．城市绿地规划设计，中国林业出版社，1998。
3. 王浩．城市生态园林与绿地系统规划，中国林业出版社，2003。
4. 许浩．国外城市绿地系统规划，中国建筑工业出版社，2000。
5. 于志熙．城市生态学，中国林业出版社，1992。
6. 俞孔坚、李迪华．城市景观之路——与市长们交流，中国建筑工业出版社，2004。
7. 张国强、贾建中．风景园林规划设计——中国风景园林规划设计作品集，中国建筑工业出版社，2005。
8. 马军山，董丽．城镇绿化规划与设计，东南大学出版社，2002。
9. [X] I. L. 麦克哈格著．经纬译，倪文彦校．设计结合自然，中国建筑工业出版社，2006。
10. [美] 凯文·林奇著．方益萍、荷晓军译．城市意象，华夏出版社，2003。
11. 城市绿地分类标准．CJJ/T 85—2002，1185—2002，中国建筑工业出版社，2002。
12. 中华人民共和国建设部．城市绿地系统规划编制纲要（试行）编制说明。

第四章　风景园林规划设计基本原理及方法

第一节　风景园林规划设计概述

一、风景园林美

1. 风景园林学的基本概念

1）风景园林美概念及属性

风景园林是在自然景观基础上通过人为艺术加工形成的，风景园林美源于自然又高于自然，是自然景观和人文景观的高度统一，属于五维空间的艺术范畴，包括立体三维空间、时间空间和联想空间，是物质和精神空间的总和。

2）风景园林美多元性

风景园林由建筑、山石、水体、植物等多种元素构成，每种构成元素以及各元素的组合形式都是多种多样。此外，风景园林在历史发展各个阶段、在不同民族以及地域都有不一样的风格和外观形态，呈现出丰富多样性。

2. 风景园林美的内容

风景园林美学从风景园林构成上讲包括各个构成元素以及构成元素组合方式的美；从感知方面来讲包括视觉、听觉、嗅觉、触觉多方面的美学体会；从体验深度来讲包括感官体验和意境体验；从风景园林类别来讲又包括自然景观和人文景观两方面。

二、风景园林设计基本法则

1. 科学依据

1）翔实的基础资料准备是设计中必需的，包括地形、地质、水文、气候、土壤等等。资料收集、整理以及分析是风景园林设计项目开始必须做的工作，这将为下一步设计工作带来充分的设计依据。

2）综合各个学科技术，包括水利、土方工程、建筑技术、风景园林植物等多方面的知识作为强大的设计支持。

2. 社会需求

风景园林设计一个重要的功能就是要满足广大人民群众的物质和精神需求，因此充分了解使用者的心态和活动要求，充分了解各类人群的需要，才能创造出真正为大众服务的风景园林景观。

3. 功能需求

风景园林类型不同、服务对象不同，功能要求也不同，设计中要满足风景园林基本的功能需求，也要把握各种类型的风景园林功能要求上的特殊性。

4. 经济条件

风景园林建设在很大程度上受到经济条件的制约，因此，规划设计方案要求有明确的定位和把握。如何选择恰当的材料成为园林建设成本计算中最关键的方面。如何在有限的资金投入情况下发挥最佳设计潜能创造理想园林作品是每个设计师都需要努力的方向。

三、现代风景园林规划设计发展趋势

现代风景园林的发展日新月异，在设计思路和设计方法上都有极大的拓展。归纳起来讲，现代风景园林规划设计发展趋势有以下几个方面：

1. 人性化设计

由于环境心理学和行为心理学的研究受到广泛关注，现代风景园林设计中更重视人性化的空间塑造。风景园林环境能否为使用者认可以及使用率的高低成为评价风景园林设计是否成功的主要标志。

2. 多样化设计

现代风景园林的发展过程中受到建筑思潮、当代艺术以及相近设计专业的影响，风景园林设计队伍也呈现多元化。这些因素带来设计风格的多样性。同时新材料和新技术的运用更是为风景园林注入了新鲜的创作元素。风景园林所处大环境的差异也是风景园林创作中重要考虑的元素，不同环境条件下的风景园林有其不一样的特质。

3. 文化表达

现代风景园林除了要满足人们的多种使用功能以外，还承载着表现地域文化的职责。隐喻和象征是重要的文化表达方式。设计中应当挖掘场地的特质，充分把握场地的历史文化内涵，采取恰当的方式营造风景园林景观，激发人们对于风景园林环境的更深理解。

4. 自然的精神

设计中引入、模仿自然景观或者是在对于自然充分了解的基础上以艺术抽象的手段再现自然的精神是现代风景园林设计中常常使用的。

5. 生态设计

随着人们对于生存环境的关注程度提高，生态与可持续发展思想日渐成为风景园林设计中十分重要的因素。风景园林如何最大可能地尊重自然保护自然，如何在发展与保护之间建立找到平衡点都是风景园林设计者需要重视的。

6. 节约型设计

“节约型设计”是构建“节约型园林”的重要措施，要求风景园林设计以资源和能源的最小化投入，产生最大化的生态、环境和社会效益，促进人与自然和谐相处。

第二节　外部空间设计

就风景园林设计而言，空间是主角，必须对空间有一个较系统的认识，特别是对外部空间的认识。外部空间有其自身的特点，比内部空间更为复杂，更难被人们理解。

一、外部空间的基本知识

1. 空间的概念、限定及其基本形式

1）空间的概念

实体以外的部分都可成为空间，空间是不可见的，是在可见实体要素限定下不可见的虚体，从某种意义上说空间是容积。对于人的感觉来说，空间是在实体环境中所限定的“场”，是实体暗示出来的一种视觉的“场”，即实体与实体间的关系所产生的相互吸引的联想环境。

2）空间的限定及其基本方法

所谓空间限定就是指凭借一定的物质手段界定空间以满足特定的行为活动需求的过程。包围空间的六个面即是空间的限定要素，面越少，空间的限定效果越弱。在外部空间中，限定要素是相当复杂的，这些复杂的限定要素在与人的相对位置关系上有多种变化。限定要素可以抽象成线状、栅状、网状、面状等。限定空间的实体越强，空间的有限性就越强；限定空间的实体越弱，空间的有限性就越弱。空间的限定度与限定实体的视线通过率大小，与主体的视域大小，与限定要素的高低、宽窄，与限定要素的距离、形态，与限定要素的明度、间隔，与限定要素的凹凸、质地等都有关系。限定度是根据限定要素的特征、形状以及要素的使用方法来决定的（图 4-1）。

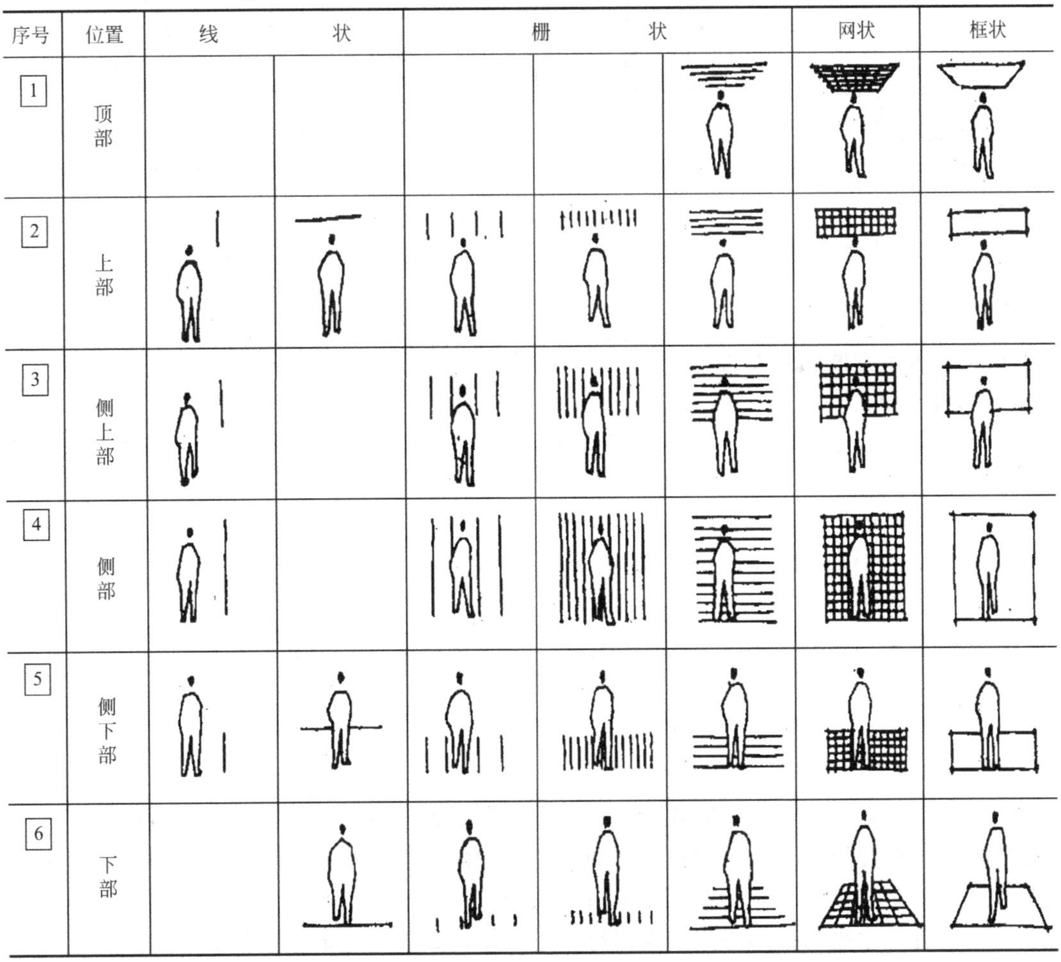

序号	位置	线状		栅状			网状	框状
1	顶部							
2	上部							
3	侧上部							
4	侧部							
5	侧下部							
6	下部							

图 4-1　空间的限定要素

空间最基本的构成要素是底面要素、垂直要素和水平要素，由于构成空间的要素及其位置的不同，就会产生各种不同的空间效果。底面要素对于空间的限定作用较弱，不构成视线的遮挡关系；垂直要素有较强的限定作用，对于人的视线和行动都有不同程度的影响；水平要素作为空间顶部的限定对于空间感的形成有明显的作用。垂直要素越多，空间限定感越强。当然，垂直要素的高度以及通透程度是影响空间限定感的主要因素。

空间限定的基本方式归纳起来有以下几种（图 4-2）：

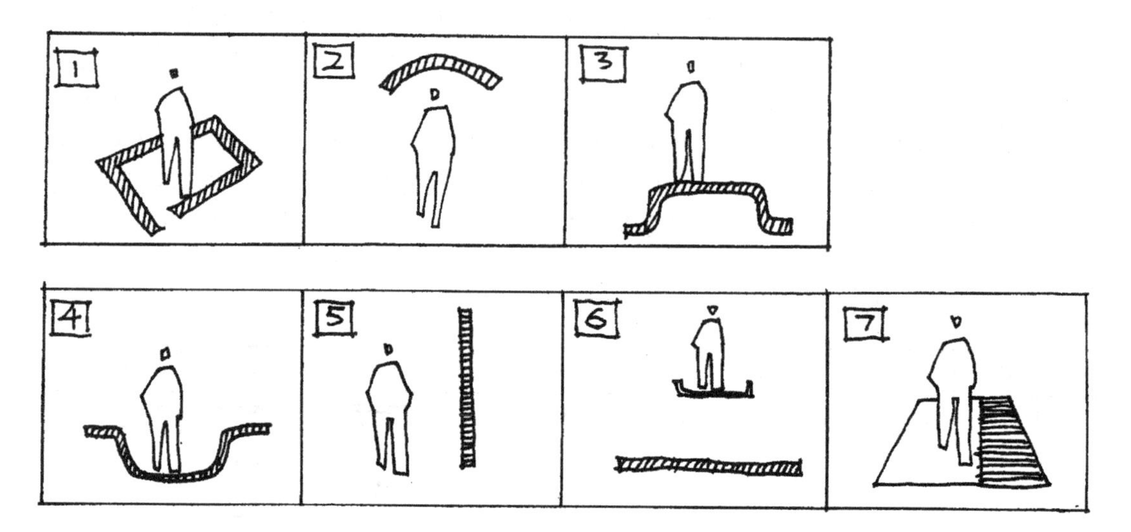

图 4-2　空间的限定方式

1. 围合；2. 覆盖；3. 基面抬高；4. 基面下沉；5. 设置；6. 悬浮；7. 基面纹理变化

2. 空间的分类

按实体限定空间的强度可以把空间分为以下几种：

1）闭合空间

主要空间界面是封闭的，视线无流动性，空间界面的限定性十分强烈，空间形象十分明确。

2）中界空间

指外部空间和内部空间的过渡形态。

3）开放空间

主要空间界面是开敞的，对人的视线阻力弱，大幅度空间没有界面。

3. 空间的认知

指对空间的形态、大小、比例、方向等对人产生的视觉心理影响。

1）空间的方向感

不同的空间形式具有的空间效果会给人以不同的方向感。锥形空间有上升感；方形六面体空间给人以停留的感觉；圆柱形空间有高度的向心性，给人一种团聚的感觉，是一种集中型的空间形式；球形空间有强烈的封闭感和空间压缩感。矩形空间有明显的方向性和流动的指向性，水平的矩形空间给人以舒展的感觉，垂直的矩形空间使人产生上升感；转角交叉空间方向性强，转角空间将人们的注意力引向转角处，交叉空间则向交叉中心指

引。螺旋形空间有明显的流动指向性。

2）群体空间的空间感

群体空间是指三个或三个以上的集合空间，包括序列空间和组合空间。

（1）序列空间

是指按一定关系定位、排列、具有鲜明秩序感的群体空间，包括两种，一是按轴线展开的序列空间（图 4-3），具有庄严肃穆的空间效果；二是自由展开的序列空间（图 4-4），有前奏、过渡、高潮、尾声这样一条逻辑序列，并且具有自由活泼的布局。

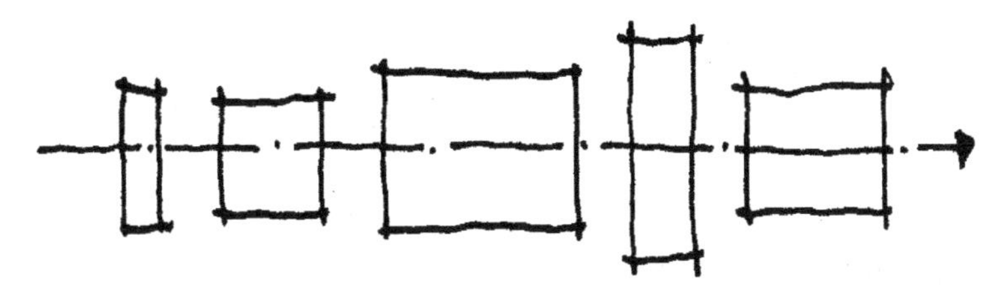

图 4-3　按轴线展开的序列空间

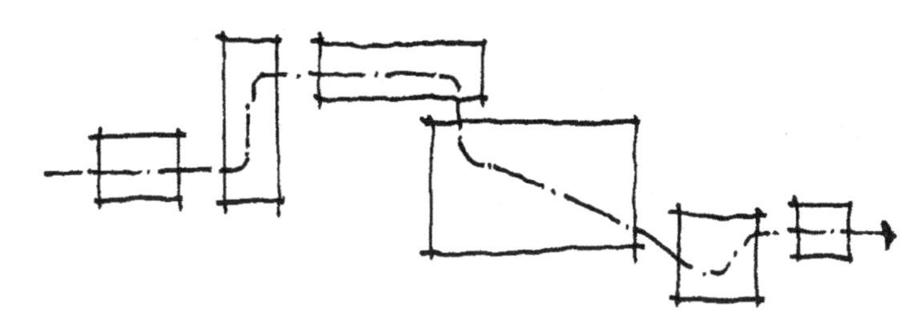

图 4-4　自由展开的序列空间

（2）组合空间

指按空间构图规律进行组合形成的群体空间，也包括两种，一是规则排列的组合空间（图 4-5），具有节奏感、韵律感；二是自由散点式组合空间（图 4-6），排列自由、组合多变、布置灵活，能造成活泼、轻松、多变而丰富的空间感。

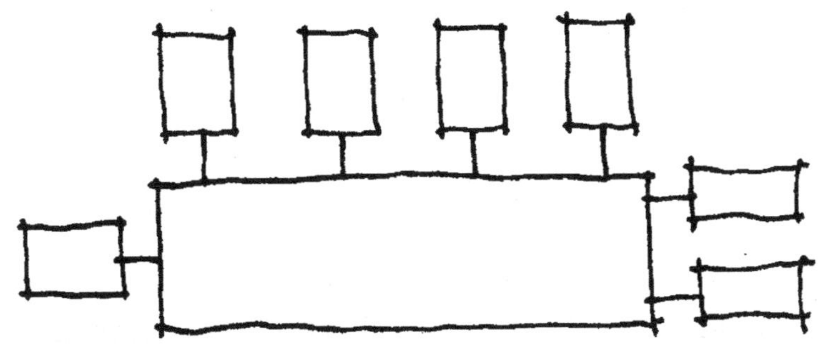

图 4-5　规则排列的组合空间

3）空间大小、高低变化的空间感

从一个空间到另一个空间，由于空间各种因素的变化会使人产生不同的空间感。

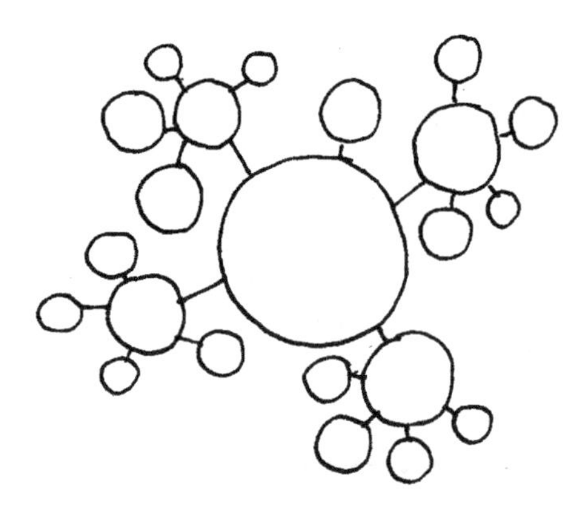
图 4-6　自由散点式组合空间

（1）从小空间到大空间

采用了先收后放的对比手法，造成大空间容积扩大的效果，豁然开朗，并给人一种从私密空间进入公共空间的感觉。

（2）从大空间进入小空间

人的心理上产生凹入感和收缩感，如小空间上升，则产生如登山般的升高感。

（3）从中等空间经小空间再进入大空间

这是一个有层次、节奏、对比，有前奏、低潮、高潮的完整的序列空间，给人隆重、庄严的感觉。

（4）从大空间经中等空间再进入小空间

使人产生制动、终结、休止的感觉。

4）空间的尺度感

指对空间大小的体验。根据人眼的视野范围，在一般情况下，视点与围合物体的距离（D）与物体的高度（H）之比等于 1，即 $D/H=1$（相当于仰角 45°）时，人的注意力集中于界面细部，空间封闭感好；$D/H=2$（相当于仰角 27°）时，可以看清物体的全貌，是观察整个界面的最佳角度，也是空间产生封闭感的下限；$D/H=3$（相当于仰角 18°）时，人可以看见界面背后的物体，是观察界面全貌的基本视角，空间的封闭感较弱；$D/H>3$ 时，界面物体的关系松散，空间封闭感几乎丧失。因此，$3\geqslant D/H\geqslant 1$ 是空间保持整体感的合适比例范围（图 4-7）。

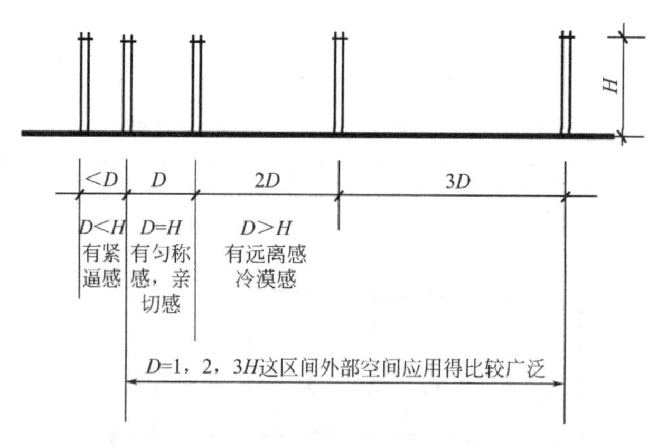

图 4-7　墙面的高度对空间封闭感的影响

在外部空间中，当只有一个垂直要素时，限定物是雕塑式的，当再有一个限定物出现时，二者之间就会产生封闭性的相互干涉作用。限定物间的距离与高度之比不同，给人的感觉也不同。

其中 $D/H=1$、2、3 在外部空间设计中应用比较广泛，尤以 $D/H=1.5\sim2$ 使用最多。$D/H>4$ 时，限定物相互间的影响比较薄弱。D/H<1 时，从开始干涉逐渐产生一种封闭感，这样的比例在限定物很高大的情况下会使人产生恐怖感；在用于与人的尺度相适

宜的空间（如私密空间）时，则会产生亲密感。

因此，外部空间场地的最小尺寸宜等于周围垂直限定物的高度，最大尺寸宜不超过其高度的两倍。对人来说，舒适亲密的尺度是可以互相看得清脸部的距离，其最远距离约为21～27m左右，60～140m则为大型外部空间的适宜尺度。同时，外部空间的尺寸宜为相似功能的内部空间的8～10倍。

在城市空间中，人的步行距离一般不宜超过300m，希望乘坐交通工具的最小距离为500m，因此作为人的活动范围宜为500×500m；能看清人的最大距离为1250m；作为城市景观不能超过1500m。

此外，外部空间的细部尺寸与内部空间也不完全相同，如室外踏步采用室内楼梯梯步尺寸就会显得陡斜狭窄，必须按照外部空间要求设计。

5）空间的质感

空间的质感是指空间内各组成要素表面质地的特征所给予人的感受。质感按人的感觉可分为视觉质感和触觉质感，但通常是视觉和触觉相结合方能给人以各种微妙的材质感。

质感的表现分为粗、细、光、麻、软、硬等类型。各种材料的质感都是相对的，都是与同类材料相比较得到的，不同材料的质感相差往往是悬殊的。

不同的质感表现出不同的性格。粗的质感朴实、厚重、粗犷；细的质感精致、高贵、洁净；中间状态的质感温和、软弱、平静。光的质感有华丽、高贵、轻快之情调；麻的质感有稳重、朴实和亲切的表现。软的质感有柔和、温暖、舒适感；硬的质感则有刚健、坚实、冷漠感。

在实际空间中，粗、中、细和光与麻、软与硬往往是交叉运用的，单种材料的质感美在于条理性，多种材料的质感靠不同质感的对比形成丰富多彩的变化。

各种质感在空间中的配置原则是：

(1) 要使粗、中、细的质感具有明确的对比性，三者的比例宜为1∶3∶5或2∶4∶6，其效果好，三者比例若为2∶3∶4或4∶5∶6则效果不明显。

(2) 在粗、中、细的质地中，必须使其中的一种质感效果占优势，或是以粗的质感为主，或是以细的质感为主。

(3) 粗、中、细的质感关系要有明确的等级差别，要使人易于辨认，避免两种质感类似，模糊不清。

(4) 质感的主调要服从总的构思，不能自成体系互不相关。

(5) 质感类型不宜过多，同种要素一般控制在三种类别以内为好。

在外部空间设计中，质感与观察距离关系密切，不同的距离只能观察到相应尺度的纹理。当人靠近所观察的物体时能充分观赏到该物体材料的质感为第一次质感，当人离开一定距离，便不能感受物体材料质感，却能显现出大尺度的肌理，此为第二次质感。因此，在外部空间设计中，垂直墙面和地面的划分都可以按照这种"重复质感"的方法进行安排。用重复质感的原理进行植物配置和树种选择所形成的肌理搭配，同样也会取得良好的效果。

6）空间的层次感

外部空间并非单一的空间构成，而是多个空间的复合，空间组织应遵循一定的顺序。空间可以按照其功能确定层次，比如：公共的→半公共的→私密的；外部的→半外部的

→内部的；嘈杂的→中间性的→安静的；动态的→中间性的→静态的。

空间的不同层次对空间范围的大小、开闭程度、纹理粗细、小品选择与布置等都有不同的要求。处理好空间层次就可以创造出一定的空间秩序，避免不同功能空间互相的干扰。

4. 空间的组织

群体空间的组织必须满足统一的造型形式和表现特定感情的需要，因此需要对空间的方向、空间的大小、空间的比例、空间的节奏、空间的对位以及过渡空间的设置作出恰当的安排。

1）空间的方向——不同方向的空间，可以形成空间方向的对比。

2）空间的大小——在空间的组织中，大小空间穿插和变化能给人造成不同的心理影响。如果在空间组织中没有大的主导空间形态来控制全局，就会使空间丧失主从关系，空间的主导性格就会模糊不清。

3）空间的比例——各空间的比例关系恰当，有利于增强群体空间的整体性，各空间如没有一定的比例关系，会使人感觉到他们之间的联系不是有机的组合，而是偶然的拼凑。

4）空间的节奏——空间的组织有节奏感，会使空间有情调、有趣味。

5）空间的对位——各空间的相对位置在空间的组织中非常重要。对于几何型空间，更应注意它们的位置关系。对于不同形态的空间也需注意位置上的联系，以便使各空间组织成为一个统一的整体。

6）空间的过渡——巧妙运用过渡空间，是处理空间协调统一的有效手段。如室内外空间之间、动静空间之间、不同方向的空间之间都宜于配置一定的过渡空间。

二、外部空间设计要素

外部空间设计要素指在外部空间设计中运用的实体物质因素，包含了比建筑设计更为广泛和灵活的运用形式，这些要素相辅相成，共同构成丰富多彩的室外景观。

1. 建筑物

建筑物属于强限定因素，在外部空间中被称为第一围合因素，具有很强的限定度，在空间中起着决定性和控制的作用。建筑物在外部空间中对空间的影响主要是建筑物外墙的影响。

1）建筑物墙面的高度对空间封闭感的影响

（1）当墙高为30cm左右时，墙壁只是区别领域，几乎没有封闭感；

（2）当墙高为60～90cm左右时，空间在视觉上有连续性，仍然没有达到封闭的程度；

（3）当墙高为1.2m时，身体的大部分被遮蔽，给人一种安全感；

（4）当墙高为1.5m时，一般人除头部外，身边部分被遮挡，空间产生一定的封闭性；

（5）当墙高达到1.8m以上时，人几乎被完全遮挡，空间具有封闭性。

2）建筑物的形状对空间封闭感的影响

（1）四根圆柱可以构成外部空的围合，但由于圆柱的扩散性，空间的封闭感很弱；

（2）墙体围合空间，转角有纵向缺口，空间封闭效果不强；

(3) 墙体围合空间，设置转折墙，转折墙本身形成了有一定封闭感的转角空间，空间封闭效果较好。

3) 墙壁间纵向缺口宽度对空间封闭感的影响

(1) 当 D/H（墙壁高/墙壁间距离）<1 时，出入口感强，有通过缺口的引导性；

(2) 当 $D/H=1$ 时，空间有匀称、平衡的感觉；

(3) 当 $D/H>1$ 时，开口大，空间封闭性逐渐减弱。

2. 地形

地形是外部环境的地表要素，是其他诸要素的基地和依托，是构成整个外部空间的骨架，地形布置和设计的恰当与否会直接影响到其他要素的作用。地形可以分为：大地形：山谷、高山、丘陵、平原；中地形：土丘、台地、斜坡、平地、台阶、坡道；微地形：沙丘的纹理、地面质地的变化。地形设计过程中应当注意原生态保护，尽量避免大挖大填，破坏原有地形的稳定性。

1) 意义和重要性

(1) 联系其他环境因素和环境外观

(2) 影响某一区域的美学特征

(3) 影响空间构成和空间感受

(4) 影响排水、小气候和土地的使用

(5) 影响特定园址中的功能作用

2) 地形的类型

按照地坡度大小可以把地形分为平地、坡地、山地三类。平地为了排水一般应当保持0.5%～2%的坡度。8%～10%之间为缓坡，10%～20%为中坡，20%～40%的为陡坡。山地的坡度一般≥50%。

从形态上来看，地形可以划分为以下几种：

(1) 平坦地形

基面在视觉上与水平面平行，是最简明最稳定的地形，但缺少空间感；水平线和水平造型成为协调要素，其上的垂直要素易成为突出物和视觉焦点；水平地形的视觉中性和宁静的特点，成为引人注目的物体的背景；多方向性带来设计更多的选择性。

(2) 凸地形

正向的实体，是带有动态感和进行感的地形。负空间建立了空间范围的边界；是景观的正向点，是作为焦点物和具支配地位的要素，空间上作为景观标志或视觉导向；是呈外向性的地形，视线外向和鸟瞰，提供观察周围环境更广泛的视野。

(3) 山脊

近似凸地形的线形形态，多视点且视野效果更好；具有导向性和动势感，引导视线；可以充当分隔物，作为空间边缘自然限定领域。

(4) 凹地形

碗状洼地，其空间感取决于周围坡度和高度。具有内向性、分割感、封闭感和私密感；是太阳取暖器，可以避风沙，有良好的小气候，但潮湿，有排水问题。

(5) 谷地

具有线形和方向性；兼具凹地形和脊地的特点。

3）地形因素在设计中的作用

（1）分隔空间

A. 制高点和斜坡面占据了垂直面的一部分，构成空间限定；

B. 空间气氛：平坦、起伏平缓带来轻松感，陡峭崎岖则是兴奋恣纵的感觉；

C. 制约空间走向。

（2）控制视线

A. 影响可视目标和可视程度，用地形控制观赏者和景物之间的高度和距离；

B. 引导或阻挡视线；

C. 展示（景物置于高地，捕捉视线）；

D. 建立空间序列：利用地形以可变化的观赏点交替展现和屏蔽目标或景物；

E. 屏蔽不好景观。

（3）影响导游路线和速度

A. 以地形变化改变运动频率；

B. 作为阻挡物调节。

（4）利用地形排水

控制地表径流，径流量和径流方向。

（5）利用地形创造小气候

影响日照、风向、降水。

（6）美学特征

地形是最明显的视觉特征之一，区域特征往往由占主导的地形决定实体价值，土壤本身柔软、具美感的形状可以依据美学法则进行塑造。

（7）实用功能

A. 影响土地用途的确定和组织，每一种功能对应一个最佳坡度条件；

B. 影响一种土地用途与另一种土地用途间的关系，有对内部功能的组织关系上的制约；

C. 影响土地开发形式。

3. 植物

植物是设计要素中最具有自然特征和最丰富多彩的要素，其大小、形态、色彩、质地、特征上各有不同。园林景观的营造应当以植物造景为主，设计中要适地适树，根据风景园林所处环境不同选择适当的树种合理搭配营造丰富又生态的景观效果。

1）植物在设计中的主要作用。

植物不仅有调节小气候、净化空气、保持水土等环境功能，也有美学欣赏功能，同时植物在设计中常常是空间构成的重要因素，可以被利用起来作为景观导向、控制视线和引导空间序列。

2）植物的大小及运用

（1）大中型乔木

大乔木的成熟期高度＞12m，中乔木的成熟期高度在9～12m。大中型乔木是空间构成的骨架，影响整体结构和外观；在空间中居于突出醒目的地位；枝下高3～4.5m时，空间有人情味，12～15m时空间有开阔感；大中型乔木可以提供荫凉。

（2）小乔木

最大高度4.5～6m，运用于小空间或要求较精细的地方，作为观赏中心和视觉焦点（春花、夏叶、秋色、冬枝）。

（3）高灌木

高3～4.5m，缺少树冠，叶丛贴地而长，用来封闭空间，阻挡视线和寒风，也可以作为背景。

（4）中灌木

高1～2m，可作为空间围合要素，可用于小乔木和高灌木间以增加视线层次。

（5）矮小灌木

高0.3～1m，用于限制和分隔空间而不遮挡视线；与较高植被搭配种植时降低一级尺度，显得小巧亲密；可以联系其他植被和要素。

（6）地被植物

高＜15～30cm，暗示空间边缘；划分不同形态的地表面，形成图案，增加观赏情趣；可作为背景，联系其他植被和要素。

（7）藤本植物

（8）花卉

（9）草坪

3）植物的色彩及运用

植物的叶、花、果实、枝条等的色彩可以以情感象征影响空间气氛在运用中多考虑夏季和冬季的色彩，依据色相变化的植物丰富视觉效果。注意对比色的配置、深色和浅色的运用。配置中易以中间绿色为主，无明显倾向性，联系其他色彩，其中鲜艳的色彩不宜过多过碎。

4）树叶的类型及运用

按树叶的形状和持续性可以把植物分为落叶型、常绿针叶型、常绿阔叶型。植物的季相搭配是园林植物设计中重要的环节。

5）植物的质地及运用

指单株或群体植物直观的粗糙感或光滑感。

（1）粗壮型

观赏价值高，一般作为设计中的焦点；粗质地能吸引视线使空间有收缩感，使空间感觉小于实际尺度；对于要求整洁的形式和鲜明轮廓的规则景观不适合。

（2）中粗型

中等密度，占质地类别中的比例较大。轮廓较明显，透光性差，一般作为过渡成分统一整体。

（3）细小型

柔软纤细，不醒目，可以充当重要成分的中性背景；有“扩展”空间的作用，感觉远离观赏者，可应用于狭小空间；易修剪出清晰的轮廓。

4. 水

水体是外部空间设计中变化较大的设计因素，是最迷人和最激发人的兴趣的因素之一，极富变化和表现力。设计中应当以充分利用自然水资源，人工造水景应当控制在适度的范围。

1）水的一般特性

水有可塑性，其形状取决于容积的形状；水体可呈现不同的状态，静水显得宁静、平和，动水则显得兴奋、欢快；水体流动或撞击实体产生的水声可创造多样的音响效果；水体产生的倒影是对周边景物的独特展现；水的自然特性可提供动、植物生境和调节小气候。

2）水的美学观赏功能及其运用

（1）静水

水面给人以平静感；水面如镜，倒影提供一个新的透视点（与天光、池底、水深、观赏角度等有关），使人有空间扩大感；静水面可以在视觉上联系其他不同的因素，避免各区域的散乱和无归属；静水以其特有的肌理组成空间的底界面，以水面的展开引导视线。

（2）流水

是动态的因素，具运动性和方向性。流水的特征取决于水的流量、河床大小、坡度、河床和驳岸的性质，从涓涓细流到波涛汹涌，流水有水声，可以充分利用其形态和声响来表现空间的氛围和性格；可利用水流组织划分空间；流水可组织空间流线、引导人流和贯穿空间。

（3）瀑布

自由落水形式，其形态与水的流量、流速、高差、瀑布边口的情况有关。是难得的动态空间垂直界面，还可形成空间的斜界面；水落于不同表面有不同效果，沿斜坡流下时间，受坡面材料的影响；增加障碍物产生停留和间隔形成的叠落瀑布能够产生更丰富的视觉效果。

（4）喷泉

又被称为水雕塑，可以是单个喷泉，也可以是喷泉群。在空间中多为视线的焦点，也可以喷泉作为垂直界面围合成独特的喷泉空间。

5．铺装

属于“地面”要素，通常为硬质的自然或人工材料，其优点是稳定、无变化、永久性、承重压、耐磨损；缺点是不透水，反射阳光辐射，温度高。铺装设计应当注意经济适用、注重安全性和便捷性，同时与风景园林其他要素要结合起来考虑。

1）铺装的功能

（1）提供高频率的使用；

（2）作为空间划分，不同的铺装形式暗示不同的空间领域；

（3）提供休息场所，无方向性的形式暗示了静态停留感；

（4）对空间比例的影响（视觉比例），取决于铺装材料的尺度和铺装的形式，带来空间“放大”或“收缩”感；

（5）构成空间个性；

（6）创造视觉趣味；

（7）作为底界面对其他要素的统一作用。

2）基本的铺装材料

（1）松软铺装材料

有疏松、质地粗糙的特性，用于非正式和乡野情趣的环境中优点是渗水性好；缺点是疏松，易变形、行走困难。

(2) 块料铺装材料

材料源于众多的地质起源，大小、形状、色彩、肌理等变化丰富。优点是强度高，耐磨性好；缺点是材料贵；施工劳动强度大。

(3) 黏性铺装材料

水泥、沥青之类，优点是延展性好、施工便利；缺点是缺乏人情味。

3) 铺装的设计原则

(1) “统一”的原则，应该以一种材料为主导，避免过多的变化和图案烦琐复杂；

(2) 视觉和功能上应该保持与其他元素的统一，避免突兀；

(3) 应该针对特定场所根据不同铺装的不同视觉特征带来的不同空间感受作出不同选择；

(4) 没有特殊目的的情况下不要任意变换；

(5) 转换处差异不宜太大，可以第三种形式作缓冲；

(6) 光滑质地应占多数（一般来说），少用粗质材料。

6. 构筑物与小品

是具有三维尺度的构筑要素，有坚固性、稳定性和相对长久性；是规模较小的设计要素，用以增加和完善室外环境中的细节处理；可以增加室外环境的空间特性和价值，满足人性化的需求。

1) 台阶和坡道

用于解决有高差区域间的联系，台阶的尺度应较室内宽而平缓（踏面＞280，高度100～165），台阶升面的垂直高度应保持常数；避免只有一步，步数过多应加设平台（10步左右）。坡道多用于有“无障碍”要求通常坡度＜1/12，坡道的特点是空间不间断但行走吃力。

2) 座凳

影响室外空间给人的舒适和愉悦感。应该安置在场地或道路边等便于就座的地方，勿背靠空旷空间而带来不安全感；座凳的位置与布置形式与其他要素协调；要考虑能够提供灵活性多样化的就座方式的可能性。

3) 雕塑

是以三维空间的形式具有形象的实体性和形体的特质性的城市空间艺术品。其形式、材料、尺度上应与整体景观的协调；要从平面、剖面分析雕塑在环境上形成的各种观赏效果，分析其理想的位置和理想的观赏位置；注意尺度较大时的透视变形矫正。

4) 照明

用于提升夜晚景观质量，要区分不同的使用功能配合以恰当的灯具布置位置和布置方式；注意和其他要素的整体协调关系，主要是光源的特点与环境氛围和被烘托对象的一致性；要避免眩光。

5) 服务设施

提供便利和公益服务的设施，如音箱、电话亭、饮水器、垃圾箱、自行车架、自动售货机等。布置时要考虑与场所和使用者的关系，便于寻找，易于识别；形式要结合环境特征，同时功能完善，方便使用。

6）其他

其他诸如矮墙、栅栏、花架、棚廊、桥、汀步、挡土墙、标识等的运用和设置，均应根据具体的设计要求和设计理念，作出合理的安排，做到与所有要素的协调，构成整体完善的高品质的外部空间环境。

第三节　外部空间设计中的行为研究

行为科学是一门研究人类行为规律的科学，重点研究和探讨在社会环境中人类行为产生的根本原因及其行为规律。行为心理研究是高度民主对人关怀的体现，建筑师作为物质环境的创造者，必须着重于研究人们的外显行为，研究人们对于环境所作出的反应以及如何通过环境创造来满足人的心理行为需求。在外部空间环境设计中，由于时间、空间、对象的变化，其功能无一固定的模式可循，因此，对于外部空间的行为研究就更为重要了。

一、外部空间行为研究的基本内容

1. 基本内容

1）了解人们、把握人们在外部空间的行为和人们如何使用环境。

2）从行为所提供的信息中找出带有规律性的东西，抽象概括成为外部空间的设计准则。

3）运用这些设计准则于设计过程中，正确处理各种不同功能要求的空间环境，做到合理安排，从而使人们和其使用的环境空间配合默契。

2. 对于人和环境关系研究的几个方面：

1）作为单个人的特性，维持个人满意的感觉状况所要求的物质环境特点，从而概括出作为共性的人的基本需求；

2）作为具体的、特殊的人的个性特征，由于年龄、体力、职业、社会地位等的不同而具有的不同的行为特点，从而表现出的特殊的要求；

3）作为群体的人（社会、集团、组织、家庭、朋友、一群一组人）的群体要求。

二、行为研究的基本方法

行为研究的研究方法主要是观察与实验的方法、相关方法和描述方法。实验方法可提供原始的资料数据；相关法可说明变量间的关系；描述方法则可提供特定情况下所发生的事件。在搜集资料时可以采取两种方式：一是参与式测量，即被测者意识到测试工作的进行，如进行调查访问、回答问题或画认知地图；二是非参与式测量，即被测者不知道自己正在受到观察测试，如现场照相、定时摄影、录像或痕迹分析等。

1. 行为跟踪法

行为跟踪法也被称为行为场所观察法，即通过对环境中人的行为及时间进程的调查，来确定特定社会或物质环境数量、规模、地位及品质。摄影及录像技术给行为场所的调查带来极大的便利，因此许多研究者乐于采用这种方法做现场资料收集。如无以上先进手段，也可采用现场分区，符号记录法。

2. 调查统计法

调查统计法属于参与测量法，包括：

1）绘环境认知地图：即采用请受测者画出一张快捷的认知地图，并标出那些他感受最深的城市成分。在收集单个人的印象基础上，进行大量的个人认知地图及口头报告重叠和汇总。

2）问答卷法：即通过实验者审慎拟定的问答卷，快速地对受测者进行测量，这种方法只需要受试者在问答卷上作出“是”与“非”的符号，或者多个因素中选择一个，这种方法有利于进行定性分析。

3）语义区别法：适用于对环境品质的评价和个人偏爱的测定。在大多数情况下，是让受试者对某一具体的环境或者图片、影视片进行评价，根据各自的感受，在实验者实现拟定的语义标注上打分。

3. 自身体验

这种方法大多用于实验的初级阶段，设计师自己作为被试者去现场体验，记录下各种数据及感受，掌握大量的第一手资料，为进一步深入研究打下基础。

4. 环境评价

是指对设计师的作品、成果进行再认识。运用各种方法（如观察、回访、监测、录像），进行信息反馈，把理论与实际的相关方面进行论证，能使环境设计质量进一步提高。

三、外部空间行为心理研究

人们在外部空间使用中的行为心理研究，大致包含了两方面的内容，即表象的户外生活的需求和在空间使用方式中反映出来的心理需求。

1. 户外生活

满足户外生活是人们对城市外部空间最表象和最基本的行为心理需求。

1）活动

当人们为了这样那样的目的投身到一系列的运动过程中去，就构成了人的活动，户外生活所包含的活动按性质一般分为三类。

（1）必要性活动

必要性活动是指生活中必须要做的，带有类似任务性质的活动，如上学、上班、购物、等候、出差等，即那些人们在不同程度上都要参与的活动，这些活动是必要的，它们的发生很少受到物质构成的影响，参与者没有选择的余地，因而受到空间质量的影响较小。

（2）随意性活动

随意性活动是另一类全然不同的活动，只有在人们有参与的意愿，并且在时间、地点可能的情况下才会产生，这一类型的活动包括了诸如散步、休闲、晒太阳、驻足观望有趣的事物等。这些活动只有在外部条件适宜、天气和场所具有吸引力时才会发生，对于外部空间设计而言，这种关系非常重要，因为大部分户外的娱乐消遣活动属于这一范畴，这些活动特别有赖于外部的物质条件。

（3）社会性活动

社会性活动是指在公共空间中有赖以他人参与的各种活动，比如儿童游戏、相互打招呼、交谈、各种公共活动以及最广泛的社会活动——被动式接触，即仅以视听来感受他人。

2）生活模式

每个人生活中拥有的满足基本性需求的活动组合构成了其特有的生活模式，包括从事活动的类别、参加每项活动的抽样比例、从事这些活动的地点等。生活模式因不同人的不同工作现状、社会地位、种族、年龄、性别及其他变数而变化。这种不同的生活模式包含了对不同的户外生活的要求，同样表现在活动的内容、形式、时间、地点方面。

3）风俗习惯

风俗习惯是一种生活模式和行为特征的群体表现，它不是因人而异，而是带有地域性特质的由当地积累的生活方式。这种生活中的习俗、文化的惯性、象征的意义是社会演进过程中必然传承渐变的内容，这些群体积累的生活方式，透过空间使用而生成一定的空间结果。

2. 空间使用方式

在对人在空间环境中进行活动的研究中发现，人们在使用空间时会带有某种心理倾向，不符合这心理倾向的空间不会产生吸引力。这种共有的心理倾向表现在对空间的需求上，称为空间使用方式，也称为“心理的空间”，包括个人空间与人际距离、领域性、私密性。

1）个人空间与人际距离

（1）个人空间

个人空间的概念是在对动物行为进行研究的基础上引申出来的，心理学家发现，每个人的身体周围都存在一个既不可见又不可分的空间范围，对这一范围的侵犯与干扰将会引起人的焦虑与不安，这个“神秘的气泡”随身体移动而移动，它不是人们的共享空间，而是在心理上个人所需要的最小空间范围，有的心理学家则把它称为身体缓冲区。个人空间是最小的随身体移动的区域。

（2）人际距离

个人空间不是一个大小固定的范围，在不同的情况下，会出现相当悬殊的差异，“气泡”的大小受到人们之间相互关系的影响。由于这种个人空间范围的差异通常反映在人的相互交往与活动中，便引申出了“人际距离”的概念。

人际学家霍尔把人际距离明确概括为四种，每一种又分为远近两类，每一种距离都和特定的感官反应、特定的行为联系在一起，从而反映出人在交往时不同的心理需求。

① 亲昵距离：近距离小于15cm，远距离15～45cm，这在情人间的交往中是可以接受的，一般不用于公共场所。

② 私交距离：近距离小于45～75cm，远距离75～120cm，这一距离一般用于亲属、师生、密友之间。在近距离，人们可以握手言欢还可以相互触摸到，但只是双方伸臂时才能做到，因此可以用“一臂长”来形容这一距离。

③ 社交距离：近距离1.20～2.10m，远距离2.10～3.60m，这是在大多数商业活动和社交活动中所惯用的距离。近距离常发生在工作关系很密切的或是偶尔相识的知音之间，近距离在公共活动中最常出现，社交演讲、处理非正式事件等则使用远距离，远距离更加适合于比较正式的社交场合，还起着使人们互相分隔、互不干扰的作用。

④ 公共距离：近距离3.60～7.60m，远距离大于7.60m，这一距离主要用于演讲、演出与各种仪式，在大多数正规场合的交往中，譬如教授讲课，也喜欢采用这个距离。

个人空间和人际距离又不是一成不变的，个人特点、环境、社会习惯等因素都会影响个

人空间和人际距离的大小，例如，一般女性比男性个人空间小，儿童比成人个人空间小。

2）领域与领域性

通过观察场地使用中发现的人群并非均匀分布的现象表明人们有无意识划分空间范围的行为倾向，这被称为“人的领域性”。所谓“领域”，就是人们所占有与控制的一定的空间范围，“领域性”是与领域有关的行为，是指个人或群体为了满足某种需求，要求占有或控制一个特定空间范围及空间中所有物的习性。

领域的主要功能是通过对空间的控制提供安全感。领域空间一经形成，外来者的入侵就会令占有者感到不快，而用眼神、手势、语言以至动作来保护这一领域，外来者也会因此局促不安。在这一点上领域性和个人空间是相同的，即两者都涉及空间范围内的行为发生，且两者一旦遭到入侵，都会随即产生防御性反应，所不同的是，个人空间是随着人的走动而迁移，并随着环境条件的不同而发生大小变化，而领域空间却是地理学上的一个固定点。

另一方面，领域还使各占有成员增强了从属于同一空间范围的“认同感”进而促使他们积极参与该领域的管理和建设，而这又反过来加强了领域的完整与统一，加强了外来干涉者对该领域的尊重。

3）私密性

当空间被有意无意地划分成不同领域的时候，观察人们的行为，会发现人们对于空间的选择带有不同的倾向，有人喜欢安静、隐蔽的场所而有人则选择热闹的地方，对这一心理需求的描述涉及“私密性”的概念。

私密性的定义分为两类，第一类的定义偏向于强调引退，退出和规避与其他个人或群体发生交互作用，第二类的定义则暗示私密性牵涉控制自我对他人的开放和封闭以及选择的自由。综合来说，私密性系为“对自己或向某一个团体接近之选择性控制”。私密性使人具有个人感使人可以按照自己的想法支配自己的环境，并在他人不在场的情况下充分表达自己的感情；同时，私密性具有隔绝外界干扰的作用，而同时仍能使人在需要的时候保持与其他人的接触。一句话，即个人或群体希望有控制、选择与他人交换信息的自由，在需要的时候有选择独处还是共处的自由。

私密和公共是选择的两个极端，人们对私密到公共的不同层次的要求会反映到空间环境上。在外部空间中，使用者的活动和行为倾向的多样性也应该能够对应于私密—公共不同层次的空间环境，在设计中为不同活动进行领域划分的时候，必须以相应的物质手段来满足不同的空间层次的要求。

对于户外生活和空间使用方式的研究，是外部空间行为研究中最基本的部分，体现了“以人为本”的设计理念，更包含了对应于外部空间设计中空间大小、空间划分、空间层次的意义，是设计者必须了解和把握的。

第四节　形式美法则与风景园林构图

一、形式美的表现形态

1. 线条类型及美学特征

长的横线条有水平的广阔宁静舒展的感觉；竖直线有上升的感觉；短直线表示停顿；

虚线产生延续感；斜线有动势。直线构成的图案和道路表现出秩序感和理性；弧线和弯曲的线条则有流畅、活泼感，其中圆弧形有丰满感、抛物线有强烈的动感、波浪线则有起伏感。风景园林设计中可以充分运用线条创造多元的景观形态。

2. 图形类型及美学特征

图形可分为规则式和自然式。规则式图案稳定、有序、有一定的轴线关系和数比关系，给人以严整和秩序感，适合纪念性或者规模宏大的园林。不规则图案则表现出自然、不对称、活泼、柔和、随意的特征，适合休闲娱乐的风景园林空间。

3. 体形的美学特征

风景园林构成各个要素都有丰富多样的外观形态。而不同的园林风格和园林类型中，各种景观元素表现出的形态各不相同。设计中要把握园林风格，综合运用造景元素的多样化立体形态进行有机组合，创造既丰富又统一的园林风貌。

二、形式美的基本原则

构成风景园林的基本要素是点、线、面、体、质感、色彩，如何组织这些要素创造优美的景观、构成秩序空间需要掌握形式美的一般原则。

1. 统一与变化

统一与变化是形式美的主要法则。统一意味着部分与部分以及与整体之间的和谐关系；变化则表明之间的差异。统一应该是整体的统一，变化应该是在统一的前提下有秩序的变化。过于统一会显得单调乏味，变化过多则容易显得杂乱无章。

2. 相似与对比

相似是由同质部分组合产生的，可以产生统一的效果，但往往显得单调。对比是异质部分组合时由于视觉强弱的结果产生的，其特点与相似相反。形体、色彩、质感等构成要素之间的差异是设计个性表达的基础，能产生强烈的形态感情，主要表现在量（多少、大小、长短、宽窄、厚薄）、方向（纵横、高低、左右）、形（曲直、钝锐、线面体）、质感（光滑与粗糙、软硬、轻重、疏密）、色彩（黑白、明暗、冷暖）等方面。同质部分成分多，相似关系占主导；异质部分成分多，对比关系占主导。相似关系占主导时，形体、色彩、质感等方面产生的微小差异称为微差，当微差积累到一定程度后，相似关系便转化为对比关系。

3. 均衡与稳定

处于地球重力场内的一切物体只有在重心最低和左右均衡的时候，才有稳定的感觉。

均衡是部分与部分或与整体之间所取得的视觉平衡，有对称和不对称均衡两种形式，前者是静态的，后者具有动态感。

对称均衡是最规整的构成形式，对称本身就存在着明显的秩序性，通过对称达到统一是常用的手法。对称具有规整、庄严、宁静、单纯等特点。但过分强调对称会产生呆板、压抑感觉。对称有三种形式：轴对称、中心对称、旋转对称（其中旋转180°的对称称为反对称）。这些对称形式都是平面构图和设计中常用的形式。

不对称的均衡没有明显的对称轴和对称中心，但具有相对稳定的构图重心。不对称均衡构图活泼、富于变化，具有动态感。对称均衡较工整，不对称均衡较自然。

4. 比例与尺度

比例是使得构图中的部分与部分或整体之间产生联系的手段。比例与功能有一定的关系，在自然界或人工环境中，大凡具有良好功能的东西都具有良好的比例关系。例如人体、动物、树木、机械和建筑物。不同比例的形体具有不同的形态感情。

1）黄金分割比

分割线段使两部分之比等于部分与整体之比的分割称为黄金分割，其比值（$\varphi=1.618\cdots$）称为黄金比。两边之比等于黄金比的矩形称为黄金比矩形，它被认为是自古以来最均衡优美的矩形。

2）整数比

线段之间的比例为 2∶3、3∶4、5∶8 等整数比例的比称为整数比。由整数比构成的矩形既有匀称感、静态感，而由数列组成的复比例如 2∶3∶5∶8∶13 等构成的平面具有秩序感动态感。现代设计注重明快、单纯，因而整数比的应有较广泛。

3）平方根矩形

由包括无理数在内的平方根$\sqrt{n}$（n 为正整数）比构成的矩形称为平方根矩形。平方根矩形自古希腊以来一直是设计中重要的比例构成因素。以正方形的对角线作长边可作得$\sqrt{2}$矩形，以$\sqrt{2}$矩形的角线作长边可得到$\sqrt{3}$矩形，依此类推可作得平方根$\sqrt{n}$矩形。

4）勒·柯布西耶模数体系

勒·柯布西耶模数体系是以人体基本尺度为标准建立起来的，它由整数比、黄金比和费波纳齐级数组成。勒·柯布西耶进行这一研究的目的就是为了更好地理解人体尺度，为建立有秩序的、舒适的环境设计提供一定的理论依据，这对内、外部空间的设计都很有参考价值，该模数体系将地面到脐部的高度 1130mm 定为单位 A，身高为 A 的 φ 倍（$A\times\varphi\approx1130\times1.618\approx1829$mm），向上举手后指尖到地面的距离为 2A。将 A 为单位形成的 φ 倍费波纳齐级数列作为红组，由这一数列的倍数形成的数组作为蓝组，这两组数列构成的数字体系可作为设计模数。

5. 韵律与节奏

韵律是由构图中某些要素有规律地连续重复产生的，如风景园林中的廊柱，粉墙上的连续漏窗等都具有韵律节奏感。重复是获得节奏的重要手段，简单的重复单纯、平稳；复杂的、多层面的重复中各种节奏交织在一起，有起伏、动感，构图丰富，但应使各种节奏统一于整体节奏之中。

1）简单韵律

简单韵律是由一种要素按一种或几种方式重复而产生的连续构图。简单韵律使用过多易使整个气氛单调乏味，有时可在简单重复基础上寻找一些变化。

2）渐变韵律

渐变韵律是由连续重复的因素按一定规律有秩序地变化形成的，如长度或宽度依次增减，或角度有规律地变化。

3）交错韵律

交错韵律是一种或几种要素相互交织、穿插所形成的。

三、风景园林绿地构图

风景园林绿地构图是指将组成风景园林的各个要素与时间、空间有机组合，使风景园林获得良好观赏效果的手法和规律。风景园林构图中应充分利用各种构图手法把地形地貌、自然山水、植物、建筑小品等风景园林元素有机组合，呈现出丰富美观的园林风貌。风景园林构图中还需在统一规划下借助园艺、建筑、雕塑、照明等各类造型艺术来增强风景园林的艺术表现力；风景园林建设是一个动态的过程，构图中应当因时而变；地域自然条件差异也是构图中需要考虑的重要因素。风景园林绿地构图基本规律主要有：

1. 多样统一法则

风景园林是多种要素组成的空间艺术，要创造多样统一的艺术效果，可通过许多途径来达到。

1）形体的变化与统一，形体组合的变化统一可运用两种办法，其一是以主体的主要部分形式去统一各次要部分，各次要部分服从或类似主体，起到衬托呼应主体的作用；其二对某一群体空间而言，用整体体形去统一各局部形体或细部线条。

2）风格和流派的变化和统一，中国古典园林建筑因地因时因民族的不同而变化。如以营造法则为准的北派建筑和以营造法则为准则的南式建筑，就各自显示出其地域性的变化和统一。

3）图形线条的变化与统一，指各图形本身总的线条图案与局部线条图案的变化统一。

4）动势动态的变化与统一，指景物本身之间或本身与周围环境之间在动势倾向变化中的统一。

5）形式与内容的变化统一，建筑外观形态与其功能有密切的关系，存在着一定的规律性，其外观形式可以变化多端，但都应当与其使用功能有内在的统一。

6）材料与质地的变化与统一，风景园林元素在选材方面既要有变化又要保持整体的一致性，才能突出景物的本质特征。各种材质之间必须有主次比例，切忌等量混杂。

7）线型纹理的变化与统一，风景园林在线条走向以及表面纹理的处理上可以丰富变化，但可以统一在其中线条走向上或者表面纹理上，从而求得整体感。

8）尺度比例的变化与统一，风景园林的尺度比例应当随着使用功能、艺术内涵、使用对象的不同而在统一中求变化。

9）局部与整体的变化和统一，在同一风景园林中，景区景点各具特色，但就全园总体而言，其风格造型，色彩变化均应保持与全园整体的基本协调，在变化中求完整。寓变化于整体之中，求形式与内容的统一，使局部与整体在变化中求协调，给人以完整和谐的整体感。

2. 整齐统一律

指风景园林景物形式中多个相同或相似部分的重复出现，或是等距排列与延续，在美学上呈现出庄严感和秩序感。

3. 参差律

与整齐统一律相对，指各风景要素和要素中各部分之间，有次序的变化与组合关系。一般是通过景物的高低，起伏，大小，前后，远近，疏密，开合，浓淡，明暗，冷暖等无周期的连续变化和对比方法，使景观丰富多彩，变化多端。参差并不代表杂乱，如在园林的堆山叠石，树木配置等方面常常通过在实践中摸索出来的章法，取得主次分明，层次丰富和错落有致的艺术效果。

4. 均衡律

均衡是指景物群体的各个部分之间的对立统一的空间关系，一般表现为静态均衡和动态均衡两大类型。动态均衡在创作中有以下几种用法：构图中心法、杠杆均衡法、惯性心理法。风景园林造景中就广泛运用三角形构图法以及风景园林重心处理来营造生动的画面。

5. 对比律

在风景园林造景艺术中，往往通过形式和内容的对比关系而更加突出主体，产生强烈的艺术感染力。古典园林中通过空间的大小对比，以小衬大就是典型的对比手法。风景园林造景常常运用形体，线形，空间，数量，动静，主次，色彩，光影，虚实，质地，意境等方面的对比来塑造特质鲜明的园林景观。在具体应用中，“底与图”的反衬（指背景对主景物的衬托对比）也是经常使用的方法。此外也要注意强烈对比和微差对比的区别，前者强调差异的对比美，后者则追求和谐中的差异美。

6. 谐调律

在风景园林造景中，有以下几种达到景观协调的方法：

1）相似协调法

指形状基本相同的几何形体，建筑，花坛，树木等，其大小及排列不同而产生的协调感。

2）近似协调感

指相互近似的景物重复出现或相互配合而产生协调感。如长方形与方形花坛的连续排列。中国博古架的组合，建筑外形轮廓线的微差变化等。

3）局部与整体协调

可以表现在整个风景园林空间中，局部景区景点与整体的协调，也可表现在某一景物的各种组成部分与整体协调。如果假山石的局部用石，纹理必须服从总体用石材料纹理走向。

7. 比例律

在人类的审美活动中，使客观景物和人的心理经验形成一定的比例关系，使人得到美感，这就是合乎比例了，换言之，就是景物整体与局部间存在着的关系，是合乎逻辑的必然关系。人们经过长期实践探索发现了很多经验性的优美比例，在风景园林设计的平面构图、建筑小品立面造型中都可以广泛应用。此外，人的使用功能也是决定事物比例尺度的决定原因。如人体尺寸及其活动规律决定了房屋三度空间长、宽、高的比例；门、窗洞的高、宽应有的比例等，坐等、桌子和床的比例尺寸等。因此，对于景观来说，决定比例关系的因素是多种多样的。如不同时期的不同建筑材料、结构形式和使用功能，以及不同的民族文化传统，在长期发展过程中，会产生不同特征的比例形式，从而表现出丰富多彩的建筑风格和风景园林风貌。因此比例有其绝对的一面，也有其相对的一面。

8. 尺度

比例一般只反映景物及各组成部分之间的相对数比关系，而不涉及具体的尺寸，而尺度则是各景物和人之间发生关系的产物，凡是与人有关的物品或环境空间都有尺度问题。在风景园林造景中，运用尺度规律进行设计的方法如下：

1）单位尺度引进法

即引用某种为人所熟悉的景物作为尺度标准，来确定群体景物的相互关系，从而得出合乎尺度规律的风景园林景观。

2）人的习惯尺度法

和习惯比例法相似，习惯尺度仍是以人体各部分尺寸及其活动习惯尺寸规律为准，来确定风景空间及各景物的具体尺度。根据实际的空间特点和使用需求确定采用大尺度、超常尺度还是亲密尺度。

3）尺度与环境的协调关系

一件雕塑在室内显得气魄非凡，移到大草坪、广场中则顿感逊色，尺度不佳。一座假山在大水面边奇美无比，而放到小庭院里则必然感到尺度过大，拥挤不堪。这都是环境因素的相对尺度关系在起作用，也就是景物与环境尺度的协调与统一规律。

4）模度尺度设计法

运用好的数比系列或被认为是最美的图形，如圆形、正方形、矩形、三角形等作为基本模度，进行多种划分、拼接、组合、展开或缩小等，从而在立面、平面或主体空间中，取得具有模度倍数关系的空间，这不仅能得到好的比例尺度效果，而且也给建造施工带来方便。

总之，尺度既可以调节景物的相互关系，又可以造成人的错觉，从而产生特殊的艺术效果。在实际应用中，不少有价值的比例尺度概念可供借鉴。

（1）建筑空间 1/10 理论　指建筑室内空间与室外庭院空间之比至少为 1∶10。

（2）景物高度与场地宽度的尺度关系　一般用 1∶3～1∶6 为好。

（3）地与墙的比例关系　设地与墙为 D 和 H，当 $D:H<1$ 时为夹景，空间通过感快而强；当 $D:H=1$ 时，为稳定效果，空间通过感平缓；$D:H>1$ 时则具有开阔效果，空间感开敞而散漫，没有通过感。

（4）墙或绿篱的高度在空间分隔上的感觉规律　当高≤30cm 时有图案感，但无空间隔离感，多用于花坛花纹、草坪模纹边缘处理。当高 60cm 时，稍有边界划分和隔离感，多用于路边、建筑边缘的处理。当高 90～120cm 时，具有较强烈的边界隔离感，多用于安静休息区的高篱处理。当高度＞160cm 时，即超过一般人的视线时，则使人产生空间隔断或封闭感，多用于障景、隔景或特殊活动的封闭空间的绿墙处理。

9. 节奏与韵律

在风景园林中，节奏就是景物简单的反复连续出现，通过时间的运动产生美感。而韵律则是节奏的深化，是有规律但又自由地抑扬起伏变化，从而产生富于感情色彩的律动感。如风景园林中的廊柱，粉墙上的连续漏窗、人工植物群落的林冠线、人行道上等距栽植的树木等都具有韵律节奏感。常见的韵律方式有连续韵律、渐变韵律、突变韵律。根据其表现形式，又可分为三种类型：规则、半规则和自然韵律，前者表现了严整的规定性、理智性特征；后者表现其自然的多变性、情感性特征；而中者则显示出两者的共同特征。按照三种类型进行规划设计，则可得到三种不同形式类型的风景园林外貌，即规则式，自然式和混合式。

10. 主从律

在风景园林空间里，多景观要素、多景区空间、多造景形式同时存在，决定了必须有

主有次，主次分明，才能达到既丰富多彩，又多样统一的完美效果。

11. 整体律

整体性是对所有艺术作品的共同要求。无论各种形式美法则如何变化，风景要素如何变更，其最终目的是要创造一个综合性的、完整的游憩空间。各要素之间互相辅助，彼此联系才能构成和谐的有机整体。取得整体性的方法很多，就造园而言，可运用分隔与联系法、主次分明法、层次联系法、形体对位法等。其中对位法应用很广，有规则和自由对位两类，前者又有心线对位和边线对位。在建筑上有构造对位，在风景园林布局上有轴线对位、视线对位、景点对位。这些都是达到风景园林整体感常见的方法。

第五节　风景园林空间艺术布局

风景园林空间艺术布局是在风景园林艺术理论指导下对所有空间进行巧妙，合理，协调，系统安排的艺术，目的在于构成一个既完整又丰富的园林境界。规划布局常常从静态，动态两方面展开。

一、静态空间艺术布局

1. 静态空间类型

一般按照活动内容，静态空间可分为生活居住空间，游览观光空间，安静休息空间，体育活动空间等。按照地域特性可分为山岳空间，台地空间，谷地空间，平地空间等。按照开朗程度分为开朗空间，半开朗空间和封闭空间等。按照构图要素分为绿色空间，建筑空间，山石空间，水域空间等。按照空间的大小分为超人空间，自然空间和亲密空间。还有依其形式分为规则空间，半规则空间和自然空间。根据空间的多少分为单一空间和复合空间等。

2. 观景

1）风景界面与空间感

局部空间与大环境的交接面就是风景界面。风景界面是由天地及四周景物构成的。以平地（或水面）和天空构成的空间特征，有旷达感。以峭壁或树高夹持，其高宽比大约6：1至8：1时的空间有峡谷或夹景感。由六面山石围合的空间则有洞府感。以树丛和草坪构成的≥1：3空间，有明亮亲切感，以大片高乔木和矮地被组成的空间，给人以荫浓景深的感觉。一个山环水绕，泉瀑直下的围合空间则给人清凉世界之感。一组由山环树抱庙宇林立的复合空间，给人以人间仙境的神秘感。一处四面环山，中部低凹的山林空间，给人以深奥幽静感。以云烟水域为主体的洲岛空间，给人以仙山琼阁的联想。还有，中国古典园林的咫尺山林，给人以小中见大的空间感。而园中园，给人以大中见小的感受。巧妙地利用不同的风景界面组成关系，进行风景园林空间造景，将给人们带来静态空间的多种艺术魅力。

2）静态空间的视觉规律

（1）最宜视距

正常的人的清晰视距为25～30cm，明确看到景物细部的视野为30～50cm，能识别景物类型的视距为250～270cm，能辨认景物轮廓的视距为500cm，能明确发现物体的视距为 1200～2000cm。利用人的视距进行造景和借景，将取得好的景观效果。

（2）最佳视域

从观赏效果来看，人的最佳垂直角小于 30°，水平角度小于 45°，即人们静观景物的最佳视距为景物高度的 2 倍，宽度的 1.2 倍。当景物的高度大于宽度时，应综合考虑两个数值，一般来讲，高度的完整性大于宽度的完整性。

在静态空间内也要允许游人在不同部位赏景从而获得不同的视觉效果。景物观赏的最佳视点有三个位置：

① 垂直视角 18°，视距为景物高的 3 倍距离，可以观察景物的整体以及环境。

② 垂直视角 27°，视距为景物高的 2 倍距离，适合观察景物的整体。

③ 垂直视角 45°，视距为景物高度的 1 倍距离，可以观察景物局部和细部。

对于主体雕塑景观，可以在上述三个视点距离位置创造开阔平坦的场地以满足游人观赏需求。

（3）三远视距

借鉴画论三远法，可以为游人创造更为丰富的视景条件

① 仰视高远　一般认为，仰角分别为大于 45°、60°、80°90°时，可以产生高大感、宏伟感、崇高感和危严感。若大于 90°，则产生下压的危机感。在风景园林绿地中为了强调作为主景的山石、建筑等的高大感，可以采用缩短视距到景物高度一倍距离以内以增大仰角的做法。这种做法也会带来一定的压抑感。

② 俯视深远　风景园林中也常利用地形或人工造景，创造高点以供人俯视。绘画中称为鸟瞰。俯视角＜45°、＜30°、＜10°时分别产生深远，深渊，凌空感。当＜0°时，则产生欲坠危机感。俯视有开阔惊险的效果，可以利用自然地形条件获得，也可以建高楼高塔来满足。

③ 中视平远　以视平线为中心的 30°夹角视场，可远望平视。平视观景给人广阔宁静的感受。因此风景园林中常要创造宽阔的水面、平缓的草坪、开敞的视野和远望的条件，这就把天边的水色云光，远方的山廊塔影借来身边，一饱眼福。平视景观的布置适宜选在视线可以延伸到的较远的地方，并设置供休息远眺的亭廊水榭。另外，适当提高视点可以使平视获得更宽的视野。

3）静态空间尺度规律

在一个空旷的草坪或者广场中心布置景物的时候，其景物的高度 H 和底面 D 的关系在 1∶3—1∶6 之间时，景观效果最好。如果受场地限制不能提供足够的视距，则要更多注意景物细部。对于纪念性建筑或者标志物来说，在较短的视距内观察可以获得高大的感觉。传统造园在堆石叠山的时候也常常使游人在局促环境观赏以造成高插云端的感觉。

3. 空间布局手法和形式

1）空间布局手法

（1）主景与配景

主景是空间构图的中心，能集中体现主题，是观赏视线的焦点，配景起陪衬和烘托主景的作用，二者相得益彰。主景突出的方式归纳起来有以下几种：

① 主景升高　主景升高可以产生仰视观赏的效果从而起到突出景观的作用，这种方法往往与轴线结合使用。

② 轴线和风景视线焦点 轴线端点或者几条轴线交点安排主要景物，主景前方配置成对的景物形成陪衬，这种方式对于突出主景重要性很有效。

③ 环拱空间焦点 四周环抱的空间周围景物往往有向心的动势，利用环拱空间动势向心的规律，在动势集中的焦点布置主景可以获得突出的效果。

④ 空间构图的重心 三角形、圆形图案等重心为几何构图中心，往往是突出主景的最佳位置，可以起到很好的位能效应。自然式风景园林布局中主景可以布置在自然重心上，忌居中。

⑤ 渐变法 布局中采用从低到高逐步升级，层层深入引导进入主景的方式，构建良好的序列关系，可以达到引人入胜，突出主景的作用。

风景园林主景形成的方法很多。景物体量大而高自然容易获得主景效果，但小体量和矮的景物也可以通过对比以大衬小而得以突出。

(2) 前景、中景、背景

景色就空间层次而言可分前景、中景、背景，一般来讲中景是重点。景色没有层次就会缺乏深远感。无论是空间布局还是植物配置都需要组织景观层次。设计中可根据具体情况安排层次的丰富程度。

(3) 平面和立面控制中心

在风景园林构图中，采用大体量的景观建筑、山石、植物景观或者集中的广场开放空间来统领风景园林总体的方式称为平面控制中心法；采用有一定高度的景物来统领全局的方式则称为立面控制中心，作为立面控制中心的景观建筑通常可以登临眺望，提供高视点的观赏体验，丰富景观层次。

2) 空间布局形式

(1) 空间布局形式确定

① 根据风景园林性质和内容

不同性质不同类型的风景园林有相应的不同布局形式，形式服从风景园林内容、体现风景园林特征、表达风景园林主题。如纪念性园林在布局形式上多采用强烈轴线、对称、规则、逐步升高等方式来表达纪念氛围，而休闲娱乐性的园林在布局上更灵活自由多变。

② 根据地方传统文化

③ 根据整体风格决定

(2) 风景园林基本布局形式

风景园林布局基本形式包括规则式风景园林、自然式风景园林和混合式风景园林。

二、动态序列艺术布局

风景园林是流动的空间，游人可以在自然风景的时空转换中获得步移景异的体验。不同的空间类型的有机整体构成连续的景观，这就是风景园林景观的动态序列。

1. 风景园林空间的功能秩序

风景园林空间布局中常常会根据空间的功能关系来确定空间领域，由此形成一定的空间层次，建立相应的空间秩序。例如：外部的—半外部的—内部的，公共的—半公共的—私密的，开放的—半开放的—封闭的，空间功能不同决定了空间形态的多样变化。按照空间功能关系组织的秩序可以是直线型的也可以是向心型的。

直线型的空间秩序可以使游人在行进过程中获得连续的渐变的空间体验。各个系列空间通过限定方式、连接方式、尺度调整、材质变化等各方面的细节处理体现出清晰的空间层次和较好的连续性。空间之间既相区分又紧密联系。对于复杂形态的园林空间，也可能有多种功能秩序，设计中应当处理好它们的组合关系，拟清主要线索和辅助线索的关系，创造完美的空间功能秩序。

向心型的空间秩序通常是以主体空间为中心，其余空间围绕它布置。这种向心型的空间秩序往往是将在面积上、在空间整体上起控制作用的、开放的主体空间放在视觉焦点形成构图中心。其余的空间既与主体空间有行动上和视线上的沟通，彼此之间也相互渗透。

空间功能秩序的组织方式要根据具体情况灵活处理。设计者应当考虑在满足人们行为方便和空间功能的前提下创建脉络清晰的空间秩序。

2. 风景园林空间的展示序列

风景园林的展示序列根据风景园林类型的不同而不同。

1）一般序列

空间组织如同文学作品中情节的安排，能构建序幕—发生—发展—高潮—尾声这样完整而富有诱导性的序列。设计者根据风景园林规模大小以及内容的多少来确定景观序列的层次。这是动态的序列，在行进中可获得对于风景园林的完整理解。在设计中有意识构建这样的景观序列，并以一种动态的观点分析风景园林空间实际视觉效果是创造优美园林景观的重要方法。

2）循环序列

综合性园林或风景区一般都采用多向入口、循环道路系统，多景区景点划分（也分主次景区），分散式游览线路的布局方法，以满足游览的需要。序列方式可以是单循环也可以是复循环，根据风景园林规模大小和内容多少而定。在复循环中，各序列环状沟通，以各自入口为起景，以主景区主景物为构图中心，通过轴线等方式的控制形成有整体感的园林景观，同时也满足游人需要。

3）专类序列

专类风景园林因其特殊性而有特殊的序列。如植物园多以植物演化系统组织园景序列。又如动物园一般从低等到鱼类、两栖类、爬行类到鸟类、食草、食肉及哺乳动物，国内外珍奇动物乃至灵长类高级动物类等等，形成完整的景观序列，并创造出以珍奇动物为主的全园构图中心。某些盆景园也有专门的展示序列，如盆栽花卉与树桩盆景、树石盆景、山水盆景、水石盆景、微型盆景和根雕艺术等，这些都为空间展示提出了规定性序列要求，故称其为专类序列。

3. 风景园林道路系统布局的序列类型

风景园林空间序列的展示，主要依靠道路系统的导游职能。多种类型的道路体系为游人提供了动态游览的条件，因地制宜的园景布局又为动态序列的展示打下了基础。

4. 风景园林景观序列的创作手法

景观序列的形成要运用各种艺术手法，而这些手法又多离不开形式美法则的范围。风景园林的整体以及各个要素的布置中都需要以整体性的法则进行思考，综合运用序列的组织方式来完善。

1）风景序列的主调、基调、配调和转调

风景序列是由多种风景要素有机组合，逐步展现出来的，在统一基础上求变化，又在变化中求统一，这是创造风景序列的重要手段。以植物景观要素为例，作为整体背景或底色的树林可谓基调，作为某序列前景和主景的树种为主调，配合主景的植物为配调，处于空间序列转折区段的过渡树种为转调，过渡到新的空间序列区段时，又可能出现新的基调、主调和配调，如此逐渐展开就形成了风景序列的调子变化，从而产生渐变的观赏效果。

2）风景序列的起结开合

作为风景序列的构成，可以是地形起伏，水系环绕，也可以是植物群落或建筑空间，无论是单一的还是复合的，总有头有尾，有放有收，这也是创造风景序列常用的手法。以水体为例，水之来源为起，水之去脉为结，以收放变换而创造水之情趣，这在古典园林中很普遍。

3）风景序列的断续起伏

这是利用地形地势变化而创造风景序列的手法之一。多用于风景区和郊野公园。一般风景区山水起伏，游程较远，我们将多种景区景点拉开距离，分区段布置，在游步道的引导下，景序断续发展，游程起伏高下，从而取得引人入胜、渐入佳境的效果。

4）风景园林植物景观序列的季相与色彩布局

园林植物是风景园林景观的主体，然而植物又有其独特的生态规律，在不同的立地条件下，利用植物个体与群落在不同季节的外形与色彩变化，再配以山石水景，建筑道路等，必将出现绚丽多姿的景观效果和展示序列。如扬州个园内春植青竹，配以石笋，夏种槐树、广玉兰，配太湖石，秋种枫树、梧桐，配以黄石，冬植蜡梅、天竹，配以白色宣石，并把四景分别布置在游览线的四个角落里，则在咫尺庭院中创造了四时季相景序。

5）风景园林建筑群组的动态序列布局

风景建筑在风景园林中起画龙点睛的作用。建筑布局包括建筑群体组合的本身以及整个风景园林中的建筑布置。对一个建筑群组而言，应该有入口、门厅、过道、次要建筑、主题建筑的序列安排。对整个风景园林而言，从大门入口区到次要景区，最后到主景区，都有必要将不同功能的建筑群体，有计划地安排在景区序列线上，形成一个既有统一展示层次，又变化多样的组合形式。

第六节　中国古典园林艺术法则及其造景手法

一、古典园林艺术法则

1. 造园之始，意在笔先

这是由画论移植而来的。意，可视为意志、意念或意境。它强调在造园之前必不可少的意匠构思，也就是指导思想，造园意图。意图是根据园林的性质、地位而定的。《园冶》兴造论指出"……三分匠，七分主人……"，就是说设计中主人的意图起决定作用。意境指情景交融，意念升华的艺术境界，表现了意因境存、境由意活这样一个辩证关系。

2. 相地合宜，构园得体

建造园林，必须综合考虑地形、地势、地貌的实际情况，确定出园林的性质、规模，构思以及艺术特征和园景结构。《园冶》相地篇指出，无论方向及高低，只要“涉门成趣”即可“得景随形”，认为“园地唯山林最胜”，而城市地则“必向幽偏可筑”；旷野地带应“依呼平岗曲坞，叠陇乔林”。造园多用偏幽山林，平岗山窟，丘陵多树等地，少占农田好地，这也符合当今园林选址的方针。在园林构园方面，《园冶》有一段精辟的论述，“约十亩之地，须开池者三，……余七分之地，为垒土者四……”，这种水、陆、山，三四三的用地比例，虽不可定格，但确有其参考价值。园林布局首先要进行地形用竖向控制，只有山水相依，水陆比例合宜，才有可能创造好的生态环境。如果“非其地而强为其地”，结果是“虽百般精巧，却终不相宜”。

3. 因地制宜，随势生机

通过相地，可以取得正确的构园选址，然而在一块土地上，要想创造多种景观的协调关系，还要靠因地制宜，随势生机和随机应变的手法，进行合理布局，这是中国造园艺术的一特点，也是中国画论中经营位置原则之一。画论中有“布局须先相势”，布局要以“取势为主”。《园冶》中也多处提到“景到随机”、“得景随形”等原则，不外乎是要根据环境形势的具体情况，因山就势，因高就低，随机应变，因地制宜地创造园林景观，即所谓“高方欲就亭台，低凹可开池沼；卜筑贵从水面，立基先究源头，疏源之去由，察水之来历”，这样才能达到“景以境出”的效果。有人说，中国园林有法而无式，可意会而不可言传。其实，有法而不拘泥，有式而不定格，才是艺术手法的高超之处，才能随机取势而创造出多方胜景。

4. 巧于因借，精在体宜

在视力所及的范围内，有好点的景色宜组织到园林绿地的观赏视线中来，以此来扩大园林空间、丰富园林景色。“园林巧于因借，精在体宜，借者园虽别内外，得景则无拘远近，晴峦耸秀，绀宇凌空；极目所至，俗则屏之，嘉则收之”。“因”者，是就地审视的意思，“借”者，景不限内外，这种因地、因时借景的作法，大大超越了有限的园林空间。园林景观元素在尺度上的把握也是很重要的，影响的因素包括场地大小，景观元素之间的相互陪衬关系以及景观元素功能上的需求等等。运用尺度的调整可以达到以小见大的景观效果。

5. 欲扬先抑，柳暗花明

中国园林向以含蓄有致，曲径通幽，逐渐展示，引人入胜为特色。中国文学及画论在这方面给了很好的借鉴，如“山重水复疑无路，柳暗花明又一村”，“欲露先藏，欲扬先抑”等。表现在园林布局上就是先藏后露，引人渐入佳境的作法。陶渊明的《桃花源记》就是一个欲扬先抑的范例。它无形中拉长了浏览路线，丰富了园林空间层次。

6. 起结开合，步移景异

在园林艺术上，往往通过创造不同大小类型的空间以及空间收放处理以及人们在行进中的视点、视线、视距、视野、视角等反复变化，产生审美心理的变迁和心理起伏的律动感，通过移步换景的处理，增加引人入胜的吸引力。风景园林是一个流动的游赏空间，善于在流动中造景，是中国园林的特色之一。

7. 小中见大，咫尺山林

前面提到的因借是利用外景来扩大空间的作法。小中见大，则是调动内景诸要素之间的关系，通过对比、反衬，造成错觉和联想，达到扩大空间感，形成咫尺山林的效果。这多用于较小的园林空间。利用形式美法则中的对比手法，以小寓大，以少胜多，是中国古典园林惯用技法，可以在局限的小空间里，纳时空之一角，现无限之风光。李渔主张“一拳代山，一勺代水”；《园冶》要求做到“纳千顷之汪洋，收四时之烂漫”；掇山要“蹊径盘且长，峰峦秀而古，多方景胜，咫尺山林，……”。在不大的园林空间内，不是抄袭自然，而是取其精华部位再现组合，创造峰峦岩洞，谷涧飞瀑之势。

8. 虽由人作，宛自天开

中国古典园林造园者在造园过程中始终坚持顺应自然，利用自然和仿效自然的主导思想。堆石叠山理水以及植物配置，都讲求师法自然，从大自然汲取精华，在园林中体现自然的情趣。

9. 文景相依，诗情画意

文以景生，景以文传，引诗点景，诗情画意，这是中国园林艺术重要特点。应该说，中国园林艺术之所以流传古今中外，经久不衰，一是有符合自然规律的人文景观，二是具有符合人文情意的诗、画文学。所谓“文因景成，景借文传”，正是文、景相依，才更有生机。同时，也因为古人造园，寓情于景，人们游园又触景生情，到处充满了情景交融的诗情画意，才使中国园林深入人心。中国园林的诗情画意，还集中表现在点景手法的应用，或引用唐诗古词而题名，或利用匾额点景，利用对联点题的更是不胜枚举。这种以景造名、借名发挥、文景相依的作法，把园景引入了更深的审美层次，赋予了更多的文化内涵。

10. 胸有丘壑，统筹全局

造园过程如同写文章必须胸有丘壑，把握总体，合理布局，贯穿始终、统筹兼顾，一气呵成，才有可能创造出完整的风景园林体系。苏州沈复在《浮生六记》中说：“若夫图亭楼阁，套室回廊，叠石成山，栽花取势，又在大中见小，小中见大，虚中有实，实中有虚，或藏或露，或浅或深，不仅在周围曲折有致，又不在地广石多徒烦一费”，这就是统筹布局的意思。只要摆布得当，就可取得大中见小，小中见大的效果。山水布局要求“山要环抱，水要萦回”，“山立宾主，水注往来”，要有构图中心，范围要有摆布余地，建筑、栽植等格调灵活，但要各得其所。也就是说，造园者必须从大处着眼布局，小处着手理微，利用隔景分景划分空间，又用主副轴线对位关系突出主景，用回游线路组织游览，以统一风格和意境序列，贯穿全园。

二、中国古典园林主要造景手法

1. 借景

借景之作用在于扩大园林的视景范围，增加园林欣赏的景观层次。借景的方式概括起来有五种：

1）远借

借园林绿地以外的远处景物。可以筑高台、建高楼、在地形高点设亭等方式获得借景的效果，扩大借景的视线范围。

2）邻借

借园林绿地以外的近处景物。设计中可采用通透的建筑或者园林外墙开设漏窗等方式把邻近的有价值的景观纳入园内，使园内外景色融为一体，丰富园林景观的内容。

3）仰借

借高处的景物。为避免视觉疲劳，仰视的观赏点一般宜安置休息设施。

4）俯借

借视线以下的低处景物。为保证安全一般应布置安全设施。

5）因时而借，因地而借

所谓朝借旭日，晚借夕阳，春借桃柳，夏借塘荷，秋借丹枫，冬借飞雪。乃至山泉流水，燕语莺歌。

2. 对景

对景指在园林中观景点具有透景线的条件下所面对的景物之间形成对景。对景色又有正对和互对之分。对景的处理可以对称严整也可以灵活自由，根据具体的园林景观风格而定。

1）正对

在道路和广场的中轴线端部布置景点，或以轴线作为对称轴。正对的方式在规则式园林中用得较多，能获得庄严雄伟的感觉。

2）互对

在园林绿地中，在轴线或风景视线的两端设置景观，相对成景。互为对景不但在道路广场两端可以组织，在水面两岸以及两个对立的山头也可以组织。

3. 框景

所谓框景指利用门框、窗框。树干树枝形成的框、山洞的洞口框等，有选择的摄取另一空间的景色，形成如嵌与镜框中的图画的造景方式。《园冶》中说“藉以粉墙为纸，以石为绘也、植黄山松柏、古梅、美竹，收之园窗，宛然镜游也”。其中所描述的就是框景的做法。

框景的作用在于把园林景色利用景框的设置统一在一幅图画中，以简洁的景框为前景使观者把注意力集中在画面的主景上，给人以强烈的艺术感染力，提升景观的观赏价值。

框景布置中，如果先有景，则框的位置应当朝向好的景观方向；如先有框，则框的对景方向应当布置景物。景框的尺度把握要从以下几个方面考虑：作为框景对象的景物尺度，设计中应当考虑在观赏点所看到的框景的完美性；作为景框的门窗等与建筑本身体量的协调；框景的观赏视距，通常情况下，如果观赏点与框之间的观赏视距比较近，则框的尺度可适当小一些，反之则可以放大，观赏点的位置与景框的距离应保持在景框直径的2倍以上；视点的位置最好在景框中心，保证景物的画面在人的正常视域范围，一般来说，框的中心点高度应当与人的视高平齐。

4. 障景

所谓障景是指在园林中抑制视线、引导空间转变方向的屏障景物。障景的作用就是起到欲扬先抑，欲露先藏，造成“山重水复疑无路，柳暗花明又一村”的景观效果，丰富园林景观的欣赏层次。

障景一般都设在园林景观的入口处，所设置的障景元素在高度和体量上都要起到一定

的遮挡视线的作用。障景不但能暂时屏蔽主要景色，本身也可以成景，构成障景的景物可以是建筑、山石、植物、小品，因其使用材料不同，可分为山石障、影壁障、树丛障等等。障景的前方要留有作为景观节点的场地，供游人逗留、观赏、穿越。

另外需要强调的是，障景的设置要有动势，以方便引导游人。障景元素两端提供的路线方向在路幅、材质上应当有变化，在前方景观的吸引度上有明显差别，这样才能有明确的方向感。

5. 点景

所谓点景是指在园林中抓住景观的特点或者是空间环境的景观特征，以文化艺术的角度进行高度概括，点出景色的意境，提升园林空间的艺术品位，使游人获得更深的感受。点景的运用在古典园林中非常普遍，手法也是多种多样。常见的有以下几种景色：

1）景色命名

景色命名能起到画龙点睛指导游览的作用，使游人在参观的过程中，从命名中获得信息，产生联想，加深对于景观的欣赏层次。同时也有导游的作用。名称的选取要从景物的特质出发，与景物相呼应，常见的做法有：把定的名称放在建筑匾额上、刻在山石上、以园林小品或者雕塑的形式标示等等。名称的色彩应当与背景有明显的区分，字样和尺度上应与所处的位置相协调。

2）园林题咏

园林题咏不但可以点缀亭榭，装饰墙壁，美化园林环境，丰富观赏内容、增加诗情画意、发人深思、给人艺术的联想，还可以起到导游、宣传、教育等作用。它不仅是观赏内容，又有画龙点睛之功用。

园林题咏可用对联、匾额、石刻等形式表现出来，所采取的字样、色彩以及大小都应当与所处的背景既相协调，又要有明显对比。

3）导游介绍

导游介绍既可以装点园林环境，同时也是帮助游人参观的重要手段。导游介绍包括导游线路说明、游览内容说明两大部分。导游路线说明往往以导游图的方式出现，一般设置在园林景观入口和园林内部交通节点，用于引导游览，对于大型游览区尤其显得重要。导游图的制作也应当园林小品化，与园林的风格要般配，能融入该园林的特点；游览内容说明主要是介绍景区景点以及主要风景视点的位置、风景特色、文物古迹、历史传说等等，帮助游人全面深入了解园林内容，这些也可以用景观小品的模式来表现。

第七节　风景园林设计程序

一般来说，风景园林所包括的范围很广，既有微观的，如庭园、花园、建筑周围的外部空间等；又有宏观的，如城镇的环境空间、风景名胜区的环境空间等。一项优秀的外部空间设计的创作成功，除靠设计者的专业素质、创造力和经验之外，还要借助于科学的设计方法和步骤。

一、设计程序的特点和作用

设计程序有时也称为“课题解决的过程”，它包括按照一定程序的设计步骤，这些设计步骤是设计工作者长期实践的总结，被国内外建筑师、规划师、园林建筑师用来解决设计问题。它的特点和作用在于：为创作设计方案，提供一个合乎逻辑的、条理井然的设计程序；提供一个具有分析性和创造性的思考方式和顺序；有助于保证方案的形成与所在地点的情况和条件（如基地条件、各种需求和要求、预算等）相适应；便于评价和比较方案，使基地得到最有效的利用；便于听取使用单位和使用者的意见，为群众参加讨论方案创造条件。

二、设计的基本程序

1. 设计前的准备和调研

设计前的准备和调研，是一项相当重要的工作。采用科学的调研方法取得原始资料，作为设计的客观依据，是设计前必须做好的一项工作。它包括：熟悉设计任务书；调研、分析和评价；走访使用单位和使用者；拟定设计纲要等工作。

1）设计任务书的熟悉和消化

设计程序的第一步是熟悉设计任务书。设计任务书是设计的主要依据，一般包括设计规模，项目和要求，建设条件，基地面积（通常有由城建部门所划定的地界红线），建设投资，设计与建设进度，以及必要的设计基础资料（如区域位置，基地地形，地质，风玫瑰，水源，植被和气象资料等）和风景名胜资源等。在设计前必须充分掌握设计的目标、内容和要求（功能的和精神的），熟悉地方民族及社会习俗风尚、历史文脉，地理及环境特点，技术条件和经济水平，了解项目的投资经费状况，以便正确地开展设计工作。

2）调研和分析（包括现场踏勘）

熟悉设计任务书后，设计者要取得现状资料及其分析的各项资料，在通常的情况下，需进行现场踏勘。

（1）基地现状平面图

在进行基地调研和分析（评价）之前，取得基地现状平面图是必需的。基地现状平面图要表示下列资料：

① 基地界线（地界红线）；

② 房屋（表示内部房间布置、房屋层数和高度、门窗位置）；

③ 户外公用设施（水落管及给排水管线、室外输电线，空调和室外标灯的位置）；

④ 毗邻街道；

⑤ 基地内部交通（汽车道，步行道，台阶等）；

⑥ 基地内部垂直分隔物（围墙，栅栏、篱笆等）；

⑦ 现有绿化（乔木、灌木、地被植物等）；

⑧ 有特点的地形、地貌；

⑨ 影响设计的其他因素。

（2）基地调研和分析（评价）

完成基地现状平面图以后，下一步是进行基地的调研和分析，熟悉基地的潜在可能性，以便确定或评价基地的特征、问题和潜力，并研究采用什么方式来适应基地现有情况，才能达到扬长避短，发挥基地的优势。

在基地调研和分析中，需要很多的调研记录和分析资料。为直观起见，通常把这些资料绘在基地平面图中。对于每种情况既要有记录，也要有分析，这对调研工作是非常重要的。记录是鉴别和记载情况，即资料收集（如标注特点，位于何处等），分析是对情况的价值或重要性作出评价或判断。

（3）走访使用单位和使用者

在基地调研和分析之后，设计者需要向使用单位和使用者征求意见，共同讨论有关问题，使设计问题能得到圆满解决，并能使设计能正确反映使用单位和使用者的愿望，满足使用者的基本要求。

（4）设计纲要的拟定

设计纲要是设计方案必须包含和考虑的各种组成内容和要求，通常以表格或提纲的形式表示。它服务于两个目的：

① 它相当于“基地调研、分析”、“访问使用单位”两步骤中所得结果的综合概括；

② 在比较不同的设计处理时，它起对照或核对的作用。

在第一个目的里，纲要促使有预见性的探求设计必须达到目的，并以简明的顺序作为思考的步骤。在第二个目的里，纲要可提醒设计者需要考虑什么、需要做什么。当研究一个设计或完成一个设计方案时，纲要还可帮助设计者检查或核对设计，看看打算要做的事情是否如实达到要求、设计方案是否考虑全面、有否遗漏等等。

2. 设计图纸操作步骤

设计图纸一般可分为：理想功能图析；基地功能关系图析；方案构思；形式构图研究；初步总平面布置（草图）；总平面图（正图）；施工图七个步骤。

1）功能图析

理想功能图析是设计阶段的第一步，也就是说，在此设计阶段将要采用图析的方式，着手研究设计的各种可能性。它要把研究和分析阶段所形成的结论和建议付诸实现。在整个设计阶段中，先从一般的和初步的布置方案进行研究（如后述的基地分析功能图析和方案构思图析），继而转入更为具体深入的考虑。理想功能图析是采用图解的方式进行设计的起始点。

理想功能图析是没有基地关系的。它像通常所说的“泡泡图”或“略图”那样，以抽象的图解方式安排设计的功能和空间，理想功能图析可用任意比例在空白纸上绘出。它应表示：

（1）以简单的“泡泡”表示拟设计基地的主要功能/空间；

（2）功能/空间相互之间的距离或邻近关系；

（3）各个功能/空间围合的形式（即开敞或封闭）；

（4）障壁或屏隔；

（5）引入各功能/空间的景观视域；

（6）功能/空间的进出点；

（7）除基地外部功能/空间以外，还要表示建筑内部功能/空间。

2）基地分析功能图析

基地分析功能图析是设计阶段的第二步。它使理想功能图析所确定的理想关系适应既定的基地条件。在这一步骤中，设计者最关注的事情是：

（1）主要功能/空间相对于基地的配置；

（2）功能/空间彼此之间的相互关系。

所有功能/空间都应在基地范围内得到恰当的安排。现在，设计者已着手考虑基地本身条件了。基地分析功能图析是在基地调研分析图的基础上进行的，现在基地分析功能图析中的不同使用区域，已与功能/空间取得联系和协调，这是促使设计者根据基地的可能和限制条件，来考虑设计的适应性和合理性的最好方法。

3）方案构思

方案构思是基地分析功能图析的直接结果和进一步的推敲和精炼，两者之间的主要区别是，方案构思图在设计内容和图象的想象上更为深化，功能图析中所划分的区域，再分成若干较小的特定用途和区域。此外，所有空间和组成部分的区域轮廓草图和其他的抽象符号均应按一定比例绘出，但不仔细推敲其具体的形状或形式（具体的形式将在下步研究）。方案构思图不仅要注释各空间和组成部分，而且还要标注各空间和组成部分的设计高度和有关设计的注解。

4）形式构图研究

在进入这一步骤之前，设计者已合理地、实际地考虑了功能和布局问题，现在，要转向关注设计的外观和直觉。以方案构思来说，设计者可以把相同的基本功能区域作出一系列的不同配置方案，每个方案又有不同的主题，特征和布置形式设计所要求的形状或形式可直接从已定的方案构思图中求得。因此，在形式构图研究这一设计步骤中，设计者应该选定设计主题（即什么样的造型风格），使设计主题最能适应和表现所处的环境。

由于设计者考虑了形式构图的基本主题，接着就要把方案构思图中的区域轮廓和抽象符号转变成特定的、确切的形式。形式构图研究是重叠在初定的方案构思图进行的，所以方案构思图上的基本配置是保留的。设计者在遵守方案构思图中的功能和空间配置的同时，还要努力创造富有视觉吸引力的形式构图。

5）初步总平面布置

初步总平面布置是描述设计程序中，设计的所有组成部分如何进行安排和处理的一个步骤（结合实际情况，使各组成部分基本安排就绪）。首先要研究设计的所有组成部分的配置，不仅要研究单个组成部分的配置，而且要研究它们在总体中的关系。在方案构思和形式构图研究步骤中所确定的区域范围内，初步总平面布置时再作进一步的考虑和研究。它应包括：

（1）所有组成部分和区域所采用的材料（建筑的、植物的），包括它们的色彩、质地和图案（如铺地材料所形成的图案）；

（2）各个组成部分所栽种的植物，要绘出它们成熟期的图像（如乔木，灌木、地被植物等），这样，就要考虑和研究植物的尺寸、形态、色彩，肌理；

（3）三度空间设计的质量和效果，如像树冠群，篷帐，高格架。篱笆、围墙和土丘等组成部分的适宜位置、高度和形式；

（4）室外设施如椅凳、盆景、塑像、水景、饰石等组成部的尺度、外观和配置。

初步总平面布置最好重叠在形式构图研究图的上面进行，反复进行可行性的研究和推敲，直到设计者认为设计问题得到满意解决为止。初步总平面布置以直观的方式表示设计的各组成部分，以说明问题为准。

6）总平面图

总平面图是初步总平面布置图的精细加工。在这一步骤中，设计者要把从使用单位那里得到的对初步总平面布置的反应，再重新加以研究、加工、补充完善，或对方案的某些

部分进行修改。总平面图是按正式的标准绘法。

7）施工图

施工图即详细设计，这是设计阶段最后的步骤，顾名思义，这一步骤要涉及各个不同设计组成部分的细节。施工图设计的目的，在于深化总平面设计，在落实设计意图和技术细节的基础上，设计绘制提供便于施工的全部施工图纸。施工图设计必须以设计任务书等为依据，符合施工技术、材料供应等实际情况。施工图、说明文字、尺寸标注等要求清晰、简明、齐全、准确。为保证设计质量，施工图纸必须经过设计、校对和审核后，方能发至施工单位，作为施工依据。

3. 回访总结

在设计实践中应重视回访总结这一设计程序。由于设计图纸通过施工和竣工交付使用后的实践检验，既会反映设计预计可能发生的问题，又能反映事先未曾考虑到的新问题，设计人员只有深入现场，才能及时发现问题，解决问题，保证设计意图贯彻始终。另一方面通过回访总结，还可总结经验教训，吸取营养，开阔思路，使今后设计创作在理论和实际相结合方面，更加提高一步。

上述设计步骤表示了理想设计过程中的顺序，实际上有些步骤可以相互重叠，有些步骤可能同时发生，甚至有时认为改变原来的步骤是必要的，这要视具体情况而定。设计程序不是公式或处方，真正优秀的设计，要通过合理处理设计中的各种因素来获得。设计程序仅仅是每一设计步骤所要进行工作的纲要，设计的成功取决于设计者的观察力、经验，知识，正确的判断能力和直觉的创造能力。所有这些，都要在设计程序中加以应用。

本章思考题

1. 风景园林空间限定的基本方式有哪些？以简图示之。
2. 列举地形这一外部空间要素在风景园林设计中的作用。
3. 简答不同大小植物的风景园林用途。
4. 形式美的基本法则有哪些？并举例说明。
5. 突出主景的空间布局手法有哪些？
6. 以植物景观要素为例，阐述风景园林景观序列的创作。
7. 列举不同人际距离的空间尺度。
8. 论述《园冶》相地篇对现代风景园林选址的指导意义。
9. 列举中国古典园林主要造景手法在重庆城市绿地建设中的应用。
10. 基地现状平面图一般需要表达哪些基本信息。

本章延伸阅读书目

1. 〔美〕约翰・O・西蒙兹．景观设计学，中国建筑工业出版社，2009。
2. 刘文军，韩寂编著．建筑小环境设计．第一版．同济大学出版社，1999。
3. 〔日〕芦原义信著．尹培桐译．外部空间设计，中国建筑工业出版社，1985。
4. 〔美〕诺曼 K・布恩著、曹礼昆．曹得鲲译．风景园林设计要素．中国林业出版社，1989。
5. 王晓俊编著．风景园林设计，江苏科学技术出版社，2000。

第五章　各类城市园林绿地景观规划设计

第一节　公园规划设计

一、公园概述

1. 概念

公园（Public park）是具有一定使用功能的、自然化的游憩境域，是由政府或公共团体建设经管的城市基础设施。

2. 公园的功能

城市公园作为城市绿色基础设施，具有直接的、也有间接的功能，主要体现在休闲游憩、维持生态平衡、促进地方社会经济发、精神文明建设、美化城市景观和防灾、减灾等方面的功能。

3. 公园的类型

根据《城市绿地分类标准》CJJ/T 85—2002，将我国现有的公园分为综合公园、社区公园、专类公园、带状公园和街旁绿地5个种类及11个小类。

4. 公园级配模式

不同规模和类型的城市公园由于在内容、功能和服务半径等方面的不同，决定了公园系统应该分级配置才能发挥城市公园的最佳整体效益。

二、公园规划设计程序

公园规划设计，应充分考虑该绿地的功能，即要符合使用者的期望和要求。公园规划设计可分为调查研究、编制任务书、总体规划、技术设计、施工设计五个阶段。公园规划设计程序在这里主要是指公园规划设计的各个阶段及相应各阶段应完成的主要内容。

1. 城市公园规划编制程序

1）设计方与主管部门签订任务书和合同。

2）收集相关的基础资料。包括建设单位的资料、社会环境的资料、历史人文资料、用地现状资料、自然环境资料、地方志资料等。

3）提出公园规划初步方案。

4）向业主及主管部门征求意见。

5）根据各方反馈意见修整、完善规划图，形成规划成果图。

6）请相关部门、专家进行论证评审，形成书面评审意见。

7）根据评审意见进行修改、完善规划图，形成最终规划成果图。

2. 公园规划设计各阶段要求

1）任务书阶段　充分了解设计委托方对公园设计的所有愿望、对设计所要求的造价和时间期限等内容。

2）基地调查和分析阶段

（1）了解城市规划及绿地系统规划与公园的关系，明确公园的性质。

（2）了解公园周边城市用地性质，分析公园应有的内容、分区和未来发展情况。

（3）了解公园用地和周围名胜古迹、人文资源等，分析公园应具有的人文特色。

（4）了解公园周围城市形态、肌理，建筑形式、体量、色彩等，分析因此对公园形态、风格产生的影响。

（5）了解公园周边的城市车行、步行交通状况，分析人流集散方向和车行组织特点。

（6）了解公园用地内外的视线特点，分析公园景观视线的组织和序列。

（7）了解该地段的电源、水源以及排污、排水，周围是否有污染源等情况，分析公园基础设施和城市相应设施和环境的衔接。

（8）了解规划用地的地形、气象、水文、地质等方面的资料，分析地形改造利用的条件和限制。

（9）了解和掌握地区内原有植物种类、生态、群落组成状况，分析地域性植被特色。

3）编制总体设计任务文件　制定出公园设计的目标、指导思想和原则，编制出进行公园设计的要求和说明。主要包括以下内容：

（1）公园设计的目标、指导思想和原则。

（2）公园和城市规划、绿地系统规划的关系，确定公园性质和主要内容。

（3）公园总体设计的艺术特色和风格要求。

（4）公园的地形地貌的利用和改造，确定公园的山水骨架。

（5）确定公园的游人容量。

（6）公园的分期建设实施的程序。

（7）公园建设的投资匡算。

4）总体方案设计阶段　根据总体设计任务文件，进行公园总体规划。其规划成果包括图纸和规划设计说明两个方面，主要规划设计图纸和要求如下：

（1）区位图：表示该公园在城市区域内的位置，显示公园和周边的关系。

（2）综合现状图：通过照片、现状实测图等写实媒介，对现状作综合评述。

（3）现状分析图：对基地调查和分析阶段的成果进行分项图示解说。

（4）结构分区图：根据总体设计的目标、指导思想和原则、现状分析，确定公园内容和功能分区。划出不同的空间区域，使不同空间区域满足不同的功能要求。该图属于示意说明性质，可以用抽象图形表示。

（5）总体设计方案平面图：明确表达公园主要、次要、专用出入口的位置、面积、布局和形式；公园的地形、水体；道路系统和铺装场地；全园建筑物、构筑物等布局情况；全园植物、专类园等景观。

（6）竖向控制图：明确标明各出入口内、外地面高程；主要景物的高程，主要建筑的底层和室外地坪高程；山顶高程，最高水位、常水位、最低水位，水底标高，驳岸顶部高程；园路主要转折点、交叉点和变坡点及高程；园内外佳景的相互因借观赏点的地面高程；地下工程管线及地下构筑物的埋深。

(7) 道路总体设计图：明确公园的出入口及主要广场；主路、支路和小路等的位置以及各种路面的宽度、排水纵坡；初步确定主要道路的路面材料，铺装形式等。

(8) 种植总体设计图：主要包括不同种植类型的安排，如密林、草坪、疏林、树群、树丛、孤立树、花坛、花境、园路树、湖岸树、园林种植小品等内容。同时，确定全园的基调树种、骨干造景树种，包括常绿、落叶的乔木、灌木、草、花等。

(9) 园林建筑方案图：各类展览性、娱乐性、服务性、游览性园林建筑的方案图。

(10) 管线总体设计图：供水管网的分布以及雨水、污水的水量、排放方式、管网分布等。总用电量、分区供电设施、配电方式、电缆的敷设以及各区各点的照明方式及广播、通讯等的位置。

(11) 全园的鸟瞰图、局部效果图等。

(12) 文字部分由公园规划设计说明书和投资估算两部分组成。公园规划设计说明书包括：主要包括位置、面积、现状；现状分析；设计的目标、指导思想和原则；功能分区、设计主要内容及游人容量；管线、电讯规划说明；分期实施计划；主要经济技术指标等七个方面的内容。投资估算可按面积根据设计内容，工程复杂程度，结合常规经验匡算，或按工程项目、工程量，分项估算再汇总。

5) 技术设计阶段

(1) 平面图：根据公园地形或功能分区进行设计，需标明园路、广场、建筑、水池、湖面、驳岸、树林、草地、灌木丛、花坛、花卉、山石、雕塑等所有细节的平面位置及标高，图纸比例≥1：500。它们之间的关系应依据测量图基桩，用坐标网来确定。主要工程应注明工程序号。

(2) 地形设计：确定山地的形体、制高点、山峰、山脉、山脊走向、丘陵起伏、缓坡、微地形的造型。同时，地形还要表示出湖、池、潭、港、湾、涧、溪、滩、沟，以及堤、岛等水体造型。此外，图上标明入水口、出水口的位置等。也要确定主要园林建筑所在地的地坪及桥面、广场、道路变坡点高程。还必须注明公园与市政设施、马路、人行道以及公园邻近单位的地坪高程，以便确定公园与四周环境之间的排水关系。横纵剖面图：在重要地段或艺术布局最重要的方向做出断面图，一般比例尺为1：200～1：500。

(3) 分区种植设计图：能较准确地反映乔木地种植点、栽植数量、树种，主要包括密林、疏林、树群、树丛、园路树、湖岸树的位置。其他种植类型，如花坛、花境、水生植物、灌木丛、草坪等的种植设计图，图纸比例≥1：500。

(4) 园林建筑设计图：建筑初步设计图纸深度。

(5) 管线设计图：上水（生活、消防、绿化、市政用水）、下水（雨水、污水）、暖气、煤气、电力、电讯等各种管网的位置、规格、埋深等。

6) 施工图阶段

(1) 施工总平面图：体现放线坐标网、基点、基线的位置，标明各种设计因素的平面关系和它们的准确位置。设计的地形等高线、高程数字、山石和水体、园林建筑和构筑物的位置、道路广场、园灯、园椅、果皮箱等。做出工程序号、剖断线等。

(2) 竖向设计图（高程图）：竖向设计可通过竖向设计平面图和竖向剖面图来体现。竖向设计平面图：表示出现状等高线、设计等高线、高程；涉及溪流、河湖、岸线，要标

明水体的平面位置、水体形状河底线及高程、排水方向；各区园林建筑、休息广场的位置及高程，挖方填方范围等、填挖工程量注明；各区的排水方向、雨水汇集点，以及建筑、广场的具体高程等。竖向剖面图：剖面表示主要部位山形，丘陵、谷地的坡势轮廓线及高度；表示水体平面及高程变化，注明水体的驳岸、池底、山石、汀步及岸边的处理关系；注明所有剖面的剖切位置、编号。

（3）道路广场设计图：平面图表示各种道路广场、台阶山路的位置、尺寸、高程、纵横坡度、排水方向；在转弯处，主要道路注明平曲线半径；路面结构、做法、路牙的安排，以及道路广场的交接、交叉口组织、不同等级道路连接、铺装大样、回车道、停车场等。剖面图：表示纵曲线设计要素，路面的尺寸及具体材料的构造。

（4）种植设计图（植物配置图）：种植设计平面图反映乔、灌木和地被的具体位置、种类、规格、数量、种植方式和种植距离。大样图：对于重点树群、树丛、林缘、绿立、花坛、花卉及专类园等，可附种植大样图，将群植和丛植的各种树木位置画准，注明种类数量，画出坐标网，注明树木间距，并再做出立面图，以便施工参考。

（5）水景工程设计图：表示水景工程的进水口、给水口、泄水口大样图。池底、池安、泵房等的工程做法，水池循环管道平面图。

（6）园林建筑设计图：要求达到建筑施工图设计深度。

（7）管线设计图：平面图表达上、下水管线的具体位置、坐标，并注明每段管的长度、管径、高程以及如何接头等；园林用电设备、电讯等的位置及走向等。

（8）剖面图：画出各号检查井，表示井内管线及截门等交接情况。

（9）工程预算：预算包括直接费用和间接费用。直接费用包括人工、材料、机械、运输等费用，间接费用按照直接费用的百分比计算，其中包括设计费用和管理费。

（10）施工设计说明书：说明书应写明设计的依据、设计对象的地理位置及自然条件，公园设计的内容、要点，各种园林工程的论证、叙述，公园建成后的效果分析等。

三、综合性公园规划设计

1. 内容、规模和容量

综合性公园规划设计的首要工作是确定公园的内容、规模和容量。综合性公园设计必须以创造优美的绿色自然环境为基本任务，在此基础上要根据现有条件和将来使用设置多种文化娱乐设施、儿童游戏场和安静休憩区，也可设游戏型体育设施。综合性公园全园面积不宜小于 $10hm^2$。公园设计必须确定公园的游人容量，作为计算各种设施的容量、个数、用地面积以及进行公园管理的依据。公园游人容量应按下式计算：

$$C=A/A_m$$

式中：C——公园游人容量（人），A——公园总面积（m^2），A_m——公园游人人均占有面积（m^2/人）

综合性公园人均占有公园面积以 $60m^2$ 为宜，水面和坡度大于50％的陡坡山地面积之和超过总面积的50％的公园，游人人均占有公园面积应适当增加，其指标应符合《公园设计规范》。

2. 分区布局

根据批准的设计任务书，结合现状条件对功能或景区划分，确定综合性公园各分区的规模及特色。分区主要依据公园基地的自然条件，公园和城市规划、绿地系统、周边用地性质的关系，游人活动类型和行为模式。综合性公园一般设置有科学普及文化娱乐区、体育运动区、儿童游戏区、安静休憩区、经营管理区等。

综合性公园布局应建立在活动、景观和生态三方面有机联系的统一整体上；有利于组织游人在园内进行各项活动，满足游人多种娱乐和休息的要求；使全园的景观构想、景点设置，在空间上形成统一的艺术构图整体；并综合考虑气候、地形、植被、土壤和水体等自然因素，建立良好的水平、垂直生态格局。

3. 出入口设计

根据城市规划和公园内部分区布局要求，确定游人主、次和专用出入口的位置。根据城市交通、游人走向和流量，设置出入口内外集散广场、停车场、自行车存车处等，并应确定其规模要求。可依据公园不同的管理方式设置相应的附属建筑设施，如园门、售票处、围墙等。

4. 竖向设计

要求表达山体、水系和公园自然条件、内容规模、艺术特色的内在有机联系。应充分利用原有地形地貌，因势利导的进行改造，尽量减少土方量。地形改造还应该结合分区的功能要求，巧于因借，创造美丽的风景。同时满足排水等工程上的要求，并为不同生态条件要求的植物创造各种适宜的地形条件。

5. 道路广场设计

园路系统设计，应根据公园的规模、各分区的活动内容、游人容量和管理需要，确定园路的路线、分类分级和园桥、铺装场地的位置和特色要求。在充分调动道路广场在公园组织交通、引导游览、划分景区、自成景观、创造特色等方面的环境作用，注重园路等级划分、线型通畅、便于集散。科学控制园路的路网密度，宜在 200～380m/hm^{2}之间。利用园路对游人游览所起到的引导和暗示作用，创造连续展示园林景观的空间或欣赏前方景物的透视线，同时要注意园路的可识别性和方向性。园路及铺装场地应根据不同功能要求确定其结构和饰面，面层材料应与公园风格相协调，形成景观。铺装场地应根据集散、活动、演出、赏景、休憩等使用功能，同时结合基地自身的自然、人文要素，做出不同的设计并形成特色。

6. 园林建筑设计

提供一定的室内空间满足公园功能和造景的需要是一切园内园林建筑的设计依据。园林建筑设计应把握以下原则：

1）“观景”与“景观”：满足看与被看的要求，园内一切园林建筑应该既是观景点也是景观点。

2）景观与建筑的交融：建筑物的位置、朝向、高度、体量、空间组合、造型、材料及色彩，应与地形、地貌、山石、水体、植物等其他造园要素统一协调。

3）形式与功能的统一：园林建筑的使用功能应在其形式上有所反映，同时园林建筑在体量、空间组合、造型、材料及色彩的设计上也要充分考虑建筑物功能活动的特殊需要。

7. 植物规划设计、选择的原则与要求

植物规划设计、选择应以公园总体设计对植物组群类型及分布的要求为根据，同时满足下列原则：

1）要满足改善环境、生态保护的要求。公园的绿化用地应全部用绿色植物覆盖，采取以植物群落为主，乔木、灌木和草坪地被植物相结合的多种植物配置形式。建筑物的墙体、构筑物可布置垂直绿化。

2）要满足游园活动的各种功能要求，根据各分区不同的功能活动，做出不同的植物设计。

3）要满足公园艺术布局的要求，考虑四季景观、特色植物、种植类型、植物搭配等因素。

4）要从建园行程来考虑，依据分区和重要程度，做到植物规格大小结合、速生慢生结合、密植疏植结合。

5）要选择适应栽植地段立地条件的当地适生种类，及选择寿命较长、病虫害少、无针刺、无落果、无飞絮、无毒、无花粉污染的植物种类。合理确定常绿植物、落叶植物和乔木、灌木的种植比例。

四、专类、专项公园规划设计要点

1. 儿童公园

儿童公园是儿童青少年接近自然、学习自然和在自然为主体的环境中开展有益身心健康的各类活动的重要场所，并从中得到文化科普及知识的专类公园。依据公园基地的自然条件、儿童的年龄段进行空间的组织与划分。儿童公园可参照儿童的年龄段分为学龄前儿童区，小学生及青少年活动区。有一定规模的儿童公园还可以在青少年活动区下分为：体育区、文娱区、游戏区和科学普及区等。规模不大的儿童公园如不能严格按功能分区，可以按年龄分成几个功能活动场地。儿童公园的规模，一般来说公园的全园面积宜大于 $2hm^2$。儿童公园在规划设计上应注意以下几个方面：

1）布局方面：主出入口要有标识性，和城市交通干线直接联系，尤其和城市步行系统联系紧密；园内主要的广场和建筑应为全园的中心，按年龄段分得各种场地应采用艺术方式，引起儿童的兴趣，使儿童易于记忆；学龄前儿童区应靠近主要出入口，而青少年使用的体育区、科普区等应距主要出入口较远处；园内道路应明确快捷便利，不过分迂回；地形地貌不宜过于起伏复杂，要注意分区内的视线通达。

2）建筑及各种设施方面：建筑和设施的尺度要与儿童的人体尺度相适应，造型、色彩应符合儿童的心理特点；各种使用设施、游戏器械和设备应结构坚固、耐用，并避免构造上的硬棱角。

3）植物方面：不能选用有刺、有毒、有臭味以及引起皮肤过敏的植物种类；乔木宜选用高大荫浓的种类，夏季庇荫面积应大于活动场地范围的50%；活动范围内灌木宜选用萌发力强、直立生长的中高型种类，树木枝下净空高度应不小于1.8m；植物种类应尽量丰富，以利于培养儿童对自然界的兴趣。

2. 主题公园

由一个或几个相关主题所主导，再配合不同的人工设计景观和设施，让游客体验到主题感觉。其实质上是一种文化的形象展示，即通过适当的方式将资源（创作素材）所蕴含的无形的文化内涵用具体的物化产品（在三维空间上）表现出来。

1）主题公园的类型：可以分为情景模拟、游乐、观光和风情体验型等。情景模拟型，是对某种场景的塑造，如各种影视城的主题公园。游乐型的主题公园，提供了刺激的游乐设施和机动游戏。观光型的主题公园则浓缩了一些著名景观或特色景观，让游客在短暂的时间欣赏最具特色的景观。风情体验为题的主题公园，则将不同的民族风俗和民族色彩展现在游客眼前。

2）设计目标：必须以追求经济效益为目标，按照赢利的原则来设计；必须确立美学的目标和需要，包含着对美的发现和揭示；必须肩负促进社会文化健康发展，提高人类生活质量的目标和需要。

3）布局要求

（1）主题景观序列——以设定的游览线，将各景观元素或景观点串联起来，组成完整的景观序列，体现某种的艺术气氛乃至艺术意境、文化内涵和时代气息。

（2）出入口：主要出入口有明显的标志和符号感，应有相应和足够面积的内、外集散广场和停车场。

（3）竖向设计：根据表现主题的需要，对地形进行人工塑造，营造强烈的艺术效果。

（4）园路及游览：强调主环线道路以展示设定的景观序列。选择步行、船行、机动车行和轨道车行等能提供最佳参与和体验主题的游览方式组织游览。

（5）景观元素：以人工景观元素为主，尽可能结合中国自然山水园林的设计手法，创造富有中国特色的主题公园景观。

4）植物：靠近主环路和主要景点的植物应体现主题场景，可根据观叶、观花、观果或观赏植物姿态为依据选择树种。避免选择有刺、有毒、有臭味以及引起皮肤过敏的植物种类。远离主环路和主要景点的地区植物以背景效果和生态效益为依据，选择适应性强的乡土树种并注意常绿树所占的比例，保持背景景观的相对稳定。

3. 纪念性园林

具有某种独特风格并营造出浓厚纪念气氛的绿色空间。常分为入口区、纪念区、游憩区、管理区四个区。入口区应与主入口直接联系，有一定规模的内外广场区，适应特殊纪念日的瞬时人流集散；纪念区是纪念园林的主体部分，是某种纪念主题在空间上的集中体现；游憩区是纪念园林的辅助部分，是游人展开自由休息、观赏等活动的空间；管理区是为全园提供后勤管理服务的功能区。纪念园林规划设计要求如下：

1）布局方面

（1）出入口区：平面通常为规则构图，体现庄严、肃穆的气氛，应有相应的人流集散、小型集会的场地。

（2）纪念区：通常直接和出入口区有直接的路径和视觉联系，采用规则构图沿轴线展开景观序列，渐次增强地营造某种纪念主题的氛围。

（3）游憩区：结合自然地形、地貌，通常采用自然风景构图，做到将景色、含义、活动和环境相结合。

（4）管理区：尽可能远离公园主轴线，控制功能区的面积和建筑体量，尽量隐蔽并有其单独的对外联系出入口。

（5）竖向设计：可采用台地或主景升高等造园手法配合营造纪念气氛，亦可利用基地原有的山水格局适当改造后形成的空间虚实、开合变化来配合组织纪念主题景观序列。

（6）园路：在出入口规则式道路和轴线重合或平行，在其他区则采用自然式道路串联景点和满足交通功能的需要。

2）建筑：应符合纪念园林的内容、规模和特色，立面构图尽量采用简洁的体量和虚实对比，和其他造园要素融为一体，增强全园雕塑感和纪念感。

3）植物：入口内广场和纪念区周围多用规则栽植，以常绿树为主，不强调季相变化，配合其他园林要素，创造某种纪念气氛。游憩区的植物应在和纪念区的骨干树种有呼应的同时，选择乡土观赏树种，注意色彩搭配、季节变化、层次变化。

4. 植物园

能体现关于植物的科学研究、科学教育和科学生产三者关系，在空间布局上将科学内容和造园艺术相结合的绿色境域。植物园按其性质可分为综合性植物园和专业性植物园两类；综合性植物园是指兼备科研、游览、科普及生产等多种功能且规模较大的植物园。目前我国这类植物园主要归属科学院、地方园林系统。专业性植物园是指根据一定的学科、专业内容布置的植物标本园、树木园、药圃园等。如属于大专学校或文教系统以进行科学研究和教育的附属植物园，属于产业部门以解决当地有关专业生产上的问题为主要任务的植物园。植物园常分为展览区、科研及苗圃区。世界各国的植物园展览区的布局，常从科学的、观赏的、经济的角度出发来规划，归纳起来主要有按照植物进化原则和分类系统来布置的展览区，按照植物的生态习性与植被类型来布置的展览区，依据植物地理分布和植物区系的原则布置的展览区，根据植物的经济用途和人类改造植物的原则来布置的展览区，观赏植物与造园艺术相结合的展览区，树木园展览区，物种自然保护展览区等七种类型。科研及苗圃区通常由科研实验区、引种驯化区、示范生产区、苗圃区组成。植物园在规划设计方面要求如下：

1）布局方面

（1）出入口：面积较大的植物园，需要较多出入口。其主要进出口应与城市的交通干线直接联系，从市中心有方便的交通工具可以直达植物园。有一定面积的内、外集散广场、和停车场。

（2）展览区：应在入口附近。靠近入口的区域适宜布置科普意义大、艺术价值高、趣味性强的内容，形成植物园的活动中心、和构图重心，如植物展览馆、展览大温室、花卉展览馆等和各类面积不大的展区。离入口较远的区域适宜布置专业性强、面积大的展区。

（3）科研及苗圃区：可以远离出入口，但应和展览区的主要部分有较好的交通联系，去内土壤、排水条件好，有单独的出入口。

（4）竖向设计：在选址的基础上配合适当的地形改造，形成不同的小气候，创造多种生境来适应不同植物种类的生存。

（5）园路：园路系统等级明确，充分满足交通和导游功能。展览区路网密度应明显高于科研及苗圃区。

2）建筑：可结合广场形成建筑群成为全园的构图中心，亦可分散和环境结合形成景点。建筑风格宜现代、轻快，体现科技含量。

3）植物

（1）物种上应广泛收集植物种类，特别是收集那些对科普、科研具有重要价值和在城市绿化、美化功能等方面有特殊意义的植物种类。

（2）植物园展览区的种植设计应将各类植物展览区的主题内容和植物引种驯化成果、科普教育、园林艺术相结合。

（3）种植形式及类型：基本上采用自然式，有密林、疏林、树群、树丛、孤植树、草地花丛、花镜等。

（4）配植方式：不同科、属间的树种，由于形态差别大、易于区别，可以混交构成群落。同属不同种的植物，由于形态区别不大，不宜混交。同一树种种植密度应有变化，以便观察其不同的生长状况。

5. 动物园

动物园是饲养野生动物供展览观赏、普及科学知识，并进行野生动物的生态习性、遗传分类、驯化、繁殖等的绿地场所，属专类公园。依据动物园位置、规模、展出方式等不同可将我国动物园划分为城市动物园、人工自然动物园、专类动物园、自然动物园四种类型。动物园常分动物陈列区、后勤管理区两部分。动物陈列区通常采取按动物原产地布局、按动物进化系统布局、按动物的食性和种类布局三种方式陈列展示。动物园规划设计要求如下：

1）布局

（1）出入口：主要进出口应与城市的交通干线直接联系，应有一定面积的内、外集散广场和停车场。

（2）动物陈列区：兽舍大小组合、集零为整，组成一定体量的建筑群，布局上防止动物生活习性上的相互干扰；同时室内、室外动物活动场地结合，以便于游人观赏和动物园总体艺术风貌的形成。

（3）后勤管理区：和动物陈列区有较好的交通联系，但本身具有较弱的视觉引导力。做到既便于饲养管理，又不成为风景构图的重心。

（4）竖向设计：充分利用地形和通过地形改造和创造地形来满足不同生活习性的动物的需要，同时创造优美的自然山水景观。

（5）道路：园内主路应当是最主要最明显的导游线，能明显和方便的引导游人参观展览区。

（6）建筑：建筑应和地形地貌有机结合、融为一体，造型质朴粗犷、充满野趣。

2）植物

（1）有利于创造动物的良好生活环境和模拟动物原产区的自然景观。

（2）动物运动范围内应种植对动物无毒、无刺、萌发力强、病虫害少的中慢长种类。

（3）创造有特色植物景观和游人参观休憩的良好环境。

（4）在园的周边应设置宽30米的防风、防尘、杀菌林带。

6. 森林公园

在城市郊区森林环境中为城市居民开辟的供游览休息的公园。它既不同于风景名胜区，也有别于林业生产区。它是以开展森林旅游为主体的，同时强调保护绿化、调整林分结构、美化景区环境、创造特色森林景观和保护珍稀动物，是生态效益与经济效益相结合的一种景观形式。

1）森林风景旅游资源评价　森林风景旅游资源评价主要包括自然风景资源、人文景观资源、旅游开发利用条件、区域环境质量等四个方面。其中自然风景资源评价的主要因子有林相景观、季相景观、古树名木、地貌景观、水体景观等五个方面。

2）森林公园分区　根据不同的风景资源，进行分区。一般可以分为管理接待区、森林游憩区、森林度假区、森林野营区。管理接待区以旅游接待服务和旅游管理为主要功能；森林游憩区以登山涉远、戏水探幽等游览活动为主要内容；森林度假区以提供绿树掩映、回归自然的居住和生活方式为主要内容；森林野营区以创造平静和谐、浪漫随意的野外生活空间为主要内容。

3）布局方面

(1）管理接待区：直接和公园主入口联系，是全园的后勤依托，和其余各区均有功能联系。

(2）森林游憩区：是公园的游览主体，应根据风景资源的分布和组合，建立相应的景观序列。

(3）森林度假区、森林野营区：和管理接待区有一定功能联系，又和森林游憩区有空间视觉联系。

(4）竖向设计：充分利用原有地形、地貌，追求山林野趣，不做或尽量少做地形改造。

(5）园路：在注意各功能区之间交通功能联系的同时，应更加注意园内主路的导游性。尤其是在森林游憩区，应精心选择游览线、组织景观序列。

4）建筑　充分体现地域性特色，小体量和环境地形有机结合。

5）植物

(1）植物规划的重点是保护和营造地带性植被群落。

(2）结合植物的观赏、科研、防护、保健、生态等多种功能，充分体现森林旅游的多功能性。

(3）在重点地段，应选择乡土观赏树种，注意四季景观。

第二节　城市道路与广场绿地规划设计

一、城市道路绿地规划设计

城市道路就是一个城市的骨架，交通的动脉，城市结构布局的决定因素。他密布整个城市形成了一个完整的道路网。城市道路绿化的好坏是对城市面貌起决定性的作用。是城市物质文明、精神文明建设的重要组成部分。其功能和作用主要体现在卫生防护、组织交通、保护安全、美化市容和经济生产等五个方面。

1. 城市道路类型

1）城市主干道　城市主干道是城市内外交通的主要道路，城市的大动脉。

(1）高速交通干道：是连接城市之间或者是城市各大区之间的远距离高速交通服务方式。行车速度在80～120km/h。行车全程均为立体交叉，其他车辆与行人不准使用。

(2）快速交通干道：建在特大城市、大城市，与近郊1～2级公路连接，位于城市分区的边缘地带。服务半径一般在 10～40km 之间，车速在大于 70km/h，全程可为部分交叉。这种类型干道不允许在干道两侧布置大量人流的集散点。

（3）普通交通性干道：是大中城市道路的基本骨架。大城市又分为主要交通干道和一般交通干道。干道的交叉口一般在 800～1200m 为宜，车速为 40～60km/h，一般为平交。

（4）区镇干道：大中城市分区或一般城镇的服务性干道。主要满足生产货运和上下班客运交通的需要。其特点为行车速度低，一般在 25～40km/h，全程基本为平交。区干道位于市中心与居住区之间，可布置成全市性或分区的商业街，断面要求考虑人多、货运、公共交通和自行车停放等要求。

2）市区支道　是小区街坊内的道路，直接连接工厂、住宅区、公共建筑。车速一般为 15～45km/h。断面的变化较多，不规则分车道。

3）专用道路　有专供公共汽车行驶的道路，专供自行车行驶的道路和城市绿地系统中步行林荫道等。

2. 城市道路绿地规划设计的基本原则

1）依据道路类型、性质功能与地理、建筑环境进行合理规划布局；

2）充分考虑行人人身安全和驾驶者行车安全；

3）提供尽可能多的遮荫面积，创造舒适的行走环境；

4）植物品种选择以及布置方式上能保证其良好的生长态势，养护管理成本低；

5）道路绿化形式多样化，塑造美丽街景。

3. 城市道路绿地的布置形式

道路绿化断面布置形式与道路横断面组成密切相关，我国道路断面多采用一块板、两块板、三块板等基本形式，相应的道路绿化断面布置形式就有一板两带式、两板三带式、三板四带式，四板五带式等。

1）一板两带式（图 5-1）　在车行道两侧人行道分隔线上种植行道树的方式。优点是简单整齐、用地经济、管理方便。缺点是当车行道过宽时遮荫效果较差，景观单调，不能解决机动和非机动车辆混合行驶的矛盾。多用在小城市或者车辆少的街道。

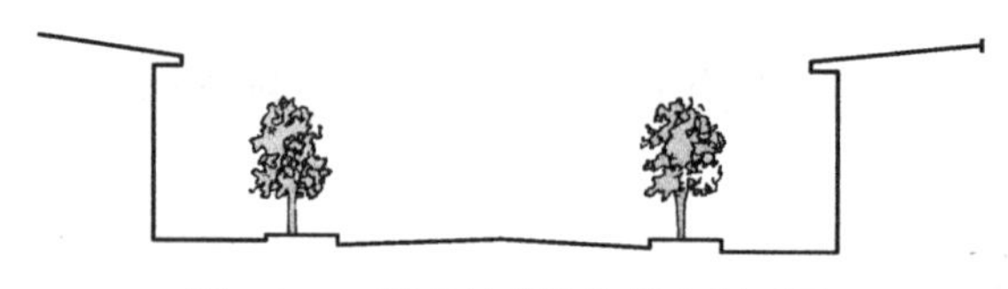

图 5-1　一板两带式道路绿化断面图

2）两板三带式（图 5-2）　在车道两侧与人行道之间布置绿化带，同时用一条绿化分隔带把车行道分成单向行驶的两条车道。分隔带上是否种植乔木应根据分隔带的宽度和城市景观要求来定。优点是可以减少对向车流之间互相干扰和避免夜间行车时对向车流之间头灯的眩目照射而发生车祸，有利于绿化、照明、管线铺设。缺点是仍解决不了机动车辆

图 5-2　二板三带式道路绿化断面图

与非机动车辆混合行驶互相干扰的矛盾。绿带数量较大，生态效益较显著。适用于高速公路和入城道路等比较宽阔的道路。

3）三板四带式（图 5-3）　用两条分隔带把车行道分成三块，中间为机动车道，两侧为非机动车道，连同车道两侧的行道树共有四条绿带。遮荫效果好，在夏季能使行人和各种车辆驾驶者感觉凉爽舒适，同时解决了机动车和非机动车混合行驶互相干扰的矛盾，组织交通方便，安全系数高。在非机动车很多的情况下采用这种断面形式比较理想。

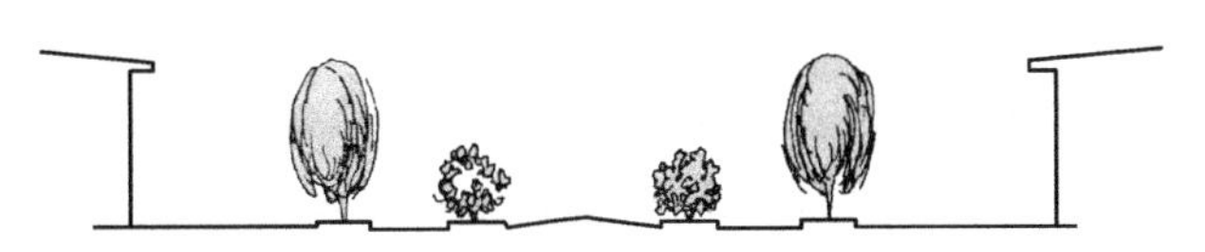
图 5-3　三板四带式道路绿化断面图

4）四板五带式（图 5-4）　利用三条分隔带将车道分成四条，使机动车和非机动车都分上下行，各行车道互不干扰。优点是行车安全都有保障，缺点是用地面积较大。有时候也采用高 60cm 左右的栏杆代替绿化分隔带以节约用地。

图 5-4　四板五带式道路绿化断面图

道路绿化采用哪种形式必须从实际出发，因地制宜，不能片面追求形式讲求气派。应当综合考虑行人遮荫、树木生长以及行车方便。

4. 城市道路绿地规划设计的主要内容

道路绿化是指红线范围以内的行道树、分隔带绿化、交通岛绿化以及附设在红线范围以内的游憩林荫路等。立交桥绿化以及停车场绿化也属于道路绿化的范畴。市区交通干道的绿化应以提高车速保证行车安全为主，合理布置分隔绿带和交通岛，在该类道路上布置游息林荫路是不恰当的。为了减少汽车废气、粉尘以及噪音对于道路两侧居民和行人产生的不良影响，在车行道和人行道之间建立较宽的种植带加以分隔是很必要的。在商业服务和文化娱乐设施机总的繁华街道或地区，最好开辟步行街或者步行区并进行绿化以提供人安全休息和活动的场所。居住区的道路绿化更适合采用游息林荫路的布置方式。

5. 城市道路绿地植物规划设计

1）行道树

（1）行道树种植方式：有树池式、树带式两种。树池式适用于交通量较大、行人多而人行道比较窄的路段，形状可方可圆，边长或直径不得小于 1.5 米。行道树栽植点居中，池边缘要高出人行道 8～10cm。树带式在人行道和车行道之间留出一条不加铺装的种植带，宽度不小于 1.5 米，种植一行大乔木和树篱。如宽度适宜则可以在人行道纵向上种植两行或多行乔木和树篱，一条供附近居民和进出商店的顾客使用，一条为过往人和上下车的乘客服务。靠车行道一侧以防护为主，近人行道一侧以观赏为主。形式上可以多样变化。

（2）行道树的株距：行道树株距确定要根据树种的不同特点、苗木规格、生长速度、交通和市容要求等因素来确定。目的是充分发挥行道树的作用，方便苗木管理，保证植物生长需要的空间。

（3）行道树的定干高度：行道树定干高度应根据其功能要求、交通状况、道路性质、路幅、树木分枝角度大小来定。行道树树冠越大分枝点越低对改善和保护环境卫生作用就越显著。但最低不能低于 2m，以免影响行人通行。交通干道上的行道树为了行车安全和接送乘客方便，定干高度不宜低于 3.5m。

2）绿化带种植设计

（1）路侧绿带设计：指车行道边缘至建筑红线之间的绿化地段，是道路绿化的重要组成部分。同时，路侧绿带与沿路的用地性质或建筑物关系密切，有些建筑要求绿化衬托；有些建筑要求绿化防护；有些建筑需要在绿化带中留出入口。因此，路侧绿带设计要兼顾街景与沿街建筑需要，应在整体上保持绿带连续、完整、景观统一。应考虑绿化带对视线的影响，树木的株距应当不小于树冠直径的 2 倍。根据绿带宽度不同可以选择不同的绿化方式，如宽度大于 2.5m 以上的可以种植一行乔木一行灌木，宽度大于 6m 的可种植两行乔木或者采用大小乔木和灌木配搭的复层方式，宽度大于 10m 的甚至可以多行或者布置成花园林荫路。

（2）分车带绿化设计：分车带的宽度依行车道的性质和街道总宽度而定。分车带宽度不宜小于 1.5m。绿化形式要求简洁、树木整齐一致，其绿化应形成良好的行车视野环境。如分车带上种植乔木，其树干中心至机动车道路缘石外侧距离不宜小于 0.75m 的规定。在行车速度较慢的区域可以采用乔灌草搭配的方式布置分车带，布置方式根据植物种植密度高低和通透性不同可分为封闭式和开敞式，不管采取哪种方式都应当以安全为首要的考虑。分隔带应适当分段，一般采用 75～100 为宜，并尽可能与人行横道大型商店和人流集散比较集中的公共建筑出入口结合。

（3）交叉路口、交通岛绿化设计：交叉路口指两条或者两条以上道路相交之处，是交通咽喉。交叉口绿地由道路转角处的行道树、交通岛以及一些装饰性的绿地组成。设计中要根据安全视距确定视距三角形，在视距三角形范围内布置植物要把高度控制在 0.65～0.70m 以下。个别深入范围内的行道树如果株距在 6m 以上，树干高于 2m，干径在 0.4m 以内也是允许的。交通岛主要起组织环形交通的作用，设在车辆流量大的主干道或者交通关系复杂的交叉口，一般直径在 40～60m。交通岛一般为封闭式绿化，常以嵌花草皮花坛为主或以低矮常绿灌木组成简单的图案花坛，切忌用常绿小乔木或者大灌木充塞其中以免影响视线。花坛中心可以布置雕塑或者姿态优美观赏价值高的乔灌木加以强调。

（4）立交桥绿化设计：立交桥是解决复杂交通关系的常用道路形式。为保证车辆安全和保持规定的转弯半径，在匝道和主次干道之间往往形成几块面积较大的空地，这部分称为绿岛，在立体交叉的外围到建筑红线的整个地段称为外围绿地。绿化布置要服从立体交叉的交通功能，在车辆顺行交叉（交织）的地段不宜种植遮挡视线的树木，种植的植物高度不能超过司机视高。弯道外侧最好种植成行的乔木，以便诱导司机行车方向，给司机一种安全感。绿岛可以种植开阔草坪，点缀观赏价值高的常绿树和花灌木，也可以种植一些宿根花卉，形成舒朗而有层次的景观。切忌种植过高的植物以免显得阴暗。如果绿岛面积较大可以按街心花园形式布置。外围绿化树种的选择和种植方式要和道路伸展方向绿化的不同性质结合，和周围的建筑物、道路、路灯、地下设施以及管线密切配合，做到合理布置。

(5) 花园林荫路绿化设计：花园林荫路绿化必须设置游步道、车行与林荫道之间要有外高内低的浓密树荫屏障；提供各种休闲活动设施；须留出出入口；植物布置丰富多样；宽度较大的可以自由式布置，宽度较窄的可以规则式布置。

(6) 市郊公路绿化设计：市郊公路绿化应根据公路等级、路幅决定绿化带宽度和树木种植位置，大于等于 9m 的公路可以在路肩上种树，路幅低于 9m 的不适合种在路肩上种树；遇到桥梁涵洞等构筑物时，5m 以内不得种树；树种多样富于变化，可以 2～3km 换一树种；适地适树；与各类防护林相结合。

二、城市广场绿地规划

城市广场是为满足多种城市社会生活需要而建设的，以建筑、道路、山水、地形等围合，由多种软、硬质景观构成的，采用步行交通手段，具有一定主题思想和规模的节点型户外公共活动空间。城市广场担负着满足政治、文化、商业、休憩等多种功能，是城市风貌和文化内涵表达的重要窗口之一。

1. 城市广场的类型及特点

1) 市政广场　用于政治、文化集会、庆典、检阅、礼仪、传统民间节日活动的广场。广场上的主体建筑是室内的集会空间，广场则是室外的集会空间，主体建筑是室外广场空间序列的对景。建筑以及景观一般对称布局。市政广场不宜布置过多的娱乐性建筑和设施。

2) 纪念广场　纪念人或者事件的广场，广场中心或者侧面以纪念雕塑、纪念碑、纪念物或纪念性建筑作为标志物，主体标志物位于构图中心，其形式和形式应当满足纪念气氛及象征的要求。广场本身应成为纪念性雕塑或纪念碑底座的有机构成部分。建筑物、雕塑、竖向规划、绿化、水面、地面纹理风格统一、互相呼应以加强整体的艺术表现力。

3) 交通广场　是城市交通系统的有机组成部分，是交通的连接枢纽，起交通、集散、联系、过渡、停车等作用，并有合理的交通组织。交通广场也可以从竖向空间布局上进行规划设计，以解决复杂的交通问题，合理组织车流、人流、货物流等，广场应满足通畅无阻、联系方便的要求，有足够的面积以满足行车、停车、行人以及安全需要。

4) 商业广场　用于集市贸易、购物的广场，或者在商业中心区以室内外结合的方式把室内商场与露天、半露天市场结合在一起。大多采用步行街的布置方式，使商业活动区集中，既便利顾客购物，又可避免人流车流的交叉，同时可供人们休憩、交流、饮食等使用，是城市生活的重要中心之一。一般位于整个商业区主要流线的主要结点上，可布置多种城市小品和娱乐设施供人们使用。

5) 娱乐休闲广场　城市中供人们休憩、交流、游玩、演出及举行各种娱乐活动的广场。广场中应布置台阶、坐凳等供人们休息，设置花坛、雕塑、喷泉、水池以及城市小品供人们观赏。广场中应具有轻松欢乐的气氛，布局自由，形式多样，并围绕一定的主题进行构思。

2. 城市广场绿地规划设计的基本原则

1) 贯彻以人为本的人文原则　分析研究人的行为心理和活动规律，创造出不同性质、不同功能、不同规模、各具特色的城市广场空间，以适应不同年龄、不同阶层、不同职业市民的多样化需要，是现代城市广场规划设计中贯彻以人为本的人文原则的基础。只有处处体现对人的关怀和尊重，才能使城市广场真正成为人们向往的公共活动空间。

2）把握城市空间体系分布的系统原则　城市广场是城市空间环境的重要节点，在城市公共空间体系中占有重要地位。对它的建设，应纳入城市公共空间体系中统一规划布局。正确地认识广场在城市中的区位和性质，恰如其分地表达和实现其功能，城市广场空间与环境才能共同形成有机整体。城市广场在城市空间环境体系中有以下几类：

（1）位于城市空间核心区的广场：该类广场往往是城市环境中尺度较大、功能多样的公共活动空间，能突出体现城市整体的风貌。主要通过在广场四周布置重要的建筑物，使其成为城市整体空间环境的核心。由于这类广场往往处于建筑密度大，容积率高，交通复杂，车人流量大的城市中心区，因此如何处理好广场与周围用地、建筑及交通的关系至关重要。

（2）位于街道空间序列或城市轴线节点的广场：该类广场最多的是城市步行商业区，它们往往以某一主题广场作为整个商业区的开端，然后以步行街作为纽带，连接其他各具特色的广场。这种线状空间和块状空间的有机结合，增加了城市空间的深度和广度，极大地提高了城市空间群体的感染力和影响力。

（3）位于城市入口的广场：该类广场是进出城市的门户，位置重要，是旅客对城市的第一印象，传统称为交通性广场。它的设计不但要解决复杂的人货分流和停车场等动、静态交通问题，同时也要合理安排广场的服务设施，有机组织人的活动空间，综合协调广场的景观设计，把广场空间的功能与形态纳入城市公共空间的整体中加以考虑。

（4）位于自然山水边缘的广场：该类广场与自然环境密切结合，最能体现可持续发展的生态原则。一般是利用溪流、江河、山岳、林地以及地形等自然景观资源和生态要素形成公共开放空间，这种空间往往是步行者的专用空间，没有汽车干扰，一般与绿地结合紧密。

（5）位于居住区内部的广场：在城市居住区内常设置可供居民游戏、健身、文娱、休息、散步等活动的小型广场，以满足对户外活动的需要。特别是在密度较高的高层住宅区，更需要为居民开辟出室外活动空间。这类广场面积不大，功能也不复杂，根据居民需要确定广场位置，强调和周围居住空间环境相互协调，并在广场内适当设置凳椅、花草、树木、亭台、廊架等，以增强广场的可用性和可看性。

3）倡导继承与创新的文化原则　城市广场，作为人类文化在物质空间结构上的投影，其设计既要尊重传统、延续历史、继承文脉，又必须站在“今天”的历史地位，反映历史长河中“今天”的特征，有所创新，有所发展，实现真正意义上的历史延续和文脉相传。因此，继承和创新有机结合的文化原则，是城市广场设计应充分重视、大力倡导的。文脉主义常用两种设计手法在今天的设计中融入传统：地区—环境文脉手法，把建筑空间环境整个地作为市民生活方式和社会文化模式的“符号”，它倾向于传统式或流行式，设置明喻；时间—历史文脉手法，讲究从传统建筑提取符号，传达历史信息，赞同现代建筑体量、空间同传统建筑造型要素、细部片段的兼容，设置暗喻。

4）体现可持续发展的生态原则　现代城市广场设计应从城市生态环境的整体出发，一方面应用园林设计的方法，通过融合、嵌入、缩微、美化和象征等手段，在点、线、面不同层次的空间领域中，引入自然、再现自然，并与当地特定的生态条件和景观特点相适应，使人们在有限的空间中，领略和体会到无限自然带来的自由、清新和愉悦。另一方面

城市广场设计要特别强调其生态小环境的合理性，既要有充足的阳光、又要有足够的绿化，冬暖夏凉、趋利避害，为居民的各种活动创造宜人的空间环境。

5）突出个性创造的特色原则　个性特色是指广场在布局形态与空间环境方面所具有的与其他广场不同的内在本质和外部特征。有个性特色的城市广场，其空间构成有赖于它的整体布局和六个要素，即建筑、空间、道路、绿地、地形与小品细部的塑造，同时应特别注意与城市整体环境风格的协调。

6）重视公众参与的社会原则　调动市民的参与性，首先是内驱力的唤醒，从需求着眼，让广场关联到每个人，使更多的人，从更多的方面参与活动之中；其次是为人留有多种选择的自由性和多层次性；第三是作为活动的空间载体，要富有较大的文化内涵，使人既受到文化的感染，又积极参与文化意义的认知和理解活动，使广场具有永久的生命力。参与性也体现在广场的创作设计过程中充分了解市民的意愿、意见，发挥市民群体智慧，使广场环境更具有弹性和魅力。从具体操作层次上看，首先必须保证公众能够及时，准确地获得各种规划信息；其次应该提供公众参与规划决策过程的平等机会；第三应该建立起采纳公众意见，保护公众利益的机制；最后在设计过程中应提倡与市民一起设计，而非只注重为市民设计。此外，公众参与原则还体现在公众参与城市广场的管理上。总之，参与原则应贯穿于规划、设计、建设、使用、管理和后期再创造的全过程中。

3. 城市广场绿地规划设计的主要内容

1）城市广场的空间环境分析

（1）广场空间的尺度分析：广场空间的尺度对人的感情，行为等都有巨大的影响，城市广场尺度的处理是否得当，是城市广场空间设计成败的关键因素之一。日本芦原义信提出了在外部空间设计中采用20～25m的模数，是一个令人感到舒适亲切的尺度。而广场实体的高度H与距离D的比例也是分析的重点，历史上许多好的城市广场空间D与H的比值大体在1～3之间。需要指出的是，广场空间并非单纯的尺度问题，它是由活动内容、布局分区、视觉特性、光照条件、容积感与建筑边界条件等因素共同制约的，同时也与相邻空间的相互对比有关。广场的尺度除了具有良好的绝对尺度和相对的比例以外，还必须具有人的尺度，而广场的环境小品布置则更要以人的尺度为设计依据。

（2）广场空间与周围的建筑：建筑对于广场空间的形成起着重要的作用，建筑组合形式的不同形成不同类型的广场空间形态，主要表现为四种形态：四角敞开的广场、四角封闭的广场、三面封闭与一面开敞的广场、作为主要建筑物的舞台装置的广场。

（3）广场空间与道路关系：广场与道路的组合，一般说来有道路引向广场、道路穿越广场、广场位于道路一侧三种方式。广场属于人的活动空间，道路则属于人与车的交通空间。广场如何有效地利用道路交通联系同时又避免交通的干扰是广场空间设计中要解决的一个问题。

（4）广场的序列空间：对广场周围的空间做通盘考虑，以形成有机的空间序列，从而加强广场的作用与吸引力，并以此衬托与突出广场。广场的序列空间可划分为前导、发展、高潮、结尾几个部分，人们在这种序列空间中可以感受空间的变化、收放、对比、延续、烘托等乐趣。

2）城市广场布局

（1）广场与城市交通：处理好广场与城市道路交通体系的有机关系、广场内部的交通组织。

（2）广场与城市景观：广场设计应当有意识地把广场景观纳入城市整体景观的塑造中，采用传统造园的借景方式可以很好地达到这样的效果，构图上采用轴线或者景观视线的连接是常用的手法。

（3）广场的空间划分：根据广场的功能来划分广场空间是基本的设计思路。空间划分注重空间类型的多元化，比如私密和开敞、动与静、休息与活动等。

（4）广场空间的限定和渗透：各个广场空间可以通过各种空间限定手段进行有效的限定。采用的限定方式与空间类型、空间性格要密切结合。同时广场与围合建筑之间、广场各个空间之间可以通过多种方式获得视觉上、行动上乃至表现内容上的广泛联系，从而加强广场的整体性。

（5）广场空间秩序的组织：空间秩序的建立包括功能秩序和景观秩序两个方面。空间秩序是按照空间功能和性质来组织的，比如外部的—半外部的—内部的，公共的—半公共的—私密的，嘈杂的—中间性的—安静的，开放的—半开放的—封闭的等等。景观秩序主要指从四维意义上的空间秩序，也是我们常常说的空间序列，序列建立的方式主要是靠轴线，通过各个空间内容以及形式上的组织形成如同文学作品中的序幕—发生—发展—高潮—尾声这样的连续环节。设计者可以采用连续动态的连续视景分析方法把自己置身实地考虑，从而组织起一种符合人的实际感受的良好的空间秩序。

3）城市广场中几种空间环境要素的设计

（1）色彩：色彩是用来表现城市广场空间的个性和环境气氛，创造良好的空间效果的重要手段之一。在纪念性广场中便不能有过分强烈的色彩，否则会冲淡广场的严肃气氛。相反，商业性广场及休息性广场则可选用温暖而热烈的色调，使广场产生活跃与热闹的气氛，更加强了广场的商业性和生活性。在广场色彩设计中切忌色彩众多而无主导色。

（2）水体：充分运用水的特性创造空间，如静止与流动，流水与喷水。水体在广场空间的设计中可以作为广场主题、局部主题或起到辅助与点缀的作用。应该明确了水体在整个广场空间环境中的作用和地位后再进行设计，这样才能达到预期效果。

（3）地面铺装：底面不仅为人们提供活动的场所，而且也是空间构成的底界面，它具有限定空间、标志空间、增强识别性、给人以尺度感的作用，通过铺地图案将地面上的人、树、设施与建筑联系起来，以构成整体的美感；也可以通过地面的处理来使室内外空间与实体相互渗透。对地面铺装的图案处理形式可以分为：规范图案重复使用、整体图案设计、广场边缘的铺装处理、广场铺装图案的多样化四种。当然，合理选择和组合铺装材料也是保证广场地面效果的主要因素之一。

（4）建筑小品：建筑小品泛指花坛，廊架，座椅，街灯，时钟，垃圾筒，指示牌，雕塑等种类繁多小建筑。功能方面它为人们提供识别、依靠、洁净等物质功能。如处理得当，可起到画龙点睛和点题入境的作用。建筑小品设计，首先应与整体空间环境相协调，在选题，造型，位置，尺度，色彩上均要纳入广场环境的天平上加以权衡。既要以广场为依托，又要有鲜明的形象，能从背景中突出；其次，小品应体现生活性、趣味性、观赏性，不必追求庄重、严谨、对称的格调，可以寓乐于形，使人感到轻松、自然、愉快；再

次，小品设计宜求精，不宜过多，要讲求体宜，适度。

4. 城市广场植物规划设计

广场植物规划设计需注意以下几个方面：

1）植物配置方式符合广场空间的功能要求。

2）植物配置讲求层次感、层次要分明，以乔灌草相结合形成丰富的景观轮廓线和立面上的连续感。

3）注重季相搭配，春色树和秋色树、常绿树和落叶树相结合可以带来丰富的植物景观变化，常绿树应当占主要的比例。

4）选用一定数量的观花植物有利于活跃气氛。

5）布置有香味的植物可增加广场的吸引力。

6）可充分利用能够植物的象征意义配合主题的表达。

7）疏密有致，可通过植物配置调整空间形态和开合度。

8）植物配置要讲究主景配景的关系，重点绿化与一般绿化相结合。

9）植物配置与其他园林构成要素之间有机联系合理搭配共同构成优美的画面。

三、城市道路和广场绿地植物选择要求

1. 植物选择的原则

1）植物选择应当充分考虑当地的土壤、气候等植物生长的相关条件；

2）适地适树，适应性强，生长良好；

3）方便植物养护管理；

4）根据不同的用途选择相应的植物材料；

5）选择的植物应当与空间的氛围、主题协调统一；

6）尽量使用乡土树种。

2. 植物选择的要求

1）能适应城市的各种环境因子，耐贫瘠土壤、抗病虫害与污染、耐寒、耐旱，苗木来源容易，成活率高的品种；

2）树干通直，树姿端正，体形优美，冠大荫浓，发芽早，落叶晚而整齐，叶色富于季相变化；

3）选择寿命长的树种；

4）耐修剪，愈合能力强；

5）花果少无飞毛，花果无臭味、无飞絮飞粉，不招惹蚊蝇，落花落果不打伤行人污染衣服和路面，不造成滑车跌伤事故；

6）选择浅根性树种；

7）选择不带刺的树种。

第三节　居住区绿地规划设计

居住区绿地是居住区环境的主要组成部分。其质量的优劣是衡量居民居住环境质量好坏的重要指标之一。居住区绿地具有丰富居民生活、美化环境、改善小气候、保护环境卫

生、避灾、保持坡地的稳定等功能。

一、居住区绿地的组成

按照功能和所处的环境，居住区绿地分为居住区公共绿地、居住区公建设施专用绿地、居住区道路绿地及居住区宅旁宅间绿地和庭园绿地。居住区公共绿地是指居住区内居民公共使用的绿地，这类绿地常与居住区或居住小区的公共活动中心和商业服务中心结合布局；居住区公建设施专用绿地是指居住区内各类公共建筑和公用设施的环境绿地；居住区道路绿地是指居住区主要道路两侧或中央的道路绿化带用地；居住区宅旁绿地和庭园绿地是指居住建筑四周的绿地。

二、居住区绿地规划设计原则

1）以服务居民为目标：居住区的规划设计必须有效地为居民服务，要满足不同年龄层次，尤其是老年人及儿童少年活动的需要。

2）充分发挥绿地的生态功能：可通过构建较强生态功能的人工植物群落、采用生态铺装、树荫式场地、林荫道和在绿地中合理布置水体等措施更有效地发挥绿地的生态功能。

3）充分利用居住区中保留的有利的自然生态因素：在居住区景观规划中，应充分利用与结合居住区的自然生态景观因素，形成居住区环境景观和绿化的特色，丰富居住区开放空间的景观。

4）根据绿地中市政设施布局进行绿化设计：居住区绿化设计要根据绿地中居住区室外管线、地下管网、构筑物的布置情况、道路的线型和布局、绿地与建筑物的空间关系进行，种植设计要符合有关种植设计规范，避免影响居住区的交通视线、建筑物对日照、采光、通风和视线空间的要求。

5）居住区环境景观应突出地域性：居住区环境规划设计中应注重居住区所在地域自然环境、气候生态、居住区用地的土壤条件及地方建筑景观的特色；挖掘、提炼和发扬居住区地域的特色，创造出有显著地域特色和文化的景观。

三、居住区公共绿地规划设计

居住区公共绿地是居民日常休息、观赏、锻炼和社交的就近便捷的户外活动场所，规划设计必须以满足这些功能为依据。居住区公共绿地主要有居住区公园、居住小区公园和组团绿地三类，它们在用地规模、服务功能和布局方面都有不同的特点，因而在规划设计时，应区别对待。

1. 居住区公园

居住区公园是为整个居住区居民服务的居住区公共绿地，布局在居住人口规模达30000～50000人的居住区中，面积在10000m²以上。它在用地性质上属于城市绿地系统中的公园绿地部分，在用地规模、布局形式和景观构成上与城市公园无明显的区别。居住区公园规划设计应达到以下几方面的要求：

1）满足功能要求，划分不同功能区域。根据居民各种活动的要求布置休息、文化娱乐、体育锻炼、儿童游戏及人际交往等活动场地和设施；

2）满足园林审美和游览要求，以景取胜。充分利用地形、水体、植物及园林建筑，营造园林景观，创造园林意境。园林空间的组织与园路的布局应结合园林景观和活动场地的布局，兼顾游览交通和展示园景两方面的功能；

3）形成优美自然的绿化景观和优良的生态环境。居住区公园应保持合理的绿化用地比例，发挥园林植物群落在形成公园景观和公园良好生态环境中的主导作用；

4）居住区公园的规划设计手法主要参照城市综合性公园的规划设计手法，但应充分考虑居住区公园游人主要是本居住区居民，且游园时间集中的功能特点。

2. 居住小区公园

居住小区公园，又称居住小区级公园或居住小区小游园，是为居住小区居民就近服务的居住区公共绿地，在用地性质上属于城市绿地系统中的公园绿地。居住小区公园一般要求面积在 4000m^2 以上，布局在居住人口 10000 人左右的居住小区中心地带。居住小区公园规划设计应注意以下几个方面的问题：

1）居住小区公园内部布局形式可灵活多样，但必须协调好公园与其周围居住小区环境间的相互关系；

2）居住小区公园用地规模较小，但使用效率较高。在规划布局时，要以绿化为主，形成小区公园优美的园林绿化景观和良好的生态环境，并尽量满足居民日常活动对铺装场地的要求；

3）适当布置园林建筑小品，丰富绿地景观，增加游憩趣味，既起点景作用，又为居民提供停留休息观赏的地方。

3. 居住区组团绿地

组团绿地是直接联系住宅的公共绿地，结合居住建筑组团布置，服务对象是组团内居民，特别是就近为组团内老人和儿童提供户外活动的场所，服务半径小，使用效率高，形成居住建筑组群的共享空间。一般组团绿地面积要求在 1000m^2 以上，服务居民约 2000 人以上。居住组团绿地规划设计应注意以下几个方面的问题：

1）组团绿地的出入口、园路和活动场地要与组团绿地周围的居住区道路布局相协调；

2）绿地内要有一定的铺装地面，满足居民邻里交往和户外活动要求，并布置幼儿游戏场地，设置园椅、园凳和少量结合休息设施的园林小品；

3）组团绿地主要依靠园林树木围合绿地空间。绿化配植时应满足低层住宅室内的采光与通风的要求，但又应通过绿化配植尽量减少活动场地与住宅建筑间的相互干扰；

4）居住小区内不同的组团绿地在内部布局形式、景物设置及植物配植上既相互呼应协调，又各有特色；

5）在组团绿地的规划布局中，必须强调其与组团建筑环境的密切配合，对不同的建筑空间环境和平面形状的组团绿地采用相适应的布局形式，正确协调组团绿地的功能、景观与组团建筑之间的相互关系。

四、居住区公共建筑和公共服务设施专用绿地规划设计

居住区内公共建筑、服务设施的院落和场地，如学校、幼儿园、托儿所、社区中心、商场、居住区（或居住小区）出入口周围的绿地，除了按所属建筑、设施的功能要求和环境特点进行规划设计外，还应与居住区整体环境的绿化相联系，通过绿化来协调居住区中

不同功能的建筑、区域之间的景观及空间关系。

1）在主入口和中心地带等开放空间系统的重要部位，往往布局有标志性的喷泉或环境艺术小品的景观集散广场。景观集散广场、商场建筑周围和社区中心的绿地，要发挥绿化在组织开放空间环境方面的作用，绿化布置应具有较突出的装饰美化效果，以体现现代居住区的环境风貌。

2）居住区内学校、幼儿园以及社区中心、商场周围如有充足的绿地，这些公共建筑的周边绿化应以常绿乔木为主，通过绿化划分居住区中的不同功能区域，减少相互干扰，同时增强绿地生态功能。

五、居住区道路绿化

居住区内一般由居住区主干道、居住小区干道、组团道路和宅间道路等四级道路构成交通网络，联系住宅建筑、居住区各功能区、居住区出入口至城市街道，是居民日常生活和散步休息的必经通道，是居住区开放空间系统的重要部分，在构成居住区空间景观、生态环境方面具有十分重要的作用。居住区道路绿化都应结合在道路两侧的绿地中，或者说道路两侧的绿地同时有起到居住区道路绿化带的作用。这就要求居住区道路两侧一定范围内的绿地的绿化布置，必须与居住区道路绿化相结合，甚至首先根据道路绿化的要求确定绿化布局的形式。具体的规划设计中应依据道路级别采用相应的绿化模式：

1）居住区主干道或居住小区干道是联系各小区或组团与城市街道的主要道路，兼有人行和车辆交通的功能，其道路和绿化带的空间、尺度与城市一般街道相似，绿化带的布置可采取城市一般道路的绿化布局形式。其中行人交通是居住区干道的主要功能，行道树的布置尤其要注意遮阳和不影响交通安全，特别在道路交叉口及转弯处应根据安全视距进行绿化布置。

2）组团道路、宅前道路和部分居住小区干道，以人行交通为主，路幅和道路空间尺度较小，道路环境与城市街道差异较大，一般不设专用道路绿化带。道路绿化结合道路两侧的其他居住区绿地。

六、居住区宅间宅旁绿地和庭园绿地绿化

宅间宅旁绿地和庭园绿地是居住区绿化的基础，占居住区总绿地面积的50%左右，包括住宅建筑四周的绿地（宅旁绿地）、前后两幢住宅建筑之间的绿地（宅间绿地）和别墅住宅的庭院绿地、多层低层住宅的底层单元小庭园等。这些绿地与居民日常生活和住宅建筑的室内外环境密切相关，绿地空间的主要功能是为住宅建筑提供满足日照、采光、通风、安宁卫生和私密性等基本环境要求所必需的室外空间。宅间宅旁绿地一般不作为居民的游憩绿地，在绿地中不布置硬质园林景观，而完全以园林植物进行布置，当宅间绿地较宽时（20m 以上），可布置一些简单的园林设施，如园路、坐凳、小铺地等，作为居民十分方便的安静休息用地。别墅庭院绿地及多层低层住宅的底层单元小庭园，是仅供居住家庭使用的私人室外空间。宅间宅旁绿地和庭园绿地绿化布置应注意一下原则：

1）宅间宅旁绿地平面形状、尺度及空间环境与其近旁的住宅建筑的类型、平面布置、间距、层数和组合及宅前道路布置紧密结合；

2）绿化设计中应体现住宅标准化与环境多样化的统一，在数处相同的绿地环境中，

绿化布局要求风格协调，基本形式统一又各有特点；

3）绿化布置应与绿地的空间尺度、居住的功能环境要求相适应。乔木的体量、数量、布局要与绿地的尺度、建筑间距和层数相适应，植物栽植不能影响住宅建筑的日照通风采光；

4）住宅周围地下管线和构筑物较多，树木栽植点须与它们有一定的安全距离，具体应按有关规范进行；

5）在建筑物形成的庇荫区内，应重视耐阴树木、地被的选择和配植，形成和保持整体良好的绿化效果。

七、居住区植物选择的原则与要求

1）乡土性原则：尽量选用当地乡土树种，符合当地苗木供应、施工养护管理与经济条件。形成地域性强，稳定的植物景观，既节约投资，又见效快。

2）整体性原则：整个居住区应以2～3种乔木作为基调树，不同道路、组团选用不同特色的主调树种，用以营造与众不同、特色鲜明的景观。

3）生态性原则：注重不同地形、朝向、土壤等环境因子对植物的要求，充分结合植物的生长习性，合理选配植物；配置时同时注意乔、灌、草的多层次搭配。

4）文化性原则：依据景观构思创意，配置相应植物，强化园林空间的景观及文化感受，提升居住区整体景观空间的文化品位。

5）景观性原则：植物选择与配置时应充分注重植物的色、香、形等给人的视觉效果和心理感受，创造优美舒适的居住环境。

第四节　生产绿地及防护绿地规划设计

一、生产绿地规划设计

生产绿地是指为城市绿化提供苗木、花草、种子的苗圃、花圃、草圃等圃地。生产绿地是城市绿地系统中必不可少的组成部分，城市其他绿地的绿化面貌、绿化效果、绿化质量等都直接受它的影响，生产绿地的功能主要体现在城市绿化苗木的生产、科研、供游人观赏和改善城市生态环境等四个方面。城市生产绿地的规划设计重点从以下几个方面入手：

1. 选址

生产绿地的选址应结合城市总体规划的要求，考虑既能方便地为城市绿化提供苗木、花卉又能满足各种苗木、花卉的生长环境要求。一般情况下，常选址于城市近郊或城市组团的分隔地带，并有良好土壤、水源、较少污染的地段。

2. 功能分区

按不同功能划分，生产绿地一般可以划分为三大部分：即生产科研区、仓储区和办公管理区。生产区是生产绿地的主要组成部分，按不同苗木的培养栽种要求，可分为大棚生产区、遮阳棚生产区、灌木生产区、乔木生产区等；仓储区包括仓库、堆码场、养殖场等用地，对于对外开放的生产绿地，这一部分将会影响景观，因此常置于视线隐蔽处；办公管理区负责管理全园业务及对外接待，多位于入口附近。

3. 道路系统

根据生产绿地规模的大小，道路系统可分为三级：主干道、次干道、游步道；或由两级道路组成，即主干道、游步道。

主干道：宽4～7m，主要是方便园内交通运输，是各功能分区的分界线及联系纽带。

次干道：宽2.5～3m，对于规模较大的苗圃、花圃等，需次干道联系各类型的生产区，也是各类型生产区之间的分界线。

游步道：1.5～2m，为步行道，主要满足日常养护管理工作及游人游览需要。

4. 灌溉系统

随着科技的进步和发展，网络化的喷灌、微喷、滴灌的技术已经成熟，在有条件的情况下，应大力推广。另外还应加强检测手段，按不同季节土壤的含水量、苗木的需水量进行灌溉，这样既可节约用水，又可以保证不同品种的苗木健康地生长。

二、防护绿地规划设计

防护绿地是指为了满足城市对卫生、隔离、安全的要求而设置的绿地，它的主要功能是对自然灾害和城市危害起到一定的防护和减弱作用。它可细分为：城市防风林带、卫生隔离带、安全防护林带、城市高压走廊绿带、城市组团隔离带等。

1. 城市防风林带

城市防风林带是指为防止强风及其所带的粉尘、砂土对城市的袭击所建造的林带。防风林的布置方向及组合数量等均应根据城市的具体环境情况而定。在布置防风林带以前，应了解当地的风向规律，确定对城市危害最大的风向，然后在城区边界以外建立与之垂直的防风林带，如果受地形及其他因素限制，可有30°偏角，但偏角不能大于45°。防风林带的数量则与风力的大小有关，一般林带组合有三带制、四带制和五带制，风力越大，防风林带的组合数量越多。每条林带宽度不小于10m，林带与林带间的距离为300～600m之间，靠近市区越近，则林带宽度越大，而林带间距越小。另外为了阻挡从侧面吹来的风，每隔800～1000m左右还应建造一条与主林带相互垂直的副林带，其宽度不应小于5m。

防风林带的防风效果与其结构形式直接相关，一般防风林可分为三种形式，即透风林、半透风林和不透风林三种，如图5-5所示。透风林由林叶稀疏的乔灌木组成，或只用乔木不用灌木；半透风林是在乔木组成的林带两侧种植灌木；不透风林则是由常绿乔木、落叶乔木和灌木混合组成，其防护效果高，能降低风速70%左右，但是气流越过林带会产生涡流，而且会很快恢复原来的风速。防风林所选择的结构形式决定于其功能要求，一般的组合形式是外层建透风林带，靠近居住区的内层建不透风林带，中间部分则用半透风林带，这样的组合可以起到良好的防风效果，或使风速减到最低程度。

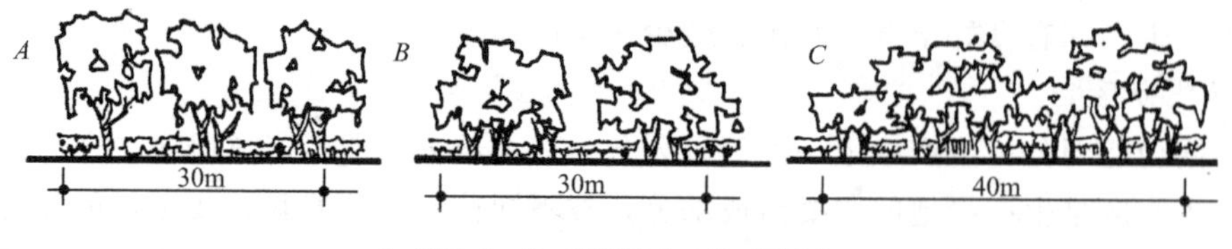

A—透风式；B—半透风式；C—密闭式

图5-5 防风林带形式

为了改善城市风力状况，减少风力对城市的影响，除在城市区外围布置防风林带以外，在城市中还应结合各种其他绿地的布置来进行调节。比如，当街道的布置与不良风方向平行时，则应布置适当防风绿带来改变和削弱不良风对城市的影响，而在一些夏季高温酷热的城市里，则应布置一些与夏季盛行风方向平行的绿带，将郊区、森林公园、自然风景区或开阔水体上的新鲜、凉爽、湿润的空气引入城市中心，改善城市的气候条件及环境状况，如图 5-6 所示。

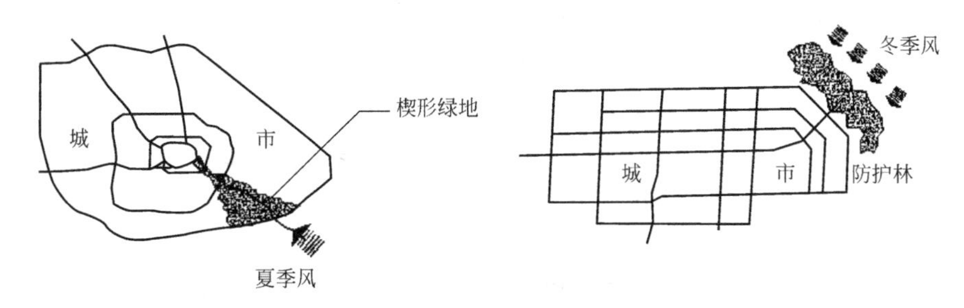

图 5-6　城市主导风向与城市绿地的关系

2. 卫生防护林带

卫生防护林带是为了防止产生有害气体、气味、粉尘、噪声等污染源的地区对城市其他区域的干扰而布置。城市污染源通常有工厂、污水处理厂、垃圾处理站、殡葬场、城市道路等。规划时，尽可能利用卫生防护林带将产生污染的区域与城市其他区域，尤其是与居住区分隔开来，尽可能保护其他地区不受或少受污染。卫生防护林带的宽度及结构组成与污染源对环境的污染程度有关，污染程度重则卫生防护林带的宽度宽，组成数量也多。一般情况下，卫生防护林带可分为五级，见表 5-1。

卫生防护林带的等级标准　　表 5-1

工业企业等级	卫生防护林带总宽度(m)	卫生防护林带内林带数量	防护林带	
			宽度(m)	距离(m)
Ⅰ	1000	3～4	20～50	200～400
Ⅱ	500	2～3	10～30	150～300
Ⅲ	300	1～2	10～30	100～150
Ⅳ	100	1～2	10～20	50
Ⅴ	50	1	10～20	

卫生防护林带的树种应选用对有害物质抗性强，或能吸收有害物质的树种。树种的选择应根据具体情况而定，如以二氧化硫为主要污染物的区域，在布置卫生防护林时应选用海棠、馒头柳、构树、金银木、丁香、白蜡等植物；以氯气为主要污染物的地区，则可选择猬实、水枸子、金川女贞、扶芳藤、胶东卫矛、华北卫矛、倭海棠等植物；粉尘污染严重的区域则可选择丁香、紫薇、锦带花、桧柏、毛白杨、元宝枫、银杏、国槐等滞尘能力较强的植物；在细菌污染较强的地区，如医院周围，则应选择油松、核桃、桑树等杀菌力较强的植物；在噪声污染严重的区域，在植物的选择及防护林的设计上则应从防噪声污染方面考虑，一般情况下，阔叶树吸声能力比针叶树好，由乔木、灌木、草本和地被构成的多层稀疏林带比单层宽林带的

吸声隔声作用显著，防声林带的宽度一般为3～15m，林带长度为声源距离的两倍。

3. 安全防护林带

安全防护林带是为了防止和减少地震、火灾、水土流失、滑坡等灾害而设置的林带。城市中的各种自然及人为灾害将对人们的生活造成极大的影响并对人们的生命及财产安全形成威胁，因此在城市中易发生各种灾害的地区必须设置安全防护林带，以增加城市抵抗各种灾害的能力。安全防护林带的设置也应根据具体情况而定，如在易发生山体滑坡的山地城市，在坡度超过25°，不宜修建建筑的地区应划出"绿线"，进行严格控制，选择一些根系较为发达的植物，设置防护绿地，防止山体滑坡造成人员伤亡，财产损失；在城市自然河段的绿地布置，则应以蓄水保土为主要目的，河边的绿地可通过树叶防止暴雨直接冲击土壤，地被草坪等则可阻挡流水冲刷，植物的根系则能坚固土壤、固定沙土石砾、防止水土流失。一般河边的防护林宽度应在10m以上，其间还可布置一些休息、娱乐设施供人们使用；在一些地震高发城市，除了考虑有公园、广场、街道绿地等公园绿地作为地震时疏散、救援的场地外，在规划中还应用安全防护林将这些分散的绿地连成一个完整的灾灾网络，形成各种宽度的安全通道，有利于减少地震对城市及人们生活带来的各种影响。

4. 城市组团隔离带

随着城市的发展，城市建成区往往会出现人口集中、生产集中、交通集中的状况，这就导致了城市建成区过度拥挤的局面，为了缓解这一局面所带来的城市建成区环境质量下降的问题，近年来出现了一类新型的防护绿地，即城市组团隔离带。城市组团隔离带是在城市建成区内以自然的地理条件为基础，在生态敏感区域规划建设的绿化带。

城市组团隔离带具有多重复合型的功能特征，一方面它可有效地缓解城市建成区过度拥挤的局面，保护和提高城市环境质量；另一方面可为市民提供观赏和休闲去处，还可起到保持区域绿色空间延续，保护其不受城市其他建设用地侵占等作用。

在城市组团隔离带的规划中，首先应注意以生态效益为主，充分利用现有的地形地貌，最大限度地改善环境；其次，在树种的选择上应以乡土树种为主，遵循生物和景观多样化原则，进行合理的搭配。以深圳福田800m的城市组团隔离带为例，如图5-7所示，

图5-7　深圳福田800m的城市组团隔离带

该隔离带即是充分利用了原有的道路、设施、水体和植被，选择了木荷、短序楠、大王椰子、油棕、凤凰木等乡土树种，通过乔木、灌木、地被、草坪的复层结构配植，形成层次丰富的植物群落，营造一个生态效益高、景观效果好的城市中心隔离带。

通过近几年的实践证明，城市组团隔离带在改善城市生态环境中发挥了良好的作用，城市组团隔离带的建设是城市园林绿地建设的新方向，也是城市绿地系统可持续发展的重要举措。

第五节　企事业单位园林绿地规划设计

一、工矿企业园林绿地规划设计

工矿企业园林绿地指工矿企业专项用地内的绿地，其主要功能是减轻有害物质（如烟尘、粉尘及有害气体）对工人和附近居民的危害，调节空气的湿度、温度、降低噪声、防风、防火等。工矿企业园林绿地具有环境恶劣、用地紧凑、保证生产安全、服务对象单一等环境特点。因此，工矿企业园林绿地规划设计应遵循以下原则：

1）功能优先，以绿为主，绿中求美。

2）要有利于企业统一安排布局，减少建设中的种种矛盾。

3）要与企业建筑主体相协调。

4）要保证工厂生产的安全。

5）应维护企业环境卫生。

1. 工矿企业园林绿化树种选择的一般原则

1）一般工厂绿化树种应选择观赏和经济价值高的，有利环境卫生的树种。

2）选择适应当地环境条件的乡土树种。土壤瘠薄的地方，要选择能耐瘠薄又能改良土壤的树种。

3）选择对有害物质抗性强的，或净化能力较强的树种。

4）要注意速生和慢生相结合，常绿和落叶相结合，以满足近、远期绿化效果的需要，冬夏景观和防护效果的需要。

5）选择便于管理、当地产、价格低、补植方便的树种。

2. 工矿企业绿化设计的面积指标

工厂绿化规划是工厂总体规划的一部分。工厂绿地面积的大小，直接影响到绿化的功能、工厂的景观效果，因此要多途径、多形式地增加绿地面积，以提高绿地率。一般来说，只要设计合理，绿化面积越大，减噪、防尘、吸毒、改善小气候的作用也就越大。我国城建部门对新建工矿企业绿地率制定了相关标准，如表5-2。

新建工矿企业绿地率　　**表5-2**

行业	近期(%)	远期(%)
精密机械	30	40
化工	15	20
重工	15	20
轻工纺织	25	30
其他工业	20	25

3. 工矿企业园林绿地规划设计的主要内容

1）工矿企业绿地规划布局　工矿企业绿地规划布局的形式一定要与工厂各区域的功能相适应。虽然工厂的类型有多种，但都有共同的功能分区，如厂前区、生产区、生活区和工厂道路等，具有相似的要求。

（1）厂前区　包括大门到工厂办公室用房的环境绿化，它不仅是本厂职工上下班密集地，也是外来客人入厂形成第一印象的场所，其绿化形式、风格、色彩应与建筑统一考虑。工厂大门环境绿化要注意与大门建筑造型相调和，并利于交通。工厂围墙绿化设计应充分注意卫生、防火、防风、抗污染和减少噪音，遮隐建筑不足之处，与周围景观相协调。绿化树木通常沿墙内外带状布置。厂前区办公用房一般包括行政办公及技术科室用房、食堂、托幼保健室等福利建筑。其绿化的形式应与建筑形式相协调。厂前区绿化一般采用规则式布局，门口可布置花坛、草坪、雕像、水池喷泉等，要便于行人出入，应设置一定数量的停车位。

（2）道路　绿化前必须充分了解路旁的建筑设施、电杆、电线、电缆、地下给水管、路面结构、道路的人流量、通车率、车速、有害气体、液体的排放情况和当地的自然条件等等。选择生长健壮、适应能力强、分枝点高、树冠整齐、耐修剪、遮荫好、无污染、抗性强的落叶乔木为行道树。主干道宽度一般为10m左右时，两边行道树多采用行列式布置，创造林荫效果。主干道较宽时，其中间可设立分车绿带以保证行车安全。在人流集中、车流频繁的主道两边，可设置1～2m宽的绿带，把快慢车与人行道分开，以利安全和防尘。路面较窄的可在一旁种植行道树，东西向的道路可在南侧种植落叶乔木，以利夏季遮荫。主要道路两旁的乔木株距因树种不同而不同，通常6～8m，棉纺厂、冷藏库的主道旁，由于车辆承载的货位较高，行道树定干高度应比较高，第一个分枝不得低于3m，以便顺利通行大货车。主道的交叉口、转弯处，所种灌木不应高于0.7m，以免影响驾驶员的视野。在大型工矿企业内部，为了交通需要常设有铁路。其两旁的绿化主要功能是为了减弱噪音、加固路基、安全防护等，在其旁6m以外种植灌木，远离8m以外种植乔木，在弯道内侧应留出200m的安全视距。在铁路与其他道路的交叉处，绿化时要特别注意乔木不应遮挡行车视线和交通标志、路灯照明等。

（3）生产区　生产区绿化主要是车间周围绿化。车间是职工工作和生产的地方，其周围的绿化对净化空气、消声、调剂工人精神等均有很重要的作用。车间周围的绿化应少图案、少线条、重功能，要选择抗性强的树种，并注意不要妨碍上下管道。一般车间四旁绿化要从光照、遮阳、防风等方面来考虑。在车间建筑的南向应种植落叶大乔木，以利炎夏遮阳，严冬采光；在其东西向应种植高大荫浓的落叶乔木，以防止夏季东西日晒，其北向可用常绿和落叶乔灌木相互配置借以防止冬季寒风和风沙。对污染较大的化工车间的周围不宜密植成片的树林，应多植低矮的花灌木，以利于通风，稀释有害气体，减少污染危害；对卫生净化要求较高的车间四周的绿化，应选择树冠紧密、叶面粗糙、有黏膜或气孔下陷，不易产生毛絮及花粉飞扬的树木；对防火、防噪音要求较高的车间及仓库四周绿化，应以防火隔离为主，选择含水量大，不易燃烧的树种进行绿化。种植时要注意留出消防车活动的余地；对锻压、铆接、锤钉、鼓风等噪音强烈的车间四周绿化，要选择枝叶茂盛、分枝低、叶面积大的常绿乔木，以降低噪音。在露天车间的周围可布置数行常绿乔灌木混交林带，起防护隔离，防止人流横穿及防火、遮盖作用，主道旁还可以载1～2行阔叶落叶大乔木，以利夏季工人遮荫休息。

（4）生活区　生活区是职工起居的主要空间，包括居住楼房、食堂、幼儿园、医疗室等。结合厂内自然条件，因地制宜地开辟小游园，以便职工开展各项休闲活动。小游园绿化也可和本厂的工会俱乐部、阅览室、体育活动场等结合统一布置。另外，对厂房密集的、绿化用地紧张的厂区而言，可在适当位置布局各种小的块状绿地；利用已有的墙面和屋顶，宜采用垂直绿化的形式布置。

2）工矿企业防护林　《工厂企业设计卫生标准》中规定，凡生产有害因素的工业企业与生活区之间应设置一定的卫生防护距离，并在此距离内进行绿化。在工矿企业内部，各个生产单元之间还可能会相互污染，因此在企业内部、工厂外围还应结合道路绿化、围墙绿化、小游园绿化等，用不同形式的防护林带进行隔离，以防风、防火或减少有害气体污染，净化空气。

污染性工厂，在工厂生产区与生活区之间要设置卫生防护林带，如图5-8。此林带方位应和生产区与生活区的交线相一致。可根据污染轻、重的两个盛行风向而定，其形式有两种：“一”字形和“L”字形。

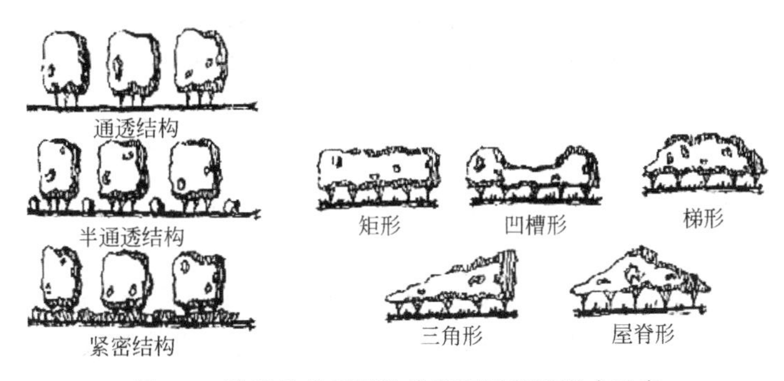

图5-8　防护林的不同结构及不同断面形式示意

在污染较重的盛行风向的上侧设立引风林带也很重要，特别是在逆温条件下，引风林带能组织气流，使通过污染源的风速增大，促进有害气体的输送与扩散。其方法是设一楔形林带与原防护林带呈一夹角，这样两条林带之间形成一个通风走廊。在弱风区或静风区，或有逆温层地区更为重要，它可以把郊区的静风引到通风走廊加快风速，促使有害气体的扩散。

二、机关、事业单位绿化

机关公共事业单位绿地是指公共事业单位专项用地内的绿地，随公共事业性质的不同而不同。如机关单位、学校、医疗机构、影剧院、博物馆、火车站、体育馆、码头等附属绿地如图5-17所示。

1. 机关单位绿化功能与特点

机关单位绿化的主要功能是为机关工作人员和到访市民提供一个舒适的工作环境。

2. 机关单位绿化规划原则

1）注重所处城市地段的整体风格和肌理，与周边环境相协调，融入城市景观，不能标新立异。

2）绿化风格应与单位建筑布局环境相协调。

3）形成简洁高效的办公环境。

3. 设计内容

对机关单位绿化进行简单分区，一般应分为办公楼前区、休息区等。

1）办公楼前区是单位的形象所在，应形成庄重、简洁、大方的环境氛围。可设置大型雕塑、喷泉、水景等作为主景。应有便于车辆集散的停车场和人流集散的楼前广场。可设置一定量的草坪，形成开阔的视野。

2）休息区是供机关工作人员和到访市民在工作和办事之余休息使用的区域，一般按照街头小游园的方式进行处理。

三、学校绿地规划设计

1. 校园绿化的作用

1）为师生创造一个防暑、防寒、防风、防尘、防噪、安静的学习和工作环境；

2）通过绿化、美化，陶冶学生情操，激发学习激情，寓教于乐；

3）为广大师生提供休息、文化娱乐和体育活动的场所；

4）通过校园内大量的植物材料，可以丰富学生的科学知识，提高学生认识自然的能力。

2. 校园绿化的特点与设计原则

校园绿化要根据学校自身的特点，因地制宜地进行规划设计、精心施工，才能显出各自特色并取得优化效果。

1）与学校性质和特点相适应：校园绿化除遵循一般的园林绿化原则之外，还要与学校性质、级别和类型相结合，如农林院校要与农林场结合、文体院校要与活动场地结合、中小学校要体现活泼向上的特点。

2）校舍建筑功能多样：校园的建造环境多种多样，校园绿化要能创造出符合各种建造功能的绿化环境，使不同风格的建筑形体融入绿化整体中，使人工建造景观与绿色的自然景观协调统一，达到艺术性、功能性与科学性的协调一致。

3）师生员工集散性强：学生上课、训练、集会等活动频繁集中，需要有大量的人流聚散和分散场地。校园绿化也要满足这一特点，否则即使是优美的绿化环境，也会因为不适应学生活动需要而遭到破坏。

4）学校所处地理位置、自然条件、历史条件各不相同：学校绿化应根据这些不同特点，因地制宜地进行规划、设计和植物种类的选择。如在低洼地区应选择耐湿或抗涝的植物，具有纪念性、历史性的环境，应设立纪念性景观或种植纪念树或维持原貌等。

5）绿地指标要求高：据统计，我国高校目前绿地率已达10%，平均每人绿化用地已达4～6m^2。但国家规定，要达到人均占有绿地7～11m^2，绿地率超过30%；今后，学校的新建和扩建都要努力达标。如果高校绿化结合教学、实习园地，则绿地率达到30%～50%的绿化指标。

3. 校园绿地规划设计内容

一般校园绿化面积应占全校总用地面积的50%～70%，才能真正发挥绿化效益。根据学校各部分建筑功能的不同，在布局上，既要做好区域分割，避免相互干扰，又要相互联

系，形成统一的整体。根据学校各部分的功能不同，一般可分为校前区、教学区、学生生活区和校园干道等几个部分。

1）校前区：校前区为大门至学校主楼（教学楼、办公楼）之间的广阔空间，是学校的门户和标志。大门绿化以装饰性绿地为主，要与大门的建筑形式相协调，其外侧绿化应与街景一致，突出校园安静、美丽、庄重、大方的气氛。大门内宜设置入口内广场解决景观和交通需求。大专院校一般占地面积较大，常在大门内外和主楼前后设有广场或停车场。大门通向主楼的道路两侧绿化应道路宽度，选择比例适当、树冠大、荫浓的大、中型观赏树作为行道树。

2）教学区：教学区一般包括教学楼与教学楼之间、实验室与图书馆、报告厅之间的空间场地等。该区域是以教学为中心的，在绿化布置上，首先要保证教学环境的安静，在不妨碍楼内采光和通风的情况下，主要以对称布局种植高大乔木或常绿花灌木。在教室、实验室外围可设立适当铺装场地和运动设施，供学生课间休息活动。教学楼周边应考虑教室采光，墙基处花灌木的高度不应超过窗口，常绿乔木要远离建筑5m以上。

3）学生生活区：学生生活区一般面积较大，体育活动场、园艺场、科研基地、食堂、宿舍等多布置在这里。运动场周围的绿化，要根据地形情况种植数行常绿和落叶乔灌木混交林带，运动场与教室、宿舍之间应有15m宽以上的林带。大专院校运动场，离教室、图书馆应有50m以上的林带，以防来自运动场的噪音影响教室和宿舍内的同学。学生宿舍楼周围的绿化应以校园的统一美观为前提宿舍前后的绿地设计成装饰性绿地；宿舍楼中庭可铺装为场地，为学生提供良好的学习和休息场地，但绿化面积有所减少。

园艺场、实习场等绿化，要根据教学活动的需要进行配置，特别是农林、生物等大专院校，还可以结合专业建设植物园、果园、动物园等，以园林形式布置，既有利于专业教学、科研，又为师生们课余时间提供休息、散步、游览的场所。

4）校区道路：道路是连接校内各区域的纽带，其绿化布置是学校绿化的重要组成部分。主干道较宽（12～15m）时，两侧种植高大乔木形成庭荫树，之间可适当种植绿篱、花灌木及花草等；道路中间可设置1～2m宽的绿化带。主干道较窄（5～6m）时，道路两侧栽植整形树和花草，适当设置一些休息凳，以提高其观赏效果和便于行人休息。校内通道，路面由方砖铺设，路边可用装饰性矮围栏、矮绿篱，与其他绿化构成协调统一的整体美。

四、医疗机构绿地规划设计

医疗机构绿地的主要功能是卫生防护，辅助功能为康复休闲，为病人创造一个优美的绿化环境，以利身心健康的恢复。

1. 医疗机构绿地规划设计的基本原则

1）应与医疗机构的建筑布局相一致，布局紧凑。

2）建筑前后绿化不宜过于闭塞，以便于辨识病房、诊室等。

3）全院绿化面积占总用地的70%以上。

2. 医疗机构绿地规划设计内容

1）大门区绿化：大门绿化应与街景协调一致，也要防止来自街道和周围的尘土、烟尘和噪声污染，所以在医院用地的周围应密植10～20m宽的防护林带。应设置一定的人流聚散广场和临时停车场地。

2）门诊区绿化：门诊部靠近出入口，人流比较集中，是城市街道和医院的结合部，需要有较大的缓冲场地，场地及周边以美化为主作适当绿化布置。广场周围种植整形绿篱，开阔的草坪，花开四季的花灌木。门诊楼建筑前的绿化布置应以草坪为主，丛植乔灌木，乔木应离建筑5m以外栽植，以免室内的通风、采光及日照。医院临街的围墙以通透式为好，使医院庭院内绿树红花与街道上绿荫树形成整体。门诊部前除需要设有广场外，同时布置休息绿地也是很重要的。种植花草树木，可选择一些能分泌杀菌素的树种。应设置一定数量的座椅，供病人候诊和休息使用。

3）住院区绿化：住院区常位于医院比较安静的地段。在住院楼的周围，庭园应精心布置，以供病员室内外活动和辅助医疗之用。在中心部分可有较整形的广场，也可作为日光浴场所和亲属探望病人的室外接待处。植物布置要有明显的季节性，使长期住院的病员感到自然界的变化。还可多栽些药用植物，使植物布置与药物治病结合起来，增加药用植物知识，减弱病人对疾病的精神负担，有利于病员的心理和精神方面的治疗。一般病房与隔离病房应有30m绿化隔离地段，且不能同用一个花园。

4）辅助区绿化：主要由手术部、中心供应部、药房、X光室、理疗室和化验室等部分组成。这部分应单独设立，周围密植常绿乔灌木，形成完整的隔离带。特别是手术室、化验室、放射室等，四周的绿化必须注意不种有绒毛和花絮的植物，并保证通风和采光。

5）服务区绿化：如洗衣房、晒衣场、锅炉房、商店等。晒衣场与厨房等杂务院可单独设立，周围密植常绿乔灌木形成完整隔离带。有条件的可设置一定面积的苗圃和温室，除绿化布置外，可为病房、诊疗室等候提供公园用花，以改善美化室内环境。

3. 不同性质医院的一些特殊要求

1）儿童医院：主要接受年龄在14周岁以下的病儿。在绿化布置中要安排儿童活动场地及儿童活动的设施，其外形、色彩、尺度、图案式样应符合儿童的心理与需要。树种选择要尽量避免种子飞扬、有恶臭、异味、有毒、带刺的植物，以及引起过敏的植物；可布置些装饰性园林小品。

2）传染医院：主要接受有急性传染病、呼吸道系统疾病的病人。传染医院周围的防护隔离带的作用就显得十分重要，应比一般医院宽，15～25m的林带由乔灌木组成，并将常绿树和落叶树一起布置，使之在冬天也能起到良好的防护效果。在不同病区之间也要适当隔离，利用绿地把不同病人组织到不同的空间场所休息和活动，以防止交叉感染。病员活动区布置一定的场地和设施，以供病员进行散步、下棋、聊天等活动，为他们提供良好的条件。

4. 植物的选择原则

1）树种应选常绿树为主，兼具有杀菌及药用的花灌木和草本植物；

2）植物选择注意不同功能区域对植物特点的要求不同，应区别对待；

3）注意传染病科、儿童病科、精神病科、呼吸道病科等病人的特殊要求。

第六节　风景名胜区规划

一、风景名胜区概述

风景名胜区是指“风景资源集中、环境优美、具有一定规模和游览条件、可供人们游览欣赏、休憩娱乐或进行科学文化活动的地域”。（摘自“风景名胜区规划规范 GB 50298—1999”）。风景名胜区在维护城市及自然的生态平衡，丰富人们的生活等方面都起着其他绿地不可替代的作用。它的功能主要体现在以下几个方面：

1）保护生态、生物多样性与环境；

2）发展旅游事业，丰富文化生活；

3）开展科研和文化教育，促进社会进步；

4）通过合理开发，发挥经济效益。

二、风景名胜区的规划程序

风景名胜区规划是风景名胜区保护、建设及管理的依据，是指保护、培育、开发、利用和经营管理风景名胜区，并发挥其多种功能作用的统筹部署和具体安排。它要决定诸如风景名胜区的性质、特征、作用、价值、利用目的、开发方针、保护范围、规模容量、景区划分、功能分区、游览组织、工程技术、管理措施和投资效益等重大问题的对策，提出正确处理保护与使用、远期与近期、整体与局部、技术与艺术等关系的方法，达到使区内与外界有关各项事业协调发展的目的。

我国的风景名胜区按用地规模可分为小型风景区（20km^{2}以下）、中型风景区（21～100km^2）、大型风景区（101～500km^2）、特大型风景区（500km^{2}以上）。

按风景资源等级可分为市（县）级风景名胜区、省级风景名胜区和国家级风景名胜区。

风景名胜区规划是一项综合性强，较为复杂的区域性规划，需要不同部门及不同专业的有关人员协作来共同完成，因此了解风景名胜区规划的主要内容和重点，对于搞好风景名胜区规划是十分重要的。各级风景名胜区的规划均应包括以下的主要内容：

1）基础资料调查与现状分析；

2）风景资源调查与评价；

3）确定风景区规划范围、性质与发展目标；

4）根据规划目标和规划对象的性能、作用及其构成规律来组织整体规划结构形成合理的区划和布局；

5）综合分析风景区的生态允许标准、游览心理标准、功能技术标准等因素，确定风景区的环境容量及人口规模等；

6）进行各专项规划，包括：保护培育规划、风景游赏规划、典型景观规划、游览设施规划、基础工程规划、居民社会调控规划、经济发展引导规划、土地利用协调规划、分期发展规划等；

7）其他需要规划的事项；

由于本章篇幅有限，因此这些规划内容不能逐一讲解，为突出重点，以下将介绍基础资料调查、风景资源评价、风景区规划范围原则、风景区功能及景区划分、风景区的环境容量及人口规模的确定、保护培育规划及风景游赏规划等内容。

三、基础资料调查

基础资料调查工作是指收集整理一些现有的相关的文字及图形资料。在基础资料的收集、汇编过程中应注意收集资料的目的性、可靠性及原始性，这样对于规划才具有较强的依据性。这些资料主要包括以下几个方面的内容，见表 5-3。

基础资料调查类别表 **表 5-3**

大类	中类	小类
（一）测量资料	1）地形图	小型风景区图纸比例为 1/2000～1/10000； 中型风景区图纸比例为 1/10000～1/25000； 大型风景区图纸比例为 1/25000～1/50000； 特大型风景区图纸比例为 1/50000～1/200000
	2）专业图	航片、卫片、遥感影像图、地下岩洞与河流测图、地下工程与管网等专业测图
（二）自然与资源条件	1）气象资料	温度、湿度、降水、蒸发、风向、风速、日照、冰冻等
	2）水文资料	江河湖海的水位、流量、流速、流向、水量、水温、洪水淹没线；江河区的流域情况、流域规划、河道整治规划、防洪设施；海滨区的潮汐、海流、浪涛；山区的山洪、泥石流、水土流失等
	3）地质资料	地质、地貌、土层、建设地段承载力；地震或重要地质灾害的评估；地下水存在形式、储量、水质、开采及补给条件
	4）自然资料	景源、生物资源、水土资源、农林牧副渔资源、能源、矿产资源等的分布、数量、开发利用价值等资料；自然保护对象及地段
（三）人文与经济条件	1）历史与文化	历史沿革及变迁、文物、胜迹、风物、历史与文化保护对象及地段
	2）人口资料	历来常住人口的数量、年龄构成、劳动构成、教育状况、自然增长和机械增长；服务职工和暂住人口及其结构变化；游人及结构变化；居民、职工、游人分布状况
	3）行政区划	行政建制及区划、各类居民点及分布、城镇辖区、村界、乡界及其他相关地界
	4）经济社会	有关经济社会发展状况、计划及其发展战略；风景区范围的国民生产总值、财政、产业产值状况；国土规划、区域规划、相关专业考察报告及其规划
	5）企事业单位	主要农林牧副渔业和教科文卫军与工矿企事业单位的现状及发展资料。风景区管理现状
（四）设施与基础工程条件	1）交通运输	风景区及其可依托的城镇的对外交通运输和内部交通运输的现状、规划及发展资料
	2）旅游设施	风景区及其可依托的城镇的旅行、游览、饮食、住宿、购物、娱乐、保健等设施的现状及发展资料
	3）基础工程	水电气热、环保、环卫、防灾等基础工程的现状及发展资料
（五）土地与其他资料	1）土地利用	规划区内各类用地分布状况，历史上土地利用重大变更资料，土地资源分析评价资料
	2）建筑工程	各类主要建筑物、工程物、园景、场馆场地等项目的分布状况、用地面积、建筑面积、体量、质量、特点等资料
	3）环境资料	环境监测成果，三废排放的数量和危害情况；垃圾、灾变和其他影响环境的有害因素的分布及危害情况；地方病及其他有害公民健康的环境资料

（摘自“风景名胜区规划规范”）

四、风景资源评价

风景资源是指能引起审美与欣赏活动，可以作为风景游览对象和风景开发利用的事物与因素的总称，是构成风景环境的基本要素，是风景名胜区产生环境效益、社会效益、经济效益的物质基础。风景资源评价应包括：景源调查，景源筛选与分类，景源评分与分级，评价结论四部分。

1. 景源调查

风景资源的调查是一项重要而艰苦的任务，目前常用的方法是规划人员亲临现场并投入相当的精力及时间进行全面细致的调查工作，然后将这些第一手资料进行整理，以备以后的规划设计用，只有掌握了尽可能详尽完整的第一手资料才能很好地完成风景名胜区的规划工作。然而由于种种原因，这种现场踏勘的方式往往具有一定的局限性，因此现在一些发达国家和地区已普遍借助 GIS（地理信息系统）来完成风景旅游资源调查的工作，这不仅节省时间和精力，而且使风景旅游资源的调查更加科学可靠。

2. 景源筛选与分类

风景资源的调查工作完成以后，应对风景旅游资源的调查的内容进行筛选及分类，如表 5-4 分类，风景资源调查内容的分类，应符合我国“风景名胜区规划规范”的相关规定的要求。

风景资源分类表 表 5-4

大类	中类	小类
（一）自然景源	1)天景	(1)日月星光(2)虹霞蜃景(3)风雨阴晴(4)气候景象(5)自然声像(6)云雾景观(7)冰雪霜露(8)其他天景
	2)地景	(1)大尺度山地(2)山景(3)奇峰(4)峡谷(5)洞府(6)石林石景(7)沙景沙漠(8)火山熔岩(9)蚀余景观(10)洲岛屿礁(11)海岸景观(12)海底地形(13)地质珍迹(14)其他地景
	3)水景	(1)泉井(2)溪流(3)江河(4)湖泊(5)潭地(6)瀑布跌水(7)沼泽滩涂(8)海湾海域(9)冰雪冰川(10)其他水景
	4)生景	(1)森林(2)草地草原(3)古树名木(4)珍稀生物(5)植物生态类群(6)动物栖息地(7)物候季相景观(8)其他生物景观
（二）人文景源	1)园景	(1)历史名园(2)现代公园(3)植物园(4)动物园(5)庭宅花园 (6)专类游园(7)陵园墓园(8)其他园景
	2)建筑	(1)风景建筑(2)民居宗祠(3)文娱建筑(4)商业服务建筑(5)宫殿衙署(6)宗教建筑(7)纪念建筑(8)工交建筑(9)工程构筑物(10)其他建筑
	3)胜迹	(1)遗址遗迹(2)摩崖题刻(3)石窟(4)雕塑(5)纪念地(6)科技工程(7)游娱文体场地(8)其他胜迹
	4)风物	(1)节假庆典(2)民族民俗(3)宗教礼仪(4)神话传说(5)民间文艺(6)地方人物(7)地方物产(8)其他风物

在风景资源的评价中应以景源现状分布图为基础，根据规划范围大小和景源规模、内容、结构及其游赏方式等特征，划分出若干层次的评价单元，并作出等级评价。这些层次包括：在省域、市域的风景区体系规划中，分为风景区、景区和景点。在风景区的总体、

分区、详细规划中，分为景区、景点和景物。就我国目前的情况看，对于风景资源的评价多采用地理学式分类描述与风景园林诗情画意式的文学描述相结合的方式，和列出细化后的风景资源评价标准列表进行现场打分的方式。由于第一种评价结果主观性强，往往含糊不清，第二种方法是现在比较常用的一种方法。采用第二种方法时，对其评价指标有统一的规定，在选择指标是应对所选评价指标进行权重分析，如表 5-5。另外，在不同层次的评价中应选用不同的评价层指标，即：对风景区或部分较大景区进行评价时，宜选用综合评价层指标；对景点或景群进行评价时，宜选用项目评价层指标；对景物进行评价时，宜在因子评价层指标中选择。

风景资源评价指标层次表 **表 5-5**

综合评价层	赋值	项目评价层	权重	因子评价层	权重
(一)景源价值	70～80	1)欣赏价值 2)科学价值 3)历史价值 4)保健价值 5)游憩价值		(1)景感度(2)奇特度(3)完整度 (1)科技值(2)科普值(3)科教值 (1)年代值(2)知名度(3)人文值 (1)生理值(2)心理值(3)应用值 (1)功利值(2)舒适度(3)承受力	
(二)环境水平	20～10	1)生态特征 2)环境质量 3)设施状况 4)监护管理		(1)种类值(2)结构值(3)功能值 (1)要素值(2)等级值(3)灾变率 (1)水电能源(2)工程管网(3)环保设施 (1)监测机能(2)法规配套(3)机构设置	
(三)利用条件	5	1)交通通讯 2)食宿接待 3)客源市场 4)运营管理		(1)便捷性(2)可靠性能(3)效能 (1)能力(2)标准(3)规模 (1)分布(2)结构(3)消费 (1)职能体系(2)经济结构(3)居民社会	
(四)规模范围	5	1)面积 2)体量 3)空间 4)容量			

对风景资源作出评价后，应根据景源评价单元的特征，及其不同层次的评价指标分值和吸引力范围，评出风景资源等级。按规定应分出特级、一级、二级、三级、四级等五个级别。其中特级景源应具有珍贵、独特、世界遗产价值和意义，有世界奇迹般的吸引力；一级景源应具有名贵、罕见、国家重点保护价值和国家代表性作用，在国内外著名和有国际吸引力；二级景源应具有重要、特殊、省级重点保护价值和地方代表性作用，在省内外闻名和有省际吸引力；三级景源应具有一定价值和游线辅助作用，有市县级保护价值和相关地区的吸引力；四级景源应具有一般价值和构景作用，有本风景区或当地的吸引力。

风景资源评价结论应由景源等级统计表、评价分析、特征概括等三部分组成。评价分析应表明主要评价指标的特征或结果分析；特征概括应表明风景资源的级别数量、类型特征及其综合特征。

五、风景区规划范围

风景名胜区的范围划定应依据以下原则：确保景源特征及其生态环境的完整性；历史

文化与社会的连续性；地域单元的相对独立性；保护、利用、管理的必要性与可行性。同时还应注意范围的划定须以明确的地形标志物为依托，即既能在地形图上标出，又能在现场立桩标界。另外，为保持风景名胜区景观特色，维护风景名胜区自然环境和生态平衡，防止污染和控制建设活动，在风景名胜区外围应划定一定范围的保护地带。

六、风景区结构、布局模式和分区

在规划风景区结构模式时应依据规划目标和规划对象的性能、作用及其构成规律来进行组织，同时应遵循以下原则：规划内容和项目配置应符合当地的环境承载能力、经济发展状况和社会道德规范，并能促进风景区的自我生存和有序发展；能有效调节控制点、线、面等结构要素的配置关系；能解决各枢纽或生长点、走廊或通道、片区或网格之间的本质联系和约束条件。对于含有一个乡或镇以上的风景区，或其人口密度超过 100 人/km^2时，应进行风景区的职能结构分析与规划，职能结构的组成应该兼顾外来游人、服务职工和当地居民三者的需求与利益，其中的风景游览欣赏职能应有独特的吸引力和承受力；旅游接待服务职能应有相应的效能和发展动力；居民社会管理职能应有可靠的约束力和时代活力。各职能结构应自成系统并有机组成风景区的综合职能结构网络。

风景区的整体布局构思应能恰当的处理局部、整体、外围三个层次的关系，解决规划对象的特征、作用、空间关系的有机结合问题，调控布局形态对风景区有序发展的影响，为各组成要素、各组成部分能共同发挥作用创造满意条件，同时构思新颖，能体现地方和自身特色。

风景区规划中的分区可因侧重点及需要的不同而出现不同的情况，当需调节控制功能特征时，应进行功能分区；当需组织景观和游赏特征时，应进行景区划分；当需确定保护培育特征时，应进行保护区划分；而在大型或复杂的风景区中，可以几种方法协调并用。无论哪一种分区都应注意同一区内的规划对象的特性及其存在环境应基本一致；同一区内的规划原则、措施及其成效特点应基本一致；另外规划分区应尽量保持原有的自然、人文、线状等单元界限的完整性。

风景区的功能分区是指按不同的功能结构性质划分出不同的用地，一般情况下可将风景名胜区的用地分为三类。第一类是直接为旅游者服务的用地，包括游憩用地、旅游接待用地、旅游商业服务用地、休疗养用地等；第二类是旅游媒介物的用地，包括交通设施用地、旅游基础设施用地等；第三类是间接为旅游服务的用地，包括旅游管理用地、居住用地、旅游加工业用地、旅游农副业用地等。

根据不同的功能及用地类型，一般可将风景名胜区划分为游览区、旅游接待区、休疗养区、商业服务中心、文化娱乐中心、居民区及行政管理区、加工工业区、园艺场、副食品供应基地及农林地区等几个功能分区。

七、风景区容量与旅游规模

风景区容量的计算是风景区规划的一项重要工作，所谓风景区容量是指在保护风景区内自然生态环境、景观资源环境免遭破坏或素质下降，确保游客游览安全、舒适的前提下，风景区这一特定环境所能容纳游客的最大量。由于各风景区及景区的构成情况不同，因此环境容量的计算方法也有所不同，一般来说，风景区环境容量的计算采用三种方法：

即单位可游面积指标法、单位长度计算法和卡口容量法。

所谓单位可游面积指标法是指把风景区中各游览设施的年容量总和，作为全风景区的年总环境容量，其计算法为：

$$瞬时容量(人)=\frac{风景游览设施面积(m^2)}{单位面积指标(m^2/人)}$$

$$日容量(人)=瞬时容量\times 周转率$$

$$年容量(人/年)=全年可游天数\times 日容量$$

其中：$$单位面积指标(m^2/人)=\frac{风景游览设施面积(m^2/人)}{合理容量(人)}$$

$$周转率=\frac{每日可游时间（小时）}{游人平均延续时间（小时）}$$

单位长度法常用于不便计算风景游览设施面积的山岳型风景区，它与每个游人所占中心景区的步行游览路线上的景点数量、游人在景点的停留时间、游人的行走速度、游人从住宿点到中心景区往返的步行路线长度、人流单位时间通过量等有关。其计算方法为：

$$瞬时容量(人)=\frac{全景区的步行线路长度(m)}{单位长度指标(m/人)}$$

$$日容量(人)=瞬时容量\times 周转率$$

$$年容量(人/年)=全年可游天数\times 日容量$$

其中：$$单位长度指标=\frac{中心景区游览线长度+往返步道长度(m)}{日总游人量(人/日)}$$

卡口容量法是指用风景区中游人必到的重点景区（如武夷山风景区的九曲溪）的游人量作为全景区的环境容量的方法，其计算方法根据不同情况而定。

风景区人口规模预测是一项极为关键的工作，人口规模的大小将影响到风景区规划中水、电、气、旅馆床位、商业服务等基础设施的规划，同时也是风景区总体布局的依据之一。

风景区人口构成包括：流动人口、常住人口和其他人口。流动人口包括旅游人口和休疗养人口；常住人口包括服务人口和职工家属及城镇非劳动人口；其他人口是指从事与风景旅游无关工作的人口。

流动人口通常有三个表示量，即：全年人次、高峰日人次及总床位数。而总床位数是决定旅游床位及旅游设施规模的主要数据，所以计算旅游规模，主要是计算总床位数。床位数计算一般有三种方法：

1）床位数计算方法一，其公式如下：

$$床位数\ C=\frac{平均停留天数\ n\times 年住宿人数\ R}{年旅游天数\ T\times 床位利用率\ K}$$

式中：

表 5-6

公式代号	单位	旅游	休疗养	旅游现状举例
C	床	住宿游人床位需要数	休疗养员床位数	
R	人次	全年住宿旅游总人次	全年休疗养员总人次	
T	日	全年可游览天数 全年可利用天数	全年可休疗养天数	庐山为八个月(240天) 峨眉山为七个月(210天)

续表

公式代号	单位	旅游	休疗养	旅游现状举例
n	日	游人平均住宿天数	每批休疗养员平均住宿天数	庐山为三天，峨眉山为四天
K	%	床位数利用率	床位平均利用率	庐山为80% 峨眉山为70%～75%

可以按照上式，分别计算出各级的床位数，然后得到总床位数。

2）床数计算方法二，其公式如下：

$$C=R_0+Y\cdot N$$

式中：R_0——现状高峰日留宿游人数；

Y——每年平均增长数，根据历年增长率统计而估计出来的数字；

N——规划年数。

此公式可用在缺乏必要数据的情况下，根据现状做粗略的推算，以解决初步规划时匡算用。

3）床位计算方法三，其公式如下：

$$C=(X+\sigma)N$$

式中：C——估计的总床位数（同理需考虑床位数利用率 K）；

X——各月游人量的平均值；

σ——各月游人量的均方差；

N——平均住宿天数；

常住人口的计算则首先根据常住人口中直接服务人口与流动人口对应比例关系求出直接服务人口，再根据劳动平衡法，可求出风景区常住人口规模，计算常住人口规模，可借用城市规划中的“劳动平衡法”，因此：

$$常住人口=\frac{直接服务人口绝对数}{1-(间接服务人口比例+非劳动人口比例)}$$

$$风景区总人口=流动人口+常住人口+其他人口$$

按90年代初的标准，风景区人口构成比例分别为：流动人口占50%，直接服务人口7%，间接服务人口10%，家属及非劳动人口占33%。随着旅游业的发展及风景区管理服务水平的提高，这一比例将有所变化，其中流动人口比例将增加，服务人口比例将下降。

八、保护培育规划

保护培育规划是风景区专项规划中的重要内容，保护培育规划应包括查清保育资源，明确保育的具体对象，划定保育范围，确定保育原则和措施等基本内容。保护培育规划应依据本风景区的具体情况和保护对象的级别而择优实行分类保护或分级保护，或两种方法并用的方式。

1. 分类保护

所谓分类保护即将风景内的保护对象分为生态保护区、自然景观保护区、史迹保护区、风景恢复区、风景游览区和发展控制区等六类，分别进行保护。

1）生态保护区的划分与保护规定

(1) 对风景区内有科学研究价值或其他保存价值的生物种群及其环境，应划出一定的范围与空间作为生态保护区。

(2) 在生态保护区内，可以配置必要的研究和安全防护性设施，应禁止游人进入，不得搞任何建筑设施，严禁机动交通及其设施进入。

2) 自然景观保护区的划分与保护规定

(1) 对需要严格限制开发行为的特殊天然景源和景观，应划出一定的范围与空间作为自然景观保护区。

(2) 在自然景观保护区内，可以配置必要的步行游览和安全防护设施，宜控制游人进入，不得安排与其无关的人为设施，严禁机动交通及其设施进入。

3) 史迹保护区的划分与保护规定

(1) 在风景区内各级文物和有价值的历代史迹遗址的周围，应划出一定的范围与空间作为史迹保护区。

(2) 在史迹保护区内，可以安置必要的步行游览和安全防护设施，宜控制游人进入，不得安排旅宿床位，严禁增设与其无关的人为设施，严禁机动交通及其设施进入，严禁任何不利于保护的因素进入。

4) 风景恢复区的划分与保护规定

(1) 对风景区内需要重点恢复、培育、抚育、涵养、保持的对象与地区，例如森林与植被、水源与水土、浅海及水域生物、珍稀濒危生物、岩溶发育条件等，宜划出一定的范围与空间作为风景恢复区。

(2) 在风景恢复区内，可以采用必要技术措施与设施；别限制游人和居民活动，不得安排与其无关的项目与设施，对其不利的活动。

5) 风景游览区的划分与保护规定

(1) 对风景区的景物、景点、景群、景区等各级风景结构单元和风景游赏对象集中地，可以划出一定的范围与空间作为风景游览区。

(2) 在风景游览区内，可以进行适度的资源利用行为，适宜安排各种游览欣赏项目；应分级限制机动交通及旅游设施的配置。并分级限制居民活动进入。

6) 发展控制区的划分与保护规定

(1) 在风景区范围内，对上述五类保育区以外的用地与水面及其他各项用地，均应划为发展控制区。

(2) 在发展控制区内，可以准许原有土地利用方式与形态，可以安排同风景区性质与容量相一致的各项旅游设施及基地，可以安排有序的生产、经营管理等设施，应分别控制各项设施的规模与内容。

2. 分级保护

风景保护的分级应包括特级保护区、一级保护区、二级保护区和三级保护区等四级内容，并应符合以下规定：

1) 特级保护区的划分与保护规定

(1) 风景区内的自然保护核心区以及其他不应进入游人的区域应划为特级保护区。

(2) 特级保护区应以自然地形地物为分界线，其外围应有较好的缓冲条件，在区内不得搞任何建筑设施。

2）一级保护区的划分与保护规定

（1）在一级景点和景物周围应划出一定范围与空间作为一级保护区，宜以一级景点的视域范围作为主要划分依据。

（2）一级保护区内可以安置必需的步行游赏道路和相关设施，严禁建设与风景无关的设施，不得安排旅宿床位，机动交通工具不得进入此区。

3）二级保护区的划分与保护规定

（1）在景区范围内，以及景区范围之外的非一级景点和景物周围应划为二级保护区。

（2）二级保护区内可以安排少量旅宿设施，但必须限制与风景游赏无关的建设，应限制机动交通工具进入本区。

4）三级保护区的划分与保护规定

（1）在风景区范围内，对以上各级保护区之外的地区应划为三级保护区。

（2）在三级保护区内，应有序控制各项建设与设施，并应与风景环境相协调。

在作风景区保护培育规划时应注意协调处理保护培育、开发利用、经营管理的有机关系，应加强引导性规划措施，确保风景区的永续利用。

九、风景游赏规划

风景游览欣赏规划应包括景观特征分析与景象展示构思；游赏项目组织；风景单元组织；游线组织与游程安排；游人容量调控；风景游赏系统结构分析等基本内容。

1. 景观特征分析和景象展示构思

景观特征分析和景象展示构思，应遵循景观多样化和突出自然美的原则，对景物和景观的种类、数量、特点、空间关系、意趣展示及其观览欣赏方式等进行具体分析和安排；并对欣赏点选择及其视点、视角、视距、视线、视域和层次进行分析和安排。

2. 游赏项目组织

游赏项目组织应包括项目筛选、游赏方式、时间和空间安排、场地和游人活动等内容。在游赏项目组织中应遵循以下原则：

1）在与景观特色协调，与规划目标一致的基础上，组织新、奇、特、优的游赏项目；

2）权衡风景资源与环境的承受力，保护风景资源永续利用；

3）符合当地用地条件、经济状况及设施水平；

4）尊重当地文化习俗、生活方式和道德规范。

游赏项目内容应根据风景区的具体情况进行安排，可供选择的项目如下表5-7。

游赏项目类别表　　**表5-7**

游赏类别	游　赏　项　目
1. 野外游憩	（1）消闲散步（2）郊游野游（3）垂钓（4）登山攀岩石（5）骑驭
2. 审美欣赏	（1）览胜（2）摄影（3）写生（4）寻幽（5）访古 （6）寄情（7）鉴赏（8）品评（9）写作（10）创作
3. 科技教育	（1）考察（2）探胜探险（3）观测研究（4）科普（5）教育 （6）采集（7）寻根回归（8）文博展览（9）纪念（10）宣传
4. 娱乐体育	（1）游戏娱乐（2）健身（3）演艺（4）体育（5）水上水下运动 （6）冰雪活动（7）沙草场活动（8）其他体智技能运动

续表

游赏类别	游 赏 项 目
5. 休养保健	(1)避暑避寒(2)野营露营(3)休养(4)疗养(5)温泉浴 (6)海水浴(7)泥沙浴(8)日光浴(9)空气浴(10)森林浴
6. 其他	(1)民俗节庆(2)社交聚会(3)宗教礼仪(4)购物商贸(5)劳作体验

3. 风景单元组织

风景单元组织应把游览欣赏对象组织成景物、景点、景群、园苑、景区等不同类型的结构单元。景点组织应包括景点的构成内容、特征、范围、容量；景点的主、次、配景和游赏序列组织；景点的设施配备；景点规划一览表等四部分。景区组织应包括景区的构成内容、特征、范围、容量；景区的结构布局、主景、景观多样化组织；景区的游赏活动和游线组织；景区的设施和交通组织要点等四部分。

4. 游线组织与游程安排

游线组织应依据景观特征、游赏方式、游人结构、游人体力与游兴规律等因素，精心组织主要游线和多种专项游线，并应包括下列内容：

(1) 游线的级别、类型、长度、容量和序列结构；

(2) 不同游线的特点差异和多种游线间的关系；

(3) 游线与游路及交通的关系。

风景区的游线组织按不同的风景区类型可分为三种：一种是以绕环式为主，如黄山、峨眉山等，游人不走回头路，可随游随住；一种是以树枝式为主，如崂山、庐山等，有固定的生活服务区，游客可自由选择需要游览的景点，游览后回到住宿点，再选择另外的景点游览；第三种是上边两种方式的结合，如张家界、丽江老君山等，这种线路布置兼具以上两种游览方式的优点，在可能的情况下，应尽可能地选择第三种游线组织方式。

风景区内的交通形式主要有车行、步行、电缆车、索道、汽艇、直升机等，各种交通形式的线路选择应根据地质条件、植被条件、景观因素、各交通工具的安全要求等具体情况进行，选择合理的线路，应尽可能减少对风景区形成干扰和破坏。

游程安排应由游赏内容、游览时间、游览距离限定。游程的确定宜符合下列规定：

(1) 一日游：不需住宿，当日往返；

(2) 二日游：住宿一夜；

(3) 多日游：住宿二夜以上。

十、其他专项规划

包括典型景观规划、游览设施规划、基础工程规划、居民社会规划、经济发展引导规划、土地利用协调规划、分期发展规划等。

1) 典型景观规划：应包括典型景观的特征与作用分析；规划原则与目标；规划内容、项目、设施与组织；典型景观与风景区整体的关系等内容。

2) 游览设施规划：应包括游人与游览设施现状分析；客源分析预测与游人发展规模的选择；游览设施配备与直接服务人口估算；旅游基地组织与相关基础工程；游览设施系统及其环境分析等五部分。

3）基础工程规划：应包括交通道路、邮电通讯、给水排水和供电能源等内容，根据实际需要，还可进行防洪、防火、抗灾、环保、环卫等工程规划。

4）居民社会调控规划：应包括现状、特征与趋势分析；人口发展规模与分布；经营管理与社会组织；居民点性质、职能、动因特征和分布；用地方向与规划布局；产业和劳力发展规划等内容。

5）经济发展引导规划：应包括经济现状调查与分析；经济发展的引导方向；经济结构及其调整；空间布局及其控制；促进经济合理发展的措施等内容。

6）土地利用协调规划：应包括土地资源分析评估；土地利用现状分析及其平衡表；土地利用规划及其平衡表等内容。

7）分期规划：从时间安排上一般分为近期规划：5年以内，远期规划：5～20年，远景规划：大于20年；近期发展规划应提出发展目标、重点、主要内容，并应提出具体建设项目、规模、布局、投资估算和实施措施等；远期发展规划的目标应使风景区内各项规划内容初具规模。并应提出发展期内的发展重点、主要内容、发展水平、投资匡算、健全发展的步骤与措施。

十一、风景区规划的成果

应包括风景区规划文本、规划图纸、规划说明书、基础资料汇编等四个部分。

1）规划文本：规划文本是风景区规划成果的条文化表述，应简明扼要，以法规条文的方式直接叙述规划主要内容的规定性要求。规划文本经相应的人民政府审查批准后，作为法规权威，应严肃实施和执行。

2）规划图纸：应包括彩图及蓝图两种，图纸均应在清晰的地形图上绘制以清楚地反映原有地形特点，规划图纸应清晰准确，图文相符，图例一致，并应在图纸的明显处标明图名、图例、风玫瑰、规划期限、规划日期、规划单位及其资质图签编号等内容。规划设计的主要图纸应符合表5-8的规定。

风景区总体规划图纸规定　　表5-8

图纸资料名	比例尺							图纸特征	有些图纸可与下列编号的图纸合并
	风景区面积（km²）				综合型	复合型	单一型		
	20以下	20～100	100～500	500以上					
1. 现状（包括综合现状图）	1∶5000	1∶10000	1∶25000	1∶50000	▲	▲	▲	标准地形图上制图	
2. 景源评价与现状分析	1∶5000	1∶10000	1∶25000	1∶50000	▲	△	△	标准地形图上制图	1
3. 规划设计总图	1∶5000	1∶10000	1∶25000	1∶50000	▲	▲	▲	标准地形图上制图	
4. 地理位置或区域分析	1∶25000	1∶50000	1∶100000	1∶200000	▲	△	△	可以简化制图	
5. 风景游赏规划	1∶5000	1∶10000	1∶25000	1∶50000	▲	▲	▲	标准地形图上制图	
6. 旅游设施配套规划	1∶5000	1∶10000	1∶25000	1∶50000	▲	▲	△	标准地形图上制图	3
7. 居民社会调控规划	1∶5000	1∶10000	1∶25000	1∶5000	▲	△	△	标准地形图上制图	3
8. 风景保护培育规划	1∶10000	1∶25000	1∶50000	1∶100000	▲	△	△	可以简化制图	3或5
9. 道路交通规划	1∶10000	1∶25000	1∶50000	1∶100000	▲	△	△	可以简化制图	3或6
10. 基础工程规划	1∶10000	1∶25000	1∶50000	1∶100000	▲	△	△	可以简化制图	3或6
11. 土地利用协调规划	1∶10000	1∶25000	1∶50000	1∶100000	▲	▲	▲	标准地形图上制图	3或7
12. 近期发展规划	1∶10000	1∶25000	1∶50000	1∶100000	▲	△	△	标准地形图上制图	3

说明：▲应单独出图；可作图纸△。

以上图纸的具体内容如下：

（1）区位关系图（地理位置或区域分析）反映该风景名胜区与周围主要城市及其他风景名胜区的位置、距离以及相互之间的关系等。

（2）综合现状图　反映风景名胜区内各类用地（风景游赏用地、游览设施用地、农场、果园、林场、水域等）的分布，各级工矿企业、大中型事业单位的分布，景点、文物古迹分布，对内对外交通，林木植被等现状。

（3）景源评价与现状分析图　反映风景资源的分布、分类、评价、分级情况，综合现状的分析有：坡度分析、坡向分析、土地利用分析、视线分析、生态敏感度分析等。景点评价与现状分析图可根据具体情况综合或分别进行，可形成一张或数张分析图。

（4）规划设计总体图　主要应表达风景名胜区的范围界线、各景区的范围界线及名称、各功能分区的范围界线及名称、各景点的位置及名称、主要交通及游览线路、主要服务接待设施的位置及名称等。

（5）风景游赏规划图　风景游览欣赏规划图应包括景观特征分析与景象展示构思；游赏项目组织；风景单元组织；游线组织与游程安排；游人容量调控；风景游赏系统结构分析等基本内容。

（6）旅游设施配套规划图　旅游设施配套规划图应包括风景名胜区各级服务接待设施站（点）的位置、范围及名称，各级服务接待设施包括的项目及服务点的床位安排等内容。

（7）居民社会调控规划图　居民社会调控规划图应包括风景区内乡、镇的人口发展规模与分布；经营管理与社会组织；居民点性质、职能、动因特征和分布；用地方向与规划布局；产业和劳力发展规划等内容。

（8）风景保护培育规划图　风景保护培育规划图对于分类保护的风景区应反映生态保护区、自然景观保护区、史迹保护区、风景恢复区、风景游览区和发展控制区等各类保护区的范围、界线、保护措施等；对于分级保护的风景区应反映特级保护区、一级保护区、二级保护区和三级保护区等四个不同级别保护区的范围、界线、保护措施等。

（9）道路交通规划图　主要表达内外交通的联系、风景名胜区各级道路的线路走向及主要道路里程；不同交通工具的线路、各停车站、场及道路附属设置的位置及名称；各级道路的断面示意等内容。

（10）基础工程规划图　风景区基础工程规划图应包括交通道路、邮电通讯、给水排水和供电能源等内容，根据实际需要，还可进行防洪、防火、抗灾、环保、环卫等工程规划。

（11）地利用协调规划图　地利用协调规划图应反映风景游赏用地、游览设施用地、居民社会用地、交通与工程用地、林地、园地、草地、水域、滞留用地等各类用地的位置、方位、界线等内容。

（12）近期发展规划图　近期发展规划图应反映近五年内的具体建设项目、规模、布局等。

以上各类图为我国风景区规划规范要求的内容，在实际的规划中图量的多少可根据风景区的职能结构类型的不同可做适当增减。在一般情况下，风景区规划的规划说明书和基础资料可合并一册，统称为附件，规划说明书应分析现状，论证规划意图和目标，解释和

说明规划内容。

本章思考题

1. 根据城市《城市绿地分类标准》，我国现有的公园包括哪几类？

2. 公园的规划设计分为哪几个阶段，每个阶段需要完成的基本内容分别是什么？每个阶段需要完成哪些图纸？

3. 公园分区布局的依据是什么？综合性公园一般会设置哪些基本的功能区？

4. 植物园按照性质可分为综合性植物园和专业性植物园，简单说明这两类植物园有什么区别？

5. 城市道路绿化断面布置形式包括那几种类型，以图示的方式分别进行说明。

6. 什么是安全视距三角形？视距三角形范围内的植物在尺度上有什么要求？简单说明交通岛的绿化设计要点。

7. 城市广场设计要重视文脉的表达，有哪两种常用的设计手法可以在设计中融入传统？

8. 居住区绿地由哪几部分组成？居住区率规划设计的基本原则是什么？居住区的绿地率指标应当控制在多少？

9. 城市防风林带的数量与风力大小有关，每条林带的宽度一般是多少？林带之间的距离在多少范围之间？什么是副林带，副林带的宽度应当不小于多少米？

10. 风景资源评价包括那四个部分的内容？风景资源评价通常采用什么样的方式？对不同层次的评价应当选用怎样不同的评价层指标？简单说明风景资源评价五个等级的划分标准？风景资源评价的结论包括哪三部分？

11. 什么是风景环境容量？风景区环境容量的计算方法有哪三种？简单说明三种计算方法的具体内容。

本章延伸阅读书目

1. 胡长龙，园林规划设计（第二版），中国农业出版社，2005。

2. 杨赉丽，城市园林绿地规划（第三版），中国林业出版社，2013。

3. 刘滨谊，现代景观规划设计（第二版），东南大学出版社，2006。

第六章　园　林　工　程

第一节　概　　述

一、园林工程概述

1. 中外园林工程的特点

1）中国园林工程的特点

（1）本于自然、高于自然：山、水、植物是构成自然风景的基本要素，中国古典园林中利用这些要素，并对其有意识地改造、调整、加工、剪裁，从而表现一个精练概括的典型化的自然景观。

（2）建筑美与自然美的结合：在中国古典园林中，建筑均与山、水、花木这三个造园要素有机地结合在一起，形成一系列风景画面。

（3）诗情画意：园林是时空综合的艺术，它运用诗文的境界和场景、借鉴文学艺术的章法、山水画的写意思想，把对大自然的概括和升华后的山水画以空间形式复现到现实生活中来，使园林从总体到局部都包含着浓郁的诗画情趣。

（4）意境的蕴含：中国古典园林借助具体的山、水、花木、建筑所构成的风景画面来间接传达意境的信息，同时还运用园名、景题、匾额、对联等文字方式直接来表达，深化意境的内涵。

2）日本园林工程特点

日本园林早期接受中国的影响，但在长期发展过程中形成了日本自己的特色，产生了林泉式、筑山庭、平庭、茶庭、枯山水等式样的庭园。在植物上，注重常绿树，园内地面常用细草、小竹类、蔓类、苔藓类等植物覆被，很少用砖石铺满。在山石的使用上，少用石叠假山，一般用土山石组，还有石灯笼、泽飞（水中步石）、石桥等。园林建筑的设置采用散点布置，布局开敞，建筑风格素雅，屋面多用草、树皮、木板覆盖，少用瓦顶。木架、地板和装修一般都不用油漆，露木质纹理。

3）意大利古典园林工程特点

文艺复兴时期园林一般附属于郊外别墅，不居统帅地位，与别墅统一布局，但不突出轴线。园林分两部分，建筑附近是花园，花园之外是林园。园林中多呈台地。重视水的处理，常设跌水和喷泉；巴洛克时期园林追求新奇，着重装饰，建筑体量大，居统帅地位，林荫道纵横交错，植物修剪成绿色雕刻，水的处理更加丰富多彩，有水风琴、水剧场等。

4）英法古典园林工程特点

英国在18世纪发展自然风景园，这种风景园以开阔的草地、自然式种植的树丛、蜿

蜒的小径为特色，顺应自然的河流和湖泊，园林与园外环境结为一体，充分利用原始地形和乡土植物形成自然风景学派；以法国的宫廷花园为代表的园林称为勒·诺特尔式园林。该园林把宫殿或府邸放在高地上，居于统帅地位，前面伸出笔直的林荫道，后面是一片花园，花园里中央轴线控制整体，大量运用喷泉。花园外围是林园。

2. 世界园林工程的发展

人类通过劳动作用于自然界，引起自然界的变化，同时也引起人与自然环境之间关系的变化，对应于园林的发展大致可以分为四个阶段。

第一阶段：人类进入原始农业的公社，聚落附近出现种植场地，房前屋后有了果园蔬圃。虽然是出于生产的目的，但客观上已开始了园林的萌芽状态。

第二阶段：人类进入了以农耕为主的文明社会，大小城市和集镇的产生。居住在城市和集镇里面的统治阶级，为了补偿与大自然环境相对隔离的缺憾而经营各式园林。园林由萌芽、成长而达到兴旺，在发展过程中逐渐形成了丰富多彩的时代风格、民族风格、地方风格。这一阶段的园林是在一定的地段范围内，利用、改造天然的山水地貌，或者人为地开辟山水地貌，结合植物栽培、建筑布置，辅以禽鸟养畜，从而构成一个以视觉景观之美为主的游憩、居住环境。

第三阶段：人与自然从早先的亲和关系转变为对立关系，而且这种情况发展下去必然会带来恶果，因此人们开始进行自然保护的对策和城市园林方面的研究。这一阶段的园林较上一阶段在内容和性质上均有发展变化，除了私人所有的园林之外，还出现由政府出资经营、属于政府所有的，向群众开放的公共园林。此阶段园林的规划设计已经摆脱私有的局限性，从封闭的内向型转变为开放的外向型。兴造园林不仅为了获得视觉景观之美和精神的陶冶，同时也着重发挥其改善城市环境质量的作用。

第四阶段：大约从 20 世纪 60 年代开始，发达国家和地区经济迅速发展，人们有了足够的时间和经济条件，愿意更多地接触大自然，回到大自然的怀抱，人与自然的适应状态逐渐升华到一个更高的境界，二者之间由前一阶段的对立关系又逐渐回归为亲和关系。这一阶段的园林在内容和形式上的变化：主要包括私人园林已不占主导地位，城市公共园林绿地以及户外娱乐场地扩大，建筑与园林绿化相结合，转化为环境设计，确立了城市生态系统的概念。园林绿化以创造合理的城市生态系统为根本目的，由城市发展到郊外，建立森林公园和风景名胜区体系，大力开拓园林学的领域。园林艺术已成为环境艺术的重要组成部分，跨学科的综合性和公众的参与性成为园林艺术创作的主要特点。

3. 现代园林工程发展趋势

1）设计要素的创新：由于科技的发展，现代园林设计师具备了超越传统材料限制的条件，通过选用新颖的建筑或装饰材料，达到特殊的质感、色彩、光影等特征。一些设计师在传统材料的使用上也做了处理。科学技术的进步，使得现代园林的设计要素在表现手法上更加宽广与自由。

2）形式与功能的结合：与传统园林的服务对象、装饰与观赏性不同，现代园林面向大众的使用功能已成为设计师们所关心的基本问题之一。纵观西方现代园林，大多以形式与功能有机结合为主要的设计准则。

3）现代与传统的对话：借助于传统的形式与内容去寻找新的含义或形成新的视觉形

象，既可以使设计的内容与历史文化联系起来，又可以结合当代人的审美趣味，使设计具有现代感。

4）自然的精神：大自然是许多园林作品的重要灵感之源。设计师在深深理解大自然及其秩序、过程与形式的基础上，以一种抽象艺术的手段再现了自然的精神，而不是简单地移植或模仿。

5）生态与设计：早在1969年，麦克·哈格在其经典之作《设计结合自然》中，就提出了综合性生态规划思想。这种将多学科知识应用于解决规划实践问题的生态决定论方法对西方园林产生了深远的影响，其中一些基本的生态观点与知识，现已广为普通设计师所理解、掌握并运用。

二、园林设计与施工

1. 园林建设程序、步骤和内容

园林建设工程作为建设项目中的一个类别，它必定要遵循建设程序，即建设项目从设想、选择、评估、决策、设计、施工到竣工验收、投入使用，发挥社会效益、经济效益的整个过程，而其中各项工作必须遵循有其先后次序的法则，即：

（1）根据地区发展需要，提出项目建议书；

（2）在踏勘、现场调研的基础上，提出可行性研究报告；

（3）经有关部门审批立项；

（4）根据可行性研究报告编制设计文件，进行初步设计；

（5）初步设计批准后，作好施工前的准备工作；

（6）组织施工，竣工后经验收交付使用；

（7）经过一段时间的运行，一般是1～2年，进行项目后评价。

2. 设计文件的深度

承担项目设计单位的设计水平应与项目大小、复杂程度相一致。按现行规定，工程设计单位分为甲、乙、丙、丁四级，分级标准以及所承担设计任务的范围都有明确的规定，低级的设计单位不得越级承担工程项目的设计任务，设计单位必须严格保证设计质量。设计须经过方案比较，以保证方案的合理性。设计所使用的基础资料、引用的技术数据、技术条件等要确保准确真实。

（1）总体规划图设计：由图纸和文字说明两部分组成。

（2）初步设计：在总体规划设计文件得到批准及待定问题得以解决后进行，包括设计图纸、说明书、工程量总表和概算。设计图表示的高程和距离均以米为单位，数字保留到小数点后两位。

（3）施工图设计：在初步设计批准后，进行施工图设计。施工图设计文件包括施工图、文字说明和预算。施工图高程均以米为单位，要写到小数点后两位，其他尺寸以毫米为单位。施工图设计分为种植、道路、广场、山石、水池、驳岸、建筑、土方、各种地下或架空线的施工设计。有两个以上专业工种在同一地段施工，需要有施工总平面图，并经过审核会签，在平面尺寸关系和高程上取得一致。在一个子项目内，各专业工种要同时按照专业规范进行审核会签。

（4）园林建筑工程设计：与其他建筑设计一样，由建筑设计、结构设计和设备设计等

工种组成设计组，按照各自工种的分工不同，共同完成设计任务。

三、园林工程建设与管理

园林建设工程作为建设项目中的一个类别，它必定要遵循建设程序，其中各项工作必须遵循有其先后次序的法则和工程的科学性，遵循工程建设管理的内在规律。

1. 园林工程建设的内容

园林建设工程按造园的要素及工程属性，可分为园林工程、园林建筑工程和种植工程三大部分。园林工程主要包括土方工程、园林水电工程、水景工程、铺地工程、假山工程等内容；园林建筑是指在园林中有造景作用，同时供人游览、观赏、休息的建筑物，包括游憩建筑、服务建筑、水体建筑、文教建筑、动植物园建筑等，园林建筑工程主要包括地基与基础工程、墙柱工程、墙面与楼面工程、屋顶工程、装饰工程等；种植工程的主要内容包括乔灌木种植、大树移植、草坪栽植工程和养护管理等。园林建筑工程不在本培训教材中探讨，植物种植工程见园林植物培训教材。

2. 园林建设管理的内容

园林建设管理主要体现在两个方面，一方面是园林建设项目的程序管理，主要包括组织园林工程建设的招投标、园林工程的概预算、组织园林工程竣工验收和项目建成后的评价；另一方面园林建设项目的施工管理，主要包括工程管理、质量管理、安全管理、成本管理和劳务管理。

第二节　园林地形与土方工程

一、园林地形的塑造

1. 地形与等高线概述

1）地形组成要素：组成园林地面的地形要素，是指地形中的地貌形态、地形分割条件、地表平面形状、地面坡向和坡度大小等几个方面的组成要素。

2）园林地貌形态：地貌形态就是地面的实际样子或地面的基本形状面貌。在我国园林中，常见的地貌形态则主要有五类，即：丘山地貌、岩溶地貌、平原地貌、海岸地貌和流水地貌，这些地貌形态各有其形态特征。

3）地形平面要素：主要有地面分割要素和平面形状要素两类。在园林地形构成中，地面分割要素存在自然条件分割和人工条件分割两种：自然条件分割是指地面上，由两个方向相反的坡面交接而形成的线状地带，可构成分水线和汇水线，这两种分界线把地貌分割成为不同坡向、不同大小、不同形状的多块地面；各块地面的形状如何取决于分水线和汇水线的具体分布情况。人工条件分割是指在园林的山地、丘陵和平地上，人工修建的园路、围墙、隔墙、排水沟渠等，也将园林建设用地分割为大小不同、坡向变化、坡度各异的各块用地，这些就是人工分割要素。平面形状要素是指地表的平面形状是由各种分割要素进行分割而形成的；从地块的平面形状来说，除了圆形场地外，正方形、长方形、条状、带状及各种自然形状的地块，都有一定的方向性。

4）等高线与地形：地表面上标高相同的点相连接而成的直线和曲线称为“等高线”。

等高线是假想的“线”，是天然地形与某一高程的水平面相交所形成的交线投影在平面图上的线。给等高线标注上数值，便可用它在图纸上表示地形的高低、陡缓、峰峦位置、坡谷走向及溪池的深度等内容，地形等高线图只有标注出比例尺和等高距后才有意义。一般的地形图中只有两种等高线，一种是基本等高线，又称首曲线，常用细实线表示；另一种是每隔四根首曲线加粗一根，并标注高程，称为计曲线。等高线具有以下特性：

（1）同一条等高线上所有的点的标高相同；

（2）任意一条等高线都是连续曲线，且是闭合的曲线；

（3）等高线的水平间距的大小表示地形的缓或陡，疏则缓，密则陡；等高线间距相同时，表示地面坡度相等；

（4）等高线一般不相交、重叠或合并，只有在悬崖处的等高线才可能出现相交的情况。在某些垂直于地面的峭壁、地坎或挡土墙、驳岸处的等高线才会重合在一起；

（5）等高线与山谷线、山脊线垂直相交时，山谷线的等高线是凸向山谷线标高升高的方向，而山脊线的等高线是凸向山脊线标高降低的方向；

（6）等高线不能随便横穿过河流、峡谷、堤岸和道路等。

5）等高线特征图与地貌

（1）山脊和山谷：山脊就是一种凸起的细长形地貌；在地形狭窄处，等高线指向山下方向；典型地，沿着山脊侧边的等高线将相对平行；而且，沿着山脊会有一个或几个最高点。山谷是长形的凹地，并在两个山脊之间形成空间；山脊和山谷必须相连，因为山脊的边坡形成山谷壁，山谷由指向山顶的等高线表示。对于山脊和山谷，其等高线形状是相似的，因此标出坡度方向是非常重要的。在某种情况下，等高线会改变方向形成 U 型或 V 型形状。因为等高线改变方向的是较低点，所以，V 型经常和山谷联系起来。水沿着两个斜坡的交汇处汇集起来向山下流动，在底部形成天然排水沟。

（2）峰顶和谷底：峰顶是相对于周围地面而言有一个最高点；等高线构成同心的、闭合的图形，在中心区是最高的等高线。而谷底则是相对周围地面而言的最低点；在谷底，等高线再次形成同心的、闭合的图形，但中心区是最低的等高线。为避免把峰顶和谷底混淆，知道高程变化方向是很重要的。

（3）凹面和凸面斜坡：凹面斜坡的一个明显特点是沿着山脚方向等高线间距越来越大，这说明在高度较高处斜坡陡，而在低处斜坡逐渐变得平缓。凸面斜坡和凹面斜坡正好相反，换句话说，沿着山脚方向的等高线间距越来越小；斜坡在高处平缓而在低处逐渐变陡。

（4）均匀斜坡：沿着均匀斜坡，等高线间距相同，因此高度变化是常量。均匀斜坡在工程建设中比在自然环境中更典型。

6）地形在竖向设计中的作用

围合、限制、分隔空间；控制视野景观；改善小气候环境；组织交通；可构成优美的地景，如图 6-1 所示。

地形分析包括地面高程、坡度、坡向、特征、脊线（分水线）、谷线（汇水线）、洪水淹没线、制高点、冲沟、洼地位置等内容。

7）坡度计算、分析

（1）坡度计算：坡度通常定义为高度在一段水平距离上的竖向变化（单位是 ft 或 m），

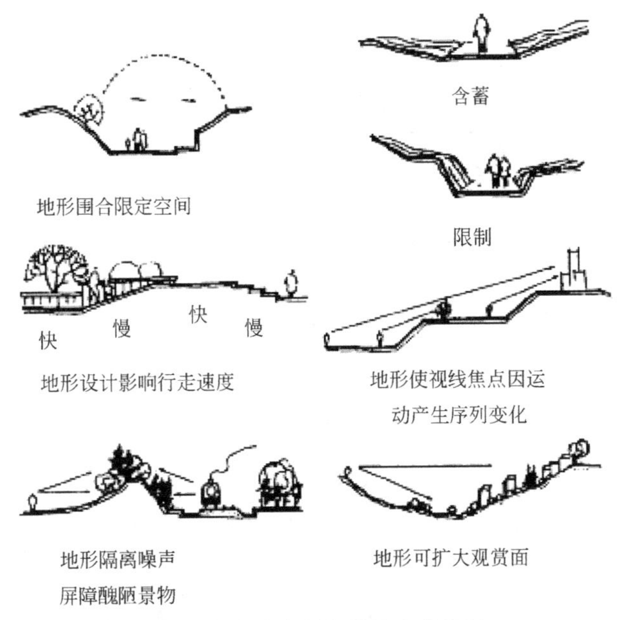

图 6-1　地形在竖向设计中的作用

（引自中国城市规划设计院等单位编．园林施工．2003）

或 $S=DE\setminus L$，式中 S 是坡度，DE 是水平距离或图纸距离为 L 的一条直线两个端点之间的高度差（图 6-2）。为把 S 表示成百分比的形式，可以乘以 100，用比值和度表示坡度。坡度经常被表示为如 4∶1 的比值形式，这意味着对于每 4 个单位（ft 或 m）水平距离，有 1 个单位（ft 或 m）向上或向下的竖向变化。在施工图中，尤其是断面图中，可以用图 6-3（a）所示的三角形表示比值。在比值表示法中，表示水平的数值应总是放在前面。相反地，比值也可用相等的百分比来表示。一个 4∶1 的比值等效于 25%的坡度。

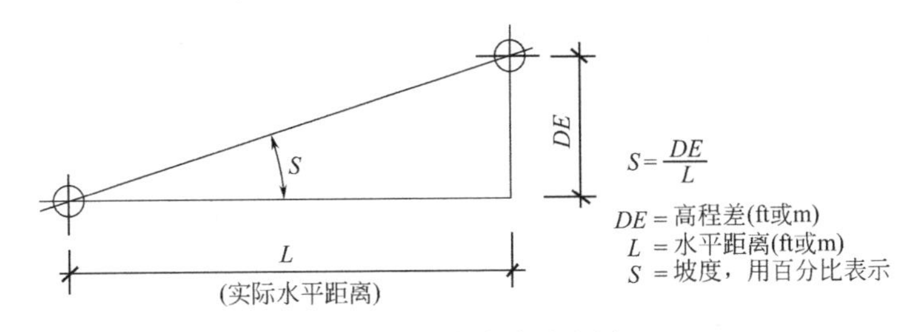

图 6-2　坡度公式示意图

（2）坡度分析：为了确定修筑建筑物、公路、停车场的最佳场地，或在特殊场地上的其他用途，景观工程师经常要做地形的陡度分析。这个过程通常称为坡度分析，这些资料和其他方面的一些因素，如经济、植被、排水、土壤等一起被用来做场地规划决策。

8）坡度修整

坡度修整是最基本的设计工具之一。每一个场地设计工程都需要一些坡度上的变化。这些坡度的变化怎样和整体设计构思融合到一起将会影响这个工程在功能上和视觉上是否成功。

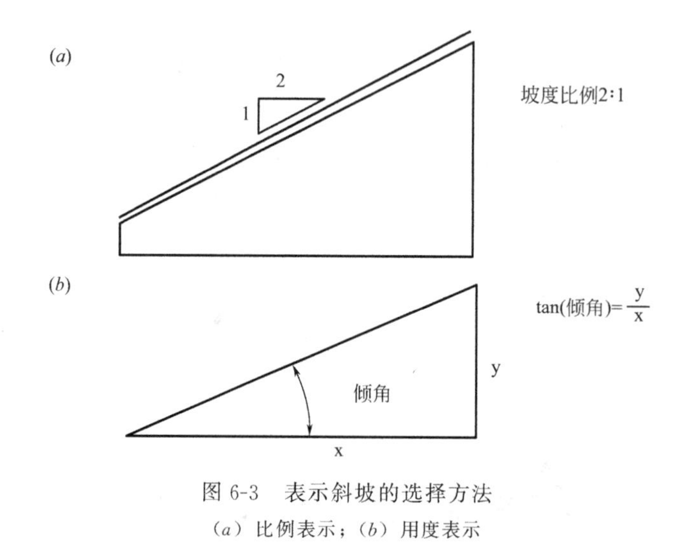

图 6-3　表示斜坡的选择方法

（a）比例表示；（b）用度表示

2. 园林用地的竖向设计

竖向设计是指在一块场地上进行垂直于水平面方向的布置和处理。园林用地的竖向设计就是园林中各个景点、各种设施及地貌等在高程上如何创造高低变化和协调统一的设计。在建园过程中，往往在充分利用原有地形的情况下进行适当的改造。竖向设计的任务就是最大限度地发挥园林的综合功能出发，统筹安排园内各种景点、设施和地貌景观之间的关系。

1）竖向设计原则与内容

（1）满足各项用地的使用要求

建筑室内地坪高于室外地坪：住宅 30～60cm，学校、医院 45～90cm。多雨地区宜采用较大值，高层建筑、土质较差或填土地段还应考虑建筑沉降；

道路：机动车道纵坡一般≤6%，困难时可达 9%，山区城市局部路段坡度可达 12%。但坡度超过 4%，必须限制其坡长；5%～6%，坡长≤600m；6%～7%，坡长≤400m；7%～8%，坡长≤300m；9%，坡长≤150m；

非机动车道纵坡一般≤2%，困难时可达 3%，但坡长应限制在 50m 以内；桥梁引坡≤4%。人行道纵坡以≤5%为宜，>8%行走费力，宜采用踏级。交叉口纵坡≤2%，并保证主要交通平顺；

广场、停车场：广场坡度以≥0.3%、≤3%为宜，0.5%～1.5%最佳；儿童游戏场坡度 0.3%～2.5%；停车场坡度 0.2%～0.5%；运动场坡度 0.2%～0.5%；

草坪、休息绿地：坡度最小 0.3%，最大 10%；

（2）保证场地良好的排水：力求使设计地形和坡度适合污水、雨水的排水组织和坡度要求，避免出现凹地。道路纵坡不小于 0.3%，地形条件限制难以达到时应做锯齿形街沟排水。建筑室内地坪标高应保证在沉降后仍高出室外地坪 15～30cm。室外地坪纵坡不得小于 0.3%，并且不得坡向建筑墙脚；

（3）充分利用地形，减少土方工程量：设计应尽量结合自然地形，减少土、石方工程量。填方、挖方一般应考虑就地平衡，缩短运距。附近有土源或余方有用处时，可不必过

于强调填、挖方平衡，一般情况土方宁多勿缺，多挖少填；石方则应少挖为宜；

(4) 考虑建筑群体空间景观设计的要求：尽可能保留原有地形和植被。建筑标高的确定应考虑建筑群体高低起伏富有韵律感而不杂乱。必须重视空间的连续、鸟瞰、仰视及对景的景观效果。斜坡、台地、踏级、挡土墙等细部处理的形式、尺度、材料应细致、亲切宜人；

(5) 便利施工，符合工程技术经济要求：挖土地段宜作建筑基地，填方地段作绿地，场地、道路较合适。岩石、砾石地段应避免或减少挖方，垃圾、淤泥需挖除。人工平整场地，竖向设计应尽量结合地形，减少土方工程量，采用大型机械施工平整场地时，地形设计不宜起伏多变，以免施工不便。建筑和场地的标高要满足防洪的要求。地下水位高的地段应少挖。在规划过程中，公园基地上可能会有些有保留价值的老树。其周围的地面依设计如需增高或降低，应在图纸上标注出保护老树的范围、地面标高和适当的工程措施。植物对地下水很敏感，有的耐水，有的不耐水。规划时应与不同树种创造不同的生活环境；

(6) 排水设计：在地形设计的同时要考虑地面水的排除，具体内容详见本章第六节的有关内容。一般规定无铺装地面的最小排水坡度为1%，而铺装地面则为5%，但这只是参考限值，具体设计还要根据土壤性质和汇水区的大小、植被情况等因素而定；

(7) 管道综合：园内各种管道的布置，难免有些地方会出现交叉，在规划上就须按一定原则，统筹安排各种管道交会时合理的高程关系，以及它们和地面上的构筑物或园内乔灌木的关系。

2) 竖向设计方法　园林竖向设计所采用的方法主要有三种，即高程箭头法、纵横断面法和设计等高线法。高程箭头法又叫流水向分析法，主要在表示坡面方向和地面排水方向时使用。纵横断面法常用在地形比较复杂的地方，表示地形的复杂变化。设计等高线法是园林地形设计的主要方法，一般用于对整个园林进行竖向设计。

(1) 高程箭头法：其特点是对地面坡向变化情况的表达比较直观，容易理解；设计工作量较小，图纸易于修改和变动，绘制图纸的过程比较快。其缺点则是：对地形竖向变化的表达比较粗略，在确定标高的时候要有综合处理竖向关系的工作经验（图6-4）。因此，高程箭头法比较适于在园林竖向设计的初步方案阶段使用，也可在地貌变化复杂时，作为一种指导性的竖向设计方法。

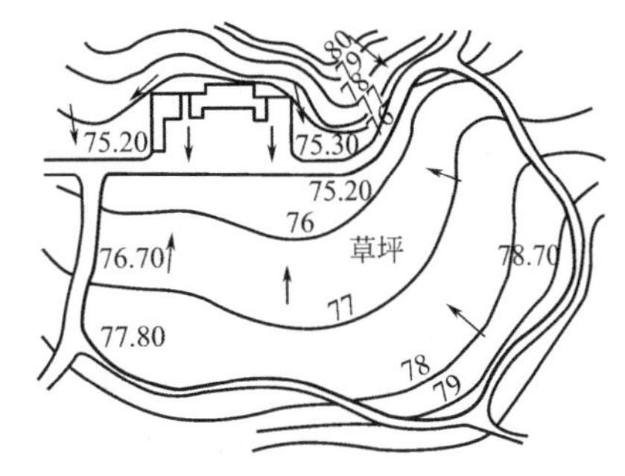

图6-4　用高程箭头法表示竖向地形

(2) 横断面法：多在地形复杂情况下需要作比较仔细的设计时采用。这种方法的优点是：对规划设计地点的自然地形有一个立体的形象概念，容易着手考虑对地形的整理和改造。而它的缺点则是：设计过程较长，设计所花费的时间比较多。采用纵横断面法的具体方法主要通过地形方格网、求出方格网交叉点的自然标高、求出方格网交叉点设计标高、绘制横断面图、根据纵横断面标高和设计图所示自然地形的起伏情况对土方量进行粗略的平衡比较、绘制出设计地面线等步骤。

(3) 设计等高线法：在地形变化不很复杂的丘陵、低山区进行园林竖向设计，大多要采用设计等高线法。这种方法能够比较完整地将任何一个设计用地或一条道路与原来的自然地貌作比较，随时一目了然地判别出设计的地面或路面的挖填方情况；用设计等高线和原地形的自然等高线，可以在图上表示地形被改动的情况。绘图时，设计等高线用细实线绘制，自然等高线则用细虚线绘制。在竖向设计图上，设计等高线低于自然等高线之处为挖方，高于自然等高线处则为填方。

3）竖向设计步骤　园林竖向设计是一项细致而烦琐的工作，设计和调整、修改的工作量都很大。其设计步骤为：

（1）资料的收集：主要包括园林用地及附近地区的地形图，当地水文地质、气象、土壤、植物等的现状和历史资料；城市规划对该园林用地及附近地区的规进资料，市政建设及其地下管线资料；园林总体规划初步方案及规划所依据的基础资料；所在地区的园林施工队伍状况和施工技术水平、劳动力素质与施工机械化程度等方面的参考材料。资料的收集原则是：关键资料必须齐备，技术支持资料要尽量齐备，相关的参考资料越多越好。

（2）现场踏勘与调研：在掌握上述资料的基础上，进行现场踏勘、调查，并对地形图等关键资料进行核实。如发现地形、地物现状与地形图上有不吻合处，要搞清变动原因，进行补测，以修正地形图的不足之处。对保留利用的地形、水体、建筑、文物古迹和古树名木等要加以特别注意，要记载下来。还要查明地形现状中地面水的汇集规律和集中排放方向及位置，城市给水干管接入园林的接口位置等情况。

（3）设计图纸的表达：竖向设计应是总体规划的组成部分，需要与总体规划同时进行。在中小型园林工程中，竖向设计一般可以结合在总平面图中表达。但是，地形较复杂或者工程规模较大时，在总平面图上就不易表达清楚，就要单独绘制园林竖向设计图。竖向设计图的表达有高程箭头法、纵横断面法和设计等高线法等三种方法，表达方法在此不作介绍。

在园林地形的竖向设计中，如何减少土方的工程量，节约投资和缩短工期，这对整个园林工程具有很重要的意义。因此，对土方施工工程量应该进行必要的计算，同时还须提高工作效率，保证工程质量。

二、土方工程

1. 土方工程概述

1）土方工程的基本术语

（1）竣工坡度：所有景观开发工程结束后的最终坡度。它是草坪、移植床、铺面等的上表面，通常在修坡平面图上用等高线和点高程标出。

（2）地基：表面材料如表层土和铺面被放在地基上面。地基回填情况下的顶面和开挖情况下的底面代表地基。夯实地基指地基必须达到一个特定的密度。不干扰地基是指地基土没有被开挖或没有任何形式上的变化。

（3）基层/底基层：填充的材料，通常放在铺面之下。

（4）竣工楼面标高：通常是结构第一层的标高，但是也可以用来表示结构任何一层的标高。竣工楼面标高和外部竣工坡度的关系取决于结构的类型。

（5）开挖：移走土的过程。拟建的等高线向上坡方向延伸，越过现有的等高线（图6-5）。

（6）回填：添加土的过程。拟建的等高线向下坡方向延伸，越过现有的等高线。当回填材料必须输入场地时，也经常称为借土。

（7）压实：在控制条件下土的压实，特别是指特定的含水量。

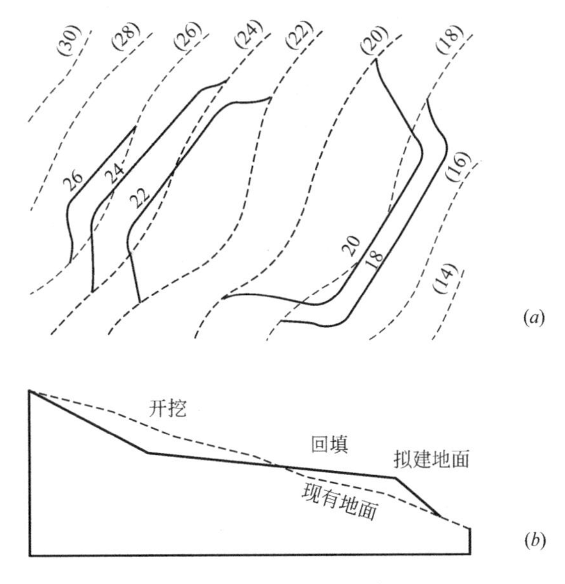

图 6-5　开挖和回填

（a）标明现有的和拟建的等高线平面图。在拟建等高线向上方移动的地方出现开挖，而在它们向下方移动的地方出现回填；

（b）断面图表示出从开挖变化到回填的地方和拟建地面回到现有地面的地方。这两种情况都称为无开挖和无回填。

（8）表层土：通常是土壤断面的最上面一层，因为其有机含量很高，很易于分解，所以，对结构来说不是合适的地基材料。

2）土的工程性质与分类

（1）土的工程分类：土壤是由各种颗粒状的矿物质、有机质、水分、空气、微生物等成分组成。土壤一般由固相（土颗粒）、液相（水）和气相（空气）三部分组成，三部分的比例关系反映出土壤的不同物理状态。土壤这些指标对于评价土的物理力学和工程性质，进行土的工程分类具有重要意义。土的分类方法有许多，而在实际工作中，常以园林工程预算定额中的土方工程部分的土方分类为准（各省市不尽相同）；建筑安装工程统一劳动定额中，将土分为八类，即按土石坚硬程度和开挖方法及使用工具不同而分。

（2）土的工程性质：土壤的工程性质对土方工程的稳定性、施工方法、工程量及工程投资有很大关系；也涉及工程设计、施工技术和施工组织的安排。

与园林工程有关的土壤的性质有：

土壤容重：是指单位体积内天然状况下的土壤重量，单位为 kg/m^3。土壤容重可以作为土壤坚实度的指标之一，同等地质条件下，容重小的，土壤疏松；容重大的，土壤坚实。土壤容重的大小直接影响着施工的难易程度，容重越大挖掘越难。

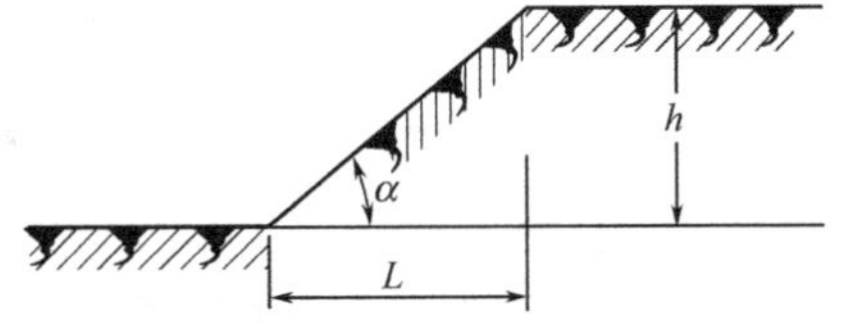

图 6-6　土壤的自然安息角示意

土壤的自然倾斜角（安息角）：土壤自然堆积，经沉落稳定后的表面与地面所形成的夹角，就是土壤的自然倾斜角，以 α 表示（图 6-6），$tg\alpha = h/L$。在工程设计时，为了使工程稳定，边坡坡度数值应参考相应土壤的自然倾斜角的数值。另外，土壤的自然倾斜角还会受到土壤含水量的影响。

边坡坡度：是指边坡的高度和水平间距的比，习惯用 $1:m$ 表示，m 是坡度系数。$1:m=1:L/h$，所以，坡度系数是边坡坡度的倒数。对于土方工程，稳定性是最重要的，所以无论是挖方或填方都要需要有稳定的边坡。在填方或挖方时，应考虑各层分布的土壤性质以及同一土层中土壤所受压力的变化，根据其压力变化采取相应的边坡坡度，可按其高度分层确定边坡坡度（具体见图 6-7）。由此可见挖方或填方的坡度是否合理，直接影响着土方工程的质量和数量，因而也影响着工程的投资。

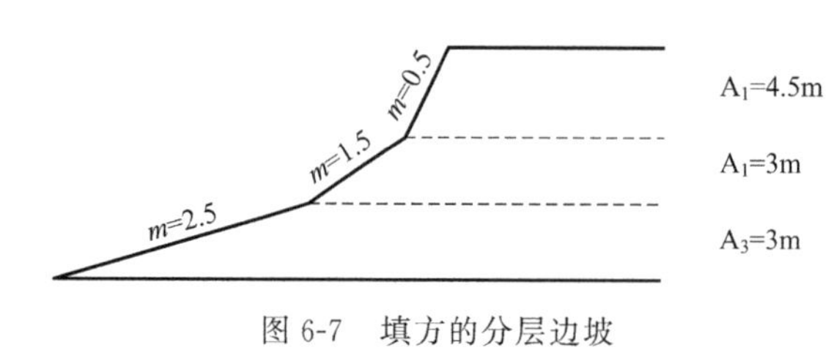

图 6-7　填方的分层边坡

土壤含水量：是指土壤空隙中的水重和土壤颗粒重的比值。土壤含水量在 5%以内称为干土；在 30%以内称为潮土；大于 30%的称为湿土。土壤含水量的多少，对土方施工的难易也有直接的影响。

土壤的相对密实度（D）：是用来表示土壤在填筑后的密实程度的。在填方工程中土壤的相对密实度是检查土壤施工中密实度的重要指标，为了使土壤达到设计要求，可以采用人工夯实或机械夯实。一般情况下采用机械压实，其密实度可达到 95%，人工夯实的密实度在 87%左右。大面积填方如堆山时，通常不加以夯实而是借助于土壤的自重慢慢沉落，久而久之也可达到一定的密实度。

土壤的可松性：是指土壤经挖掘后，其原有的紧密结构遭到破坏，土体松散导致体积增加的性质。这一性质与土方工程的工程量的计算，以及工程运输都有很大的关系。土壤可松性用可松性系数（K_p）来表示，具体可由下面的公式表示。

最初可松性系数 K_p＝开挖后土壤的松散体积 V_2/开挖前土壤的自然体积 V_1　　(6-1)

最后可松性系数 K'_p＝运至填方区夯实后土壤的松散体积 V_3/开挖前土壤的自然体积 V_1　　(6-2)

根据体积增加的百分比，可用下列公式表示：

最初体积增加的百分比＝$V_2-V_1/V_1\times100\%=(K_p-1)\times100\%$　　(6-3)

最后体积增加的百分比＝$V_3-V_1/V_1\times100\%=(K'_p-1)\times100\%$　　(6-4)

2. 土方工程量计算与平衡调配

1）土方工程量的计算　满足设计意图的前提下，如何尽量减少土方的施工量，节约投资和缩短工期，这是土方工程始终要考虑的问题。要做到这一点，对土方的挖填运输都应进行必要的计算，做到心中有数，以提高工作效率和保证工程质量。通过土方工程量计算，有时反过来又可以修订设计图中不合理之处，使图纸更臻完善。同时土方量计算所得资料又是建设投资预算和施工组织设计等项目的重要依据，所以土方量的计算在园林设计工作中，是必不可少的。土方量的计算工作，就其要求精确度不同，可分为估算和计算二种，在规划阶段，土方计算无需过分精细，只作估算即可。而在作施工图时，土方量的计算精度要求较高。计算土方体积的方法很多，常用的大致可归为以下四类：用体积公式估算、断面法、等高面法、方格网法。

（1）用体积公式估算：土方工程当中，不管是原地形还是设计地形，经常会遇到一些

类似锥体、棱台等几何形体的地形单体，如类似锥体的山丘、类似棱台的池塘等。这些地形单体的体积可以采用相近的几何体公式进行计算。这种方法简易便捷，但精度较差，所以多用于规划阶段的估算。

（2）断面法：是用一组等距或不等距的互相平行的截面将要计算的地块、地形单体（如山、溪涧、池、岛等）和土方工程（如堤、沟、渠、路堤、路堑、带状山体等）分截成段，分别计算这些段的体积，再将这些段的体积加在一起，便可求得该计算对象的总土方量。所以这种方法适用于计算长条形地形单体的土方量。用断面法计算土方量，其精度主要取决于截取的断面的数量，多则较精确，少则较粗。基本计算方法如下：

当 $S_1=S_2$ 时 $$V=S\times L \tag{6-5}$$

当 $S_1\neq S_2$ 时 $$V=1/2(S_1+S_2)\times L \tag{6-6}$$

式中 S——断面面积（m^2）；

L——两相邻断面之间的距离（m）。

公式（6-6）虽然简便，但在 S_1 和 S_2 的面积相差较大，或两相邻断面之间的距离 L 大于 50m 时，计算所得误差较大，遇到这种情况时，可改用下面的公式进行运算：

$$V=1/2(S_1+S_2+4S_0)\times L \tag{6-7}$$

式中 S_0 中截面积有二种求法：

第一种：用中截面积公式计算

$$S_0=1/4\{S_1+S_2+2(S_1S_2)^{1/2}\} \tag{6-8}$$

第二种：用 S_1 及 S_2 各相应边的平均值求 S_0 的面积，此法适用于堤或沟渠。

（3）等高面法：最适于大面积的自然山水地形的土方计算。等高面法是沿等高线截取断面，等高距即为二相邻断面的高，见图 6-8，计算方法同断面法。其计算公式如下：

$$\begin{aligned}V&=(S_1+S_2)h/2+(S_2+S_3)h/2+\cdots\cdots+(S_{n-1}+S_n)h/2+S_nh/3\\&=\{(S_1+S_n)/2+S_2+S_3+S_4+\cdots\cdots+S_{n-1}\}h+S_nh/3\end{aligned} \tag{6-9}$$

式中 V——土方体积（m^3）；

S——断面面积（m^2）；

h——等高距（m）。

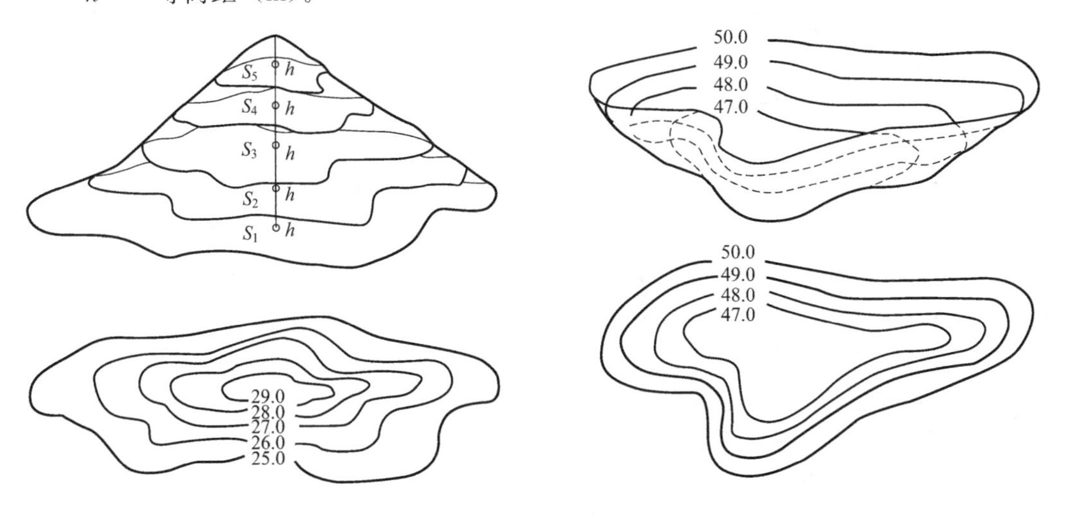

图 6-8 沿等高线截取断面

我国园林崇尚自然，山水布局都有讲究，地形的设计要因地制宜，充分利用原地形，以节约工力。同时，为了造景的需要又要使地形起伏多变，因此计算土方量时，必须考虑到原有地形的影响，这也是自然山水园林土方工程计算较繁杂的原因。由于园林设计图纸上的原地形和设计地形都是用等高线表示的，因而采用等高面法进行计算最为方便。

（4）方格网法：建园过程中，地形改造除挖湖堆山外，还有许多大大小小的用途的地坪、缓坡地需要进行平整，平整场地的工作是将原来高低不平、比较破碎的地形按设计要求整理成为平坦的、具有一定坡度的场地，如停车场、集散广场、体育场、露天剧场等。整理这类地形的土方计算最适宜用方格网法。

方格网法是把平整场地的设计工作和土方量计算工作结合在一起进行的。其工作程序是：A. 在附有等高线的施工现场地形图上作方格网，控制施工场地。方格网边长数值，取决于所求的计算精度和地形变化的复杂程度，在园林工程中一般采用20m至40m；B. 在地形图上用插入法求出各角点的原地形标高，或把方格网各角点测设到地面上，同时测出各角点的标高，并记录在图上；C. 依设计意图，如地面的形状、坡向、坡度值等，确定各角点的设计标高；D. 比较原地形标高和设计标高求得施工标高；E. 土方计算。

设计中单纯追求数字的绝对平衡是没有必要的，因为作计算依据的地形图本身就存在一定的误差，同时施工中，土方量的细微差别也是难于觉察出来的。在实际工作中计算土方量时，虽然要考虑平衡，但更应重视在保证设计意图的基础上，如何尽可能地减少动土量和不必要的搬运。

土方量的计算是一项烦琐单调的工作，特别对大面积场地的平整工程，其计算量是很大的，费时费力，而且容易出差错，为了节约时间和减少差错，可采用两种简便的计算方法。一是使用土方工程量计算表，用土方计算表求土方量，既迅速又比较精确，有专门的《土方量工程计算表》可供参考。二是使用土方量计算图表，用图表计算土方量，方法简单便捷，但相对精度较差。

2）土方的平衡与调配　土方平衡调配工作是土方规划设计的一项重要内容，其目的在于使土方运输量或土方成本为最低的条件下，确定填方区和挖方区土方的调配方向和数量，从而达到缩短工期和提高经济效益的目的。

土方的平衡与调配的步骤是：在计算出土方的施工标高、填方区和挖方区的面积、土方量的基础上，划分出土方调配区；计算各调配区的土方量、土方的平均运距；确定土方的最优调配方案；绘制出土方调配图。

（1）土方的平衡与调配的原则进行土方平衡与调配，必须考虑工程和现场情况、工程的进度要求和土方施工方法以及分期分批施工工程的土方堆放和调运问题。经过全面研究，确定平衡调配的原则之后，才能着手进行土方的平衡与调配工作。土方的平衡与调配的原则有：挖方与填方基本达到平衡，减少重复倒运；挖（填）方量与运距的乘积之和尽可能为最小，即总土方运输量或运输费用最小；分区调配与全场调配相协调，避免只顾局部平衡，任意挖填，而破坏全局平衡；好土用在回填质量要求较高的地区，避免出现质量问题；调配应与地下构筑物的施工相结合，有地下设施的填土，应留土后填；选择恰当的调配方向、运输路线、施工顺序，避免土方运输出现对流和乱流现象，同时便于机具调配和机械化施工；取土应尽量不占用园林绿地。

（2）土方的平衡与调配的步骤和方法

划分调配区：在平面图上先划出挖方区和填方区的分界线，并在挖方区和填方区划分出若干调配区，确定调配区的大小和位置。划分时应注意以下几点：划分应考虑开工及分期施工顺序；调配区大小应满足土方施工使用的主导机械的技术要求；调配区范围应和土方工程量计算用的方格网相协调。一般可由若干个方格组成一个调配区；当土方运距较大或场地范围内土方调配不能达到平衡时，可考虑就近借土或弃土，一个借土区或一个弃土区，可作为一个独立的调配区。

计算各调配区土方量。根据已知条件计算出各调配区的土方量，并标注在调配图上。

计算各调配区之间的平均运距（即指挖方区土方重心至填方区土方重心的距离）。取场地或方格网中的纵横两边为坐标轴，以一个角作为坐标原点（图 6-9）按下面的公式求出各挖方或填方调配区土方重心的坐标（x_0，y_0）以及填方区和挖方区之间的平均运距 L_0。

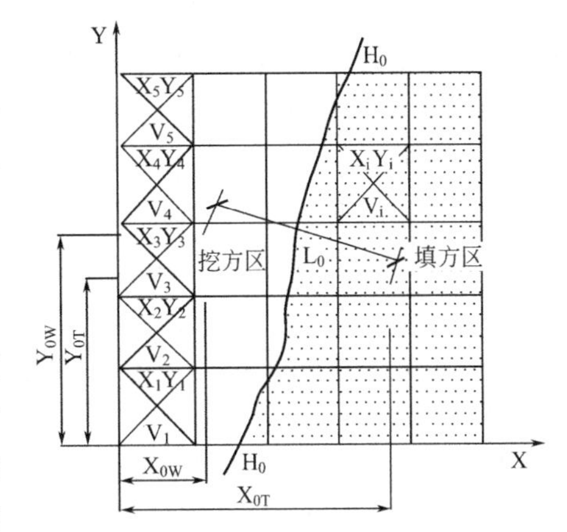

图 6-9　土方调配区间的平均运距

$$x_0=\sum(x_iv_i)/\sum v_i \tag{6-10}$$

$$y_0=\sum(y_iv_i)/\sum v_i \tag{6-11}$$

式中　x_i，y_i——i 块方格的重心坐标；

v_i——i 块方格的土方量。

$$L_0=\{(x_{0T}-x_{0W})^2+(y_{0T}-y_{0W})^2\}^{1/2} \tag{6-12}$$

式中　x_{0T}，y_{0T}——填方区的重心坐标；

x_{0W}，y_{0W}——挖方区的重心坐标。

一般情况下，也可以用作图法近似地求出调配区的重心位置 O，以代替重心坐标。重心求出后，标注在图上，用比例尺量出每对调配区的平均运输距离（$L_{11}L_{12}L_{13}\cdots$）。所有填挖方调配区之间的平均运距均需一一计算，并将计算结果列于土方平衡与运距表内。

确定土方最优调配方案。用“表上作业法”求解，使总土方运输量为最小值，即为最优调配方案。

绘出土方调配图。根据以上计算，标出调配方向、土方数量及运距（平均运距再加上施工机械前进、倒退和转弯必需的最短长度）。

3. 土方施工

1）土方施工内容。任何建筑物、构筑物、道路及广场等工程的修建，都要在地面作一定的基础，挖掘基坑、路槽等，这些工程都是从土方施工开始的。在园林中地形的利用、改造或创造，如挖湖堆山，平整场地都要依靠动土方来完成。土方工程完成的速度和质量，直接影响着后继工程，所以它和整个建设工程的进度关系密切。为了使工程能多快好省地完成，必须做好土方工程的设计和施工的安排。

土方工程根据其使用期限和施工要求，可分为永久性和临时性两种，但是不论是永久性还是临时性的土方工程，都要求具有足够的稳定性和密实度，使工程质量和艺术造型都符合原设计的要求。同时在施工中还要遵守有关的技术规范和原设计的各项要求，以保证工程的稳定和持久。

2）土石方施工准备

土石方工程施工包括挖、运、填、压四方面内容。其施工方式有人力施工、机械化和半机械化施工等。施工方式需要根据施工场地的现状、工程量和当地的施工条件决定。在规模大、土方较集中的工程中，应采用机械化施工；但对工程量小施工点分散的工程，或因受场地限制等不便用机械化施工的地段，采用人工施工或半机械化施工。土石方工程施工的准备工作包括如下内容：

（1）施工计划与安排：施工开始前，首先要对照园林总平面图、竖向设计图和地形图，在施工现场一面踏勘，一面核实自然地形现状，了解具体的土石方工程量、施工中可能遇到的困难和障碍、施工的有利因素和现状地形能够继续利用等多方面的情况，尽可能掌握全面的现状资料，以便为施工计划或施工组织设计奠定基础。掌握了翔实准确的现状情况以后，可按照园林总平面工程的施工组织设计，做好土石方工程的施工计划。要根据甲方要求的施工进度及施工质量进行可行性分析和研究，制定出符合本工程要求及特点的各项施工方案和措施。对土方施工的分期工程量、施工条件、施工人员、施工机具、施工时间安排、施工进度、施工总平面布置、临时施工设施搭建等，都要进行周密的安排，力求使开工后施工工作能够有条不紊地进行。

（2）土石方调配：在做土石方施工组织设计或施工计划安排时，还需确定土石方量的相互调配关系。竖向设计所定的填方区，其需要填入的土方从什么地点取土？取多少土？挖湖挖出的土方，运到哪些地点堆填？运多少到各个填方点？这些问题都要在施工开始前切实解决，也就是说，在施工前必须做好土石方调配计划。土石方调配的基本原则是：就近挖方，就近填方，使土石方的转运距离最短。即在实际进行土石方调配时，一个地点挖起的土，优先调动到与其距离最近的填方区，近处填满后，余下的土方才向稍远的填方区转运。

为了清楚明白地表达土石方的调配情况，可以根据竖向设计图绘制一张土石方调配图，在施工中指导土石方的堆填工作。图 6-10 就是这种土石方调配图。从图中可以看出在挖、填方区之间，土石方的调配方向、调配数量和转运距离。

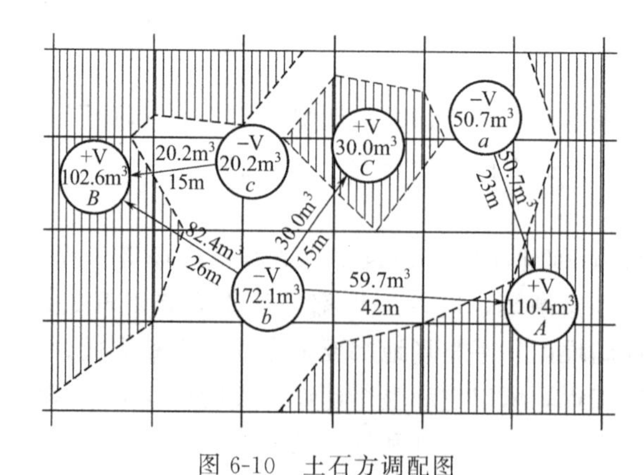

图 6-10　土石方调配图

（3）施工及现场准备：在施工场地范围内所做的准备工作包括施工现场的清理。如残留的建筑物或地下构筑物的拆除；拆除时，应根据其结构特点，并遵循现行《建筑工程安

全管理与技术》的规定进行操作。施工现场残留有一些影响施工并经有关部门审查同意砍伐的树木，要进行伐除工作。凡土方开挖深度不大于50cm，或填方高度较小的土方施工，其施工现场及排水沟中的树木，都必须连根拔除。清理树蔸除用人工挖掘外，直径在50cm以上的大树蔸还可用推土机铲除或用爆破法清除。大树一般不允许伐除，如遇到现场的大树古树很有保留价值时，要提请建设单位或设计单位对设计进行修改，以便将大树保留下来。因此，大树的伐除要慎而又慎，凡能保留的要尽量设法保留。如果施工现场内的地面、地下或水下发现有管线通过，或有其他异常物体如地下文物、地下矿物或地下不明物时，应事先请有关部门协同查清。未查清前，不可动工，以免发生危险或造成严重损失。

准备好施工工具和必要的施工消耗材料，做好调用工程机械、运土车辆的台班计划，落实机械设备的进场时间。按照施工计划，组织好足够的劳动力和施工技术人员，落实施工管理责任。做好一切进场施工的准备。

3）土方施工作业

（1）土方的挖掘：分人力施工和机械施工。分人力施工工具主要是锹、镐、钢钎等，人力施工不但要组织好劳动力，而且要注意安全和保证工程质量，施工者要有足够的工作面，一般平均每人应有4～6m^3；开挖土方附近不得有重物及易坍落物；挖土过程中，随时注意观察土质情况，要有合理的边坡；必须垂直下挖者，松软土不得超过0.7m，中等密度者不超过1.25m，坚硬土不超过2m；挖方工人不得在土壁下向里挖土，以防坍塌；在坡上或坡顶施工者，要注意坡下情况，不得向坡下滚落重物；施工过程中注意保护基桩、龙门板或标高桩。机械施工主要施工机械有推土机、挖土机等。在园林施工中推土机应用较广泛，用推土机挖湖堆山，效率较高，但应注意几点：A. 推土机手应识图或了解施工对象的情况，了解实地定点放线情况，让推土机手心中有数，推土铲就像他手中的雕塑刀，能得心应手、随心所欲地按照设计意图去塑造地形。B. 注意保护表土。在挖湖堆山时，先用推土机将施工地段的表层熟土（耕作层）推到施工场地外围，待地形整理停当，再把表土铺回来，这样做较麻烦费工，但对公园的植物生长却有很大好处。C. 桩点和施工放线要明显，保护桩木和施工放线不受破坏；施工期间，施工人员应该经常到现场，随时随地用测量仪器检查桩点和放线情况，掌握全局，以免挖错（或堆错）位置。

（2）土方的运输：土方运输是较艰巨的劳动，人工运土一般都是短途的小搬运。车运人挑，这在有些局部或小型施工中还经常采用。运输距离较长的，最好使用机械或半机械化运输。不论是车运人挑，运输路线的组织很重要，卸土地点要明确，施工人员随时指点，避免混乱和窝工。如果使用外来土垫地堆山，运土车辆应设专人指挥，卸土的位置要准确，否则乱堆乱卸，必然会给下一步施工增加许多不必要的小搬运，从而浪费了人力物力。

（3）土方的填筑：填土应该满足工程的质量要求，土壤的质量要根据填方的用途和要求加以选择，在绿化地段土壤应满足种植植物的要求，而作为建筑用地则以要求将来地基的稳定为原则。利用外来土垫地堆山，对土质应该验定放行，劣土及受污染的土壤，不应放入园内以免将来影响植物的生长和妨害游人健康。大面积填方应该分层填筑，一般每层20～50cm，有条件的应层层压实。在斜坡上填土，为防止新填土方滑落，应先把土坡挖成台阶状，然后再填方。这样可保证新填土方的稳定。挚土或挑土堆山，土方的运输路线和下卸，应以设计的山头为中心结合来土方向进行安排。一般以环形线为宜，车辆或人挑满载上山，土卸在路两侧，空载的车（人）沿路线继续前行下山，车（人）不走回头路不交叉穿行（图 6-11*a*），所以不会顶流拥挤。随着卸土，山势逐渐升高，运土路线也随之升高，这样既组织了人流，又使土山分层上升，部分土方边卸边压实，这不仅有利于山体的稳定，山体表面也较自然。如果土源有几个来向，运土路线可根据设计地形特点安排几个小环路（图 6-11*b*），小环路以人流车辆不相互干扰为原则。

(*a*)　　　　　　(*b*)

图 6-11　填土时的运输路线

（引自孟兆祯等园林工程 1996）

（4）土方的压实：人力夯压可用夯、硪、碾等工具；机械碾压可用碾压机或用拖拉机带动的铁碾。小型的夯压机械有内燃夯、蛙式夯等。为保证土壤的压实质量，土壤应该具有最佳含水率。如土壤过分干燥，需先洒水湿润后再行压实。在压实过程中应注意分层进行、注意均匀、应先轻后重、应自边缘开始逐渐向中间收拢。

4）修坡工程的施工

（1）场地准备：对修坡工程而言，在进行场地准备时涉及四个方面；计划保留的现有植被和结构的保护、表层土的移走和储存、侵蚀和沉积控制以及清除和拆除。当然，对于每一个工程来说这四个部分并不都是必需的。在大多数情况下，植被的保护无需说明；然而，对于计划保留的树，应尽可能地避免在滴水线之内的任何干扰，这不仅是指开挖和回填，而且也指材料的存放和设备的移动，因为这将引起树和灌木根区压缩的增加以及透气性的减少。表层土的移走，应该对场地进行勘察，以确定表层土的数量和质量是否适合存放；表层土应仅仅在施工区域被剥去，若合适的话，可以在场地上堆积起来以备使用；如果表层土要堆放很长一段时间，应该种上一年生的草以减少侵蚀损失。侵蚀和沉积控制，恰当地把雨水从受干扰区域引出；维持表面的稳定性；过滤、存储、收集沉积物等，这些措施必须符合调整的需要和规范。如果建筑物、道路或别的结构影响拟定的开发项目，必须在施工开始前移走。对于有干扰的树和灌木以及任何可能在场地上发现的杂物应同样清除和拆除。对一个要开挖的场地来说，准备的最后一步是布置坡度，如图 6-12 所示。坡度标桩表明了要完成拟定地基所需的开挖和回填量。

（2）大开挖：在大规模或初步的土方平整阶段，主要进行土方挖掘和成型工作。大开挖的范围取决于工程的规模和复杂性。大开挖包括基本地形和基脚的修整以及所有结构的基础开挖。

（3）回填和精整：在初步坡度已经完成，结构已经建造好后，就要进行精整工作，这包括回填建筑物开挖的部分。所有的回填材料必须正确压实，最大程度上减少将来的沉降问题，同时必须在不损坏公共设施和结构的方式下进行。最后一步是要确保土的形状和表面正确的成型，以及地基达到正确的标高。

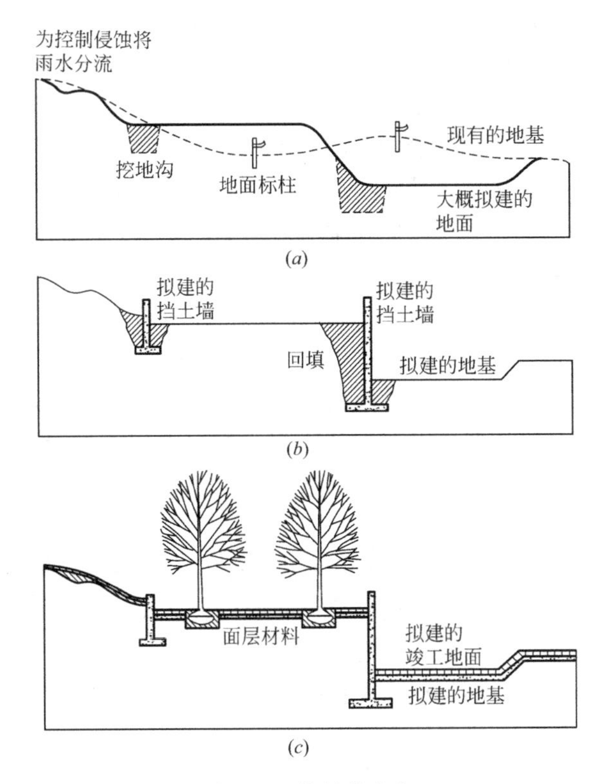

图 6-12　修坡的次序

(a) 粗略修坡是形成主要的土方形状和开挖的阶段；(b) 在回填和精修坡阶段，回填所有的公用设施的地沟和结构，地基达到正确的标高；(c) 在竣工修坡阶段布置全部的面层材料。

(4) 表面平整：为完成这项工程，必须铺设表面平整材料，通常是首先铺坚硬的表面，然后再铺表面土。因为表面土和铺面代表竣工材料，这些材料最后的坡度必须和修坡平面图上所示的拟建的竣工坡度（等高线和点高程）一致。

三、景观挡墙设计

1. 景观墙体

1) 景观墙体设计要点（结构安全与美观）

(1) 具体的断面结构应根据规划用地的地基条件；

(2) 混凝土墙的接缝应按以下间隔标准设置：伸缩缝间隔 20m 以内，防裂切缝间隔为 5m 以内；

(3) 砖墙的砂浆勾缝应设计为深灰缝；

(4) 为避免石墙出现存水现象，应采用密封缝替代砂浆缝，尤其是靠近瀑布等水景、容易沾水的墙体。

2) 常见景观墙体形式

(1) 混凝土墙：表面可作多种处理，如一次抹面、灰浆抹子抹光、打毛刺、细剁斧面、压痕处理、压痕打毛刺处理、上漆处理、喷漆贴砖处理、刷毛削刮处理等，以及利用调整接缝间隔、改变接缝形式和削角形式，可以使混凝土围墙展现出不同的风格。混凝土墙体也可作为其他墙体的基础墙体；

（2）预制混凝土砌块墙：混凝土砌块多是经过处理加工的，造价低但需要扶壁柱。有时也被用作刷毛削刮景墙、贴面景墙的基础墙体；

（3）砖砌墙：砖墙的砌法有多种，如英式砌法、法式砌法、荷兰式砌法等。当墙体设计高度较高时，通常是把混凝土墙当作基础墙。砌筑砖材，其砌筑方法除上述几种外，基本上与花砖墙的砌法相同；

（4）花砖墙：是一种以混凝土墙作基础，铺以花砖的景墙。由于花砖本身的品种、颜色、规格以及砌法多样化，所筑成的花砖也是形式复杂；

（5）石面墙：以混凝土墙作基础，表面铺以石料的景墙。表面多饰以花岗石，也有以铁平石、称父青石作不规则砌筑。此外，还有以石料窄面砌筑的竖砌景墙，以不同色彩、表面处理的石料，构筑出形式、风格各异的景墙。

2. 挡土墙

1）设计步骤。当土壤的倾斜度超过其自然稳定角时便难以稳固，因此，常常需要建造挡土墙。在对地基状况和土壤剖面进行分析之后，正常设计程序如下：

（1）估计用来抵抗墙体背面材料所需的力；

（2）确定挡土墙和基础的剖面形式，目的是使结构稳固，不至于倾覆和滑动；

（3）根据结构的稳定性分析墙体自身；

（4）检测基础之下所能够承受的最大压力；

（5）设计结构构件；

（6）确定回填处的排水方式；

（7）考虑移动和沉降；

（8）确定墙体的饰面形式（当墙体的高度大于1000mm时，应向结构专家进行咨询）。

2）挡土结构的基本形式。挡土结构大致说来可分为柔性结构和刚性结构两类。

（1）柔性结构：柔性结构包括干砌石墙、垄格挡土墙、金属条框挡土墙和其余任何非刚性结构的建筑物。通常，柔性结构常使用下沉的砂质地基或压实的颗粒材料地基，来提高排水能力并形成平坦的表面。柔性结构的优点在于它能容许一定程度上的沉陷，而不会对本身产生太显著的影响。

（2）刚性结构：当有美观要求或不允许结构有任何移动时，要使用刚性结构。例如，与建筑物结合使用或用于正式的景观建筑中时。通常，刚性结构意味着在重力墙中使用混凝土和砖石，或者是结构上采用加固悬臂墙形式。

3）挡土墙的类型。结构问题主要有三种基本的解决方式，即重力墙、悬臂墙和垄格挡土墙。每一种都有几种变化可以考虑，这取决于所选择的标准。

（1）重力墙：主要依靠它们的体量（即重量和体积）来保证稳定性。如果不考虑它们的尺寸大小，基础的厚高比是主要的内容。一道承受水平荷载的墙，厚高比一般在0.4～0.45之间。重力墙常用的材料是混凝土、砖石和用石块或砖块做饰面的混凝土。高度在1.5m以下的重力墙常前后都砌成垂直的，或有一点轻微和倾斜。在这种情况下，基础的最小宽度为0.4m。不用灰浆砌筑的石砌重力墙称为干砌石墙。当需要阻挡的高度较低（小于3m）时，常常使用这种墙体。石材取材方便，非常适于建造乡土建筑。

（2）混凝土砌块墙：砌块墙主要有平砌块、异型砌块、外露骨料砌块三种不同的类型。

（3）悬臂式挡土墙：通常作倒T形或L形。高度不超过7～9m时较经济。根据设计要求，悬臂的脚可以向墙内侧伸出，或伸出墙外，或两面都伸出。如果墙的底脚折入墙内侧，它便处于它所支承的土壤的下面，优点是利用上面土壤的压力，使墙体的自重增加。底脚折向墙外时，其主要优点施工方便，但经常为了稳定而要有某种形式的底脚。

（4）垄格挡土墙：混凝土垄格挡土墙是用预制的钢筋混凝土砌块砌筑的。砌筑墙体时要使顺砖和丁砖联锁排列，以形成竖向的仓穴，这些仓穴还应用碎石或其他的颗粒材料填满。对挡土墙而言，需要填充的位置不必挖土，这是最实用的方法。丁砖上的甩筋通常用于把丁砖和顺砖紧密地连在一起。砌块铺设完毕后尽快进行回填，并且，垄格的高度不能超出回填部分1m以上。如果挡土墙的外表面设计成木质的，那么它就可以用木材来建造。所有的木材单元都应经过防腐受压处理。在早期的木垄挡土墙中，新的或已使用过的铁路枕木应用最为普遍，后来，这种材料多被用于建造低矮的墙体。然而，目前应用最广泛的材料是切割成合适尺寸的木材。这种木材应该用含铜的盐或其他不渗色的材料进行过防腐受压处理。

（5）其他类型的墙体：如木材、金属条框等。

四、相关标准、规范、规程的介绍

（1）建筑地基基础工程施工质量验收规范 GB 50202—2002

（2）建筑安装工程质量验收统一标准 GB 50300—2001

（3）建筑机械使用安全技术规程 JGJ 33—2012

（4）建筑工程冬期施工规程 JGJ 104—2011

（5）建筑基坑支护技术规程 JGJ 120—2012

第三节　水景工程

水——无论是小溪、河流、湖泊还是大海，对人都有一种天然的吸引力。从古至今，用水景点缀环境由来已久。水已成为梦想和魅力的源泉。水景工程，是与水体造园相关的所有工程的总称。它研究怎样利用水体要素来营造丰富多彩的园林水景形象。园林中水的设计概括地说主要表现在以下几个方面：

水的形态设计：水无固定的形状，它的形状取决于容器的形状。丰富多彩的水态，取决于容器的大小、形状、色彩和质地或所依的山体。从这个意义上讲，园林水体设计实际上是“容器”的设计。

水的音响设计：当水漫过或绕过障碍物时，当水喷射到空中然后落下时，当水从岩石跌落到水潭时，都会产生各种各样的声音，有时欢悦清脆，有时压抑烦躁，有时狂暴粗野，有时涓涓细流，断续滴落，发出滴滴答答，叮叮咚咚的水声。那动人的声音是那样的迷人。因此，水的设计包含了水的音响设计。

水的意境设计：中国从传统造园要求的“虽由人作，宛自天开”，到今天更强调的“回归自然”，可持续发展等。人们的观念在不断地进步，人们在追求更高的艺术境界。从这个意义上讲，水的设计是意境的设计。

一、一般水景工程

1. 湖池造景

湖属静态水体，有天然湖和人工湖之分。前者是自然的水域景观，如云南滇池、杭州西湖等。人工湖是人工依地势就低挖凿而成的水域，沿岸因境设景、自成天然图画，如深圳仙湖及一些现代公园中的人工大水面。湖的特点是水面宽阔平静，具平远开朗之感。除此，湖往往有一定水深而利于水产，还有较好的湖岸线及周边的天际线，“碧波万顷、鱼鸥点水、白帆浮动”是对湖的特色的描绘。

1）湖的布置要点

湖的布置应充分利用山形，依山畔水，岸线曲折有致；湖岸处理要有凹有凸，不宜对称、圆弧、螺旋线、波线、直线等线型；湖面忌“一览无余”，应采取多种手法组织湖面空间，可通过岛、堤、桥、舫等形成阴阳虚实、湖岛相间的空间分隔，使湖面富于层次变化；岸顶应有高低错落的变化，水位宜高，蓄水丰满，水面应尽量接近岸边游人，使湖水盈盈、碧波荡漾，易于产生亲切之感；人工湖要视基址情况巧作布置，湖的基址宜选择壤土、土质细密、土层厚实之地，不宜选择过于黏质或渗透性大的土质为湖址。如果渗透力大于 0.009m/s，则必须采取工程措施设置防漏层。

2）人工湖施工应注意的几个问题

（1）按设计图纸确定土方量，按设计线形定点放线。

（2）考察基址渗漏状况。好的湖底全年水量损失占水体体积 5%～10%；一般湖底 10%～20%；较差的湖底 20%～40%，以此制定施工方法及工程措施。

（3）湖底做法应因地制宜，常见的有灰土湖底、塑料薄膜湖底和混凝土湖底等。其中灰土做法适于大面积湖体，混凝土湖底宜极小的湖池。

3）湖（含池）的结构与施工

（1）湖的做法：面积小的人工湖、池，其结构可做钢筋混凝土整体结构，常在结构层上粘贴防水材料。而园林小水池特点是：在北方池底应处于冰冻线以上，在南方则无此问题；池水浅、上部荷载小；受温度变化影响大，其破坏主要是温度应力，解决好温度的影响是关键，因此要做好垫层。垫层通常做法有：垫层做 30cm 天然级配砂石或焦渣，目的是缓冲冻胀影响；结构层满足一定温度应力要求，做好伸缩缝，消除混凝土本身在温度变化时引起的变形应力。根据规范要求，露天现浇混凝土每 10～20m 就必须做一道伸缩缝。饰面层根据造型要求而定，自然水体最好用天然石堆砌，规则水池常用汉白玉、花岗石、青石类等。

对于大面积人工水体，在设计和建造时应对水源、地质等问题作全面考虑。水源选择时应考虑地质、卫生、经济上的要求，并充分考虑节约用水。常见水源有蓄集雨水，池塘本身的底部有泉，引天然河湖水，自己打井等。建湖的地质选择十分重要，首先进行地质勘查，其方法是沿中轴和两边间距不大于 100m 要打足够的钻孔，进行坑探，确定土壤的透水能力。适于修池塘的基址有：泥灰岩、黏土、泥质页岩等不透水的基层岩；砂质黏土、壤土；渗透力小于0.07～0.09m/s的黏土夹层；土壤表面变成沼泽或黏土。易造成大量水损失的地段，不宜建湖的地质条件的有：喷发岩——玄武岩；可溶于水的沉积岩——石灰岩、砂岩；粗粒和大粒碎屑岩——砾岩、砂砾岩。

(2) 湖底的做法：根据地质土壤情况分别对待，如果地层不漏水，湖底就无需进行防漏水处理，如北京龙潭湖、紫竹院的水体等。如果湖底需要做防漏水处理，其湖底的做法为：

基层：一般土层经辗压平整即可。如砂砾或卵石基层经辗压平后，面上须再铺15cm细土层。如遇有城市生活垃圾等废物应全部清除，用土回填压实。

防水层：用于湖底的防水层的材料很多，主要有聚乙烯防水毯、聚氯乙烯防水毯、三元乙丙橡胶、膨润土防水毯、赛柏斯掺合剂、土壤固化剂等。

保护层：在防水层上平铺15cm过筛细土，以保护塑料膜不被破坏。

覆盖层：在保护层上覆盖50cm回填土，防止防水层被撬动，其寿命可保持10～30年。

如河北某人工水池池底作法，如图6-13所示。

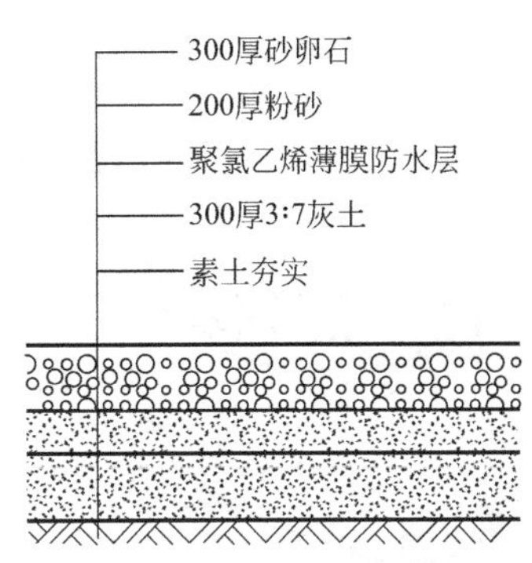

图6-13　河北某人工水池底构造

2. 溪流造景

1) 溪流概述。山间的流水为溪，夹在两山之间的水为涧，人们已习惯将两者连在一起。溪与涧略有不同的是：溪的水底及两岸主要由泥土筑成，岸边多水草；涧的水底及两岸则主要由砾石和山石构成，岸边少水草。在溪流的平面线形设计中，要求线形曲折流畅，回转自如；两条岸线的组合既要相互协调，又要有许多变化，要有开有合，有收有放，使水面富于宽窄变化。溪涧在立面上要有高低变化，水流有急有缓，平缓的流水段具有宁静、平和、轻柔的视觉效果，湍急的流水段则容易泛起浪花和水声，更能引起游人的注意。总之，溪流的平、立面变化将会使水景效果更加生动自然、更加流畅优美。以溪涧水景闻名的无锡寄畅园八音涧，就是由带状水体曲折、宽窄变化而获得很好景观效果的范例。中国古代园林中的"曲水流觞"水景形式，水流更是极其曲折而且还带有很浓的文化内涵。

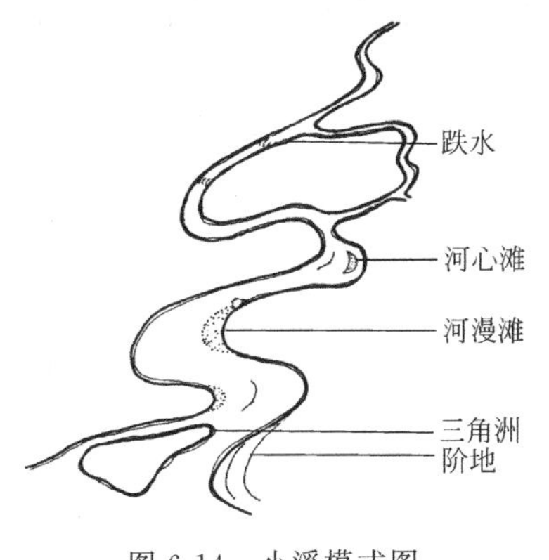

图6-14　小溪模式图

2) 小溪的形态特点与组成（图6-14）

(1) 小溪狭长形带状，曲折流动，水面有宽窄变化；

(2) 溪中有河心滩、三角洲、河漫滩，岸边和水中有岩石、矶石、汀步、小桥等；

(3) 岸边有若近、若离的自由的小路。

3) 怎样表现幽静深邃的水流

(1) 水的形态为线形或带状；

(2) 水流与前进方向平行；

(3) 空间狭窄，岸线曲折；

(4) 利用光线、植物等创造明暗对比的空间；

(5) 利用跌落创造悦耳的声音、跌落间距和高差的变化，产生音乐般的效果。

4）溪流欢快、活泼的环境氛围的营造与表现

（1）坡度一般为1%～2%，最小坡度为0.5%～0.6%，有趣味的坡度是在3%内变化。最大的坡度一般不超过3%，因为超过3%河床会受到影响，应采取工程措施。

（2）河床宽窄变化决定流速和流水的形态：河道突然变窄会产生湍急汹涌的水流，平滑等宽的河道产生缓缓流畅的水流，河床变宽，水流缓慢平稳安静。河床的凹凸不平，高低起伏，流水急缓变化。

（3）河床的平坦和凹凸不平能产生不同的景观效果，在园林中溪流的底，上流河底粗糙，可存有大块的石，下游的石较少，即使有个别的石块，体量也较小，河底平坦。流水中置石的方式不同，亦会产生不同的效果。在园林设计时，恰当的利用水中置石创造不同的景观。

5）伴生环境设计　流水的景观，除去水本身的造型设计外，各种不同景观境界的创造是十分重要的，即溪流的伴生环境的设计。如图6-15所示，水面的宽度是一样的，但环境不同，则空间气氛或活泼，或开朗，或深邃幽静。由于环境不同，颐和园的苏州街充分表现了苏州水网之中，风物清嘉。那“如虹卧波”、“河街相邻”，“人家尽枕河”景象和高度文明的民俗。玉琴峡表现了“月作金微风作弦，清声岂待指中弹，伯牙别有高山调，写在松风乱石间”的情趣。

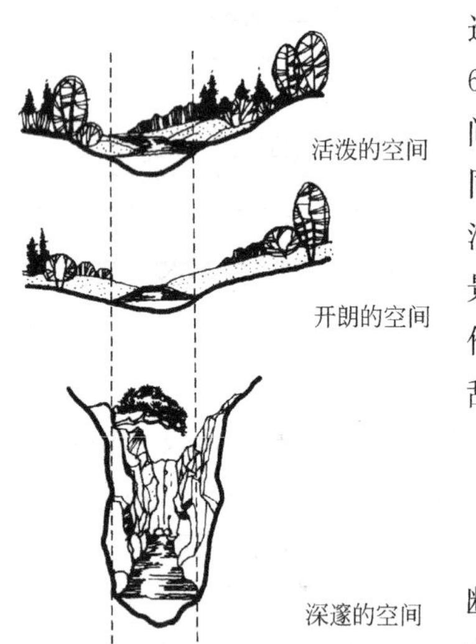

图6-15　空间气氛的创造
（引自闫宝兴等．水景工程．2005）

6）溪流的水力计算

（1）水力计算的一般概念

过水断面（u）：水流垂直方向的断面面积，称过水断面。其断面面积随着水位变化而变化，因而又可分洪水断面、枯水断面、常水断面，通常把经常过水的断面称过水断面。

湿周（x）：水流和岸壁相接触的周界称湿周。湿周的长短表示水流所受阻力的大小。湿周越长，表示水流受到的阻力越大，反之，水流所受的阻力就小。

水力半径（R）：水流的过水断面积与该断面湿周之比，称水力半径R，即：$R=w/x$

边坡斜率（m）：边坡的高与水平距离的比，称边坡斜率m。砖石或混凝土铺砌的明渠边坡一般采用1∶0.75～1∶1.0，$m=H/L$。

河流比降（i）：任一河段的落差与河段长度的比，称为河流比降i，以千分率（‰）计。

$$i=\Delta H/L \tag{6-13}$$

（2）水力计算

① 流速V

$$V=(R^{2/3}i^{1/2})/n \tag{6-14}$$

式中　R——水力半径；

i——河道比降；

n——河道粗糙系数。

当河槽糙率变化不大或河槽形状呈现出宽浅的状态时，取 $h_{平}$ 代替 R，则公式可简化为：

$$V=(h_{平}^{2/3} i^{1/2})/n \tag{6-15}$$

式中　$h_{平}$——河道平均水深（m）；

当河道为三角形断面时：$h_{平}=0.5h$；

当河道为梯形断面时：$h_{平}=0.6h$；

当河道为矩形断面时：$h_{平}=h$；

当河道为抛物线形断面时：$h_{平}=h$；

式中　h——河道中最大水深；

n——河道粗糙系数（n 值查相关表）。

河道的安全流速在河道的最大和最小允许流速之间。根据河道的土质、砌护材料、河流含泥沙的情况，其最大允许流速可查表。最小允许流速（临界淤积流速或叫不淤积流速）根据含泥沙性质，按达西定律计算决定：

$$V_{K}=C\sqrt{R} \tag{6-16}$$

式中　V_{K}——临界淤积的平均流速，m/s；

R——水力半径，m；

C——决定泥沙粗糙的系数。

在园林中，地面排水量最小坡度为 0.5%～0.6%，小溪的坡度一般为 1%～2%，能感到流水的趣味的最小坡度是 3%。当无护坡时，引入庭园的水，其坡度不宜超过 3%。否则河床受到冲刷，并带走泥沙。

② 流量：单位时间内通过河渠期某一横截面的流体量，一般以 m^3/s 计算。

$$Q=\omega \cdot v \tag{6-17}$$

式中　Q——流量，m^3/s；

ω——过水断面积，m^2；

v——平均流速，m/s。

③ 河道的流量损失：河道的流量损失主要是渗漏。影响渗漏的因素有河道的长短、水量的大小及土壤的渗漏性等。其流量损失的计算主要有两种方法。估算法视土壤的情况而定，一般为输水损失的 10%～50%，对轻砂土壤采用输水损失的 20%～30%。也可用公式法（参考斯加可夫公式）计算长河道的损失量。

7）小溪结构与施工工程　为了创造小溪中湍流、急流、跌水等景，溪流的局部必须做工程处理。溪岸的破坏主要是由水的流动造成的，如图 6-16 所示水的主流线与崩岸部位的关系，也就是护岸的重点部位。小河弯道处中心线弯曲半径一般不小于设计水面宽的 5 倍，有铺砌的河道其弯曲半径不小于水面宽的 2.5 倍。弯道的超高一般不宜小于 0.3m，最小不得小于 0.2m。折角、转角处其水流不应小于 90°。

小溪的结构：主要由溪流所在地的气候土壤地质情况、溪流的水深、流速等情况决定。其常用结构参照相关书籍。

3. 瀑布

瀑布属动态水体，有天然瀑布和人工瀑布之分。天然瀑布是由于河床突然陡降形成落水高差，水经陡坎跌落如布帛悬挂空中，形成千姿百态、优美动人的壮观景色。人工瀑布是以天然瀑布为蓝本，通过工程手段而修建的落水景观。在瀑布设计时为了说明瀑布落差与瀑宽的关系而将瀑布分成水平瀑布和垂直瀑布两类。前者瀑面宽度大于瀑布落差，后者瀑面宽度小于瀑布落差。

1）瀑布的组成。瀑布一般地讲，由背景、上游水源（蓄水池）、瀑布口、瀑身、潭、观景点、下游排水和伴生环境等组成，如图 6-17 所示。

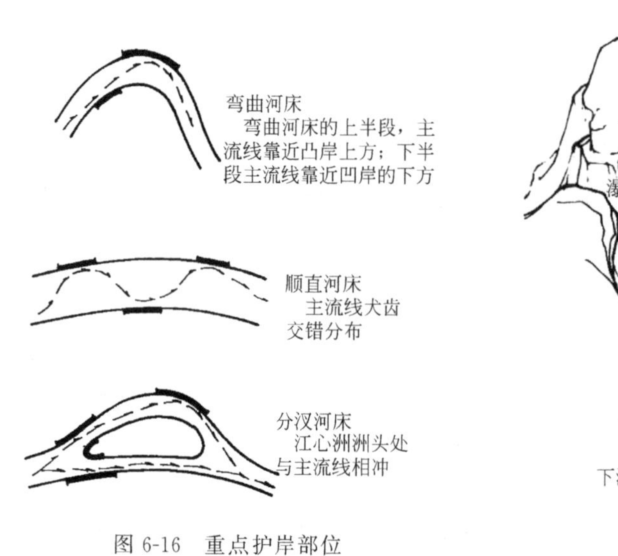

图 6-16　重点护岸部位

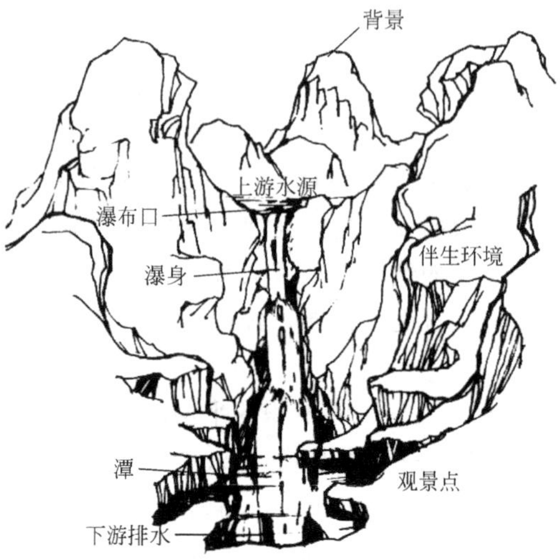

图 6-17　瀑布组成示意图

（引自闫宝兴等．水景工程．2005）

（1）瀑布口：指瀑布的出水口，它的形状直接影响瀑身的形态和景观的效果。如出水口平直，则跌落下来的水形亦较平板，像一条悬挂在半空中的白毛巾，而较少动感。而出水口平面形式曲折，有进有退的变化，出水口立面又高低不平，则跌落下来的水就会有薄有厚、有宽有窄，这对活跃瀑身水的造型就会有一个好的开始。

（2）瀑身：从出水口开始到坠入潭中止，这一段的水是瀑身。是人们欣赏瀑布的所在。根据岩石的种类、地貌特征，上游水量和环境空间的性格等决定瀑布的气质。或轻盈飘舞，或万雷齐鸣，或万马奔腾，或江海倒悬。水是没有形状的，瀑布的水造型除受出水口形状的影响外，很重要的是瀑身所依附的山体的造型所决定的。所以瀑布的造型设计，实际上是根据瀑布水造型的要求进行山体的造型设计。瀑布落水的基本形态是由山体决定的，如图 6-18 所示。

（3）瀑布与观景点：漂亮的瀑布一定要有好的观景的地方。对于垂直瀑布来说，希望表现它的高，对于水平瀑布来说，希望表现它的宽，因此我们追求的是仰视和平视的效果。

（4）瀑潭：瀑布上跌落下来的水，在地面上形成一个深深的水坑，这就是瀑潭。瀑潭里有大大小小的岩石、边缘有水草。设计要求潭的大小应能承接瀑布流下来的水，它横向的宽应略大于瀑身的宽度，它纵向的宽为防止水花四溅，其宽度应等于或大于瀑身高度的 2/3（图 6-19）。潭底结构应根据瀑布落水的高度即瀑身高 H 来决定。室内瀑布为减少水

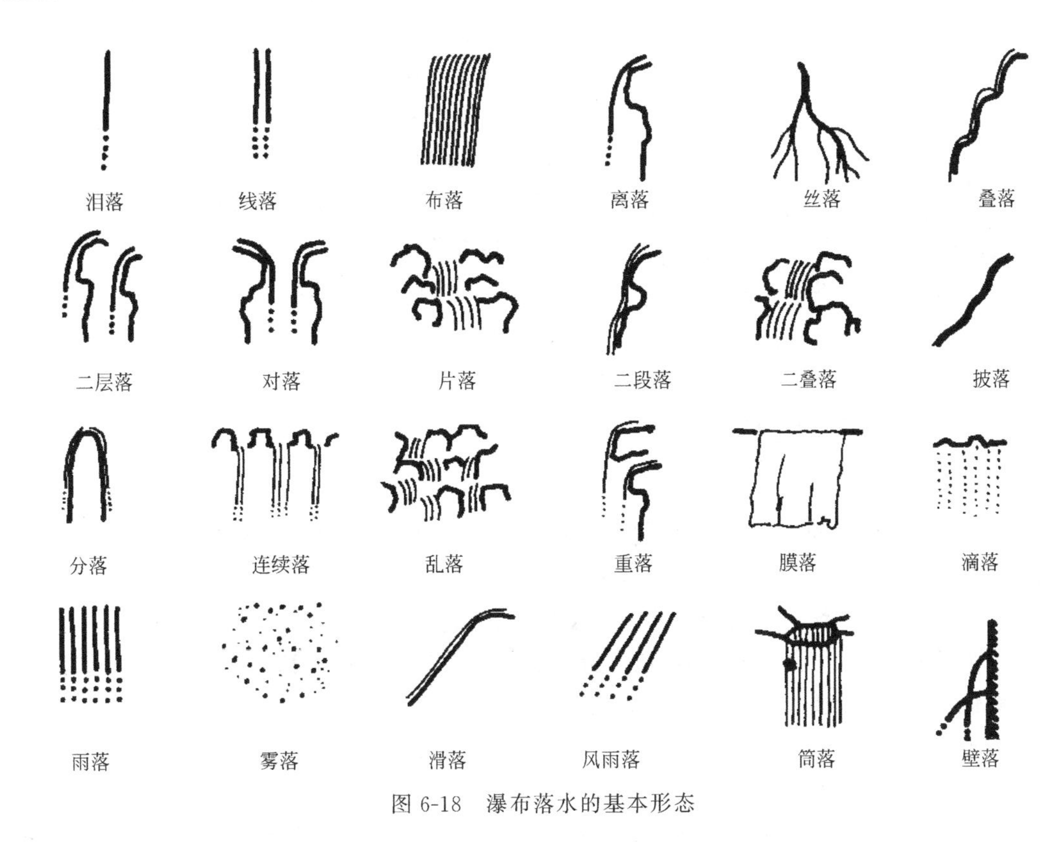

图 6-18　瀑布落水的基本形态

跌落时的噪声可在潭内铺人工草坪，避免瀑布的水直接跌落产生较大的声音。

2）瀑布的伴生组合　瀑布景观的丰富多彩，很重要的是有伴生环境的烘托和渲染。如洞，可以让人亲近、触摸；如彩虹、月虹、云雾；昼夜景观交替，白天特别是在日出或日落时，阳光把瀑布激起的团团水雾，染上一片金色，夜晚，月色朦胧，景色隐隐约约，清风拂来，送来屡屡醉人的清香。可以为瀑布题字作诗，为瀑布增加很多文化韵味。如唐朝诗人张九龄在《湖口望庐山瀑布泉》时吟诗曰："万丈红泉落，迢沼半紫氛。奔飞流杂树，洒落出重云。日照虹霓似，天清风雨闻。灵山多秀色，空水共氤氲。"吟诗赏景会让你感受得更深。

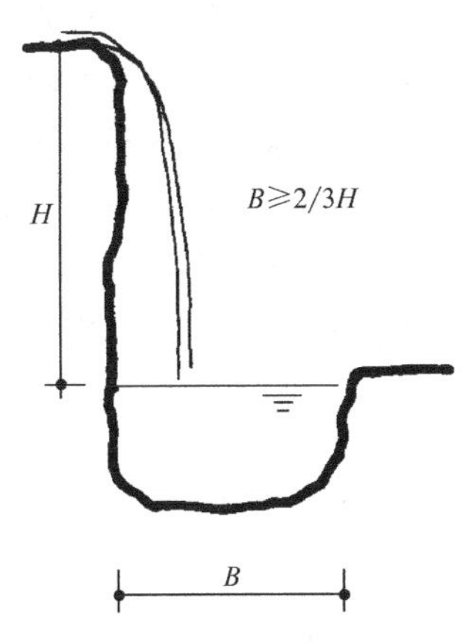

图 6-19　潭宽要求示意图

3）瀑布用水量计算

（1）瀑布用水量计算可按下列公式进行：

$$Q = K \cdot B \cdot h^{2/3} \tag{6-18}$$

式中　Q——流量；

B——堰宽；

h——水幕厚；

K——系数 $=107+(0.177/h+14.22h/D)$；

D——贮水槽的深。

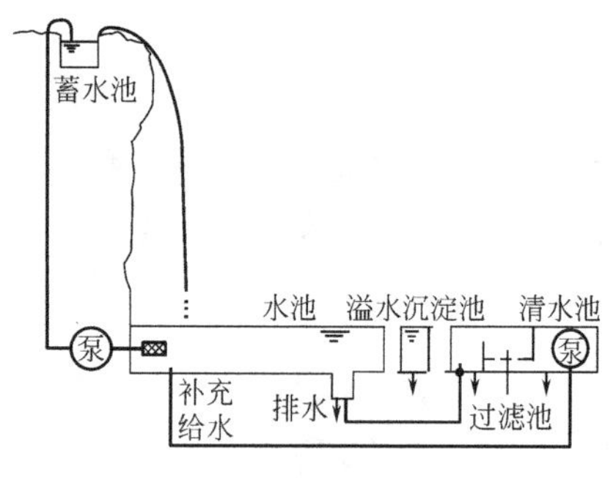

图 6-20　瀑布净水装置示意图

计算后加 3%的富余量。

(2) 查表方法（较简便）。

(3) 日本经验：瀑布高 2m 以每米宽度的流量为 $0.5m^3/min$ 为宜。

(4) 国内经验：以每秒每延长米 5～10L 或每小时每延长米 20～40t 为宜。

4) 瀑布的水体净化装置：为保护水体的清洁无公害，应对瀑布水体进行净化，其装置如图 6-20 所示。

二、园林水体岸坡工程

1. 驳岸工程

驳岸是一面临水的挡土墙，是支持陆地和防止岸壁坍塌的水工构筑物。在驳岸的设计中，要坚持实用、经济和美观相统一的原则，统筹考虑，相互兼顾，达到水体稳定、岸坡牢固、水景岸景协调统一、美化效果表现良好的设计目的。

1) 驳岸的作用。可以防止因冻胀、浮托、风浪的淘刷或超重荷载而导致的岸边塌陷，维持水体稳定起着重要作用；是园景构成的有机组成部分。

2) 破坏驳岸的主要因素。驳岸可分为湖底以下地基部分、常水位至湖底部分、常水位与最高水位之间的部分和不受淹没的部分。

(1) 地基不稳下沉：由于湖底地基荷载强度与岸顶荷载不相适应而造成均匀或不均匀沉陷，使驳岸出现纵向裂缝，甚至局部塌陷。在冰冻地带湖水不深的情况下，可由于冻胀而引起地基变形。如果以木桩做桩基，则因桩基腐烂而下沉。在地下水位较高处则因地下水的托浮力影响地基的稳定。

(2) 湖水浸渗冬季冻胀力的影响：从常水位线至湖底被常年淹没的层段，其破坏因素是湖水浸渗。我国北方天气较寒冷，因水渗入岸坡中，冻胀后便使岸坡断裂。湖面的冰冻也在冻胀力作用下，对常水位以下的岸坡产生推挤力，把岸坡向上、向外推挤；而岸壁后土壤内产生的冻胀力又将岸壁向下、向里挤压；这样，便造成岸坡的倾斜或移位。因此，在岸坡的结构设计中，主要应减少冻胀力对岸坡的破坏作用。

(3) 风浪的冲刷与风化：常水位线以上至最高水位线之间的岸坡层段，经常受周期性淹没。随着水位上下变化，便形成对岸坡的冲刷。水位变化频繁，则使岸坡受冲蚀破坏更趋严重。在最高水位以上不被水淹没的部分，则主要受波浪的拍击、日晒和风化力的影响。

(4) 岸坡顶部受压影响：岸坡顶部可因超重荷载和地面水冲刷而遭到破坏。另外，由于岸坡下部被破坏也将导致上部的连锁破坏。

了解水体岸坡所受的各种破坏因素，设计中再结合具体条件，便可以制定出防止和减少破坏的措施，使岸坡的稳定性加强，达到安全使用的目的。

3) 驳岸的形式。按照驳岸的造型形式将驳岸分为规则式驳岸、自然式驳岸和混合式驳岸三种。

4) 驳岸平面位置与岸顶高程的确定

（1）驳岸平面位置的确定：与城市河流接壤的驳岸按照城市河道系统规定平面位置建造。园林内部驳岸则根据水体施工设计确定驳岸位置。平面图上常水位线显示水面位置。如为岸壁直墙则常水位线即为驳岸向水面的平面位置。整形式驳岸岸顶宽度一般为30～50cm。如为倾斜的坡岸，则根据坡度和岸顶高程推求。

（2）岸顶高程的确定：岸顶高程应比最高水位高出一段以保证水面变化不致因风浪拍岸而涌上岸边陆地面。因此，高出多少应根据当地风浪拍击驳岸的实际情况而定。水面广大、风大、空间开旷的地方高出多一些。而湖面分散、空间内具有挡风的地形则高出少一些。一般高出25～100cm。从造景角度看，深潭和浅水面的要求也不一样。一般水面驳岸贴近水面为好。游人可亲近水面，并显得水面丰盈、饱满。在地下水位高、水面大、岸边地形平坦的情况下，对于游人量少的次要地带可以考虑短时间被最高水位淹没以降低由于大面积垫土或加高而使驳岸的造价增大。

2. 护坡工程

护坡是保护坡面防止雨水径流冲刷及风浪拍击的一种水工措施。

1）护坡的作用。护坡和驳岸均是护岸的形式，两者极为相似，没有严格的划分界限。主要区别在于驳岸多采用岸壁直墙，有明显的墙身，岸壁大于45°。护坡不同，它没有支撑土壤的直墙，而是在土壤斜坡（45°以内）上采用铺设护坡材料的做法。护坡的作用主要是防止滑坡、减少地面水和风浪的冲刷，保证岸坡稳定。

2）护坡的方法。护坡在园林工程中得到广泛应用，原因在于水体的自然缓坡能产生自然、亲水的效果。护坡方法的选择应依据坡岸用途、构景透视效果、水岸地质状况和水流冲刷程度而定。目前常见的方法有草皮护坡、灌木护坡和铺石护坡。

（1）草皮护坡：草皮护坡适于坡度在1∶5～1∶20之间的水岸缓坡。护坡草种要求耐水湿、根系发达、生长快、生存力强，如假俭草、狗牙根等。护坡作法按坡面具体条件而定，如果原坡面有杂草生长，可直接利用杂草护坡，但要求美观。也有直接在坡面上播草种，加盖塑料薄膜；或先在正方砖、六角砖上种草，然后用竹签四角固定作护坡。最为常见的是块状或带状种草护坡，铺草时沿坡面自下而上成网状铺草，用木方条分隔固定，稍加压踩。若要增加景观层次、丰富地貌、加强透视感，可在草地散置山石，配以花灌木。

（2）灌木护坡：灌木护坡较适于大水面平缓的坡岸，由于灌木有韧性、根系盘结、不怕水淹，能削弱风浪冲击力，减少地表冲刷，因而护岸效果较好。护坡灌木要具备速生、根系发达、耐水湿、株矮常绿等特点，可选择沼生植物护坡。施工时可直播、可植苗，但要求较大的种植密度，若因景观需要，强化天际线变化，可在其间适量植草和乔木。

（3）铺石护坡：当坡岸较陡，风浪较大或因造景需要时，可采用铺石护坡。铺石护坡由于施工容易，抗冲刷力强，经久耐用，护岸效果好，还能因地造景，灵活随意，因而成为园林工程常见的护坡形式。护坡石料要求吸水率不超过1%、密度大于$2t/m^3$和较强的抗冻性，如石灰岩、砂岩、花岗岩等岩石，以块径18～25cm，长宽比1∶2的长方形石料最佳。铺石护坡的坡面应根据水位和土壤状况确定，一般常水位以下部分坡面的坡度小于1∶4，常水位以上部分采用（1∶1.5）～（1∶5）。重要地段的护坡应保证足够的透水性以减少上缘土壤从坡面上流失，而造成坡面滑动，为保证坡岸稳固，可在块石下面设倒滤层。倒滤层常做成1～3层，第一层为粗砂，第二层为小卵石或小碎石，最上层用级配碎石，总厚度15～25cm。若现场无砂、碎石，也可用青苔、水藻、泥灰、煤渣等做倒滤层。

如果水体深 2m 以上，为使铺石护岸更稳固，可考虑下部（水淹部分）用双层铺石，基础层（下层）厚 20～25cm，上层厚 30cm，碎石垫层厚 10～20cm。铺石时每隔 5～20m 预留泄水孔，每隔 20～25m 做伸缩缝，并在坡脚处设挡板，坐于湖底下。要求较高的块石护岸，应用 M7.5 水泥砂浆勾缝，并浆砌压顶石。

三、水池工程

这里所指水池区别于河流、湖和池塘。河湖、池塘多取天然水源，一般不设上下水管道，面积大而只做四周驳岸处理。湖底一般不加以处理或简单处理。而水池面积相对小些，多取人工水源，因此必须设置进水、溢水和泄水的管线。有的水池还要做循环水设施。水池除池壁外，池底亦必须人工铺砌而且壁底一体。水池要求也比较精致。

1. 水池用途

水池在城市园林中用途很广。它既可以改善小气候条件、降温和增加空气湿度，又可起美化市容、重点装饰环境的作用。水池中还可种植水生植物、饲养观赏鱼和设喷泉、灯光等。

池是静态水体，形式多样，可由设计者任意发挥。一般而言，池的面积较小，岸线变化丰富且具有装饰性，水较浅，不能开展水上活动，以观赏为主，现代园林中的流线型抽象式水池更为活泼、生动、富于想象。

2. 水池形式

池可分为自然式水池、规则式水池和混合式水池三种。但池更强调岸线的艺术性，可通过铺饰、点石、配植使岸线产生变化，增加观赏性。另一特点是，规则式人工池往往需要较大的欣赏空间，一般要有一定面积的铺装或大片草坪来陪衬，有时还要结合雕塑、喷泉共同组景。自然式人工池，装饰性强，即便是在有限的空间里，也能发挥得淋漓尽致，关键是要很好地组合山石、植物及其他饰物，使水池融于环境之中，天造地设般自然。

3. 水池布置

人工水池通常是园林构图中心，一般布置在广场中心、门前或门侧、园路尽端以及与亭、廊、花架等组合在一起，形成独特的景观。水池布置要因地制宜，充分考虑园址现状，其位置应在园中最醒目的地方。大水面宜用自然式或混合式，小水面更宜用规则式，尤其是单位庭院绿地。此外，还要注意池岸设计，做到开合有效、聚散得体。有时，因造景需要，在池内养鱼，或种植花草。水生植物池，应根据植物生长特性配置，植物种类不宜过多。池水不宜过深，否则，应将植物种植箱内或盆中，在池底砌砖或垒石为基座，再将种植盆箱移至基座上。

4. 水池设计

水池设计包括平面设计、立面设计、剖面设计和管线设计。水池平面设计主要是与所在环境的气氛、建筑和道路的线型特征和视线关系相协调统一。水池的平面轮廓要“随曲合方”，即体量与环境相称，轮廓与广场走向、建筑外轮廓取得呼应与联系。要考虑前景、框景和背景的因素。不论规则式、自然式、综合式的水池都要力求造型简洁大方而又具有个性的特点。水池平面设计要显示其平面位置和尺度。标注池底、池壁顶、进水口、溢水口和泄水口、种植池的高程和所取剖面的位置。设循环水处理的水池要注明循环线路及设施要求。水池立面设计反映主要朝向各立面处理的高度变化和立面景观。水池池壁顶与周

围地面要有合宜的高程关系。既可高于路面，也可以持平或低于路面做成沉床水池。一般所见水池的通病是池壁太高而看不到多少池水。池边允许游人接触则应考虑水池边观赏水池的需要。池壁顶可做成平顶、拱顶和挑伸、倾斜等多种形式。水池与地面相接部分可做成凹入的变化。剖面应有足够的代表性，要反映从地基到壁顶各层材料的厚度。

四、喷泉工程

喷泉是理水常用的重要的手法之一，是指用水压力使动态的水以喷射状流水构成水景的一种理水方法。常用于城市广场、公共建筑或作为建筑、园林的小品，广泛应用于室内外空间。它可以振奋精神，陶冶情怀，丰富城市的面貌，不仅自身是一种独立的艺术品，而且能够增加局部空间的空气湿度，减少尘埃，大大增加空气中负氧离子的浓度，因而也有益于改善环境，增进人们的身心健康。若配以其他现代手法，使其成为现代园林工程建设的重要成景方法之一。正因为这样，喷泉在艺术和技术上不断地发展，被人们视为智慧和力量的象征。

1. 喷泉的基础知识

喷泉类型与喷泉设计要求

(1) 喷泉类型：喷泉的类型很多，大体上可以归纳为普通装饰性喷泉、与雕塑结合的喷泉、水雕塑、自控喷泉四类。

(2) 喷泉设计要求

喷泉主题：在选择喷泉位置，布置喷水池周围的环境时，首先要考虑喷泉的主题、形式，要与环境相协调，把喷泉和环境统一考虑，用环境渲染和烘托喷泉，以达到装饰环境，或借助喷泉的艺术联想，创造意境。

喷泉位置：在一般情况下，喷泉的位置多设于建筑、广场的轴线交点或端点处，也可以根据环境特点，做一些喷泉小景，自由地装饰室内外的空间。喷泉宜安置在避风的环境中以保持水形。

喷水池形式：喷水池的形式有自然式和整形式。喷水的位置可以居于水池中心，组成图案，也可以偏于一侧或自由地布置；其次要根据喷泉所在地的空间尺度来确定喷水的形式、规模及喷水池的大小比例。

观赏视距：喷水的高度和喷水池的直径大小与喷泉周围的场地有关。根据人眼视域的生理特征，对于喷泉、雕塑、花坛等景物，其垂直视角在30°、水平视角在45°的范围内有良好的视域。那么对于喷泉来讲，怎样确定“合适视距”呢？粗略地估计，大型喷泉的合适视距约为喷水高的3.3倍，小型喷泉的合适视距约为喷水高的3倍；水平视域的合适视距约为景宽的1.2倍。当然也可以利用缩短视距，造成仰视的效果，来强化喷水给人的高耸的感觉。

2. 喷泉供水形式

喷泉供水水源多为人工水源，有条件的地方也可利用天然水源。目前，最为常见的供水方式有直流式供水、水泵循环供水和潜水泵循环供水3种，见图6-21。

1) 直流式供水。直流式供水的特点是自来水供水管直接接人喷水池内与喷头相接，给水喷射一次后即经溢流管排走。其优点是供水系统简单，占地小，造价低，管理简单。缺点是给水不能重复利用，耗水量大，运行费用高，不符合节约用水要求；同时由于供水管网水压不稳定，水形难以保证。直流式供水常与假山盆景结合，可做小型喷泉、孔流、

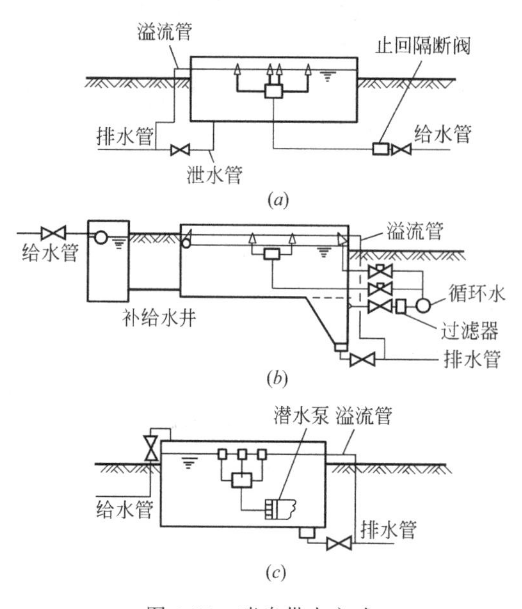

图 6-21　喷泉供水方式

（a）直流式供水；（b）水泵循环供水；（c）潜水泵循环供水

涌泉、水膜、瀑布、壁流等，适合于小庭院、室内大厅和临时场所。

2）水泵循环供水。水泵循环供水的特点是另设泵房和循环管道，水泵将池水吸入后经加压送入供水管道至水池中，水经喷头喷射后落入池内，经吸水管再重新吸入水泵，使水得以循环利用。其优点是耗水量小，运行费用低，符合节约用水要求；在泵房内即可调控水形变化，操作方便，水压稳定。缺点是系统复杂，占地大、造价高，管理麻烦。水泵循环供水适用于各种规模和形式的水景工程。

3）潜水泵循环供水。潜水泵供水的特点是潜水泵安装在水池内与供水管道相连，水经喷头喷射后落入水池内，直接吸入泵内循环利用。其优点是布置灵活，系统简单，占地小，造价低，管理容易，耗水量小，运行费用低，符合节约用水要求。缺点是水形调整困难。潜水泵循环供水适合于中小型水景工程。

3. 喷泉水型的基本形式

随着喷泉设计的不断改造与创新，新的喷泉水型不断地丰富与发展。其基本形式喷水形式有单射流、造型喷头喷水、组合喷水等。各种喷泉水型可以单独使用，也可以是几种喷水型相互结合，共同构成美丽的图案。如图 6-22 所示为单射程喷头所组合的喷泉水型的形式。

图 6-22　单射程喷头水造型效果

4. 常用喷头

喷头是喷泉的一个重要组成部分。它的作用是把具有一定压力的水，经过喷嘴导水板的造型，使水射入水面上空时，形成各种形态的水花。因此，喷头的构造、材料、制造工艺以及出水口的粗糙度和喷头的外观等，都会对整个喷泉喷水的艺术效果产生重要的影响。喷头制作材料的选择。喷头工作时由于高速水流会对喷嘴壁产生很大冲击和摩擦，因此，制造喷头的材料多选用耐磨性好，不易锈蚀，又具有一定强度的黄铜、青铜或不锈钢等材料制造。常用喷头的种类与喷水造型的有单射程喷头、涌泉喷头、喷雾

喷头、旋转式喷头、孔雀形喷头、缝隙式喷头、重瓣花喷头、伞形喷头、牵牛花形的喷头、冰树形喷头、吸气式喷头、风车形喷头、蒲公英形喷头、宝石球喷头、跳跳泉喷头等，它们主要技术参数见相关资料。

5. 喷泉的管道布置与常用管材

1）喷泉的管道布置。喷泉管网主要由输水管、配水管、补给水管、溢水管和泄水管等组成。喷泉管道布置要点如下：

（1）在小型喷泉中，管道可直接埋在池底下的土中，在大型喷泉中，如管道多而且复杂时，应将主要管道铺设在能通行人的渠道中，在喷泉底座下设检查井。只有那些非主要管道才可直接铺设在结构物中或置于水池内。

（2）为了使喷水获得等高的射流，对于环形配水的管网多采用十字形供水。

（3）喷水池内由于水的蒸发及喷射过程中一部分水会被风吹走等原因，造成池内水量的损失。因此，在水池中应设补给水管。补给水管和城市给水管连接，并在管上设浮球阀或液位继电器，随时补充池内的水量损失，以保持池内水位稳定。

（4）为防止因降雨使池内水位上涨造成溢流，在池内应设溢水管，直通雨水井，溢水管的大小应为喷泉总进水口面积的一倍。并应有不小于3%的坡度。在溢流口外应设拦污栅。

（5）为了便于清洗和在不使用的季节，把池水全部放空，水池底部应设泄水管，直通城市雨水井。亦可与绿地喷灌或地面洒水设计相结合。

（6）在寒冷地区，为防止冬季冻害，将管内的水全部排出，为此所有管道均应有一定坡度，一般不小于2%。

（7）连接喷头的水管不能有急剧的变化。如有变化必须使水管管径逐渐由大变小。并且在喷头前必须有一段长度适当的直管。该直管不小于喷头直径的20倍，以保持射流的稳定。

（8）对每一个或每组具有相同高度的射流，应有自己的调节设备。用阀门（或用整流圈）来调节流量和水头。

2）喷泉常用管材。管材的类别繁多，喷泉常用管材的特征，优缺点可查相关资料。

3）管道的防腐与防噪声

（1）管道防腐：给水管道除镀锌钢管外，必须进行管道防腐。管道防腐最简单的方法是刷油，把管道外壁除锈打磨干净，先涂刷底漆，然后刷面漆。对于不需要装饰的管道，面漆可刷银粉漆或调和漆；埋地管道一般先刷冷刷子油，再用沥青涂面层等方法处理。

（2）防噪声：管网或设备在使用过程中会发出噪声，并沿着建筑结构或管道传播。噪声的产生主要由于管材损坏，在某些地方（阀门等）产生机械的敲击声；或管道中水的流速太快，在通过阀门或由于管径改变流速急变处产生的噪声；或因水泵工作时发出的噪声。提高水泵机组装配和安装的准确性，采用减震基础等措施，以减弱或防止噪声的传播。为了防止附件和设备上产生噪声，应选用质量良好的配件及器材。安装管道和器材时应采用防噪声的措施。

4）水泵及泵房。水泵是一种应用广泛的水力机械，是喷泉给水系统的重要组成部分之一。从水源到喷头射流，水的输送是由水泵来完成的。泵房则是安装水泵动力设备及有关附属设备的建筑物。

水泵的种类很多，在喷泉系统中主要使用的有离心泵，潜水泵，管道泵……喷泉工程常用的陆用泵一般采用IS系列、S系列，潜水泵多采用QY、QX、QS系列和丹麦的格兰富（GRUNDFOS）SP系列。IS系列为单级单吸悬臂式离心泵，是根据ISO国际标准由我国设计的统一系列产品，用来供吸送清水及物理化学性质与清水类似的液体。它效率高、吸程大、噪声低、振动小，它的扬程为3.3～140m，流量为3.5～380m³/h。S系列双吸离心泵，用来输送不含固体颗粒及温度不超过80°的清洁液体，扬程为8.6～140m，流量为108～6696m³/h。QY系列为作业面潜水电泵，它适用于深井提水，农田及菜园排涝、喷灌、施工，排水等。流量在10～120m³/h，其扬程为2～30m。格兰富（GRUNDFOS）SP系列是丹麦格兰富公司生产的一种优质高效的不锈钢的潜水泵，它的扬程可达600m。流量在0.2～250m³/h，可立式或卧式安装，可频繁启动，迅速关闭。外形美观，使用寿命长。因此给喷泉，特别是音乐喷泉的设计、管理带来方便。喷泉水泵房内通常布置有水泵，管道、阀门、配电盘……各种机电设备的布置，要力求简单、整齐，施工、安装和管理操作方便。

（1）机组布置要求

① 水泵机组的布置原则为：管线最短，弯头最少，管路便于连接，布置力求紧凑，尽量减少泵房平面尺寸以降低建筑造价。

② 水泵机组的安装间距，应当使检修时在机组中间能放置拆卸下来的电机和泵体。机组基础的侧面至墙面以及相邻基础的距离不宜小于0.7m，口径小于或等于50mm的小型泵，此间中心距可适当减少。水泵机组端头到墙壁或相邻机组的间距，应比轴的长度多出0.5m。机组和配电箱间通道不得小于1.5m。

③ 水泵机组应当设在独立的基础上，不得与建筑物基础相连。以免传播振动和噪声，水泵基础至少应高出地面0.1m，当水泵较小，为了节省泵房建筑面积，也可以两台泵共用一基础，周围留有0.7m通道。

（2）配电箱布置要求：配电箱（盘）可布置在机房的一端，单机容量小于75kg的泵房，一般不专门留配电盘位置。靠近配电盘处不得开窗。配电盘与水泵之间，一般应留有1.5～2.5m的距离，配电盘靠墙时与墙面留有0.5m距离。配电盘地坪应比机房地面高出0.2m以上，潮湿地面应设防潮措施。

（3）机房构造要求：机房尺寸应根据水泵的型号大小、数量及附件的多少来决定；小型机房的高度一般为3m左右；机房应有良好的光照、通风、开窗面积应不小于室内地面积的1/7～1/5。并有良好的排风设备。防止室外水流人机房内。在有自动控制设备的泵房内应使房内空气干燥，相对湿度最多不超过60%。

6. 喷泉照明

1）喷泉照明的特点。喷水照明与一般照明不同，一般照明是要在夜间创造一个明亮的环境，而喷泉照明则是在夜晚突出水花的各种风姿，它要求有比周围环境更高的亮度，而被照物体又是一种无色透明的水，这就要求有合理的布光；有绝好的安全性，才能形成特有的艺术效果，形成欢乐、明快的气氛。因此照明设计的好坏，极大的影响喷泉工程的夜空。

2）喷泉照明的种类　在喷泉照明中，常用的照明方式如下：

（1）固定照明：所谓固定照明是除闪光照明和调光照明以外的所有照明的总称。喷泉

在局部往往是人们专心观赏的中心，它要求比周围环境有更高的亮度，因此在周围明亮时，喷水的先端应有100～200lx的照度，在周围暗的场合需要有50～100lx的照度。当喷水的高度不同时，要求灯泡的功率也不同。如日内瓦莱蒙湖上耸入云天的145m高的大喷泉，它是在距喷水口20m处，装一台巨型探照灯，形成银白色水柱直刺暮空，十分壮观。

(2) 闪光灯照明和调光照明：这是由几种彩色照明灯组成的。它们是通过闪光或使灯光慢慢地变化亮度以求得适应喷泉的色彩变化。彩色照明可以用彩色灯，也可以在普通光源前加一个彩色滤光片。色彩的切换要配合喷水姿的变换，可用单色或混合色反复投光，随着每一喷水姿的变化，改变照明的颜色。色光随着光谱带的不同，其照度有相当大的差别。

(3) 水上照明和水下照明：水上照明和水下照明各有优缺点。大型喷泉往往两者并用。水下照明，可以欣赏水面波纹，并且由于光是由喷水下面照射的，因此当水花下落时，可以映出闪烁的光。

3) 喷泉照明的手法。为了既能保证喷泉照明取得华丽的艺术效果，又能防止对观众产生眩目，布光是非常重要的。照明灯的位置一般是在喷水的下面，喷嘴的附近，以喷水前端高度的1/5～1/4以上水柱的水滴作为照射的目标：或以喷水下落到水面稍上的部位为照射的目标。这时如果喷泉周围的建筑物，树丛等背景是暗色的，则喷泉水的飞花下落的轮廓就会被照射得清清楚楚。喷嘴群在有的场合呈环状排列，这时在喷头内侧配光比在喷头外侧配光的效果要好。

4) 水下照明灯具的种类。水下照明灯一般是在水面下5～10cm处配置，其最大水深不超过50cm。水下灯将完全密封，有将防冲击的灯泡直接置于水中和将灯泡装在有密闭的灯具外壳内的两种。为了安全，水下灯一般使用12V的低压电，并在灯泡的外面备有不锈钢的保护罩。水下灯又分池壁灯和水中灯等。近年来新型光源、灯具不断被开发和应用如软式流星灯、频闪灯、光导纤维照明、远距离投光灯等，使喷泉照明工程更加绚丽多彩。

5) 确保安全。水下照明必须严格遵照《民用建筑电气设计规范》JGJ T16—2008要求使用12V安全超低电压供电，使用灯体应完全屏蔽在强度较高的灯具壳体内，灯具外壳应可靠接地，同时池体钢筋网应采取与接地装置相连的等电位联结措施，变压器高低压绕线圈之间应确保绝缘，初级次级隔离分开，变压器铁芯亦应接地。无论在何种情况下，必须使用漏电保护开关，以确保人身安全。

7. 云雾、彩虹的魅力与设计

薄雾淡云是美的，因为它像轻纱一样在山峦中舞动，产生了山在虚无缥缈间的神秘的朦胧的境界；薄雾淡云是美的，因为它能将主色笼罩使景物更柔和、更和谐；薄雾淡云是美的，因为它能带给人们清新的空气、舒适的温湿度，大量的负氧离子其密度可达每立方厘米上万个从而给人们带来身心的快感，而这正是人们产生美感的最基本的要素。云雾不仅仅装点着风景，它自身形成的距离感和实实在在的彩虹，会更强烈的作用于人的心理。在园林中创作云雾的景观设计主要有两方面：

1) 彩虹。彩虹被人们看成希望和美好的未来，当阳光（或灯光）射人雾状水球时，光线经折射和反射，被分光就会在水幕上形成彩虹，当观赏者的视线与光线的入射角间的夹角在42°18′～40°36′之间时，人们就能看到红、橙、黄、绿、青、蓝、紫的彩弧，就是彩虹。在北京的夏天上午8～9点钟，中午2～3点钟，背着太阳在喷泉的水面上都能看到美丽的彩虹。彩虹的形成有以下的特点：

（1）观赏者的立点到水球的距离与成虹的大小成正比。即立点越远，看到的彩虹越大；

（2）水球的直径越大，水球内部折射分光越清楚，彩虹的色彩越鲜明；

（3）一般成虹的范围约在2°内。

2）云雾　当空气中的水蒸气遇冷时，就会凝结成细小的水珠浮动在空气中，这就是雾。

（1）制造云雾的方法：如戏曲舞台的烟雾，是由烟雾剂和干冰制造的；微型盆景中用的烟雾，是由超声波雾化剂制造的，而作为园林景观中的云雾则多是把高压的水、粉碎成细小的水珠而成。云雾生成的装置是由主机、管路和雾化喷头等所组成。如图6-23所示，它能产生直径仅为4～10μm的水汽，这种微粒的水汽在空气中飘荡就是雾气，它随时蒸发，产生烟雾缭绕的景象，因而给人们带来清新宜人的空气和一份惊喜。

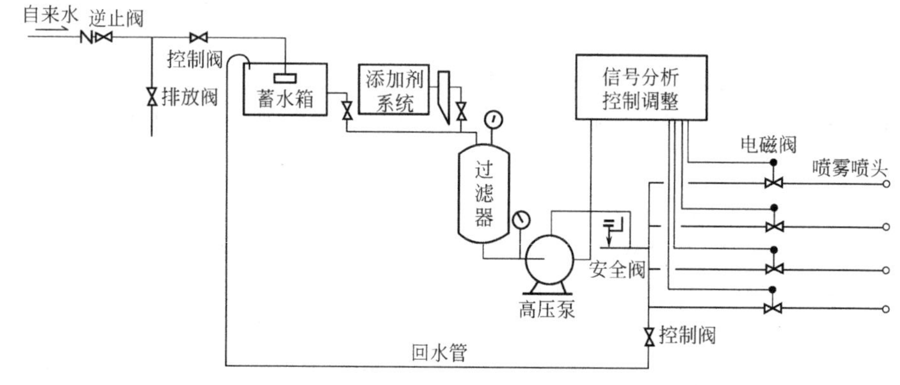

图6-23　云雾系统示意图

（2）制造云雾的水源：在不同地区的水中可能含有各种不同的杂质，而该系统对水质的要求较高，因此系统中应有水处理技术。

（3）云雾喷嘴：市场上制造喷嘴的材料很多，如铝、黄铜、钢、合金钢、不锈钢、陶瓷、红宝石等，由于材料不同其耐磨程度也不同，一般铜、不锈钢……耐磨性差；陶瓷、红宝石的耐磨性高，使用寿命也长，但价格也贵。

（4）施工：在施工过程中应注意喷嘴应巧妙地隐藏在石缝中，并根据景观的需要布置喷嘴的位置和数量，创造人间仙境般的境界。

第四节　园路与铺地工程

园路地面铺装是为便于交通使用活动而人工铺设的地面，具有耐损防滑、防尘排水、容易管理的性能，并以其导向性和装饰性的地面景观服务于整体环境。本节主要探讨园林中的道路铺地，园林铺地是指园林中的道路、庭院及各种园林广场（包括文娱、体育活动场地、停车场等场地）的地面铺装，它作为园林空间的一个重要界面，不仅满足使用者的功能需要，且成为园林景观的一部分，园林铺地和园路设计施工除了与一般城市道路设计施工相同

之外，还有一些特殊的技术和具体方法，园林广场的施工与其他园林铺地大同小异。

一、园路与铺地工程概述

道路的修建在我国有着悠久的历史，从考古和出土的文物来看，我国铺地的结构复杂，其图案十分精美。如战国时代的米字纹砖，秦咸阳宫出土的太阳纹铺地砖，西汉遗址中的卵石路面，东汉的席纹铺地，唐代以莲纹为主的各种“宝相纹”铺地，西夏的火焰宝珠纹铺地，明清时的雕砖卵石嵌花路及江南庭园的各种花街铺地等。在中国古代园林中，道路铺地多以砖、瓦、卵石、碎石片等组成各种图案，具有雅致、朴素、多变的风格，为我国园林艺术的成就之一。近年来，随着科技、建材工业及旅游业的发展，园林铺地中又陆续出现了水泥混凝土、沥青混凝土以及彩色水泥混凝土、彩色沥青混凝土、透水透气性路面等，这些新材料、新工艺的应用，使铺地更富有时代感，为环境景观增添了新的光彩。

1. 园路的功能与作用

1）划分、组织空间。对于地形起伏不大、建筑比重小的现代园林绿地，用道路围合、分隔不同景区则是主要方式。借助铺地面貌（线形、轮廓、图案等）的变化可以暗示空间性质、景观特点的转换以及活动形式的改变，从而起到组织空间的作用。

2）组织交通和导游。首先，铺地能耐践踏、辗压和磨损，可满足各种园务运输的要求，并为游人提供舒适、安全、方便的交通条件；其次，园林各景点的联系是依托园路进行的，为动态序列的展开指明了前进的方向，引导游人从一个景区进入另一个景区；其三，园路还为欣赏园景提供了连续的不同的视点，可以取得步移景异的效果。

3）提供活动场地和休息场所。园路可扩展为广场（可结合材料、质地和图案的变化），为游人提供活动和休息的场所。

4）参与造景、形成特色。铺地作为空间界面的一个方面而存在着，自始至终伴随着游览者；它同园林中的山、水、植物、建筑一样，在渲染气氛，创造意境，统一空间环境，影响空间比例，创造空间个性等方面起到十分重要的作用。

5）组织排水。道路可以借助其路缘或边沟组织排水。一般园林绿地都高于路面，方能实现以地形排水为主的原则。道路汇集两则绿地径流之后，利用其纵向坡度即可按预定方向将雨水排除。

园林铺地的实用功能不同，其设计形式也不会相同，表现出不同类别的园林场地。

2. 园路类型

园路常依据道路的用途、重要性、构成材料和形式进行分类，常见以下分类形式：

1）按主要用途来分园景路、乡村公路、街道路三种类型。

2）依照园路的重要性和级别，可分为主园路、次园路和小路。主园路在风景区中又叫主干道，是贯穿风景区内所有浏览区或串联公园内所有景区，起骨干主导作用的园路，主园路作为导游线，对游人的游园活动进行有序地组织和引导，同时，它也要满足少量园务运输车辆通行的要求；次园路又叫支路、游览道或游览大道，其宽度仅次于主园路的，联系各重要景点地带的重要园路，次园路有一定的导游性，主要供游人游览观景用，一般不设计为能够通行汽车的道路；小路即游览小道或散步小道，其宽度一般仅供 1 人漫步或可供 2～3 人并肩散步小路的布置很灵活，平地、坡地、山地、水边、草坪上、花坛群中、屋顶花园等处，都可以铺筑小路。

3）按筑路形式分，常见有如下几类：

平道：即在平坦园地中的道路，是大多数园路的修筑形式。

坡道：是在坡地上铺设的，纵坡度较大但不作阶梯状路面的园路。

石梯磴道：坡度较陡的山地上所设阶梯状园路，称为磴道或梯道。

栈道：建在绝壁陡坡、宽水窄岸处的半架空道路，就是栈道。

索道：主要在山地风景区，是以凌空铁索传送游人的架空道路线。

缆车道：在坡度较大坡面较长的山坡上铺设轨道，用钢缆牵引车厢运送游人，这就是缆车道。

廊道：由长廊、长花架覆盖路面的园路，都可以叫廊道。廊道一般布置在建筑庭园中。

3. 园路系统布局

风景园林的道路系统不同于一般的城市道路系统，它有自己的布置形式和布局特点。园路系统主要是由不同级别的园路和各种用途的园林场地构成的。一般所见的园路系统布局有以下三种。

1）套环式园路系统。其特征是由主园路构成一个闭合的大型环路或一个 8 字形的双环路，再由很多的次园路和游览小道从主园路上分出，并且相互穿插连接与闭合，构成又一些较小的环路。主园路、次园路和小路构成的环路之间的关系，是环环相套，互通互连的关系，其中少有尽端式道路。该道路系统可以满足游人在游览中不走回头路的愿望。套环式园路是最能适应公共园林环境，并且在实践中也是得到最为广泛应用的一种园路系统。但是，在地形狭长的园林绿地中，由于受到地形有限制，套环式园路也有不易构成完整系统的遗憾之处，因此在狭长地带一般都不好采用这种园路布局形式。

2）条带式园路系统。其特征是主园路呈条带状，始端和尽端各在一方，并不闭合成环；在主路的一侧或两侧，可以穿插一些次园路和游览小道，次路和小路相互之间也可以局部地闭合成环路，但主路是怎样都不会闭合成环的。在地形狭长的园林绿地上，采用条带式园路系统比较合适。条带式园路布局不能保证游人在游园中不走回头路。所以，只有在林荫道、河滨公园等带状公共绿地中，才采用条带式园路系统。

3）树枝式园路系统。以山谷、河谷地形为主的风景区和市郊公园，主园路一般只能布置在谷底，沿着河沟从下往上延伸。两侧山坡上的多处景点，都是从主路上分出一些支路，甚至再分出一些小路加以连接。支路和小路多数只能是尽端式道路，游人到了景点游览之后，要原路返回到主路再向上行。这种道路系统的平面形状，就像是有许多分枝的树枝一样，游人走回头路的时候很多。从游览的角度看，这是游览性最差的一种园路布局形式，只有在受地形限制时，才不得已而采用这种布局。

4. 园路设计准备工作

在园路工程技术设计之前，必须到选定路线的现场进行实地踏勘。要熟悉设计场地地形及周围环境现状。在踏勘中一般需要做的工作有：了解规划路线基地的现状，对照地形图核对地形，将地形有变化的地方测绘、记载下来；了解园路广场基地的土壤、地质和建筑物、构筑物、水体、植物生长的基本情况，特别要注意对现状中名木古树的调查了解，要把现有古树大树的具体位点测下来，并在地图上定点注明；了解基地内地上地下的管线

分布及走向，分析其与园路设计的关系；了解园外道路的走向、级别、宽度、交通特点，和公园出入口与园外道路连接处的标高情况等等。然后，再根据所确定的道路场地类别或设计形式，确定园路的宽度并进行相应的道路线形设计等。

二、园路与铺地设计

1. 园路工程设计

1）园路的线形设计

（1）园路宽度的确定：确定园路宽度所考虑的因素，在以行人为主的园路上是并排行走的人数和单人行走所需宽度，并兼顾园务运输的园路上是所需设置的车道数和单车道的宽度。

（2）园路平曲线及转弯半径设计

园路平曲线线形设计：在设计自然式曲线道路时，道路平曲线的形状应满足游人平缓自如转弯的习惯，弯道曲线要流畅，曲率半径要适当，不能过分弯曲，不得矫揉造作。一般情况下，园路用两条相互平行的曲线绘出，只在路口或交叉口处有所扩宽。园路两条边线成不平行曲线的情况一般要避免，只有少数特殊设计的路线才偶尔采用不平行曲线。

平曲线半径的选择：除了风景名胜区的旅游主干道之外，园林道路上汽车的行车速度都不高，多数园路都不通汽车。所以，一般园路的弯道平曲线半径都可以设计得比较小，只供人行的浏览小路，其平曲线半径还可以更小。

园路转弯半径的确定：园路交叉或转弯处的平曲线半径，又叫转弯半径。确定合适的转弯半径，可以保证园林内游人舒适地散步，园务运输车辆能够畅通无阻，也可以节约道路用地，减少工程费用。转弯半径的大小，应根据游人步行速度、车辆行驶速度及其车类型号来确定。

平曲线上的加宽与超高：一些风景园林道路，在转弯处的路面进行了加宽处理，并对弯道外侧路面进行加高，以使行车更加安全。

2）园路纵断面与竖曲线设计

园路中心线在其竖向剖面上的投影形态，称为纵断面线。它随地形的变化而呈连续的折线。为使车辆安全平稳通过折线转折点（即“变坡点”），须用一条弧曲线把相邻两个不同坡度线连接，这条曲线因位于竖直面内，故称竖曲线。当圆心位于竖曲线下方时，称为凸型竖曲线。竖曲线的设置，使园林道路多有起伏，路景生动，视线俯仰变化，浏览散步感觉舒适方便。

纵断面设计的主要内容有：确定路线各处合适的标高，设计各路段的路面纵坡及坡长，和选择各处竖曲线的合适半径，设置竖曲线，计算施工高度等。对园路纵断面及竖曲线设计的基本要求是减小工程量，保证园路与广场、庭地、园林建筑和园外城市道路、街坊平顺衔接；保持路面水的通畅排除。

竖曲线设计的主要内容是确定其合适的半径。园路竖曲线的允许半径范围比较大，其最小半径比一般城市道路要小得多。

道路纵向坡度的大小，对浏览活动影响较大。在一般情况下，保持一定的园路纵坡，有利于路面排水和丰富路景。虽然园路可以在纵向被设计为平坡路面，但为排水通畅考虑，还是应保证最小纵坡不小于0.3％～0.5％。纵坡坡度过大，也会不利游人的游览和园务运输车辆的通行。通车的园路，纵断面的最大坡度，宜限制在8%以内，在弯道或山区还应减小一点。可供自行车骑行的园路，纵坡宜在2.5%以下，最大不超过4%。轮椅、三轮车宜为2%左右，不超过3%。不通车的人行游览道，最大纵坡不超过12%，若坡度在12%以上，就必须设计为梯级道路。除了专门设在悬崖峭壁边的梯级磴道外，一般的梯道纵坡坡度都不要超过100%。园路纵坡较大时，其坡面长度应有所限制，不然就会使行车出现安全事故，或者使游人感到行路劳累。当道路纵坡较大而坡长又超过限制时，则应在坡路中插入坡度不大于3%的缓和坡段；或者在过长的梯道中插入一至数个平台，供人暂停小歇并起到缓冲作用。

3）园路横断面设计

垂直于园路中心线所作的竖向截面就是园路的横断面。园路横断面反映了道路在横向上的组成情况、道路的宽度构成、路拱及道路横坡、地上地下管线位置等等情况。横断面设计的内容主要有：选择合适的道路横断面形式，确定合理的路拱横坡，综合解决道路与照明、管线、绿化及其他附属设施之间的矛盾，绘制园路横断面设计图。

（1）横断面设计形式选择：道路的横断面分为城市型和公路型两类。城市型横断面的园路适于绿化街道、小游园道路、林荫道等对路景要求较高的地方；一般在路边设有保护路面的路缘石；路面雨水通过路边的雨水口排入由地下暗管或暗沟组成的排水系统；路面横坡多采用双坡。公路型横断面的园路则适宜道路密度小，起伏度大，对路景要求不是特别高的地方；道路两侧一般不设路缘石，而是设置有一定宽度的路肩来保护路面；路边采用排水明沟排除雨水；路面常常是单坡与双坡混用。

（2）园路路拱的设计：为了使雨水能迅速地流出路面，通过雨水暗管或排水明沟顺利排除，除了人行道、路肩需要设置排水横坡外，园路的主体部分路面也要设计为有一定横坡的路面；而道路横断面的路面线，就常常呈现拱形、斜线形等形状。这就是我们所说的路拱。路拱的设计，主要就是确定道路的横坡坡度及横断路面线的线型。道路路拱基本设计形式有抛物线形、折线形、直线形和单坡形四种。

（3）横断面综合设计：园路横断面设计情况对路景、行走游览、行车和排水具有很大的影响，因此需要综合各方面的情况和条件，统筹安排，解决好道路与环境、与路旁景物和与路上路下各种管线杆柱之间的矛盾。

（4）园路横断面图绘制：道路横断面图有标准横断面与施工横断面两种图示方式。

4）园路的结构设计

从构造上看，园路是由路基和路面两部分构成的。在不同的地方，路基的情况有所不同，路面的进一步构成也有较大的差别。

（1）路基设计

填土路基：是在比较低洼的场地上，填筑土方或石方做成的路基。这种路基一般都高于两旁场地的地坪，因此也常常被称为路堤。园林中的湖堤道路、洼地车道等，有采用路堤式路基的。

挖土路基：即沿着路线挖方后，其基面标高低于两侧地坪，如同沟堑一样的路基又被叫作路堑。当道路纵坡过大时，采用路堑式路基可以减小纵坡。在这种路基上，人、车所产生的噪声对环境影响较小，其消声减噪的作用十分明显。

半挖半填土路基：在山坡地形条件下，多见采用挖高处填低处的方式筑成半挖半填土

路基。这种路基上，道路两侧是一侧屏蔽另一侧开敞，施工上也容易做到土石方工程量的平衡。

（2）路面设计：路面是用坚硬材料铺设在路基上的一层或多层的道路结构部分。路面应当具有较好的耐压、耐磨和抗风化性能；要做得平整、通顺，能方便行人或行车；作为园林道路，还要特别具有美观、别致和行走舒适的特点。按照路面在荷载作用下工作特性的不同，可以把路面分为刚性路面和柔性路面两类。从横断面上看，园路路面是多层结构的，其结构层次随道路级别、功能的不同而有一些区别。一般园路的路面部分，从下至上结构层次的分布顺序是：垫层、基层、结合层和面层。路面结构层的组合，应根据园路的实际功能和园路级别灵活确定。一些简易的园路，路面可以不分垫层、基层和面层、而只做一层，这种路面结构可称为单层式结构。如果路面由两个以上的结构层组成，则可叫多层式结构。各结构层之间，应当结合良好，整体性强，具有最稳定的组合状态。结构层材料的强度一般应从上而下逐层减小，但各层的厚度却应从上而下逐层增厚。

5）园林梯道结构设计

园林道路在穿过高差较大的上下层台地，或者穿行在山地、陡地时，都要采用踏步梯道的形式。即使在广场、河岸等较平坦的地方，有时为了创造丰富的地面景观，也要设计一些踏步或梯道，使地面的造型更加富于变化。常见的园林踏步梯道及其结构设计要点如下所述。

（1）砖石阶梯踏步：以砖或整形毛石为材料。根据行人在踏步上行走的规律，一步踏的踏面宽度应设计为28～38cm，适当再加宽一点也可以，但不宜宽过60cm；二步踏的踏面可以宽90～100cm。每一级踏步的宽度最好一致，不要忽宽忽窄。每一级踏步的高度也要统一起来，不得高低相间。一级踏步的高度一般情况下应设计为10～16.5cm。低于10cm时行走不安全，高于16.5cm时行走较吃力。儿童活动区的梯级道路，其踏步高应为10～12cm，踏步宽不超过45cm。一般情况下，园林中的台阶梯道都要考虑伤残人轮椅车和自行车推行上坡的需要，要在梯道两侧或中带设置斜坡道。梯道太长时，应当分段插入休息缓冲平台；使梯道每一段的梯级数最好控制在25级以下；缓冲平台的宽度应在1.58cm以上，太窄时不能起到缓冲作用。在设置踏步的地段上，踏步的数量至少应为2～3级，如果只有一级而又没有特殊的标记，则容易被人忽略，使人绊跤。

（2）混凝土踏步：一般将斜坡上素土夯实，坡面用1∶3∶6三合土（加碎砖）或3∶7灰土（加碎砖石）作垫层并筑实，厚6～10cm；其上采用C10混凝土现浇作踏步。踏步表面的抹面可按设计进行。每一级踏步的宽度、高度以及休息缓冲平台、轮椅坡道的设置等要求等，都与砖石阶梯踏步相同，可参照进行设计。

（3）山石磴道：在园林土山或石假山及其他一些地方，为了与自然山水园林相协调，梯级道路不采用砖石材料砌筑成整齐的阶梯，而是采用顶面平整的自然山石，依山随势地砌成山石磴道。踏步石踏面的宽窄允许有些不同，可在30～50cm之间变动。踏面高度还是应统一起来，一般采用12～20cm。设置山石磴道的地方本身就是供登攀的，所以踏面高度大于砖石阶梯。

（4）攀岩天梯梯道：这种梯道是在风景区山地或园林假山上最陡的崖壁处设置的攀登通道。一般是从下到上在崖壁凿出一道道横槽作为梯步，如同天梯一样。梯道旁必须设置铁链或铁管矮栏并固定于崖壁壁面，作为登攀时的扶手。

2. 园林铺装设计

1）园林铺装的特殊要求。园林铺装由它承担的主要功能来确定，但须满足以下要求：

（1）应满足其通车和行人的功能要求；

（2）应满足整体环境景观和谐美观的要求；

（3）园林铺装材料可以采用更多的新型材料；

（4）园林铺装的铺装形式可以灵活多变，因地造景。

2）铺装形式及实例：根据路面铺装材料、装饰特点和园林使用功能，可以把园路的路面铺装形式分为整体现浇、片材贴面、板材砌块铺装、砌块嵌草和砖石镶嵌铺装等五类。

（1）整体现浇铺装：该路面适宜风景区通车干道、公园主园路、次园路或一些附属道路。园林铺装广场、停车场、回车场等，也常常采用整体现浇铺装。采用这种铺装的路面，主要是沥青混凝土路面和水泥混凝土路面。沥青混凝土路面，用 60～100mm 厚泥结碎石作基层，以 30～50mm 厚沥青混凝土作面层。这种路面属于黑色路面，一般不用其他方法来对路面进行装饰处理。水泥混凝土路面的基层做法，可用 80～120mm 厚碎石层，或用 150～200mm 厚大块石层，在基层上面可用 30～50mm 粗砂作间层。面层则一般采用 C20 混凝土，做 120～160mm 厚；路面每隔 10m 设伸缩缝一道；对路面的装饰，主要是采取各种表面处理。抹灰装饰的方法有以下几种：

普通抹灰：是用水泥砂浆在路面表层做保护装饰层或磨耗层。水泥砂浆可采用 1∶2 或 1∶2.5 比例，常以粗砂配制。

彩色水泥抹灰：在水泥中加各种颜料，配制成彩色水泥，对路面进行抹灰，可做出彩色水泥路面。

水磨石饰面水：磨石路面是一种比较高级的装饰型路面，有普通水磨石和彩色水磨石两种做法。水磨石面层的厚度一般为 10～20mm。是用水泥和彩色细石子调制成水泥石子浆，铺好面层后打磨光滑。

露骨料饰面：一些园路的边带或作障碍性铺装的路面，常采用混凝土露骨料方法饰面，做成装饰性边带。这种路面立体感较强，能够和其相邻的平整路面形成鲜明的质感对比。

（2）片材贴面铺装：这种铺地类型一般用在小游园、庭园、屋顶花园等面积不太大的地方。若铺装面积过大，路面造价将会太高，经济上常不会允许。常用的片材主要是花岗石、大理石、釉面墙地砖、陶瓷广场砖和马赛克等。在混凝土面层上铺垫一层水泥砂浆，起路面找平和结合作用。用片材贴面装饰的路面，其边缘最好要设置道牙石，以使路边更加整齐和规范。各种片材铺地情况如下。

花岗石铺地：这是一种高级的装饰性地面铺装。花岗石可采用红色、青色、灰绿色等多种，要先加工成正方形、长方形的薄片状，才用来铺贴地面。其加工的规格大小，可根据设计而定。大理石铺地与花岗石相同。

石片碎拼铺地：大理石、花岗石的碎片，价格较便宜，用来铺地很划算，既装饰了路面，又可减少铺路经费。形状不规则的石片在地面上铺贴出的纹理，多数是冰裂纹，使路面显得比较别致。

釉面墙地砖铺地：釉面墙地砖有丰富的颜色和表面图案，尺寸规格也很多，在铺地设

计中选择余地很大。

陶瓷广场砖铺地：广场砖多为陶瓷或琉璃质地，产品基本规格是 100mm×100mm，略呈扇形，可以在路面组合成直线的矩形图案，也可以组合成圆形图案。广场砖比釉面墙地砖厚一些，其铺装路面的强度也大些，装饰路面的效果比较好。

马赛克铺地：庭园内的局部路面还可以用马赛克铺地，如古波斯的伊斯兰式庭园道路，就常见这种铺地。马赛克色彩丰富，容易组合地面图纹，装饰效果较好；但铺在路面较易脱落，不适宜人流较多的道路铺装，所以目前采用马赛克装饰路面的并不多见。

(3) 板材砌块铺装：用整形的板材、方砖、预制的混凝土砌块铺在路面，作为道路结构面层的，都属于这类铺地形式。这类铺地适用于一般的散步游览道、草坪路、岸边小路和城市游憩林荫道、街道上的人行道等。

板材铺地：打凿整形的石板和预制的混凝土板，都能用作路面的结构面层。这些板材常用在园路游览道的中带上，作路面的主体部分；也常用作较小场地的铺地材料。

黏土砖墁地：用于铺地的黏土砖规格很多，有方砖，亦有长方砖。

预制砌块铺地：用预制的混凝土砌块铺地，也是作为园路结构面层。

预制道牙铺装：道牙铺装在道路边缘，起保护路面作用，有用石材凿打整形为长条形的，也有按设计用混凝土预制的。

(4) 砌块嵌草铺装：预制混凝土砌块和草皮相间铺装路面，能够很好地透水透气；绿色草皮呈点状或线状有规律地分布，在路面形成好看的绿色纹理，美化了路面。这种具有鲜明生态特点的路面铺装形式，现在已越来越受到人们的欢迎。采用砌块嵌草铺装的路面，主要用在人流量不太大的公园散步道、小游园道路、草坪道路或庭院内道路等处，一些铺装场地如停车场等，也可采用这种路面。

(5) 砖石镶嵌铺装：用砖、石子、瓦片、碗片等材料，通过镶嵌的方法，将园路的结构面层做成具有美丽图案纹样的路面，这种做法在古代被叫作“花街铺地”。采用花街铺地的路面，其装饰性很强，趣味浓郁；但铺装中费时费工，造价较高，而且路面也不便行走。因此，只在人流不多的庭院道路和一部分园林浏览道上，才采用这种铺装形式。镶嵌铺装中，一般用立砖、小青瓦瓦片来镶嵌出线条纹样，并组合成基本的图案。再用各色卵石、砾石镶嵌作为色块，填充图形大面，并进一步修饰铺地图案。我国古代花街铺地的传统图案纹样种类颇多，有几何纹、太阳纹、卷草纹、莲花纹、蝴蝶纹、云龙纹、涡纹、宝珠纹、如意纹、席字纹、回字纹、寿字纹等。还有镶嵌出人物事件图像的铺地，如：胡人引驼图、奇兽葡萄图、八仙过海图、松鹤延年图、桃园三结义图、赵颜求寿图、凤戏牡丹图、牧童图、十美图等。

3. 园路路口设计

路口是园路建设的重要组成部分，必须精心设计，做好安排。

1) 路口设计的基本要求

从规则式园路系统和自然式园路系统的相互比较情况看来，规则式园路系统中十字路口比较多，而自然式园路系统中则以三岔路口为主。在自然式系统中过多采用十字路口，将会降低园路的导游特性，有时甚至能造成浏览路线的紊乱，严重影响浏览活动。而在规则式园路中，从加强导游性来考虑，路口设置也应少一些十字路口，多一些三岔路口。在路口处，要尽量减少相交道路的条数，避免因路口过于集中，而造成游人在路口处犹疑不决，无所适从的现象。道路相交时，除山地陡坡地形之外，一般均应尽量采取正相交方式。斜交时，斜交角度应呈锐角，其角度也要尽量不小于60°，锐角部分还应采用足够的转弯半径，设计为圆形的转角。路口处形成的道路转角，如属于阴角，可保持直角状态；如属于阳角，则应设计为斜边或改成圆角。通车园路和城市绿化街道的路口，要注意车辆通行的安全，避免交通冲突。在路口设计或路口的绿化设计中，要按照路口视距三角形关系，留足安全视距。

2）园路与建筑物的交接

在园路与建筑物的交接处，常常能形成路口。从园路与建筑相互交接的实际情况来看，一般都是在建筑近旁设置一块较小的缓冲场地，园路则通过这块场地与建筑相交接。多数情况下都应这样处理，但一些起过道作用的建筑，如路亭、游廊等，也常常不设缓冲小场地。根据对园路和建筑相互关系的处理和实际工程设计中的经验，可以采用以下几种方式来处理二者之间的交接关系。

平行交接：建筑的长边与园路中心线相平行，园路与建筑的交接关系是相互平行的关系。其具体的交接方式还可分为平顺型的和弯道型的两种。

正对交接：园路中心线与建筑长轴相垂直，并正对建筑物的正中部位，与建筑相交接。

侧对交接：园路中心线与建筑长轴相垂直，并从建筑正面的一侧相交接；或者，园路从建筑的侧面与其交接，这些都属于侧对交接。因此，侧对交接也有正面侧交和侧面相交两种处理情况。

实际处理园路与建筑的交接关系时，一般都应尽量避免以斜路相交，特别是正对建筑某一角的斜交，冲突感很强，一定要加以改变。对不得不斜交的园路，要在交接处设一段短的直路作为过渡，或者将交接处形成的锐角改为圆角。应当避免园路与建筑斜交。

3）园路与园林场地的交接

主要受场地设计形式的制约。场地形状是规则式的，则园路与其交接的方式就与建筑交接时相似，即可有平行相接、正对交接和侧对交接等方式。对于圆形、椭圆形场地，园路在交接中要注意，应以中心线对着场地轴心（即圆心）进行交接，而不要随意与圆弧相切交接。这就是说，在圆形场地的交接应当是严格地规则对称的；因为圆形场地本身就是一种多轴对称的规则形。若是与不规则的自然式场地相交接，园路的接人方向和接人位置就没有多少限制了。只要不过多影响园路的通行、浏览功能和场地的使用功能，则采取何种交接方式完全可依据设计而定。

4. 园路的设计步骤

园林道路的设计，要在园林规划的基础上，依据规划的路线、道路级别和功能要求进行详细设计。首先是做好园路的平面设计，然后再进行横断面、纵断面的设计和道路结构及路面铺装设计。

1）园路平面设计步骤

园路平面设计包括划定道路中心线、选择确定平曲线及相关参数、编排路线桩号、确定道路边界线（红线）和绘制道路平面图等。

2）园路纵断面设计步骤

纵断面设计包括测绘道路中心线地面的高程线、确定道路纵坡、竖曲线，计算填挖高

度，标定构筑物及各控制点的高程，绘制园路纵断面图等。

三、园路与铺地施工

园路施工除了在基本工序和基本方法上与一般城市道路相同之外，还有一些特殊的技术要求和具体方法。而园林广场的施工，也与其他园林铺装场地大同小异。所以，园林中一般铺装场地的施工都可以参照园路和园林广场的施工方式与方法进行。

1. 园路施工

园路施工一般都是结合着园林总平面施工一起进行的。园路工程的重点，在于控制好施工面的高程，并注意与园林其他设施的有关高程相协调。施工中，园路路基和路面基层的处理只要达到设计要求的牢固性和稳定性即可，而路面面层的铺装，则要更加精细，更加强调质量方面的要求。

1）地基与路面基层的施工

（1）施工准备：根据设计图，核对地面施工区域，确认施工程序、施工方法和工程量。勘察、清理施工现场，确认和标示地下埋设物；

（2）材料准备：确认和准备路基加固材料、路面垫层、基层材料和路面面层材料，包括碎石、块石、石灰、砂、水泥或设计所规定的预制砌块、饰面材料等。材料的规格、质量、数量以及临时堆放位置，都要确定下来；

（3）道路放线：将设计图标示的园路中心线上各编号里程桩，测设到相应的地面位置，用长30～40cm的小木桩垂直钉位，并写明桩号。钉好的各中心桩之间的连线，即为园路的中心线。再以中心桩为准，根据路面宽度钉上边线桩，最后可放出园路的路线和边线；

（4）地基施工：首先确定路基作业使用的机械及其进入现场的日期；重新确认水准点；调整路基表面高程与其他高程的关系；然后进行路基的填挖、整平、碾压作业；

（5）垫层施工：运入垫层材料，将灰土、砂石按比例混合。进行垫层材料的铺垫，刮平和碾压；

（6）路面基层施工：确认路面基层的厚度与设计标高；运入基层材料，分层填筑。施工中的接缝，应将上次施工完成的末端部分翻起来，与本次施工部分一起滚碾压实；

（7）面层施工准备：在完成的路面基层上，重新定点、放线，放出路面的中心线及边线。设置整体现浇路面边线处的施工挡板，确定砌块路面的砌块行列数及拼装方式。面层材料运入现场。

2）水泥混凝土面层施工

（1）核实、检验和确认路面中心线、边线及各设计标高点的正确无误；

（2）若是钢筋混凝土面层，则按设计选定的钢筋并编扎成网；

（3）按设计的材料比例，配制、浇筑、捣实混凝土，并用长1m以上的直尺将顶面刮平。顶面稍干一点，再用抹灰砂板抹平至设计标高。施工中要注意做出路面的横坡与纵坡；

（4）混凝土面层施工完成后，应即时开始养护。养护期应为7d以上，冬季施工后的养护期还应更长些；

（5）路面要进一步进行装饰的，可按下述的水泥路面装饰方法继续施工。不再做路面装饰的，则待混凝土面层基本硬化后，用锯割机每隔 7～9m 锯缝一道，作为路面的伸缩缝（伸缩缝也可在浇筑混凝土之前预留）。

3）水泥路面的装饰施工

水泥路面装饰的方法有很多种，要按照设计的路面铺装方式来选用合适的施工方法。常见的施工方法及其施工技术要领主要如下。

（1）普通抹灰与纹样处理：用普通灰色水泥配制成 1∶2 或 1∶2.5 水泥砂浆，在混凝土面层浇筑后尚未硬化进行抹面处理，抹面厚度为 10～15mm。当抹面层初步收水，表面稍干时，再用滚花、压纹、锯纹、刷纹等下面的方法进行路面纹样处理。

（2）彩色水泥抹面装饰：水泥路面的抹面层所用水泥砂浆，可通过添加颜料而调制成彩色水泥砂浆，用这种材料可做出彩色水泥路面。彩色水泥调制中使用的颜料，需选用耐光、耐碱、不溶于水的无机矿物颜料，如红色的氧化铁红、黄色的柠檬铬黄、绿色的氧化铬绿、蓝色的钴蓝和黑色的炭黑等。

（3）彩色水磨石饰面：彩色水磨石地面是用彩色水泥石子浆罩面，再经过磨光处理而做成的装饰性路面。

（4）露骨料饰面：采用这种饰面方式的混凝土路面和混凝土铺砌板，其混凝土应该用粒径较小的卵石配制。混凝土露骨料主要是采用刷洗的方法，在混凝土浇好后 2～6h 内就应进行处理，最迟不得超过浇好后的 16～18h。刷洗工具一般用硬毛刷子和钢丝刷子。刷洗应当从混凝土板块的周边开始，要同时用充足的水把刷掉的泥砂洗去，把每一粒暴露出来的骨料表面都洗干净。刷洗后 3～7d 内，再用 10%的盐酸水洗一遍，使暴露的石子表面色泽更明净，最后还要用清水把残留盐酸完全冲洗掉。

4）片块状材料的地面砌筑

片块状材料作路面面层，在面层与道路基层之间所用的结合层做法有两种：一种是用湿性的水泥砂浆、石灰砂浆或混合砂浆作结合材料，另一种是用干性的细砂、石灰粉、灰土（石灰和细土）、水泥粉砂等作为结合材料或垫层材料。

5）地面镶嵌与拼花

施工前，要根据设计的图样，准备镶嵌地面用的砖石材料。设计有精细图形的，先要在细密质地的青砖上放好大样，再细心雕刻，做好雕刻花砖，施工中可嵌入铺地图案中。要精心挑选铺地用的石子，挑选出的石子应按照不同颜色、不同大小、不同长扁形状分类堆放，铺地拼花时才能方便使用。施工时，先要在已做好的道路基层上，铺垫一层结合材料，厚度一般可在 40～70mm 之间；垫层结合材料主要用：1∶3 石灰砂、3∶7 细灰土、1∶3水泥砂等，用干法砌筑或湿法砌筑都可以，但干法施工更为方便一些；在铺平的松软垫层上，按照预定的图样开始镶嵌拼花；一般用立砖、小青瓦瓦片来拉出线条、纹样和图形图案，再用各色卵石、砾石镶嵌作花，或者拼成不同颜色的色块，以填充图形大面；然后，经过进一步修饰和完善图案纹样，并尽量整平铺地后，就可以定稿；定稿后的铺地地面，仍要用水泥干砂、石灰干砂撒布其上，并扫入砖石缝隙中填实；最后，除去多余的水泥石灰干砂，清扫干净；再用细孔喷壶对地面喷洒清水，稍使地面湿润即可，不能用大水冲击或使路面有水流淌；完成后，养护 7～10d。

6）嵌草路面的铺砌

无论用预制混凝土铺路板、实心砌块、空心砌块，还是用顶面平整的乱石、整形石块

或石板，都可以铺装成砌块嵌草路面。施工时，先在整平压实的路基上铺垫一层栽培壤土作垫层。壤土要求比较肥沃，不含粗颗粒物，铺垫厚度为100～150mm。然后在垫层上铺砌混凝土空心砌块或实心砌块，砌块缝中半填壤土，并播种草籽。采用砌块嵌草铺装的路面，砌块和嵌草层是道路的结构面层，其下面只能有一个壤土垫层，在结构上没有基层，只有这样的路面结构才能有利于草皮的存活与生长。

2. 广场施工

广场工程的施工程序基本与园路工程相同，因广场上往往存在着花坛、草坪、水池等地面景物，因此，它比一般道路工程的施工内容更复杂。现从广场的施工准备、场地处理和地面铺装三方面来讲述广场的施工问题。

1）施工准备

（1）材料准备：准备施工机具、路面基层和面层的铺装材料，以及施工中需要的其他材料。

（2）场地放线：清理施工现场，按照广场设计图所绘施工坐标方格网，将所有坐标点测设到场地上，并打桩定点。然后以坐标桩点为准，根据广场设计图，在场地地面上放出场地的边线、主要地面设施的范围线和挖方区、填方区之间的零点线。

（3）地形复核：对照广场竖向设计图，复核场地地形。各坐标点、控制点的自然地坪标高数据有缺漏的，要在现场测量补上。

2）场地整平与找坡

挖方与填方施工：挖、填方工程量较小时，可用人力施工；工程量大时，应进行机械化施工。预留作草坪、花坛及乔灌木种植地的区域，可暂不开挖。水池区域要同时挖到设计深度。填方区的堆填顺序，应当是先深后浅；先分层填实深处，后填浅处。每填一层就夯实一层，直到设计的标高处。挖方过程中挖出适宜栽培的肥沃土壤，要临时堆放在广场外边，以后再填入花坛、种植地中。

场地整平与找坡：挖、填方工程基本完成后，对挖填出的新地面进行整理，使地面平整度变化限制在20mm以内。根据各坐标桩标明的该点填挖高度数据和设计的坡度数据，对场地进行找坡，保证场地内各处地面都基本达到设计的坡度。土层松软的局部区域，还要作地基加固处理。根据场地周边与建筑、园路、管线等的连接条件，确定边缘地带的竖向连接方式，调整连接点的地面标高。还要确认地面排水口的位置，调整排水沟管的底部标高，使广场地面与周围地坪的连接更自然，排水、通道等方面的矛盾降至最低。

3）地面施工

基层的施工：按照设计的路面层次结构与做法进行施工，可参照前面关于园路地基与基层施工的内容，结合广场地坪面积更宽大的特点，在施工中注意基层的稳定性，确保施工质量，避免今后广场地面发生不均匀沉降。

面层的施工：采用整体现浇面层的区域，可把该区域划分成若干规则的地块，每一地块面积在7m×9m至9m×10m之间，然后一个地块一个地块的施工。地块之间的缝隙做成伸缩缝，用沥青棉纱等材料填塞。采用混凝土预制块铺装的，可按照本节前面有关部分进行施工。

地面装饰：依照设计的图案、纹样、颜色、装饰材料等进行地面装饰性铺装，其铺装方法也请参照前面有关内容。

第五节 假山工程

叠山造园在我国历史悠久，并形成了风格独特的园林体系；假山是具有中国园林特色的人造景观，它作为中国自然山水园的基本骨架，对园林景观组织，功能空间划分起到十分重要的作用。

一、概述

假山是指用人工堆起来的山，是从真山演绎而来；人们通常称呼的假山实际上包括假山和置石两个部分。假山，是以造景游览为主要目的，充分地结合其他多方面的功能作用，以土、石等为材料，以自然山水为蓝本并加以艺术的提炼和夸张，用人工再造的山水景物的通称。置石是以山石为材料作独立性或附属性的造景布置，主要表现山石的个体美或局部的组合而不具备完整的山形。一般地说，假山的体量大而集中，可观可游，使人有置身于自然山林之感。置石则主要以观赏为主，结合一些功能方面的作用，体量较小而分散。假山因材料不同可分为土山、石山和土石相间的山。因造园用地内无山而造山，另一方面造园用地范围内有山但无法满足人们的审美要求，对原有自然山形进行加工，修整而进行剔山，如绍兴东湖公园便是如此。置石则可分为特置、散置和群置。我国岭南的园林中早有灰塑假山的工艺，后来又逐渐发展成为用水泥塑的置石和假山，成为假山工程的一种专门工艺。

1. 假山的功能作用

中国园林要求达到“虽由人作，宛自天开”的高超的艺术境界，造园主为了满足游赏活动的需要，必然要建造一些体现人工美的园林建筑；但就园林的总体要求而言，在景物外貌的处理上要求人工美从属于自然美，并把人工美融合到自然美的园林环境中去；假山和置石有以下几个方面的功能作用：

1）作为自然山水园的主景和地形骨架

以山为主景，或以山石为驳岸的水池作主景。整个园子的地形骨架、起伏、曲折皆以此为基础来变化。总体布局都是以山为主，以水为辅，其中建筑并不一定占主要的地位。在江南园林中也常用孤置山石作为庭院空间环境的主景，如苏州留园的冠云峰，上海豫园的玉玲珑所在的庭院空间。

2）作为园林划分空间和组织空间的手段

利用假山划分空间是从地形骨架的角度来划分，具有自然和灵活的特点。特别是用山水相映成趣地结合来组织空间，使空间更富于性格的变化。假山在组织空间时可以结合为障景、对景、背景、框景、夹景等手法灵活运用；可以通过假山来转换建筑空间轴线，也可在两个不同类型的景观、空间之间运用假山实现自然过渡。

3）运用山石小品作为点缀园林空间和陪衬建筑、植物的手段

山石的这种作用在我国大江南北均有所见，尤以江南私家园林运用最为广泛。有的以山石作花台，或以石峰凌空，或借粉墙前散置，或以竹、石结合作为廊间转折的小空间和窗外的对景。利用山石小品点缀园景具有“因简易从，尤特致意”的特点。运用山石陪衬

植物在园林中得到广泛运用，扬州的个园因山石与植物相映成趣。自然山石挡土墙的功能和整形成挡土墙的基本功能相同，而外观上曲折、起伏、凸凹多致，极显自然情态。山石可以阻挡和分散地面径流。在用地面积有限的情况下要堆起较高的土山，常利用山石作山脚的藩篱，缩小土山所占的底盘面积而又具有相当的高度和体量。园林中还广泛地利用山石作花台种植牡丹、芍药和其他观景植物。并用花台来组织庭院中的游览路线，或与壁山结合，与驳岸结合。在规整的建筑范围中创造自然、疏密的变化。

4）作为室外自然式的家具或器设

在室外用自然山石作石桌、石几、石凳、石栏等，既不怕日晒夜露，又可结合造景，山石还用作室内外楼梯（称为云梯）、园桥、汀石等。

2. 假山材料

我国幅员广大，地质变化多端，这为各地掇山提供了优越的物质条件。为各地园林形成特色，打下了物质基础。明代林有麟著有《素园石谱》，记录石种百余类。宋代杜绾撰《林石谱》所录有116种，其大多数是玩石。明计成《园冶》收录15种山石，多数可作为造园叠山之用。计成据其不同的石性及造型特点，分门别类进行了归纳简述。

1）选石。选石为造景之基础，选石应掌握如下要点：

（1）选石应熟知石性。岩石由于地理、地质、气候等复杂条件，化学成分和结构不同，肌理和色彩形态上也有很大的差异。不同的叠山造型，选择适合于自然环境的石形是很重要的。选石包括石质的强度、吸水性、色泽、纹理等。目前叠山较好的石料有：沙积石、黄石、蓬莱石、宣石、鸡米石、砂片石、龙骨石、钟乳石、湖石、斧劈石、灵璧石、龟纹石等。

（2）石形与纹理走向与造型的关系。如果要表现山峰的挺拔、险峻，应择竖向石型。斜向石型有动势和倾斜平衡感觉。不规则曲线纹理石型最适于表现水景，叠瀑具有一种动态美。横向石型具有稳定的静态美，适于围栏、庭院叠山造型。

（3）色泽与叠山环境的关系。石的色相很多，置石的质和色对人的心理和生理的感觉是不可忽视的重要环节，自然环境的大色调与叠山造型的小色调之间，光源色、固有色、环境色之间的和谐关系是密切的。

（4）有些特殊的环境还可选择其他石料。如豪华式宾馆、重要场所的特置散石，点景小品的处理，可用名贵的赏石作为点缀，以补充空间，活跃环境气氛。

2）常用假山石。人们在长期的造园实践中，叠山常用的石材种类大致如下：

（1）湖石：主产于江浙，以洞庭西山消夏湾为最好。石多处于水涯，或山坡表层，自然造化而成。“性坚而润，有嵌空、穿眼、宛转、险怪之势。”（《园冶·选石》）湖石线条浑圆流畅，洞穴透空玲巧，很适宜大型园林叠山及造山水景。与太湖石相近的石材有房山石、灵璧石、宣城白石、英石（英石又可分为白英、灰英和黑英三种）。

（2）黄石：是一种橙黄颜色的细砂岩，产地很多。其石形体顽夯，棱角分明，肌理近乎垂直，雄浑沉实。与湖石相比，它平正大方，立体感强，块钝而棱锐，具有很强的光影效果。明代所建上海豫园大假山，苏州耦园的假山和扬州个园的秋山均为黄石缀成的佳品。

（3）青石：即一种青灰色的细砂岩。青石的节面节理面不规整、纹理相互不一定垂直的、有交叉互织的斜纹。就形体而言多呈片状，故又有“青云片”之称。

（4）石笋：即外形修长如竹笋的一类山石的总称，变质岩类。这类山石产地广，土中或山洞内，采出后直立地上。园林中常作独立小景布置。常见石笋为以、乌炭、慧剑、钟乳石笋4种。

（5）其他石品：诸如木化石、松皮石、石珊瑚、黄蜡石和石蛋等。近年来，随着城市园林化，园林叠山造景材料的需求大量增加，而自然界可用材料是有限的，现已开发出的叠山材料，如水泥砂浆，混凝土制作人工塑石，用煤矸石在车间生产形形色色的铸石。

以上只介绍叠山较常用的部分石种。自然界中除了平原、沙漠，到处都可以找到可做造园之用的石料。就地取材，随类赋型，最有地方特色，也最为可取。

3. 山石的采运

山石的开采和运输因山石种类和施工条件而有所不同。中国古代采石多用潜水凿取、土中掘取，浮面挑选和寻取古石等方法，现在多用掘取、浮面挑选、移旧和松爆等方法采石。对于成块半埋在山土中的山石，采取掘取法，这样可以保持山石的完整性又不致太费工力。对于整体的湖石，特别是形态奇特的山石，最好用凿取的方法开采，把它从整体中分离出来，开凿时力求缩小分离的剖面以减少人工凿的痕迹。对于黄石、青石一类带棱角的山石材料，采用爆破的方法不仅可以提高工效，同时还可以得到合乎理想的石形。炸得太碎则破坏了山石的观赏价值，也给施工带来很多困难。

古代运石多用浮舟扒杆、绞车索道、人力地龙、雪橇冰道等方法，现在多采用机吊、车船运输。为保护奇石外形，常用泥团、扎草、夹杠、冰球等方法作保护包装，以保证在运输途中不致损坏。

二、置石

以石材或仿石材布置成自然露岩景观的造景手法。置石还可结合它的挡土、护坡和作为种植床或器设等实用功能，用以点缀园林空间，置石的特点是以少胜多，以简胜繁，用简单的形式，体现较深的意境，达到“寸石生情”的艺术效果。置石设于草坪、路旁，以石代桌凳供人享用，又自然、美观，可设于水际，散石上踏歌，别有情趣；旱山造景而立置石，镌之以文人墨迹，可增加园林意境；台地草坪置石，既是园路导向，又可保护绿地。

1. 特置

在自然界中与特置山石相类的山峰广为存在，如承德避暑山庄东面“馨锤峰”。特置山石又称孤置山石、孤赏山石，也有称作峰石的；但特置的山石不一定都呈立峰的形式。特置山石大多由单块山石布置成为独立性的石景，常在园林中用作入门的障景和对景，或置视线集中的廊间、天井中间、漏窗后面、水边、路口或园路转折的地方。特置山石也可以和壁山、花台、岛屿、驳岸等结合使用；新型园林多结合花台、水池或草坪、花架来布置。古典园林中的特置山石常镌刻题咏和命名。特置在历史上也是运用得比较早的一种形式，如历史遗存下来的绉云峰、玉玲珑、冠云峰、青芝岫等皆为特置石的上品：绉云峰因有深的皱纹而得名；玉玲珑以千穴百孔玲珑剔透而出众；冠云峰兼备透、漏、瘦于一石，亭亭玉立，高矗入云而名噪江南，青之岫以雄浑的质感、横卧的体态和遍布青色小孔而被纳入皇宫内院。在绍兴柯岩采石所留石峰（云骨）在田野中更是挺拔、神奇。

特置应选择体量大、轮廓线突出、姿态多变，色彩突出的山石。特置山石可采用整形的基座；也可以座落在自然的山石上面，这种自然的基座称为“磐”。

特置山石布置的要点：相石立意，山石体量与环境相协调，有前置框景和背景的衬托和利用植物或其他办法弥补山石的缺陷等。

特置山石在工程结构方面要求稳定和耐久。关键是掌握山石的重心线使山石本身保持重心的平衡。我国传统的做法是用石榫头稳定。榫头一般不用很长，大致十几厘米到二十几厘米，根据石之体量而定。但榫头要求争取比较大的直径，周围石边留有 3cm 左右即可。石榫头必须正好在重心线上。其磐上的榫眼比石榫的直径略大一些，但应该比石榫头的长度要深一点。这样可以避免因石榫头顶住榫眼底部石榫头周边不能和基磐接触。吊装山石以前，只需在石榫眼中浇灌少量粘合材料，待石榫头插入时，粘合材料便自然地充满了空隙的地方。

特置山石还可以结合台景布置，用石头或其他建筑材料做成整形的台。内盛土壤，台下有一定的排水设施。然后在台上布置山石和植物。或仿作大盆景布置，给人欣赏这种有组合的整体美。

2. 对置

在建筑物前沿建筑中轴线两侧作对称位置的山石布置，以陪衬环境，丰富景色，如北京可园中对置的房山石；颐和园仁寿殿前的山石布置。

3. 散置

散置可以独立成景，与山水、建筑、树木联成一体，往往设于人们必经之地或处在人们的主视野之中，散置即所谓“攒三聚五”、“散漫理之”的做法。其布局要点是：造景目的性明确，格局严谨，手法洗练，“寓浓于淡”，有聚有散，有断有续，主次分明；高低曲折，顾盼呼应，疏密有致，层次丰富，散有的物，寸石生情。

4. 山石器设

在古典园林中常以石材作石屏风、石栏、石桌、石几、石凳、石床等。山石几案不仅有实用价值，而且又可与造景密切结合，尤其用于起伏的自然式布置地段，很容易和周围的环境取得协调，既节省木材又能耐久，无须搬进搬出，也不怕日晒雨淋。山石几案宜布置在树下、林地边缘；选材上应与环境中其他石材相协调，外形上以接近平板或方墩状有一面稍平即可，尺寸上应比一般家具的尺寸大一些，使之与室外环境相称。山石几案虽有桌、几、凳之分，但在布置上却不能按一般木制家具那样对称安排。

5. 山石花台

山石花台布置的要领和山石驳岸有共通的道理。不同的是花台是从外向内包，驳岸则多是从内向外包，山石花台在江南园林中得以广泛运用，其主要原因是：一是山石花台的形体可随机应变，小可占角，大可成山，特别适合与壁山结合随心变化。二是运用山石花台组合庭院中的游览线路，形成自然式道路。三是由于江南一带多雨，地下水位高，而中国传统的一些名花如牡丹、芍药等却要求排水良好；为此用花台提高种植地面的高程，相对地降低了地下水位，为这一类植物生长创造了合适的生态条件，又可以将花卉提高到合适高度，有利赏花。山石花台的造型强调自然、生动，为达到这一目标，在其设计施工时，应遵循以下三方面的原则：

1）花台的平面轮廓。就花台的个体轮廓而言，应有曲折、进出的变化。更要注意使兼有大弯和小弯的凹凸面，使弯的深浅和间距不同。应避免有小弯无大弯、有大弯无小弯或变化的节奏单调的平面布。

2）花台的立面轮廓要有起伏变化。花台上的山石与平面变化相结合还应有高低的变化。切忌把花台做成“一码平”。一般是结合立峰来处理，但又要避免用体量过大的山峰堵塞院内的中心位置。花台除了边缘以外，花台中也可少量地点缀一些山石，花台边缘外面亦可埋置一些山石，使之有更自然的变化。

3）花台的断面和细部要伸缩，虚实和藏露的变化。花台的断面轮廓既直立，又有坡降和上伸下收等变化。这些细部技法很难用平面图或立面图说明。必须因势延展，就石应变。其中很重要的虚实明暗的变化、层次变化和藏露的变化。具体做法就是使花台的边缘或上伸下缩，或下断上连，或旁断中连，化单面体为多面体。模拟自然界由于地层下陷、崩落山石沿坡滚下成围、落石浅露等形成的自然种植池的景观。

6. 同园林建筑相结合的置石

用少量的山石在合宜的部位装点建筑就仿佛把建筑建在自然的山岩上一样的效果；所置山石模拟自然裸露的山岩，建筑依岩而建；用山石表现的实际是大山之一隅，可以适当运用局部夸张的手法，其目的是减少人工的气氛。常见的结合形式有以下几种：

1）山石踏跺和蹲配：园林建筑从室内到室外常有一定高程差，通过规整或自然山石台阶取得上下衔接，北京的假山师傅将自然山石台阶称为“如意踏跺”，这有助于处理从人工建筑到自然环境之间的过渡。踏跺用石选择扁平状，并以不等边三角形、多边形间砌，则会更自然。每级控制10～30cm高的范围内，一组台阶每级高度可不完全一样。“如意踏跺”两旁没有垂带。山石每一级都向下坡方向有2%的倾斜坡度以便排水。石级断面要上挑下收，以免人们上台阶时脚尖碰到石级上沿。用小块山石拼合的石级，拼缝要上下交错，以上石压下缝。蹲配是常和如意踏跺配合使用的一种置石方式。它可兼备垂带和门口对置的石狮、石鼓之类装饰品的作用。它一方面作为石级两端支撑的梯形基座，也可以由踏跺本身层层叠上而用蹲配遮挡两端不易处理的侧面。在保证这些实用功能的前提下，蹲配在空间造型上则可利用山石的形态极尽自然变化。所谓“蹲配”以体量大而高者为“蹲”，体量小而低者为配。实际上除了“蹲”以外，也可“立”、可“卧”，以求组合上的变化。但务必使蹲配在建筑轴线两旁有均衡的构图关系。

2）抱角和镶隅：建筑的墙面多成直角转折。对于外墙角，山石成环抱之势紧包基角墙面，称为抱角；对于墙内角则以山石填镶其中，称为镶隅。经过这样处理，本来是在建筑外面包了一些山石，却又似建筑座落在自然的山岩上。山石抱角和镶隅的体量均须与墙体所在的空间取得协调。

3）粉壁置石：以墙作为背景，在面对建筑的墙面、建筑山墙或相当于建筑墙面前基础种植的部位作石景或山景布置。

4）回廊转折处的廊间置石：园林中的廊子在平面上往往做成曲折回环的半壁廊，在廊与墙之间形成一些大小不一、形体各异的小天井空隙地。常利用山石小品“补白”，使之在很小的空间里也有层次和深度的变化。同时可以诱导游人按设计的游览序列入游，丰富沿途的景色，使建筑空间小中见大，活泼无拘。

5）窗前置石——“无心画”：为了使室内外互相渗透常用漏窗透石景。在窗外布置石、竹小品之类，使景入画。以“天幅窗”透取“无心画”是从暗处看明处，窗花有剪影的效果，加以石景以粉墙为背景，从早到晚，窗景因时而变。

以山石缀成的室外楼梯，常称为“云梯”。它既可节约使用室内建筑面积，又可成自然山石景。如果只能在功能上作为楼梯而不能成景则不是上品。最容易犯的毛病是山石楼梯暴露无遗，和周围的景物缺乏联系和呼应。而做得好的云梯往往是组合丰富，变化自如。

三、假山

1. 假山类型

假山根据所用材料、规模大小可分为以下三类：

1）土包山：以土为主，以石为辅的堆山手法。常将挖池的土掇山，并以石材作点缀，达到土、石、植物浑然一体，富有生机。

2）石包山：以石为主，外石内土的小型假山，常构成小型园林中的主景。常造成峭壁、洞穴、沟壑。

3）掇山小品：根据位置、功能不同常分为：

（1）厅山：厅前堆山，以小巧玲珑的石块堆山，单面观，其背粉墙相衬，花木掩映。

（2）壁山：以墙堆山，在墙壁内嵌以山石，并以藤蔓垂挂，形似峭壁山。

（3）池石：池中堆山，则池石；园林第一胜景也，若大若小，更有妙境，就水点其步石，从巅架以飞梁，洞穴潜藏，穿石径水，峰峦缥缈，漏月招云。

假山也可以根据山石是否吸水而分为吸水性假山和非吸水性假山两种。

2. 理山

我国传统的山水画论为指导掇山实践的艺术理论基础。为使制作的假山给人以真实自然之感，应遵循以下几个方面的手法：

1）相地合宜，造山得体。在一个具体的园址上究竟要在什么位置上造山，造什么样的山，采取哪些山水地貌组合单元，都必须结合相地、选址因地制宜地把主观要求和客观条件的可能性以及所有的园林组成因素统筹安排。

2）先立主体，次相辅弼。先立主体，意即要主景突出，再考虑如何搭配以次要景物突出主体景物。布局时应先从园之功能和意境出发并结合用地特征来确定宾主之位。假山必须根据其在总体布局中之地位和作用来安排。最忌不顾大局和喧宾夺主。确定假山的布局地位以后，假山本身还有主从关系的处理问题。唐代王维《画学秘诀》谓：“主峰最宜高耸，客山须是奔趋。”清笪重光《画筌》说：“主山正者客山低，主山侧者客山远。众山拱伏，主山始尊。群峰互盘，祖峰乃厚。”都是区分山景主次的要法。假山在处理主次关系的同时还必须结合高远、深远、平远的“三远”的理论来安排。

3）远观山势，近看石质。既强调布局和结构的合理性，又重视细部处理。“势”指山水的形势，亦即山水轮廓、组合与所体现的动势和性格特征。“近看质”就是看石质、石性等。

4）寓情于石，情景交融。假山很重视内涵与外表的统一，常运用象形、比拟和激发联想的手法造景。所谓“片山有致，寸石生情”也是要求无论置石或掇山都讲究“弦外之音”。其寓意可结合石刻题咏，使之具有综合性的艺术价值。

3. 假山创作原则与设计技法

1）假山创作原则。最根本的法则就是“有真为假，做假成真”，假山必须合乎自然山水地貌景观形成和演变的科学规律。“真”和“假”的区别在于真山既成岩石以后，便是“化整为零”的风化过程或熔融过程，本身具有整体感和一定的稳定性。假山正好相反，是由单体山石掇成的，就其施工而言，是“集零为整”的工艺过程，必须在外观上注重整体感，在结构方面注意稳定性。

2）叠山设计技法。不同的园林叠山环境应采取不同的造型形式，选择最合适的方法。完成所要表现的对象，需要考虑的因素很多，要求把科学性、技术性和艺术性统筹考虑。可归纳为以下四种方法：

（1）构思法：成功的叠山造景与科学构思是分不开的，以形象思维、抽象思维指导实践，造景主题突出，才会使环境与造型和谐统一，形成格调高雅的艺术品。这样的叠山造景方法、构思难度虽大，但施工效果好。

（2）移植法：这是叠山造景常用的一种方法，即把前人成功的叠山造型，取其优秀部分为我所用，这种方法较为省力，同时也能收到较好的效果，但采用此方法应与创作相结合，否则，将失去造景特点，犯造型雷同之病。

（3）资料拼接法：此法是先将石形选角度拍摄成像、标号，然后拼组成若干个小样，优选组合定稿。这种方法成功率高，设计费用低，设计周期短，值得提倡。但在施工过程中有时效果与构思相悖，其原因是图片资料为两维平面构成，山体造型为三维或多维空间，这要求运用此种设计方法时，留下一个想象空间，在施工过程中调整完成。

（4）立体造型法（模型法）：在特殊的环境中与建筑物体组合，或有特殊的设计要求时，常用立体法提供方案，以此选择，这是一种重要的设计手段。因它只是环境中的一部分，要服从选景整体关系，因而仅作为施工放线的参考。

4. 掇山

用自然山石掇叠成假山的工艺过程，包括选石、采运、相石、立基、拉底、堆叠、中层、结顶等工序；选石、采运前面已述，仅就后面几道工序进行阐述。

1）相石：相石又称读石，品石。石料到工地后应分块平放在地面上以供“相石”之需，对现场石料反复观察，区别不同质色，形纹和体量，按掇山部位造型和要求分类排队，对关键部位和结构用石作出标记，以免滥用。才能做到通盘运筹，因材使用。

2）立基：假山之基础为叠山之本，只有根据设计意图（图纸），才能确定假山基础的位置，外形和深浅。一般基础表面高程应在土表或常水位线以下 0.3～0.5m。常见的基础形式有桩基、灰土基础、石基、混凝土和钢筋混凝土基础等。

3）拉底：拉底又称起脚。有使假山的底层稳固和控制其平面轮廓的作用。因为这层山石只有小部分露出地面以上，并不需要形态特别好的山石。但它是受压最大的自然山石层，要求有足够的强度，因此宜选用顽夯的大石拉底。古代匠师把“拉底”看作叠山之本。底石的材料要求大块、坚实、耐压，不允许风化过度的山石拉底。拉底的要点有：统筹向背、曲折错落、断续相间、紧连互咬、垫平安稳。

4）中层：是指底层以上，顶层以下的大部分山体，这是占体量最大，触目最多的部分，掇山的造型手法与工程描述巧妙结合主要表现在这一部分。古代匠师把掇山归纳为三十字诀：“安连接斗挎（跨），拼悬卡剑垂，挑飘飞戗挂，钉担钩榫扎，填补缝垫杀，搭靠转换压”，北京的张蔚庭老先生曾就叠山造型总结出十二字结。字诀意思是：“安”指安放和布局，既要玲珑巧安，又要安稳求实；安石要照顾向背，有利于下一层石头的安放。山

石组合左右为“连”；上下为“接”，要求顺势咬口，纹理相通。“斗”指发券成拱，创造腾空通透之势。“挎”指顶石旁侧斜出，悬垂挂石。“跨”指左右横跨，跨石犹如腰中“佩剑”向下倾斜，而非垂直下悬。“拼”指聚零为整，欲拼石得体，必须熟知风化、解理、断裂、溶蚀、岩类、质色等不同特点，只有相应合皴，才可拼石对路，纹理自然。“挑”又称飞石，用石层层前挑后压，创造飞岩飘云之势。挑石前端上置石称“飘”，也用在门头、洞顶、桥台等处。“卡”有两义，一指用小石卡住大石之间隙以求稳固，一指特殊大块落石卡在峡壁石缝之中，呈千钧一发、垂直石欲坠之势，兼有加固与造型之功。“垂”主要指垂峰叠石，有侧垂、悬垂等做法。“钉”指用扒钉、铁锔连接加固拼石的做法。“扎”是叠石辅助措施，即用铅丝、钢筋或棕绳将同层多块拼石先用穿扎法或捆扎法固定，然后立即填心灌浆，并随即在上面连续堆叠两三层；待养护凝固后再解整形做缝。“垫”、“杀”为假山底部稳定措施，山石底部缺口较大，需要用块石支撑平衡者为垫；而用小块楔形硬质薄片石打入石下小隙为杀；古代也有用铁片铁钉打杀的。“搭”、“靠（接）”、“转”、“换”多见于黄石、青石施工，即按解理面发育规律进行搭接拼靠，转换掇山垒石方向，朝外延伸堆叠。“缝”指勾缝，做缝常见有明暗两种；做明缝要随石特征、色彩和脉络走向而定；勾缝还要用小石补贴，石粉伪装；做暗缝是在拼石背面胶结而留出拼石接口的自裂隙。“压”在掇山中十分讲究，有收头压顶，前悬后压，洞顶凑压等多种压法，中层还需千方百计留出狭缝穴洞，至少深 0.5m 以上，以便填土供植花种树。

中层除了要求平稳等方面以外，还应遵循接石压茬、偏侧错安、仄立避“闸”、等分平衡的要求。

5）收顶：即处理假山最顶层的山石。从结构上讲，收顶的山石要求体量大，以便合凑收压。从外观上看，顶层的体量虽不如中层大，但有画龙点睛的作用。因此要选用轮廓和体态都富有特征的山石。收顶一般分峰、峦和平顶三种类型，收头峰势因地而异。立峰必须以自身重心平衡为主，支撑胶结为辅。石体要顺应山势，但立点必须求实避虚，峰石要主、次、宾、配，彼此有别，前后错落有致。忌笔架香烛，刀山剑树之势。顶层叠石尽管造型万千，但决不可顽石满盖而成，童山秃岭，应土石兼并，配以花木。

6）叠山技术措施

（1）平稳设施和填充设施：为了安置底面不平的山石，在找平石之上面以后，于底下不平处垫以一至数块控制平稳和传递重力的垫片。垫片要选用坚实的山石，在施工前就打成不同大小的斧头形片以备随时选用。至于两石之间不着力的空隙也要适当地用块石填充。假山外围每做好一层，最好即用块石和灰浆填充其中，称为“填肚”。凝固后便形成一个整体。

（2）铁活加固设施：必须在山石本身重心稳定的前提下用以加固。常用熟铁或钢筋制成。铁活要求用而不露，因而不易发现，古典园林中常用的有银锭扣、铁爬钉、铁扁担、马蹄形吊架和叉形吊架。

（3）勾缝和胶结：宋代以前假山的胶结材料已难于考证，不过，在没有发明石灰以前，只可能是干砌或用素泥浆砌。从宋代李诫撰《营造法式》可以看到用灰浆泥假山、并用粗墨调色勾缝的记载。因为当时风行太湖石，宜用色泽相近的灰白色灰浆勾缝。从一些假山师傅拆迁明、清的假山来看，勾缝的做法尚有桐油石灰（或加纸筋）、石灰纸筋、明矾石灰、糯米浆拌石灰等多种，湖石勾缝再加青煤，黄石勾缝后刷铁屑盐卤等，使之与石色相协调。现代掇山，广泛使用1∶1水泥砂浆。勾缝用“柳叶抹”。有勾明缝和暗缝两种作法。一般是水平向缝都勾明缝，在需要时将竖缝勾成暗缝。即在结构上结成一体，而外观上若有自然山石缝隙。勾明缝务必不要过宽，最好不要超过2cm。如缝过宽，可用随形之石块填缝后再勾浆。

7）假山洞结构。从我国现存的假山洞来看，其结构有以下三种：

梁注式假山洞：整个假山洞壁实际上由柱和墙两部分组成。柱受力而墙不承受荷载。因此洞墙部分用作开辟采光和通风的自然窗门。

挑梁式假山洞：又称“叠涩式”。即石柱渐起渐向山洞侧挑伸，至洞顶用巨石压合。这是吸取桥梁中之“叠涩”或称“悬臂桥”的做法。

券拱式假山洞：洞无论大小均采用券拱式结构，由于其承重是逐渐沿券成环拱挤压传递，因此不会出现梁柱式石梁压裂、压断的危险，而且顶、壁一气，整体感强。

5. 施工要点

假山施工是一个复杂的系统工程，为保证假山工程的质量，应注意以下几点：

1）施工注意先后顺序，应自后向前，由主及次，自下而上分层作业。每层高度约在0.3～0.8m之间，各工作面叠石务必在胶结未凝之前或凝结之后继续施工，切忌在凝固期间强行施工，一旦松动则胶结料失效。

2）按设计要求边施工边预埋预留管线水路孔洞，切忌事后穿凿，松动石体。

3）承重受力用石必须小心挑选，保证有足够的强度。

4）争取一次到位，避免在山石上磨动。如一次安置不成功，需移动一下，应将石料重新抬起（吊起）。

5）完毕应重新复检设计（模型），检查各道工序，进行必要的调整补漏，冲洗石面，清理现场。如山上有种植池，应填土施底肥，种树、植草一气呵成。

四、塑山

塑山是近年来新发展起来的一种造山技术，它充分利用混凝土、玻璃钢、有机树脂等现代材料，以雕塑艺术的手法仿造自然山石的总称。塑山工艺是在继承发扬岭南庭园的石景艺术和灰塑传统工艺的基础上发展起来，具有真石掇山、置石同样的功能，因而在现代园林中得到广泛使用。

1. 塑山的特点

1）可以根据人们的意愿塑造出比较理想的艺术形象，特别是能塑造难以采运和堆叠的巨型奇石；

2）塑山造型较能与现代建筑相协调，随地势、建筑塑山；

3）塑石可表现不同石材所具有风格；可以在非产石地区布置山景，可利用价格较低的材料获得较高的山景艺术效果；

4）施工灵活方便，不受地形、地物限制，在重量很大的巨型山石不宜进入的地方，仍可塑造出壳体结构的、自重较轻的巨型山石。利用这一特点可掩饰、伪装园林环境中有碍景观的建筑物、构筑物；

5）根据意愿预留位置栽植植物，进行绿化；

6）塑山的缺点：所用的材料毕竟不是自然山石，因而在神韵上还是不及石质假山，同时使用期限较短，需要经常维护。

2. 塑山设计与方法

塑造的山，其设计要综合考虑山的整体布局以及环境的关系，塑山仍是以自然山水为蓝本，因而理山之理同假山。但塑山与自然山石相比，有干枯、缺少生气的缺点，设计时要多考虑绿化与泉水的配合，以补其不足。塑山是用人工材料塑成的，毕竟难以表现石的本身质地，所以宜远观不宜近赏。塑山如同雕塑一样，首先要按设计方案塑造好模型，使设计立意变为实物形象，以便进一步完善设计方案。塑山工程，一般要做两套模型，一套放在现场工作棚，一套按模型坐标分解成若干小块，作为施工临摹依据。并利用模型的水平、竖向坐标划出模板包络图和悬石部位，在悬石部位标明预留钢筋的位置及数量。

3. 塑山施工的工艺流程与技术要点

1）塑山施工的工艺流程

（1）砖骨架塑山工艺流程（图 6-24）

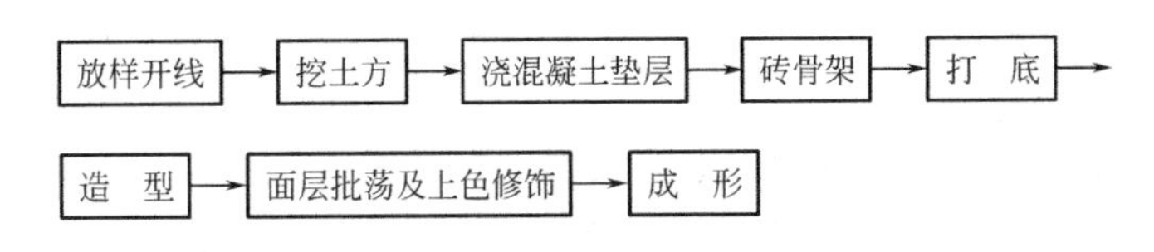

图 6-24　砖骨架塑山工艺流程

（2）钢骨架塑山工艺流程（图 6-25）

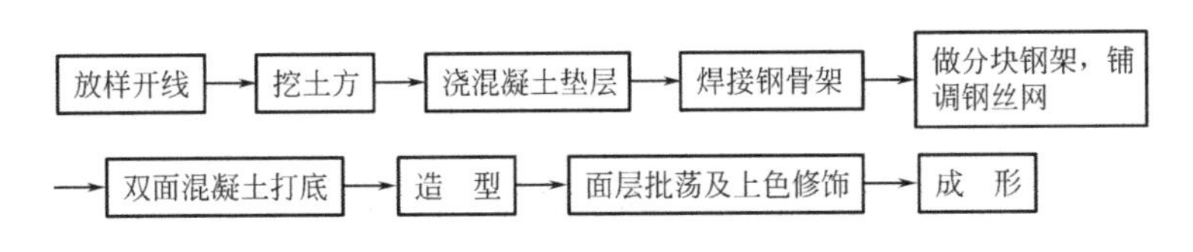

图 6-25　钢骨架塑山工艺流程

另外，对于大型置石及假山，还需做钢筋混凝土基础并搭设脚手架。

2）塑山施工的技术要点

（1）基架设置：塑山的骨架结构有砖结构、钢架结构、混凝土或者三者结合；也有利用建筑垃圾、毛石作为骨架结构。砖结构简便节省，方便修整轮廓，对于山形变化较大的部位，可结合钢架、钢筋混凝土悬挑。山体的飞瀑、流泉和预留的绿化洞穴位置，要对骨架结构作好防水处理。座落在地面的塑山要有相应的地基处理，座落在室内的塑山则须根据楼板的构造和荷载条件进行结构计算，包括地梁和钢材梁、柱和支撑设计等，施工中应在主基架的基础上加密支撑体系的框架密度，使框架的外形尽可能接近设计的山体的形状。

（2）泥底塑型：用水泥、黄泥、河沙配成可塑性较强的砂浆在已砌好的骨架上塑形，反复加工，使造型、纹理、塑体和表面刻画基本上接近模型。在塑造过程中水泥砂浆中可加纤维性的附加料以增加表面抗拉的力量，减少裂缝，常以 M7.5 水泥砂浆作初步塑型，形成大的峰峦起伏的轮廓如石纹、断层、洞穴、一线天等自然造型。若为钢骨架，则应先抹白水泥麻刀灰二遍，再堆抹 C20 豆石混凝土（坍落度为 0～2），然后于其上进行山石皴纹造型。

（3）塑面：在塑体表面细致地刻画石的质感、色泽、纹理和表层特征。质感和色泽根据设计要求，用石粉、色粉按适当比例配白水泥或普通水泥调成砂浆，按粗糙、平滑、拉毛等塑面手法处理。常用M15水砂浆罩面塑造山石的自然皴纹。

（4）设色：在塑面水分未干透时进行，基本色调用颜料粉和水泥加水拌匀，逐层洒染。在石缝孔洞或阴角部位略洒稍深的色调，待塑面九成干时，在凹陷处洒上少许绿、黑或白色等大小、疏密不同的斑点，以增强立体感和自然感。

4. 塑山新工艺简介

为了克服钢、砖骨架塑山存在着的施工技术难度大，皴纹很难逼真，材料自重大，易裂和褪色等缺陷，国内外园林科研工作者近年来探索出一种新型的塑山材料——玻璃纤维强化水泥（简称GRC）。GRC材料用于塑山的优点主要表现在以下几个方面：

1）用GRC造假山石，石的造型、皴纹逼真，具岩石坚硬润泽的质感；

2）用GRC造假山石，材料自身重量轻，强度高，抗老化且耐水湿，易进行工厂化生产，施工方法简便、快捷、造价低，可在室内外及屋顶花园等处广泛使用；

3）GRC假山造型设计、施工工艺较好，与植物、水景等配合，可使景观更富于变化和表现力；

4）GRC造假山可利用计算机进行辅助设计，结束过去假山工艺无法做到的石块定位设计的历史，使假山不仅在制作技术，而且在设计手段上取得了新突破；

GRC塑山的工艺流程由生产流程和安装流程组成。

近年来一种外墙装饰漆用在塑山最后一道工序上，即真石漆，它是完全采用天然石碎粒及本色与水溶性粘合剂在一起结合使用。但要求塑面养护15天以上，才以喷漆。外观具有真石的质感和色泽。

第六节　园林水电工程

一、园林给水工程

1. 城市给水工程概述

水在人们的生活和生产活动中占有重要地位，它直接影响工业产值和国民经济发展的速度。城市给水系统是保证城市，工矿企业等用水的各项构筑物和输配水管网组成的系统，它的任务是从水源取水，按照用户对水质的要求进行处理，然后将水输送到用水区，并向用户配水。根据系统的性质，可分类如下：

1）按水源种类，分为地表水（江河、湖泊、蓄水库、海洋等）和地下水（浅层地下水、深层地下水、泉水等）给水系统。

2）按供水方式，分为自流系统（重力供水）、水泵供水系统（压力供水）和混合供水系统。

3）按使用目的，分为生活用水、生产给水和消防给水系统。

4）按服务对象，分为城市给水和工业给水系统。

绝大多数城市采用统一给水系统，即用同一系统供应生活、生产和消防等各种用水。可是工业用水的水质和水压要求却有其特殊性。在工业用水的水质和水压要求与生活用水不同的情况下，有时可根据具体条件，除考虑统一给水系统外，还分质，分压等给水

系统。

给水系统布置主要受城市规划、水源、地形等因素形影响。按照城市规划，水源条件，地形，用户对水量、水质和水压的要求等方面的具体情况，给水系统有多种布置方式。

2. 园林给水概述

园林绿地的给排水工程是城市给排水工程的一部分，公园和其他公用绿地是群众休息游览的场所，同时又是树木、花草较集中的地方。由于游人活动的需要、植物养护管理及水景用水的补充等，公园绿地的用水量是很大的。

1）公园用水类型：根据水的用途分为生活用水、养护用水、造景用水、消防用水。园林给水工程的任务就是如何经济、合理、安全可靠地满足这四个方面的用水需求。

2）水源与水质：园林中水源的解决，因其所在地区的供水情况不同，取水方式也各异。在城区的园林，可以直接从就近的城市自来水管引水。附近有水质较好的江、河、湖水的可以引用江湖水，地下水较丰富的地区可自行打井抽水；近山的园林往往有山泉，引用山泉水是最理想的。

园林用水的水质要求，可因其用途不同分别处理。养护用水只要无害于动植物不污染环境即可。但生活用水（特别是饮用水）则必须经过严格净化消毒，水质须符合国家颁布的卫生标准。园林中水的来源不外乎地表水和地下水。地表水包括江、河、湖塘和浅井中的水，这些水由于长期暴露于地面上：容易受到污染，水质较差，必须经过净化和严格消毒，才可作为生活用水。地下水包括泉水，以及从井中取用的水。由于其水源不易受污染，水质较好。一般情况下作必要的消毒外，不必再净化。

3. 公园给水管网的布置

公园给水管网的布置必须了解园内用水的特点和公园四周的给水情况。而公园四周的给水情况往往影响管网的布置方式。

1）给水管网基本布置形式：两种基本布置形式。

（1）树枝状管网：这种布置方式较简单，省管材。布线形式就像树干分权分枝，它适合于用水点较分散的情况，对分期发展的公园有利。但树枝式管网供水的保证率较差，一旦管网出现问题或需维修时，影响用水面较大。

（2）环状管网：是把供水管网闭合成环，使管网供水能互相调剂。当管网中的某一管段出现故障。也不致影响供水，从而提高了供水的可靠性。但这种布置形式较费管材，投资较大。

2）管网的布置要点

（1）按照总体规划布局的要求布置管网，并且需要考虑分步建设；

（2）干管布置方向应按供水主要流向延伸，而供水流向取决于最大的用水点和用水调节设施（如高位水池和水塔）位置，即管网中干管输水距它们距离最近；

（3）管网布置必须保证供水安全可靠，干管一般按主要道路布置，宜布置成环状，但应尽量避免布置在园路和铺装场地下敷设；

（4）力求以最短距离敷设管线，以降低管网造价和供水能量费用；

（5）在保证管线安全不受破坏的情况下，干管宜随地形敷设，避开复杂地形和难于施工的地段，减少土方工程量。在地形高差较大时，可考虑分压供水或局部加压，不仅能节约能量，还可以避免地形较低处的管网承受较高压力；

（6）为保证消火栓处有足够的水压和水量，应将消火栓与干管相连接，消火栓的布置，应先考虑在主要建筑。

3）管网敷设原则

（1）管道埋深：冰冻地区，应埋设于冰冻线以下40cm处。不冻或轻冻地区，覆土深度也不小于70cm。当然管道也不宜埋得过深，埋得过深工程造价高。但也不宜过浅，否则管道易遭破坏。

（2）阀门及消防栓：给水管网的交点叫作节点，在节点上设有阀门等附件，为了检修管理方便，节点处应设阀门井。阀门除安装在支管和干管的联接处外，为便于检修养护，要求每500m直线距离设一个阀门井。如配水管上安装消防栓，按规定其间距通常为120m，且其位置距建筑不得少于5m，为了便于消防车补给水，离车行道不大于2m。

4. 管材及配件

1）按照水管工作条件，水管性能应满足下列要求：

（1）有足够的强度，可以承受各种内外荷载；

（2）水密性，它是保证管网有效而经济地工作的重要条件。如因管线的水密性差以至经常漏水，无疑会增加管理费用导致经济损失；

（3）水管内壁面应减小水头损失；

（4）价格较低，使用年限长，有较高的防止水和土壤的侵蚀能力。此外水管应施工简便，工作可靠。

2）水管的分类：水管可分金属管（铸铁管，钢管等）和非金属管（预应力钢筋混凝土管，玻璃钢管和塑料管等）。

（1）铸铁管：铸铁管按管材可分为灰铸铁管和球墨铸铁管。灰铸铁管或称连续铸铁管，有较强的耐腐蚀性，但质地较脆，抗冲击和抗震能力较差，重量较大。球墨铸铁管具有灰铸铁管的很多优点，而且机械性有很大提高，其强度是灰铸铁管的多倍，抗腐蚀性远高于钢管，重量较轻，很少发生爆管，渗水和漏水现象，因此是理想的材料。

（2）钢管：钢管有无缝钢管和焊接钢管两种。钢管的特点是耐高压，耐振动，重量较轻，单管的长度大和接口方便，但承受外荷载的稳定性差，耐腐蚀差，造价较高。

（3）塑料管：塑料管具有强度高，表面光滑，不易结垢，水头损失小，耐腐蚀，重量轻，加工和接口方便等优点，但管材强度较低，膨胀系数较大。塑料管有很多种，如聚乙烯管（PE）和聚丙烯塑料管（PP），硬聚氯乙烯塑料管（UPVC）等，其中UPVC管的力学性能和阻燃性能好，价格较低，因此应用较广。塑料水管在运输和堆放过程中，应防止剧烈碰撞和阳光暴晒，以防止变形和加速老化。

5. 给水管网水力计算

1）日变化系数和时变化系数：公园中的用水量，在任何时间里都不是固定不变的。我们把一年中用水最多的一天的用水量称为最高日用水量。最高日用水量对平均日用水量的比值，叫日变化系数 K_d。

$$日变化系数\ K_d=最高日用水量/平均日用水量 \qquad (6\text{-}19)$$

K_d值在城镇约为1.2～2.0，在农村约为1.5～30，在园林中，由于节假日游人较多，其值约在2～3之间。

最高日那天中用水最多的一小时，叫作最高时用水量。最高时用水量对平均时用水量的比值，称为时变化系数 K_h。

时变化系数 K_h=最高时用水量/平均时用水量　　(6-20)

K_h值在城镇约为 1.3～2.5，农村约为 5～6，在园林中，由于白天、晚上差异较大，其值约在 4～6 之间。

2）用水量标准：用水量标准是国家根据各地区城镇的性质、生活水平和习惯、气候、房屋设备以及生产性质等不同情况而制定的单位用水定额。因我国地域辽阔，因此各地的用水量标准也不尽相同。

3）设计用水量的计算：在给水系统的设计中，设计年限内的各种构筑物的规模是按最高日用水量来确定的，而给水管网的设计是按最高日最高时用水量来计算确定的，最高日最高时管网中的流量就是给水管网的设计流量。

4）经济流速：流量是指单位时间内水流流过某管道的量，称为管道流量。其单位一般用 L/s 或 m/h 表示；当流量一定时管径越大则流速越小，水头损失就越小，但管材投资大；管径越小则流速越大，水头损失增大，可能造成管道远端水压不足。给水管径的选择应考虑管网造价和年经营费用两种主要经济因素，按不同的流量范围，在一定计算年限内（称为投资偿还期）管网造价和经营管理费用（主要是电费）二者总和为最小时的流速称为经济流速。

5）管道压力和水头损失：在给水管上任意点接上压力表，都可测得一个读数，这数字便是该点的水压力值。管道内的水压力通常以 kg/cm^2 表示。水在管中流动，水和管壁发生摩擦，克服这些摩擦力而消耗的势能就叫水头损失。水头损失可用水压表测出。它与管道材料、管壁粗糙程度、管径、管内流动物质以及温度因素有关。

二、园林灌溉系统

1. 灌溉方式

园林中的灌溉方式有人工浇灌和自动喷灌等，人工浇灌拉胶皮管耗费劳力、易损坏花木，而且用水也不经济；实现灌溉的管道化、自动化已提到日程上来。喷灌近似于天然降水，对物全株进行灌溉。可以洗去树叶上的尘土，增加空气中的湿度，而且节约用水。喷灌系统的布置近似于上述的给水系统，其水源可取自城市的给水系统，也可取自江河、湖泊和泉源等水体。喷灌系统的设计就是要求获得一个完善的供水管网，通过这一管网为喷头提供足够的水量和必要工作压力，供所有喷头能正常工作。在必要时，管网还可以分区控制。以下简要介绍有关喷灌技术的基本知识。

2. 喷灌形式的选择

按照喷灌方式，喷灌系统可分为移动式、半固定式和固定式三类。

1）移动式喷灌系统：要求灌溉区内有天然水源（池塘、河流等），其动力（电动机或汽油发动机）、水泵、管道和喷头等是可以移动的，由于管道等设备不必埋入地下，所以投资较省，机动性强，但管理劳动强度大。适用于水网地区的园林绿地、苗圃和花圃的灌溉。

2）固定式喷灌系统：该系统有固定的泵站，供水的干管、支管均埋于地下，喷头固定于竖管上，也可临时安装。还有一种较先进的固定喷头，喷头不工作时，缩入套管中或检查井中，使用时打开阀门，水压力把喷头顶升到一定高度进行喷洒。喷灌完毕，关上阀门，喷头便自动缩入管中或检查井中。这种喷头便于管理，不妨碍地面活动，不影响景观，高尔夫球场多用，园林中有条件的地方也可使用。固定式喷灌系统的设备费较高，但操作方便，节约劳力，便于实现自动化和遥控操作。适用于需要经常灌溉和灌溉期较长的草坪、大型花坛、花圃、庭院绿地等。

3）半固定式喷灌系统：其泵站和干管固定，支管及喷头可移动，优缺点介于上述二者之间。适用于大型花圃或苗圃。

三、园林排水工程

1. 园林排水的特点

1）主要是排除雨水和少量生活污水。

2）园林中地形起伏多变，有利于地面水的排除。

3）园林中大多有水体，雨水可就近排入水体。

4）园林可采用多种方式排水，不同地段可根据其具体情况采用适当的排水方式。

5）排水设施应尽量结合造景。

6）排水的同时还要考虑土壤能吸收到足够的水分，以利植物生长，干旱地区尤应注意保水。

2. 园林排水的主要方式

园林绿地中排除地表径流，基本上有三种形式，即：地面排水、沟渠排水和管道水，三者之间以地面排水最为经济。有效地利用园林中地形条件，通过竖向设计将谷、涧、沟、道路等加以组织，划分排水区域，并就近排入园林水体或城市雨水干管。地面排水方式可以归结为五个字：拦、阻、蓄、分、导。

拦——把地表水拦截于园地或某局部之外；

阻——在径流流经的路线上设置障碍物挡水，达到消力降速以减少冲刷的作用；

蓄——蓄包含两方面意义，一是采取措施使土壤多蓄水；一是利用地表洼处或池塘蓄水。这对干旱地区的园林绿地尤其重要；

分——用山石建筑墙体等将大股的地表径流分成多股细流，以减少为害；

导——把多余的地表水或造成危害的地表径流利用地面、明沟、道路边沟或地下管及时排放到园内（或园外）的水体或雨水管渠中去。

3. 防止地表径流冲刷地面的措施

造成地表被冲蚀的原因主要是由于地表径流（径流是指经土壤或地被物吸收及在空气中蒸发后余下的在地表面流动的那部分天然降水）的流速过大，冲蚀了地表土层造成的。解决这个问题的方法有：

1）竖向设计：注意控制地面坡度，使之不致过陡，有些地段如较大坡度不可避免，应另采取措施以减少水土流失；同一坡度（即使坡度不太大）的坡面不宜延续过长，应该有起有伏，使地表径流不致一冲到底，形成大流速的径流；利用顺等高线的盘谷山道、谷线等组织拦截，分散排水。

2）工程措施：一般地表径流在谷线或山洼处汇集，坡度变化较大，形成大流速径流，为了防止其对地表的冲刷，在汇水线上布置一些消能石（谷方）；在山坡道路边设置挡水

石和护土筋，借以减缓水流的冲力，达到降低其流速，保护地表的作用。雨天，流水穿行于山石之间，辗转跌岩又能形成生动有趣的水景。

3）利用地被植物：因为植物根系深入地表将表层土壤颗粒稳固住，使之不易被地表径流带走。另一方面，植被本身阻挡了雨水对地表的直接冲激，吸收部分雨水并减缓了径流的流速。所以加强绿化，是防止地表水土流失的重要措施之一。

4）埋管排水：利用路面或路两侧明沟将雨水引至濒水地段或排放点，设雨水口埋管将水排出。

4. 管渠排水

园林绿地应尽可能利用地形排除雨水，但在某些局部如广场、主要建筑周围或难于利用地面排水的局部，可以设置暗管，或开渠排水。这些管渠可根据分散和直接的原则，分别排入附近水体或城市雨水管，不必搞完整的系统。

1）雨水管渠的布置原则

（1）充分利用地形，就近排入水体；

（2）结合道路规划布局，雨水管道一般宜沿道路设置；

（3）结合竖向设计，进行公园竖向设计时，应充分考虑排水的要求，以便能合理利用地形；

（4）雨水管渠形式的选择：自然或面积较大的公园绿地中，宜多采取自然明沟形式，在城市广场、小游园以及没有自然水体的公园中可以采取盖板明沟和雨水暗相结合的形式排水。

（5）雨水口布置应使雨水不致漫出道路而影响游人行走，在汇水点，低洼处要设雨水口，注意不要设在对游人不便的地方。道路雨水口的间距，取决于道路坡道，汇水面积及路面材料，一般在25～60m范围内设雨水口一个。

2）雨水管渠的设计基本要求

（1）管道的最小覆土深度根据雨水井连接管的坡度、冰冻深度和外部荷载情况决定，雨水管的最小覆土深度不小于0.7m。

（2）最小坡度

① 雨水管道的最小坡度规定见表6-1。

雨水管道各种管径最小坡度　　　　**表6-1**

管径(mm)	200	300	350	400
最小坡度	0.004	0.0033	0.003	0.002

② 道路边沟的最小坡度不小于0.002。

③ 梯形明渠的最小坡度不小于0.0002。

（3）最小容许流速

① 各种管道在自流条件下的最小容许流速不得小于0.75m/s。

② 各种明渠不得小于0.4m/s。

（4）最小管径及沟槽尺寸

① 雨水管最小管径不小于300mm，一般雨水口连接管最小管径为200mm，最小坡度为0.01。公园绿地的径流中挟带泥砂及枯枝落叶较多，容易堵塞管道，故最小管径限值可适当放大。

② 梯形明渠为了便于维修和排水通畅，渠底宽度不得小于30cm。

③ 梯形明渠的边坡，用砖石或混凝土块铺砌的一般采用1∶0.75～1∶1的边坡。

（5）排水管渠的最大设计流速

① 管道：金属管为10m/s；非金属管为5m/s。

② 明渠：水流深度h为0.4m至1.0m时。

5. 排水管网附属构筑物

在雨水排水管网中常见的附属构筑物有检查井、跌水井、雨水口和出水口等。

1）检查井：检查井的功能是便于管道维护人员检查和清理管道。另外它还是管段的连接点。检查井通常设置在管道方向坡度和管径改变的地方。井与井之间的最大间距在管径小于500mm时为50m。为了检查和清理方便，相邻检查井之间的管段应在一直线上。

2）跌水井：跌水井是设有消能设施的检查井。在地形较陡处，为了保证管道有足够覆土深度，管道有时需跌落若干高度。在这种跌落处设置的检查井便是跌水井。常用的跌水井有竖管式和溢流堰式两种类型。

3）雨水口：雨水口通常设置在道路边沟或地势低洼处，是雨水排水管道收集地面径流的孔道。雨水口设置的间距，在直线上一般控制在30～80m，它与干管常用200mm的连接管连接，其长度不得超过25m。

4）出水口：出水口是排水管渠排入水体的构筑物，其形式和位置视水位、水流方向而定，管渠出水口不要淹没于水中。最好令其露在水面上。为了保护河岸或池壁及固定出水口的位置，通常在出水口和河道连接部分应做护坡或挡土墙。

园林中的雨水口、检查井和出水口，其外观应该作为园景的一部分来考虑。有的在雨水井的篦子或检查井盖上铸（塑）出各种美丽的图案花纹；有的则采用园林艺术手法，以山石、植物等材料加以点缀。这些做法在园林中已很普遍，效果很好，但是不管采用什么方法进行点缀或伪装，都应以不妨碍这些排水构筑物的功能为前提。

6. 园林污水的处理

园林中的污水是城市污水的一部分，与一般城市污水比较，它所产生的污水的性质较简单，污水量也较少。这些污水基本上由两部分组成：一是餐厅、茶室、小卖等饮食部门的污水；二是由厕所等卫生设备产生的污水，在动物园或带有动物展览区的公园里还有部分动物粪便及清扫禽兽笼舍的脏水。净化这些污水应根据其不同性质，分别处理。

饮食部门的污水，中含有较多的油脂，可设带有沉淀室的隔油井，经沉渣、隔油处理后直接排入就近水体，这些肥水可以养鱼，也可以由水生植物通过光合作用产生大量的氧，溶解于水中，为污水的净化，创造了良好条件。

粪便污水处理则应采用化粪池。污水在化粪池中经沉淀、发酵、沉渣，液体再发酵澄清后，污水可排入城市污水管；在没有城市污水管的郊区公园或风景区，如污水量不大，可设小型污水处理器或氧化塘对污水进一步处理，达到国家规定的排放标准后再排入园内或园外的水体。

四、园林照明

1. 照明基础知识

1）光通量：是指单位时间内光源发出可见光的总能量，单位为流明（lm）。例如，

当发出波长为555nm黄绿色光的单色光源，其辐射功率为1W时，则它所发出的光通量为683Lm。100W的普通白炽灯发光能力为1400Lm，70W的低压钠灯发光能力为6000Lm。

2）色温：是电光源技术参数之一。光源的发光颜色与温度有关。当光源的发光颜色与黑体（指能吸收全部光能的物体）加热到某一温度所发出的颜色相同时的温度。就称为该光源的颜色温度，简称色温。用绝对温标 K 来表示。例如白炽灯的色温为2400～2900K；管型氙灯为5500～6000K。

3）显色性与显色指数：当某种光源的光照射到物体上时，所显现的色彩不完全一样，有一定的失真度。这种同一颜色的物体在具有不同光谱的光源照射下。显出不同的颜色的特性，就是光源的显色性，它通常用显色指数（Ra）来表示光源的显色性。显色指数越高，颜色失真越少，光源的显色性就越好。国际上规定参照光源的显色指数为100。常见光源的显色指数见表6-2。

常见光源的显色指数　　**表6-2**

光源	显色指数(Ra)	光源	显色指数(Ra)
白色荧光灯	65	荧光水银灯	44
日光色荧光灯	77	金属卤化物灯	65
暖色荧光灯	59	高显色金属卤化物灯	92
高显色荧光灯	92	高压钠灯	29
水银灯	23	氙灯	94

2. 照明方式

进行园林照明设计必须对照明方式有所了解，方能正确规划照明系统。其方式可分成下列3种。

(1) 一般照明：不考虑局部的特殊需要，为整个被照场所而设置的照明。这种照明方式的一次投资少，照度均匀。

(2) 局部照明：对于景区（点）某一局部的照明。当局部地点需要高照度并对照度方向有要求时，宜采用局部照明，但在整个景（区）点不应只设局部照明而无一般照明。

(3) 混合照明：由一般照明和局部照明共同组成的照明。在需要较高照度并对照射方向有特殊要求的场合，宜采用混合照明。此时，一般照明照度按不低于混合照明总照度的5%～10%选取，且最低不低于20lx（勒克斯）。

3. 照明质量

良好的视觉效果不仅是单纯地依靠充足的光通量，更多的是需要考虑环境中的照明品质问题。照明品质涉及光的艺术表现、人们的心理与情绪、光照水平的控制、空间中光线的构图等。我们整理出以下影响照明品质的主要因素：眩光、视觉适应、照度水平、气氛与空间观感、光色与显色性以供参考。

(1) 合理的照度水平：照度是决定物体明亮程度的间接指标。在一定范围内，照度增加，视觉能力也相应提高。表6-3示出了各类建筑物、道路、庭园等设施一般照明的推荐照度。

各类设施一般照明的推荐照度（l_x） 表 6-3

照明地点	推荐照度	照明地点	推荐照度
国际比赛足球场	1000～1500	更衣室、浴室	15～30
综合性体育正式比赛大厅	750～1500	库房	10～20
足球、游泳池、冰球场、羽毛球、乒乓球、台球	200～500	厕所、盥洗库房室、热水间、楼梯间、走道	5～20
篮球、排球场、网球场、计算机房	150～300	广场	5～15
绘图室、打字室、字画商店、百货商场、设计室	100～200	大型停车场	3～10
办公室、图书馆、阅览室、报告厅、会议室、展览馆、展览厅	75～150	庭院道路	2～5
一般性商业建筑(钟表、银行)旅游饭店、酒吧、咖啡厅、舞厅、餐厅	50～100	住宅小区道路	0.2～1

（2）照明均匀度：游人置身园林环境中，如果有彼此亮度不相同的表面，当视觉从一个面转到另一个面时，眼睛被迫经过一个适应过程。当适应过程经常反复时，就会导致视觉的疲劳。在考虑园林照明中，除力图满足景色的需要外，还要注意周围环境中的亮度分布应力求均匀。

（3）眩光限制：眩光是影响照明质量的主要特征。所谓眩光是指由于亮度分布不适当或亮度的变化幅度太大，或由于在时间上相继出现的亮度相差过大既造成的观看物体时感觉不适或视力减低的视觉条件。为防止眩光产生，常采用的方法是：注意照明灯具的最低悬挂高度；力求使照明光源来自优越方向；使用发光表面面积大、亮度低的灯具；加防眩光罩。

总体说来，照明设计应该注意避免眩光，但是眩光不是一律要根除，像一些娱乐场合，我们还专门要制造一些炫目的光线去营造气氛。

（4）视觉适应：在户外环境中，人们的视觉适应和认知主要以三种方式进行：明适应、中间适应和暗适应。明视觉的亮度水平通常是指高于 3cd/m^2 的亮度环境；暗视觉通常是在非常低的亮度水平下（如月光下），适应的亮度水平低于 0.01cd/m^2。杆状细胞负责边缘视觉，一切看起来均是黑、白、灰。大多数的城市户外夜间光环境属于中间视觉，杆状细胞和锥状细胞同时起作用，适应的亮度水平一般在 0.01～3cd/m^2 之间。户外照明设计应该考虑中间视觉的普遍性，清晰度、深度视觉和边缘察觉都是非常主要的考虑方面。可考虑多使用短波（蓝色和绿色）集中的光源，研究表明，使用含蓝绿色波长的光源，其光照水平可以适当降低。选用户外照明光源时，应该考虑应用的场合。在依靠中心视觉作业时，高压钠灯比金卤灯功效更高，这时的亮度适应水平在 1.0cd/m^2 以上。金卤灯或较白光色的光源与高压钠灯相比，同样的亮度水平下被照射的物体看起来要稍微清晰一些。白色光源对颜色辨认效果较好，在亮度水平低于 0.3cd/m^2 时，应该考虑使用金卤灯或白色光源。

（5）气氛与空间观感：光与照明能够使环境空间产生兴奋、戏剧、神秘、浪漫等一系列气氛和表情，人们的心理和行为深深地受到气氛和空间观感的影响。频繁闪烁的灯光总

是给人娱乐的气氛，强烈的亮度对比产生非常戏剧性的照明效果，但是并非是舒适的视觉环境。对于夜间人们经常活动的地方不要使用过大的亮度对比，以免发生危险。神秘的光环境（比如戏剧性的照明效果），也是采用非均匀的照明方式，但是亮度对比较小。

(6) 光色与显色性：颜色适应这种视知觉现象也会影响人们对光色的判断。最明显的例子是白炽灯在白天看起来是黄色的，但是晚上没有了自然光的对比，人们感觉这个同样的光源又是白色的。将不同光色的荧光灯管放在一起展示，人们很容易辨别光色的区别：但是分别观察，人们无法确切分辨出光色的差异。颜色对比效应也会影响人们对颜色的评价。黄颜色的花在蓝色的背景下比灰色背景下看起来更娇艳（同时对比）。显色性的使用不存在对与错，只有看起来是否自然和需要营造的光氛围。光源色温的选择与照度水平之间存在着一定关系。研究结果表明，暖色调的光（低色温）适合低照度水平，就像太阳落山时的情景：冷色调的光（高色温）如果要看起来自然的话，就必须提供高的照度水平。另外，在热带或亚热带地区，日照水平相对较高，对于人工照明，适合选择冷色调的光源，气候寒冷或温和的地区则适合选用暖色调的光源。

4. 园林照明设计

1）园林照明设计应具备的原始资料

(1) 公园、绿地的平面布置图及地形图，必要时应有该公园、绿地中主要建筑物的平面图、立面图和剖面图。

(2) 该公园、绿地对电气的要求（设计任务书），特别是一些专用性强的公园、绿地照明。应明确提出照度、灯具选择、布置、安装等要求。

(3) 电源的供电情况及进线方位。

2）照明设计的步骤

(1) 明确照明对象的功能和照明要求。

(2) 选择照明方式，可根据设计任务书中公园绿地对电气的要求，在不同的场合和地点，选择不同的照明方式。

(3) 光源和灯具的选择，主要是根据公园绿地的配光和光色要求、与周围景色配合等来选择光源和灯具。

(4) 灯具的合理布置。除考虑光源光线的投射方向、照度均匀性等，还应考虑经济、安全和维修方便等。

(5) 进行照度计算：具体照度计算可参考有关照明手册。

5. 园林灯光造景

1）特殊照明效果

(1) 倒影照明效果：根据水的表面的镜面反射现象，通过投射水边的构筑物或树木，在水中形成美丽夜间倒影艺术效果，如图 6-26 所示。

(2) 影照明效果：有趣味的阴影在夜景照明中能够形成艺术化的照明效果，通常是采用射灯，置于低矮的位置投射植物，在其背后墙面上形成疏影婆娑的照明意境，如图 6-27 所示。

(3) 影照明效果：杨丽萍舞蹈《雀之灵》中有一个片段，就是一幅剪影的画面，其独特的艺术魅力让无数观众心醉，剪影在夜景中同样能创造出迷人的照明效果，其典型的处理方法就是用灯光投射欲表现对象的背景，形成其剪影的艺术效果，如图 6-28 所示。

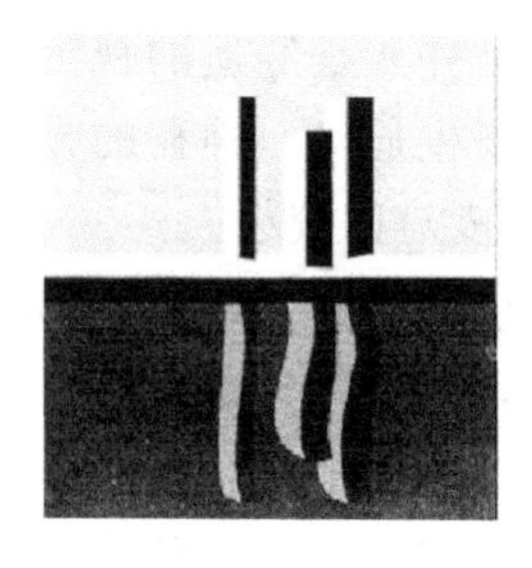

图 6-26　倒影照明效果

图 6-27　剪影照明效果

图 6-28　背影照明效果

图 6-29　月光照明效果

(4) 月光照明效果：月光照明，顾名思义就是灯光来自被表现对象的上部，一般用来表现夜景中的特色植物，通常做法是采用投光灯，置于植物上部，在地面上形成点点星光的艺术效果，如图 6-29 所示。

2）用色光渲染氛围。光是一门艺术，通过灯光的适宜组合，能够营造出独特的夜间照明氛围——有奔放的、有恬静的……迷人的夜景效果，如图 6-30 所示。

图 6-30　用色光渲染的夜景氛围

6. 环境音乐

园林环境音乐系统一般有中央播放设备和音箱组成，其中播放设备由 FM 接受设备、CD 机、功放、均衡器即话筒等组成，音箱可根据需要选择造型音箱或普通音箱。

五、园林管线工程

1. 园林管线概述

为了满足生产、生活的需要，建设用地的地上、地下要敷设很多管线（如：给水、排

水、电力、电信、热力、煤气管线等），这些管线的性质不同、用途各异，而且大多利用道路进行布置，如果不进行综合安排，就可能产生各种管线在平面和空间布置上相互冲突和干扰。如：场地内外管线之间及其与建、构筑物之间的衔接，道路或场地上各种管线的平行敷设与交叉，管线和建筑物、构筑物在用地上的矛盾，以及拟建管线和现存管线之间的矛盾等问题。因此，各类场地设计，除对建筑物、构筑物、道路等进行布置外，还必须考虑各种工程管线的综合布置，对各种工程管线进行综合考虑、做出统一安排，其工作的简繁程度取决于管线的种类和线路的长短。

1）园林管线类别。园林景观设计中主要会遇到以下类型的管线：电信管线、电力管线、配水管线、电信管线、燃气配气管线、热力管线、燃气管线、给水管线、雨水管线、污水管线。

2）园林管线综合布置原则。管线综合布置通常以总平面建筑布局为基础，又是场地设计的重要组成部分。管线综合布置也可以要求改变场地总平面中部分建筑物和道路等的布置，进而改善场地的总平面布局。因而，管线综合布置一般应遵循以下一些原则：

（1）应与场地总平面布置统一进行。

（2）管线布置须与场地总平面的建筑、道路、绿化、竖向布置相协调，管线布置应尽量使管线之间及其与建、构筑物之间，在平面和竖向关系上相协调，既要考虑节约用地、节省投资、减少能耗，又要考虑施工、检修及使用安全的要求，并不影响场地的预留发展用地。

（3）与城市管线妥善衔接，根据各管网系统的管线组成，妥善处理好与城市管线的衔接问题。

（4）合理选择管线的走向，根据管线的不同性质、用途、相互联系及彼此之间可能产生的影响，以及管线的敷设条件和敷设方式，合理地选择管线的走向，力求管线短捷、顺直，适当集中，并与道路、建筑物轴线和相邻管线相平行，尽量缩短主干管线的敷设长度，以减少管线营运中电能、热能的长期消耗。同时，干管宜布置在靠近主要用户及支管较多的一侧。

（5）尽量减少管线的交叉，尽量减少管线之间，以及管线与道路、铁路、河流之间的交叉。当必须交叉处理时一般宜为直角交叉，仅在场地条件困难时，可采用不小于45°的交角，并应视具体情况采取加固措施等。

（6）管线布置应与场地地形、地质状况相适应，管线线路应尽量避开塌方、滑坡、湿陷、深填土等不良地质地段。沿山坡、陡坎和地形高差较大地面布置管线时，宜尽量利用原有地形，并注意边坡稳定和防止冲刷。

2. 目标管线敷设

1）架空敷设。架空敷设管线一般有电力管线和电信管线，其他类型的管道一般主要在跨越铁路、道路较多的地段采用。架空敷设的特点是造价低、易于找出故障地点和便于修理。缺点是影响城市市容。

2）埋地敷设。在工程地质条件好、地下水位低、土壤和地下水位无腐蚀、地形平坦、风速较大并要求管线隐蔽时，无腐蚀性、毒性、爆炸危险性的液体管道，含湿的气体管道，以及电缆和水力输送管道等，通常采用地下敷设方式。地下管线敷设方式分为直接埋地、管沟敷设两种方式。

3. 园林管线设计综合

1）管线设计综合平面图编制。工程管线综合施工设计成果以图纸为主，辅有少量文字说明。此图综合表示综合设计范围内道路平面、道路交叉口中心线的坐标、路面标高、各类工程管线、泵位、井位、过路管、支管接口的具体的平面位置。图纸比例通常为1∶500，若设计范围过大，图纸比例也可采用1∶1000，但需要有1∶500的分段道路工程管线综合设计平面补充。该图的编制说明如下：

（1）图纸比例与总平面布置施工图中的建、构筑物，铁路，道路定位图一致。图中不绘测量坐标网及地形地貌；

（2）新设计及原有的建、构筑物、铁路、道路，均用细实线绘制。新设计的管线用中粗线绘制；

（3）架空管线绘制出杆或支架的中心位置。大的支架基础，须在图中用细虚线表示出其基础边边线。铁路绘中心线，道路绘路面线，均不标注编号；

（4）管线标注转点，连接点及起点的中心坐标。架空管道转角处的支架，如不在转角中心点时，须标注该支架与转角中心点的距离。中间支架或杆须标注相邻支架或杆的中心点距离；

（5）几种管线共架或共沟时，只绘出主要管线中心线，但在该管线中心线上，须标注共架或共沟各管线代表符号；

（6）在改、扩建场地中，原管线设计符号与本管线设计符号不同时，在图中须将新旧管线符号列出须加以说明。原管线用细实线，新管线用中粗实线绘制；

（7）地下管线与铁路交叉须进行加固时，应标注管线中心与铁路中心交点坐标。如斜交时还须注明角度。

（8）图中一般只标注建、构筑物标高，必要时标注与管线有关的平土标高。

（9）图中还应有图例，规定格式的图标和汇鉴栏以及说明。

2）标准横断面图修订。图纸比例通常采用1∶200，图面内容主要包括：

（1）道路红线范围内的各组成部分在横断面上的位置及宽度，如机动车道、非机动车道、人行道、分隔带、绿化带等；

（2）规划确定的工程管线在道路中的位置；

（3）道路横断面的编号。

工程管线综合施工设计时，有时由于管线的增加或调整设计所作的布置，需根据综合管线平面图，对原来配置在道路横断面中的管线位置进行补充修订，管线道路横断面图的数量较多，通常是分别绘制。汇订成册，其图纸比例和内容与标准道路横断面图相同，如图6-31所示。关于所绘图纸的种类，可根据具体情况而有所增减。有时，根据管线在道路中的布置情况，采用较大的比例尺，按道路逐条地进行综合和绘制图纸。总之，应根据实际需要并在保证质量的前提下，尽量简化综合工作。

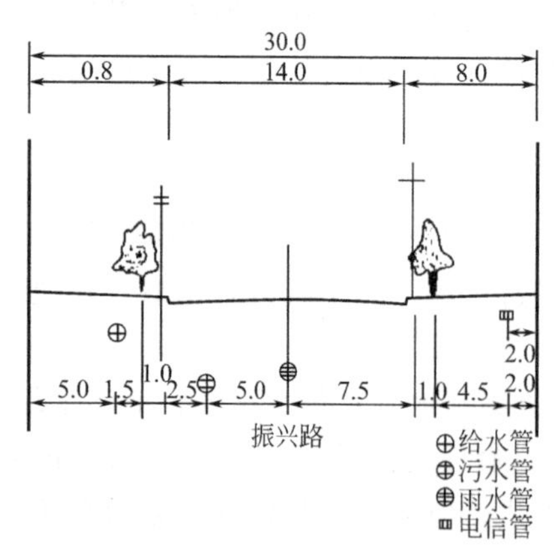

图6-31　道路工程管线标准横断面图

3）现状道路横断面图

规划设计阶段的管线综合完成以后，建设管理部门要对这些工程加强管理。修建完工以后，应根据每项工程的竣工图编制管线工程现状图。管线工程现状图（以下简称现状图）是极其重要的，因为它反映了各种管线在实地上的情况；通过现状图就能对地上、地下的管线情况了如指掌。建设单位在已敷设管线的地段选厂，或进行修建，申请接管

线时，城市建设部门可向他们提供现状资料，以便设计和施工时参考。避免由于不了解情况而发生损坏其他管线等事故。对于后建的管线工程也要根据现状情况而安排它们的位置。

管线工程现状图并不是等各项工程竣工后才着手编制，而是继每项工程（或一项工程某一段）竣工验收后就将它绘到现状图上。现状管线改建完成后，也须根据竣工图修正现状图。现状图通常采用较大的比例尺来绘制，自 1∶2000～1∶500 不等，视场地大小、管线繁简等情况而定。如果场地较小、管线较简单，有时将现状建筑和现状管线合绘在一张图上，否则，则分别绘制。图中要详细表明管线的平面位置和标高、各段的坡度数值、管线截面大小、管道材料、检查井的大小和井内各支管的位置和标高，检查井间距离、相邻管线之间的净距……此外，还可制订一些表格，以记录图中无法详细绘入的必要资料。

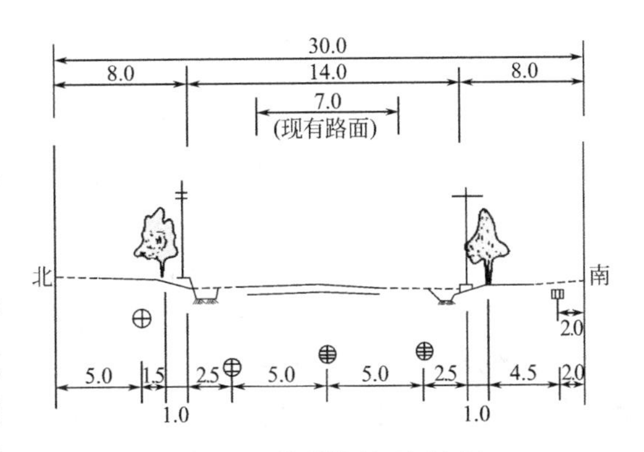

图 6-32　道路横断面标注图

同一道路的现状横断面图和规划横断面图均应在图中表示出来，表示的方法，或用不同的图例和文字注释绘在一个图中如图 6-32 所示，或将二者分上下两行（或左右并列）绘制。

为便于理解，可参见图 6-33 管线综合道路横断面图。

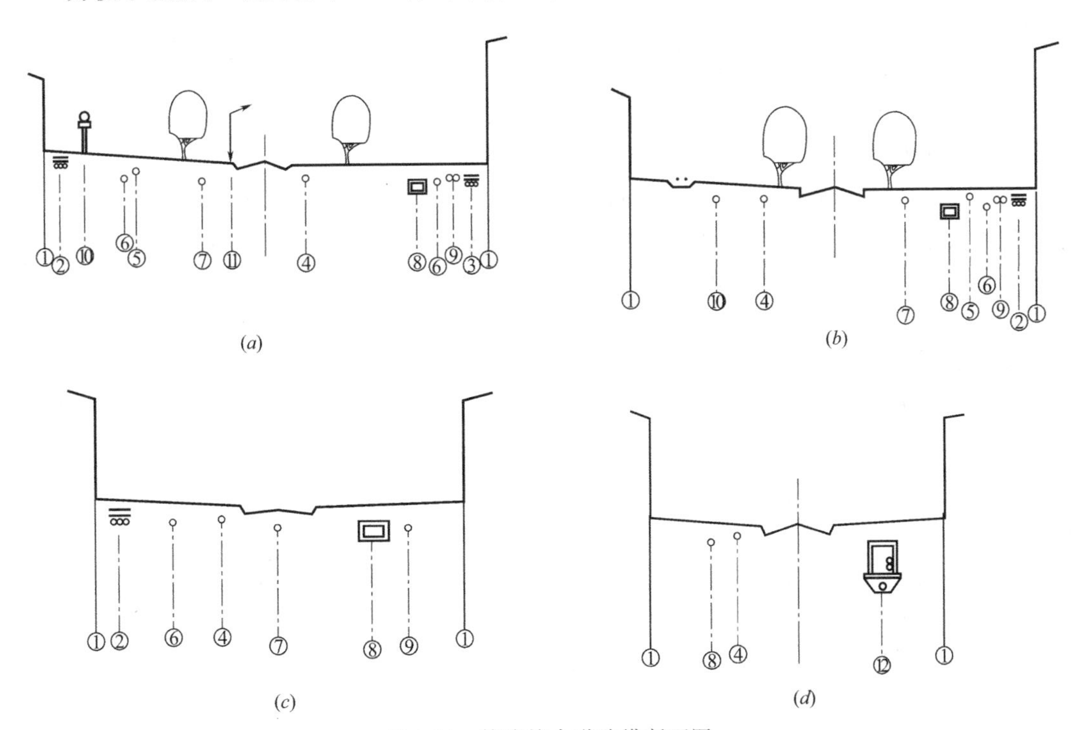

图 6-33　管线综合道路横断面图

(*a*) 厂内干道管线布置；(*b*) 建筑物间（有铁路）管线布置；(*c*) 建筑物间管线布置；(*d*) 有通行地沟布置
1—基础外缘；2—电力电缆；3—通信电缆；4—生活及消防上水管；5—生产上水管道；6—污水管道；
7—雨水管道；8—热力地沟及压缩空气管道；9—乙炔管道和氧气管道；10—煤气管道；11—照明电杆；
12—可通行地沟（内有生产上水、热力、压缩空气、雨水管道和电缆等）

第七节　园林工程建设管理

一、园林工程的概预算

1. 园林工程的概预算概述

1）概算。按我国基本建设程序，园林建设工程项目在初步设计阶段应编制设计概算，如作技术设计还须编制修正设计概算；在施工图阶段应编制施工图预算。概算作为设计文件的组成部分，一经批准即成为控制园林建设项目投资的最高限额。它也是建设单位编制投资计划、安排设备订货和委托施工以及设计单位考核设计方案的经济性和控制施工图预算的依据。在由承包合同和办理工程结算的依据，也是施工单位编制生产计划和进行经济核算，考核经营成果的依据。在实行招标承包制的情况下，概（预）算就成为招标单位确定标底和投标单位投标报价的重要依据。

2）预算。单位工程施工图预算，是将已批准的施工图和既定的施工方法，按照国家或省、市颁发的工程量计算规则，计算出分部分项工程量，并逐项套用相应的现行预算定额，累计其全部直接费。再根据规定的各项费用的取费标准，计算出所需的施工管理费、独立费和利润，最后综合计算出该单位工程的造价。另外，根据分项工程量分析材料和人工用量，并汇总各种材料和人工总用量。

3）园林建设项目的划分。一个园林工程建设项目是由多个基本的分项工程构成，为了便于对工程进行管理，使工程预算项目与预算定额中项目相一致，在交工验收时有据可依，对工程项目进行划分，一般可划分如下：

（1）建设工程总项目：是指在一个场地上或数个场地上，按照一个总体设计进行施工的各个工程项目的总和。

（2）单项工程：是指在一个工程项目中，具有独立的设计文件，竣工后可以独立发挥生产能力或工程效益的工程。它是工程项目的组成部分，一个工程项目中可以有几个单项工程，也可以只有一个单项工程。

（3）单位工程：是指具有单独的设计文件，可以进行独立施工，可以作为单独成本计算对象，但不能单独发挥作用的工程。它是单项工程的组成部分。

（4）分部工程：一般是指按单位工程的各个部位或是按照使用不同的工种、材料和施工机械而划分的工程项目。它是单位工程的组成部分。

（5）分项工程：分项工程是指分部工程中按照不同的施工方法、不同的材料、不同的规格等因素而进一步划分的最基本的工程项目。它是工程质量管理的基础和基元。

4）园林建设工程概算与预算的分类。园林建设工程概算与预算可分为设计概算、施工图预算、施工预算三类。

5）园林建设工程费用的组成。园林建设工程费用是由直接费、施工管理费、独立费和利润四部分组成。

（1）直接费：是指直接用于园林工程上的，并能区分和直接计入分部分项工程或结构构件价值中的各种费用。包括人工费、材料费、施工机械费和其他直接费。

（2）施工管理费（又称间接费）：是指为组织和管理园林工程施工所发生的各项管理费用。这些费用不能区分和直接计入单位工程分部分项工程价值中，只能按照规定的计算

基础和取费率计算，间接地摊入单位工程价值中去，其内容包括：工作人员的工资、生产工人辅助工资、工资附加费、办公费、差旅交通费、固定资产使用费、工具用具使用费、劳动保护费、检验试验费、职工教育经费、利息支出、上级管理费及其他费用。

(3) 独立费：是指为进行园林工程施工需要而发生的，但又不包括在工程的直接费和施工管理费范围之内，具有特定用途的其他工程费用。这类费用，在编制概算时，称其为其他工程费；在编制预算时，称独立费。具体包括：远程工程增加费、冬雨季施工增加费、夜间施工增加费、预算包干费、临时设施费、施工机构迁移费、劳保支出费和技术装备费。

(4) 利润：是指国家规定的国营建筑企业完成建筑工程后计取的法定利润。

直接费、施工管理费和独立费用中远征工程费、冬雨季施工增加费、夜间施工增加费、预算包干费，构成工程预算成本计算法定利润的基础。工程预算成本应属于专用基金的独立费用和法定利润，构成工程预算造价。

2. 园林工程定额的编制

1) 园林工程定额的概述、分类

(1) 园林工程定额是指按国家有关产品标准、设计标准、施工质量验收标准（规范）等确定的施工过程中完成规定计量单位产品所消耗的人工、材料、机械等消耗量的标准。

(2) 园林工程定额的分类

按照反映的物质消耗的内容，可将定额分为人工消耗定额、材料消耗定额和机械消耗定额。

按照用途，可将定额分为基础定额或预算定额、概算定额（指标）、估算指标。

2) 预算定额的内容和编排形式、编制依据与编制程序

(1) 预算定额的内容：预算定额分总说明、分章定额两部分。总说明中主要包含本定额主要内容及适用范围、编制依据、功能、定额所列的施工条件、定额各项目的工作内容(包括范围)、工日量的说明、材料量的说明、施工机械量的说明、水平及垂直运输的说明和定额中人工资、材料费、机械费计算的依据等；分章定额包括有说明、工程量计算规则、分项子目定额表等。

(2) 编排形式：园林预算定额的编排形式是以分部分项工程来划分的。园林工程分为4个分部：园林绿化工程、堆砌假山及塑石山工程、园路及园桥工程、园林小品工程。每个分部工程中又分为若干个分项工程，而每个分项工程中又分为若干个子目，每个子目有一个编号，编号为×－×××，前位数为分部工程序号，后位数为该分部工程中子目序号。

3) 编制依据：预算定额的编制依据主要有以下几点：

(1) 施工图纸；

(2) 国家或省、市颁发的建筑工程预算定额；

(3) 地区已批准的材料预算价格；

(4) 单位估价表；

(5) 国家或省、市制定的工程量计算规则；

(6) 国家或省、市规定的各类取费标准；

(7) 施工组织设计（施工方案）或技术组织措施等。

（8）工具书和有关手册。

4）编制程序：预算的编制程序可分以下几步完成：

（1）熟悉工程施工图；

（2）划分工程的分部、分项子目；

（3）计算各分项子目的工程量；

（4）计算工程直接费；

（5）计算管理费及工程造价；

（6）计算主要材料用量；

（7）预算书的审核。

3. 园林工程预算、工程量计算规则和方法

园林工程分为园林绿化工程、堆砌假山及塑石山工程、园路及园桥工程和园林小品工程，其计算规则和方法是：

1）绿化工程工程量计算规则和方法

整理绿化地及起挖乔木（带土球）。整理绿化地工程量，按整理绿化地面积计算。起挖乔木（带土球）工程量，按不同土球直径，以起挖乔木（带土球）的株数计算。

栽植乔木（带土球）：按不同土球直径，以栽植乔木（带土球）的株数计算。

起挖乔木（裸根）：按不同树干胸径，以起挖乔木（裸根）的株数计算。树干胸径是指离地 1.2m 处的树干直径。

栽植乔木（裸根）：按不同树干胸径，以栽植乔木（裸根）的株数计算。

起挖灌木（带土球）：按不同土球直径，以起挖灌木（带土球）的株数计算。

栽植灌木（带土球）：按不同土球直径，以栽植灌木（带土球）的株数计算。

起挖灌木（裸根）：按不同冠丛高度，以起挖灌木（裸根）的株数计算。

栽植灌木（裸根）：按不同冠丛高度，以栽植灌木（裸根）的株数计算。

起挖竹类（散生竹）：按不同竹类胸径，以起挖竹类（散生竹）的株数计算。

栽植竹类（散生竹）：按不同竹类胸径，以栽植竹类（散生竹）的株数计算。

起挖竹类（丛生竹）：按不同竹类根盘丛径，以起挖竹类（丛生竹）的丛数计算。

栽植竹类（丛生竹）：按不同竹类根盘丛径，以栽植竹类（丛生竹）的丛数计算。

栽植绿篱：按不同绿篱排数、绿篱高度，以栽植绿篱的长度计算。

露地花卉栽植：按不同花卉种类、花坛图案形式，以露地花卉栽植的面积计算。

草皮铺种：按不同铺种形式，以草皮铺种的面积计算。

栽植水生植物：按不同水生植物，以栽植水生植物的株数计算。

树木支撑：按不同桩的材料、桩的脚数及长短，以树木支撑的株数计算。

草绳绕树干：按不同树干胸径，以草绳绕树干的长度计算。

栽种攀缘植物：按不同攀缘植物生长年数，以栽种攀缘植物的株数计算。

假植：假植乔木（裸根），按不同树干胸径，以假植乔木（裸根）的株数计算。假植灌木（裸根），按不同冠丛高度，以假植乔木（裸根）的株数计算。

人工换土：按不同乔、灌木的土球直径，以人工换土的乔、灌木的株数计算。如乔木裸根，则按不同乔木胸径，以乔木（裸根）的株数计算。如灌木裸根，则按不同乔木冠丛高度，以灌木（裸根）的株数计算。

2）砌假山塑石山的计算规则与方法

（1）堆砌假山：湖石假山、黄石假山、整块湖石峰、人造湖石峰、人造黄石峰工程量，均按不同高度，以实际堆砌的石料重量计算。笋安装工程量，按不同高度，以石笋安装的重量计算。土山点石工程量，按不同土山高度，以点石的重量计算。布置景石工程量，按不同景石重量，以布置景石的重量计算。自然式护岸工程量，按护岸石料的重量计算。

堆砌石料重量＝进料验收石料重量－石料剩余重量

（2）塑石假山：砖骨架塑假山工程量，按不同假山高度，以塑假山的外围表面积计算。钢骨架钢网塑假山工程量，按其外围表面积计算。

3）园路及园桥工程量计算规则和方法

（1）园路路床：园路土基整理路床工程量，按整理路床的面积计算。

（2）园路基础垫层：按不同垫层材料，以垫层的体积计算。

（3）园路路面：按不同路面材料及其厚度，以路面的面积计算。

（4）园桥：毛石基础、条石桥墩工程量，均按其体积计算。桥台、护坡工程量，按不同石料，以其体积计算。石桥面工程量，按桥面的面积计算。

4）小品工程量计算规则和方法

（1）堆塑装饰　塑松（杉）树皮、塑竹节竹片，壁画面工程量，均按其展开面积计算。预制塑松根、塑松皮柱、塑黄竹、塑金丝竹工程量，按不同直径，以其长度计算。

（2）小型设施（水磨石件）　白色水磨石景窗现场抹灰、预制、安装工程量，均按不同景窗构件断面积，以景窗的长度计算。白色水磨石平板凳预制、现浇工程量，均按其长度计算。白色水磨石花檐、角花、博古架预制、安装工程量，均按其长度计算。水磨木纹板、水磨原色木纹板制作、安装工程量，均按木纹板的面积计算。白色水磨石飞来椅制作工程量，按飞来椅的长度计算。

（3）小型设施（小摆设、栏杆）　砖砌园林小摆设工程量，按砖砌体的体积计算。砖砌园林小摆设抹灰工程量，按实际抹灰面积计算。预制混凝土花色栏杆制作工程量，按不同栏杆断面尺寸、栏杆高度，以混凝土花式栏杆的长度计算。

（4）小型设施（金属栏杆）　金属花色栏杆制作工程量，按栏杆花色的简繁，以金属花色栏杆的长度计算。花色栏杆安装工程，按不同栏杆材质，以花色栏杆安装的长度计算。

二、园林工程招投标

1. 工程承包的活动基本知识

1）工程承包的概念和内容

工程承包：指工程发包方（一般指招标方）与承包方（一般即投标中标方）二者之间经济关系的形式。承包方式有多种多样，受承包内容和具体环境条件的制约。按承包范围（内容）划分承包方式有建设全过程承包、阶段承包、专项承包和“建造—经营—转让”承包4种；按承包者所处地位划分承包方式有总承包、分承包、独立承包、联合承包、直接承包5种。

承包商具备的基本条件有：营业执照、资质证书、资信证明。

2）工程招标：园林建设工程实行招标投标，有利于开展公平竞争，并推动园林工程行业快速、稳步发展，有利于鼓励先进、鞭策后进，淘汰陈旧、低效的技术与管理办法，使园林工程得到科学有效的控制和管理，使产品得到社会承认，从而完成施工生产计划并实现盈利。为此，承包单位必须具备一定的条件，才有可能在投标竞争中获胜，为招标单位所选中。这些条件主要是：一定的技术、经济实力和施工管理经验，足能胜任承包任务的能力；效率高；价格合理；信誉良好。我国园林工程施工招标工作一般由业主（建设单位）负责组织，或者由业主委托工程咨询公司、工程监理公司代理组织。如果业主委托监理单位参加工程项目的施工招标工作，参与招标的监理工程师必须熟悉施工招标的业务工作。

3）工程招投标应具备的条件

（1）招标单位应具备的条件：必须是法人或依法成立的其他组织；必须履行报批手续并取得批准；项目资金或资金来源已经落实；有与招标工程相适应的经济、技术管理人员；有组织编制招标文件的能力；有审查投标单位资质的能力；有组织开标、评标、定标的能力。

（2）招标项目应具备的条件：项目概算已经批准；项目已列入国家、部门或地方的年度固定资产投资计划；建设用地的征用工作已经完成；有能够满足施工要求的施工图纸及技术资料；建设资金和主要建筑材料、设备的来源已经落实。已经项目所在地规划部门批准，施工现场的“三通一平”已经完成或一并列入施工招标范围。

（3）投标条件：投标人是响应招标、参加投标竞争的法人或其他组织。招标人的任何不具独立法人资格的附属机构（单位），或者为招标项目的前期或监理工作提供设计、咨询服务的任何法人及其任何附属机构（单位），都无资格参加该招标项目的投标。两个以上法人或者其他组织可以组成一个联合体，以一个投标人的身份共同投标。联合体各方签订共同投标协议后，不得再以自己的名义单独投标，也不得组成新的联合体或参加其他联合体在同一项目中投标。联合体各方必须指定牵头人，授权其代表所有联合体成员投标和合同实施阶段的主办、协调工作，并应向招标人提交所有联合体成员法定代表人签署的授权书。

4）招标方式

（1）公开招标：国务院发展计划部门确定的国家重点建设项目和各省、自治区、直辖市人民政府确定的地方重点建设项目，以及全部使用国有资金投资或者国有资金投资占控股或者主导地位的工程建设项目，应当公开招标。

（2）邀请招标：有下列情况之一者，经批准可以进行邀请招标。

受自然地域环境限制的；

项目技术复杂或有特殊要求，只有少量几家潜在投标人可供选择的；

涉及国家安全、国家秘密或者抢险救灾，适宜招标但不宜公开招标的；

拟公开招标的费用与项目的价值相比，不值得招标的；

法律、法规规定不宜公开招标的。

（3）协商议标：有下列情况之一者，经批准可以不进行施工招标；

涉及国家安全、国家秘密或者抢险救灾而不适宜招标的；

属于利用扶贫资金实行以工代赈，需要使用农民工的；

施工主要技术采用特定的专利或者专有技术的；

施工企业自建自用的工程，且该施工企业资质等级符合工程要求的；

在建工程追加的附属小型工程或者主体加层工程，原中标人仍具备承包能力的。

法律、行政法规规定的其他情形不需要审批但依法必须招标的工程建设项目，有前款规定情形之一者。

5）开标、评标和决标

（1）开标：开标应按招标文件中确定的提交投标文件截止时间公开进行。开标地点应当为招标文件中确定的地点。投标文件有下列情形之一者，招标人不予受理：

① 逾期送达的或者未送达指定地点的。

② 未按招标文件要求密封的。

投标文件有下列情形之一的，由评标委员会初审后按废标处理：

① 无单位盖章并无法定代表人或法定代表人授权的代理人签字或盖章的。

② 投标人递交的格式填写，内容不全或关键字迹模糊，无法辨认的。

③ 投标人递交两份或多份内容不同的投标文件，或在一份投标文件中对一招标项目有两个或多个报价，且未声明哪一个有效，按招标文件规定提交备选投标方案的除外。

④ 投标人名称或组织结构与资格预审时不一致的。

⑤ 未按招标文件要求提交投标保证金的。

⑥ 联合体投标未附联合体各方共同投标协议的。

（2）评标：评标由招标人依法组建的评标委员会负责。评标委员会由招标人的代表和关技术、经济等方面的专家组成，成员人数为5人以上，且为单数。其中招标人、招标代理机构以外的技术、经济等方面的专家不得少于成员总数的三分之二。评标委员人的专家成员，应当由招标人从建设行政主管部门及其他相关政府部门确定的专家名册或者工程招标代理机构的专家库内相关专业的专家名单中确定。评标委员会可以书面方式要求投标人对投标文件中含义不明确、对同类问题表达不一致或者有明显文字和计算错误的内容作必要的澄清、说明或补正。评标委员会不得向投标人提出带暗示性或诱导性的问题，或问其明确投标文件中的遗漏和错误。评标委员会在对实质上响应招标文件要求的投标进行报价评估时，除招标文件另有约定外，应当按下述原则进行修正：

数字表示的数额与文字表示的不一致时，以文字数额为准。

单价与工程量的乘积与总价之间不一致时，以单价为准。若单价有明显的小数点错位，应以总价为准，并修改单价。

招标人设有标底的，标底在评标中应当作为参考，但不得作为评标的唯一依据。

评标委员会完成评标后，应向招标人提出书面评标报告。评标报告由评标委员会全体成员签字。评标委员长会推荐的中标候选人应当限定一至三人，并标明排列顺序。

（3）定标：评标委员会提出书面评标报告后，招标人应当在15日内确定中标人，最迟应当在投标有效期结束日30日前确定。招标人应当接受评标委员会推荐的中标候选人，不得在评标委员会推荐的中标候选人之外确定中标人。招标人应当确定排名第一的中标候选人为中标人。排名第一的中标候选人放弃中标、因不可抗力提出不能履行合同，或者招标文件规定应当提交履约保证金而在规定的期限内未能提交的，招标可以确定排名第二的中标候选人为中标人。排名第二的中标候选人因上述同样原因不能签订合同的，招标人可以确定排名第三的中标候选人为中标人。

招标人可以授权评标委员会直接确定中标人。

中标通知书由招标人发出。

招标人和中标人应当自中标通知书发出之日起30日内，按照招标文件和中标人的投标文件订立书面合同。招标人和中标人不得再行订立背离合同实质性内容的其他协议。

招标人与中标人签订合同5个工作日内，应当向未中标的投标人退还投标保证金。

招标人应当自发出中标通知书之日起15日内，向有关行政监督部门提交招标投标情况的书面报告。书面报告至少应当包括下列内容：

招标范围；

招标方式和发布招标公告的媒介；

招标文件中投标人须知、技术条款、评标标准和方法、合同主要条款等内容；

评标委员会的组成和评标报告；

中标结果。

招标人不得直接指定分包人，如发现中标人转包或违法分包时，可要求中标人改正；拒不改正的，可终止合同，并报请有关行政监督部门查处。

6）招标程序：在中国，依法必须进行施工招标的工程，一般应遵循下列程序：

（1）招标单位自行办理招标事宜的，应当建立专门的招标工作机构。

（2）招标单位在发布招标公告或发出投票标邀请书的5日前，向工程所在地县级以上地方人民政府建设行政主管部门备案，并报送以下材料：

① 按照国家有关规定办理审批手续的各项批准文件；

② 前条所列包括专业技术人员名单、职称证书或者执业资格证书及工作经历等的证明材料；

③ 法律、法规、规章规定的其他材料。

（3）准备招标文件和标底，报建设行政主管部门审核或备案。

（4）发布招标公告或发出投标邀请书。

（5）投票单位申请投标。

（6）招标单位审查申请投标单位的资格，并将审查结果通知申请投标单位。

（7）向合格的投标单位分发招标文件。

（8）组织投标单位踏勘现场，召开答疑会，解答投标单位就招标文件提出的问题。

（9）建立评标组织，制定评标、定标办法。

（10）召开开标会，当场开标。

（11）组织评标，决定中标单位。

（12）发出中标和未中标通知书，收回发给未中标单位的图纸和技术资料，退还投标保证金或保函。

（13）招标单位与中标单位签订施工承包合同。

7）招标工作机构：招标工作机构的组织原则应体现经济责任制和讲求效率。招标工作机构通常由三类人组成。决策人，即主管部门任命的建设单位负责人或其授予权的代表。专业技术人员，包括建筑师，结构、设备、工艺等专业工程师和造价工程师等。助理人员，即决策和专业技术人员的助手，包括秘书、资料、档案、计算、绘图、信息管理等

工作人员。

8）标底和招标文件：标底实质上是业主单位对招标工程的预期价格，其作用一是使建设单位（业主）预先明确自己在招标工程上应承担的财务义务；二是作为衡量投标报价的准绳，也就是评标的主要尺度之一；同时也可作为上级主管部门核实投资规模的依据。标底可由招标单位自行编制，也可委托招标代理机构或造价咨询机构编制。招标文件是作为建筑产品需求者的建设单位（招标人）向潜在的生产-供给者（承包商）详细阐明其购买意图的一系列文件，也是投标人对招标人的意图作出响应、编制投标书的客观依据。

2. 工程施工投标

1）投标工作机构：投标工作机构是为了在投标竞争中获胜，园林施工企业为投标而专门设置的，平时掌握市场动态信息，积累有关资料；遇有招标工程项目，则办理参加投标手续，研究投标报价策略，编制和递送投标文件，以及参加定标前后的谈判等，直至定标后签订合同协议。

（1）投标程序：掌握招标信息→申请参加投标→办理资格预审→取得招标文件→研究招标文件→调查投标环境→确定投标策略→制定施工方案→编制标书→投送标书。

（2）投标资格预审：是先由招标单位或委托的招标代理机构发布投标人资格预审公告，有兴趣投标的单位提出资格预审申请，按招标单位要求填表报资格预审文件，经审查合格者即可获取招标文件，参加投标。我国住房和城乡建设部批准的《投标申请人资格预审文件》包括“投标申请人资格预审须知”、“投标申请人资格预审申请书”和“投标申请人资格预审合格通知书”三部分。

（3）投标准备工作

研究招标文件：主要研究工程综合说明，熟悉并详细研究设计图纸和规范（技术说明），研究合同主要条款，熟悉投标须知。

调查投标环境：投标环境是指招标工程项目施工的自然、经济和社会条件。在国内主要调查施工现条件、自然条件、器材供应条件、专业分包的能力和分包条件以及生活必需品的供应情况。在国外，主要调查的有：政治情况、经济条件、法律方面、社会情况、自然条件和市场情况。选择代理人或合作伙伴。办理注册手续。

2）投标决策与投标策略

投标决策：是在取得招标文件后，调查了投标环境，投标单位还应考虑业主的资信，也就是经济背景和支付能力及信誉，另外还应考虑工程规模、技术复杂程度、工期要求、场地交通运输和水电通信以及当地自然气候等条件，如果在外部条件上基本可取的情况下，则应根据工程的具体情况考虑企业自身的资金、管理和技术力量、机械设备、同类工程施工经验等，而这些如果都能基本适应，一般即可作出可以投标的初步判断。

投标策略：是指导投标全过程的活动。正确的策略，来自经验的积累和对客观规律的认识以及对具体情况的了解；同时决策者的能力和魄力也是不可缺少的。通常有以下几种：

靠经营管理水平高取胜。靠改进设计取胜。靠缩短建设工期取胜。低价政策取胜。虽报低价，却着眼于施工索赔，从而得到高额利润。着眼于发展，为争取将来的优势，而宁愿目前少赚钱。不管哪种方法，它们都不相互排斥，须根据具体情况综合、灵活运用。

3）制定施工方案：制定施工方案不仅关系到工期，而且对工程成本和报价也有密切关系。一个优良的施工方案，既要采用先进的施工方法，安排合理的工期，又要充分有效地利用机械设备，均衡地安排劳动力和器材进场，以尽可能减少临时设施和资金占有。施工方案应由投标单位技术负责人主持制定，主要包括施工的总体部署和场地总平面布置；施工总进度和单项（单位）工程进度；主要施工方法；主要施工机械设备数量及其配置；劳动力数量、来源及其配置；主要材料需用量、来源及分批进场的时间安排；自采砂石和自制构配件的生产工艺及机械设备；大宗材料和大型机械设备的运输方式；现场水、电需用量，来源及供水、供电设施；临时设施数量和标准。

4）报价：报价是投标全过程的核心工作，不仅是能否中标的关键，而且对中标后履行合同能否盈利和盈利多少，也很大程度上起着决定性的作用。投标报价以工程量清单计价方式进行，报价范围为投标人在投标文件中提出要求支付的各项金额的总和。报价的内容就是园林工程费的全部内容。具体包括直接工程费、间接费、利润、税金。

熟悉施工方案、核算工程量、选用工料机械消耗定额、确定分部分项工程单价、确定现场经费、间接费率和预期利润是报价的基础工作，完成基础工作后，经过报价决策分析，做出报价决策，即可编制报价单。

3. 园林工程施工承包合同

园林工程施工合同是指发包人与承包人之间为完成商定的园林工程施工项目，确定双方权利和义务的协议。依据工程施工合同，承包方完成一定的种植、建筑和安装工程任务，发包人应提供必要的施工条件并支付工程价款。园林工程施工合同具有以下显著特点：

（1）合同目标的特殊性。园林工程施工合同中的各类建筑物、植物产品、其基础部分与大地相连，不能移动。这就决定了每个施工合同中的项目都是特殊的，相互间具有不可替代性，植物、建筑所在地就是施工生产场地，施工队伍、施工机械必须围绕建筑产品不断移动。

（2）园林工程合同履行期限的长期性。在园林工程建设中植物、建筑物的施工，由于材料类型多、施工前期准备工作量大，耗时长，且合同履行期又长于施工工期，而施工工期是在正式开工之日起计算的，因此，在园林工程施工合同签订时，工期需加上开工前施工准备时间和竣工验收后的结算及保修期的时间，特别是对植物产品的管护工作需要更长的时间。此外，在工程的施工过程中，还可能因为不可抗力、工程变更、材料供应不及时等原因导致工期顺延。

（3）园林工程施工合同内容的多样性。园林工程施工合同除了具备合同的一般内容外，还应对安全施工、专利技术使用、发现地下障碍和文物、工程分包、不可抗力、工程设计变更、材料设备的供应、运输、验收等内容作出规定，在施工合同的履行过程中，除施工企业与发包人的合同关系外，还应涉及与劳务人员的劳动关系、与保险公司的保险关系、与材料设备供应商的买卖关系、与运输企业的运输关系等。所有这些，都决定了施工合同的内容具有多样性和复杂性的特点。

（4）园林工程合同监督的严格性。由于园林工程施工合同的履行对国家的经济发展、人民的工作、生活和生存环境等都有重大影响，因此，国家对园林工程施工合同的监督是十分严格的。具体体现在以下几个方面：

① 对合同主体监督的严格性。园林工程施工合同的主体一般只能是法人，发包人一

般只能是经过批准进行工程项目建设的法人，必须有国家批准的建设项目，落实投资计划，并且应当具备相应的协调能力，承包人则必须具备法人资格，而且应当具备相应的从事园林工程施工的经济、技术等资质。

② 对合同订立监督的严格性。考虑到园林工程的重要性和复杂性，在施工过程中经常会发生影响合同履行的纠纷，因此，园林工程施工合同应当采用书面形式。

③ 对合同履行监督的严格性。在园林工程施工合同履行的纠纷中，除了合同当事人及其主管机构应当对合同进行严格的管理外，合同的主管机关（工商行政管理机构）、金融机构、建设行政主管机关（管理机构）等，都要对施工合同的履行进行严格的监督。

三、园林工程施工组织

1. 施工组织设计

是以施工项目为对象编制的，用以指导其施工全过程各项施工活动的技术、经济、组织、协调和控制的综合性文件。根据施工项目类型不同，它可分为：施工组织设计大纲、施工组织总设计、单项（位）施工组织设计和分部（项）工程施工设计。

2. 园林施工项目管理概述

施工项目管理是指建筑企业运用系统的观点、理论和方法对施工项目进行的决策、计划、组织、控制、协调等全过程的全面管理。施工项目管理有以下主要特点：

1）施工项目管理的主体是建筑企业；

2）施工项目管理的对象是施工项目；

3）施工项目管理的内容是按阶段变化的；

4）施工项目管理要求强化组织协调工作。

3. 园林施工项目进度、质量控制与管理

1）施工项目进度控制控制与管理：是以现代科学管理原理作为其理论基础的，主要有系统原理、动态控制原理、信息反馈原理、弹性原理和封闭循环原理等。

系统原理：是用系统的观念来剖析和管理施工项目进度控制活动。进行施工项目进度控制应建立施工项目进度计划系统、施工项目进度组织系统。

动态控制原理：施工项目进度目标的实现是一个随着项目的施工进展以有相关因素的变化不断进行调整的动态控制过程。

信息反馈原理：反馈是控制系统将信息输送出去，又把其作用结果返送回来，并对信息的再输出施加影响，起到控制作用，以达到预期目的。施工项目进度控制的过程实质上是对有关施工活动和进度信息不断搜集、加工、汇总、反馈的过程。

封闭循环原理：施工项目进度控制的全过程是在许多封闭循环中得到有效地调整、修正与纠偏，最终实现总目标。

2）施工项目质量控制与管理：包括施工生产要素的质量控制和施工工序的质量控制。

（1）施工生产要素的质量控制

① 人的控制：人是生产过程的活动主体，其总体素质和个体能力，将决定着一切质量活动的成果，因此，既要把人作为质量控制对象又要作为其他质量活动的控制动力。

② 材料的控制：材料是工程施工的物质条件，材料质量是保证工程施工质量的必要条件之一，实施材料的质量控制应抓好材料采购、材料检验、材料的仓储和使用等几个

环节。

③ 施工机械设备的控制：施工机械设备是现代建筑施工必不可少的设施，是反映一个施工企业力量强弱的重要方面，对工程项目的施工进度和质量有直接影响。说到底对其质量控制就是使施工机械设备的类型、性能参数与施工现场条件、施工工艺等因素相匹配。建筑设备的控制，应从设备选择采购、设备运输、设备检查、设备安装和设备调试方面考虑。

④ 施工方法的控制：施工方法集中反映在承包商为工程施工所采取的技术方案、工艺流程、检测手段，施工程序安排等。

⑤ 环境的控制：创造良好的施工环境，对于保证工程质量和施工安全，实现文明施工，树立施工企业的社会形象，都有很重要的作用。施工环境控制，既包括对自然环境特点和规律的了解、限制、改造及利用问题，也包括对管理环境及劳动作业环境的创设活动。

（2）施工工序质量控制：工序质量控制就是对工序活动条件即工序活动投入的质量和工序活动效果的质量即分项工程质量的控制。在进行工序质量控制时应着重于以下几方面的工作：

① 确定工序质量控制工作计划。

② 主动控制工序活动效果和质量。

③ 及时检验工序活动效果的质量。

④ 设置工序质量控制点（工序管理点），实行重点控制。

4. 施工项目成本、安全控制

施工项目成本控制，是指项目经理部在项目成本形成的过程中，为控制工料机消耗和费用支出，降低工程成本，达到预期的项目成本目标，所进行的成本预测、计划、实施、核算、分析、考核、整理成本资料与编制成本报告等一系列活动。

施工项目安全控制，通常包括安全法规、安全技术、工业卫生。安全法规侧重于“劳动者”的管理、约束，控制劳动者的不安全行为；安全技术侧重于“劳动对象和劳动手段”的管理，清除或减少物的不安全因素；工业卫生侧重于“环境的管理，以形成良好的劳动条件。施工项目安全控制主要以施工活动中的人、物、环境构成的施工生产体系为对象、建立一个安全的生产体系，确保施工活动的顺利进行。

四、园林工程监理

1. 建设监理概述

监理是指有关执行者根据一定的行为准则，对某些行为进行监督管理，使这些行为符合准则要求，并协助行为主体实现其行为目的。园林工程建设监理是指针对工程项目建设，社会化、专业化的建设工程监理单位接受业主的委托和授权，根据国家批准的工程项目建设文件、有关工程建设的法律、法规和建设工程监理合同，以及其他工程建设合同所进行的旨在实现项目投资目的的微观管理活动。

2. 园林工程建设监理的性质

园林工程建设监理是一种特殊的工程建设活动。它与其他工程建设活动有着明显的区别和差异，这些区别和差异使得园林工程建设监理与其他工程建设活动之间划出了清楚的

界线。也正是由于这个原因，园林工程建设监理在建设领域中成为我国一种新的独立行业，他具有服务性、独立性、公正性和科学性。

3. 园林工程建设监理与政府工程质量监督的区别

园林工程建设监理与政府工程质量监督都属于工程建设领域的监督管理活动，但是，前者是属于社会的、民间的行为，后者属于政府行为。园林工程建设监理是发生在项目组织系统范围内的平等主体之间的横向监督管理，而政府工程质量监督则是组织系统外的监督管理主体对项目系统内的建设行为主体进行的一种纵向监督管理行为。因此它们在性质、执行者、任务、范围、工作深度和广度，以及方法、手段等多方面存在着明显差异。

4. 建设监理业务的委托

这是由工程建设监理特点决定的，是市场经济的必然结果，也是建设监理制的规定。工程建设监理的产生源于市场经济条件下社会的需求，始于业主的委托和授权，而建设监理发展成为一项制度，是根据这样的客观实际做出如此规定的。通过业主委托和授权方式来实施工程建设监理与政府对工程建设所进行的行政性监督管理的重要区别。这种方式也决定了在实施工程建设监理的项目中，业主与监理单位的关系是委托与被委托关系，授权与被授权的关系；决定了它们是合同关系，是需求与供给关系，是一种委托与服务的关系。这种委托和授权方式说明在实施工程建设监理的过程中，监理工程师的权力主要是由作为建设项目管理主体的业主通过授权而转移过来的。在工程项目建设过程中，业主始终是以建设项目管理主体身份掌握着工程项目建设的决策权，并承担着主要风险。

5. 园林工程建设监理的基本方法

园林工程建设监理的基本方法是一个系统，它由不可分割的若干个子系统组成。它们相互联系，互相支持，共同运行，形成一个完整的方法体系。这就是目标规划、动态控制、组织协调、信息管理和合同管理。

6. 建设项目实施准备阶段的监理工作内容

1）审查施工单位选择的分包单位的资质；

2）监督检查施工单位质量保证体系、安全技术措施，完善质量管理程序与制度；

3）监察设计文件是否符合设计规范与标准，检查施工图纸是否能满足施工需要；

4）协助做好优化设计和改善设计工作；

5）参加设计单位向施工单位的技术交底；

6）审查施工单位上报的实施性组织施工设计，重点对施工方案、劳动力、材料、机械设备的组织及保证工程质量、安全、工期和控制造价等方面的措施进行监督，并向业主提出监理意见；

7）在单位工程开工前检查施工单位的复测资料，特别是两个相邻施工单位的测量资料、控制桩橛是否交接清楚，手续是否完善，质量有无问题，并对贯通测量、中线及水准桩的设置、固桩情况进行审查。

8）对重点工程部位的中线、水平控制进行复查；

9）监督落实各项施工条件，审批一般单项工程、单位工程的开工报告，并报业主审查。

7. 建设工程施工阶段的监理

施工阶段园林工程建设监理的主要任务是在施工过程中根据施工阶段的预定的目标规

划与计划，通过动态控制、组织协调、合同管理使工程建设项目的施工质量、进度和投资符合预定的目标要求。

五、园林工程竣工验收

1. 园林工程竣工验收概述

园林工程的竣工验收是施工的最后一个法定程序。工程竣工验收后，甲、乙双方办理结算手续，终结合同关系。对于园林施工企业来说，工程竣工验收意味着完成了该产品合同文件中规定的生产任务，并将园林产品交付给了建设单位；而对于建设单位来说，工程验收是将园林产品的使用权和管理权接收过来，也是建设单位最后一次把关。

2. 竣工验收的准备工作

包括竣工文件的整理和提交。施工企业应该在工程结束时，整理并提交工程竣工申请、请求检查书、工程进度表等文件，整理合同书、施工说明书、设计书、工程照片、各类试验结果表、证明书，以往的检查记录及确认其他工程所必要的各类文件；竣工图的编制与提交；准备竣工检查用器具。

3. 竣工验收的程序

园林工程的交工验收一般可分为 4 个阶段，即分部、分项工程验收（包括隐蔽工程验收），中间验收，竣工验收和最终验收。

4. 园林工程项目的交接

1）工程移交。一个园林建设工程项目通过竣工验收后，并且有的工程还获得验收委员会的高度评价，但实际中往往是或多或少地存在一些漏项以及工程质量方面的问题。因此，监理工程师要与承接施工单位协商一个有关工程收尾的工作计划，以便确定正式办理移交。当移交清点工作结束之后，监理工程师签发工程竣工移交证书（工程移交证书一式三份，建设单位、承接施工单位、监理单位各一份）。工程交接结束后，承接施工单位即应按照合同规定的时间内抓紧对临时建设设施的拆除和施工人员及机械的撤离工作，并做到现场清理干净。

2）技术资料的移交。园林建设工程的主要技术资料是工程档案的重要部分，因此在正式验收时应该提供完整的工程技术档案。整理工程技术档案，是由建设单位、承接施工单位和监理工程师共同组成。通常做法是建设单位与监理工程师将保存的资料交给承接施工单位来完成，最后交给监理工程师校对审阅，确认符合要求后，再由承接施工单位档案部门按要求装订成册，统一验收保存，整理档案时要注意份数备足。

3）其他移交工作。为确保工程在生产或使用中保持正常的运行，监理工程师还应督促做好以下各项的移交工作。

（1）使用保养提示书，对园林施工中某些新设备、新设施和新的工程材料等的使用和性能，写成“使用保养提示书”，以便使用部门能掌握，正确操作；

（2）各类使用说明书及有关装配图纸；

（3）交接附属工具配件及备用材料；

（4）厂商及总、分包承接施工单位明细表。在移交工作中，监理工程师应与承接施工单位一起将工程使用的材料、设备的供应、生产厂家及分包单位列出一个明细表，以便于工作解决今后在长期使用中出现的具体问题；

（5）抄表，工程交接中，监理工程师还应协助建设单与承接施工单位做好水表、电表及机电设备内存油料等数据的交接，以便双方财务往来结算。

5. 园林工程竣工结算与决算

1）园林工程竣工结算。是指单项工程完成并达到验收标准，取得竣工验收合格签证后，园林施工企业与建设单位（业主）之间办理的工程财务结算。单项工程竣工验收后，由园林施工企业及时整理交工技术资料。主要工程应绘制竣工图、编制竣工结算以及施工合同及其补充协议、设计变更洽商等资料，送建设单位审查，经承发包双方达成一致意见后办理结算。

（1）工程竣工结算编制依据。工程竣工报告及工程竣工验收单；招、投标文件和施工图概（预）算以及经建设行政主管部门审查的建设工程施工合同书；设计变更通知单和施工现场工程变更洽商记录；按照有关部门规定及合同中有关条文规定持凭据进行结算的原始凭证；本地区现行的概（预）算定额，材料预算价格、费用定额有关文件规定；其他有关技术资料。

（2）工程竣工结算工作的步骤。汇总基础资料（内容有材料清单的汇总、编制与确认，设计变更、修改材料，核定单的手续等）、结算书（工程总造价）编制与审核、结算书审计。

（3）工程竣工结算方式有决标或议标后的合同价加签证结算方式；施工图概（预）算加签证结算方式；预算包干结算方式，预算包干结算也称施工图预算加系数包干结算；平方米造价包干的结算。

（4）工程结算的编制程序。园林工程竣工结算的编制，因承包方式的不同而有所差异，其结算方法均应根据各省市建设工程造价（定额）管理部门、当地园林管理部和施工合同管理部门的有关规定办理工程结算，项目监理机构应按下列程序进行竣工结算：

① 承包单位按施工合同规定填报竣工结算报表；

② 专业监理工程师审核承包单位报送的竣工结算报表；

③ 总监理工程师审定竣工结算报表，与建设单位、承包单位协商一致后，签发竣工结算文件和最终的工程款支付证书报建设单位。

园林建设工程竣工结算书的格式，可结合各地区当地情况和需要自行设计计算表格，供结算使用。工程在结算过程中，最终的价款确定应当以合同约定的方式进行确认，否则，会出现争议，甚至出现上法院打官司。

2）园林工程竣工决算。竣工验收的项目在办理验收手续之前，必须对所有财产和物资进行清理，编制好竣工决算，竣工决算是反映建设项目实际造价和投资效果的文件，是竣工验收报告的重要组成部分。

（1）园林建设项目的工程竣工决算是在建设项目或单项工程完工后，由建设单位财务及有关部门，以竣工结算、前期工程费用等资料为基础进行编制的。竣工决算全面反映了建设项目或单项工程从筹建到竣工使用全过程中各项资金的使用情况和设计概（预）算执行的结果，它是考核建设成本的重要依据。

（2）园林建设工程竣工决算内容包括从筹建到竣工投产全过程的全部实际支出费用，即建筑安装工程费用、设备器具购置费和其他费用组成等。竣工决算由竣工决算报表、竣工决算报告说明书、竣工工程平面图、工程造价比较分析四部分组成。

（3）竣工决算的编制

竣工决算的依据：工程合同和有关规定；经过审批的施工图预算，经审批的补充修正预算，预算外费用现场签证等；设计图纸交底或图纸会审的会议纪要，施工记录或施工签证单；设计变更通知单等相关记录；工程竣工报告和工程验收单等各种验收资料；停、复工报告；竣工图；材料、设备等调整差价记录；其他施工中发生的费用记录；各种结算材料。

竣工决算的编制方式和方法：根据经审定的施工单位竣工结算等原始资料，对原概预算进行调整，重新核定各单项工程和单位工程造价。属于增加固定资产价值的其他投资，如建设单位管理费、试验费、土地征用及拆迁补偿费等，应分摊到收益工程，随同收益工程交付使用的同时，一并计入新增固定资产价值。监理工程师要督促承接施工单位编制工程结算书，依据有关资料审查竣工结算并代建设单位编制竣工决算。竣工决算以施工图预算为基础进行编制的形式为主，常见的还有以下几种编制方法。

① 以原施工图预算增建变更合并法，对原施工图预算数值可以不动，只要将应增减的项目算出数值，并与原施工图预算合并即可。

② 分部分项工程重列法，是将原施工预算的各分部分项工程进行重新排列，按施工图预算形式，编制出竣工决算。适合于工程竣工后其项目较多的单位工程。

③ 跨年工程竣工决算造价综合法，将各年度的决算额加以合并，形成一个单位工程全面的竣工决算书。

④ 竣工决算的编制步骤：收集原始资料、调整计算工程量、选套预算定额单价，计算竣工费用。

在编制竣工决算表时注意要实事求是，和双方密切配合，原始资料齐全，对竣工项目实地观察，竣工决算要审定和上报。

6. 施工总结

一项园林建设工程全部竣工后，施工企业应该认真进行总结，目的在于积累经验和吸取教训，以提高经营管理水平。总结的中心内容是工期、质量和成本 3 个方面。

1）工期：根据工程合同和施工总进度计划，工期从以下几方面总结分析。

（1）对工程项目建设总工期、单位工程工期、分部工程工期和分项工程工期，以计划工期同实际完成工期进行分析对比，并对各主要施工阶段工期控制进行分析；

（2）各种原材料、预制构件、设备设施、各类管线和加工订货的实际供应情况；

（3）关于新工艺、新技术、新结构、新材料和新设备的应用情况及效果评价；

（4）劳动组织、工种结构和各种施工机械的配置是否合理，是否达到定额水平；

（5）分析检查工程项目的均衡施工情况、各分项工程的协作及各主要工种工序的搭接情况；

（6）各项技术措施和安全措施的实际情况，是否能满足员工的需要；

（7）检查施工方案是否先进、合理、经济，并能有效地保证工期。

2）质量：根据设计法规和国家规定的质量检验标准，质量从以下几方面进行总结分析。

（1）按国家规定的标准，评定工程质量达到的等级；

（2）对各分项工程进行质量评定分析；

（3）对重大质量事故进行总结分析；

（4）各项质量保证措施的实施情况，质量责任制的执行情况；

3）工程成本：根据承包合同、国家和企业有关成本核算及管理办法，工程成本从以下几方面对比分析。

（1）总收入和总支出的对比分析；

（2）计划成本和实际成本的对比分析；

（3）人工成本和劳动生产率，材料、物质耗用量和定额预算的对比分析；

（4）施工机械利用率及其他各类费用的收支情况。

本章思考题

1. 中国园林工程有何特点？
2. 简述现代园林工程发展趋势。
3. 简述园林项目建设程序、步骤和内容。
4. 何谓竖向设计？园林竖向设计的原则与内容有哪些？竖向设计的主要方法有哪些？
5. 简述土方的平衡与调配的原则？
6. 景观墙体设计的关键点包括哪些？
7. 常见的护坡方法有哪些？它们各有什么特点？
8. 水池设计包括哪些内容？
9. 园路系统主要布局形式有哪些？它们各有什么特点？
10. 园林铺装设计须满足哪些要求？
11. 园路路口设计的基本要求。
12. 试论防止地表径流冲刷地面的措施。
13. 简述给水管网的布置形式和特点。
14. 园林中常见照明方式有哪些？
15. 园林管线设计综合包括哪几方面的内容？
16. 园林建设工程预算定额的编制依据有哪些？
17. 工程招投标应具备哪些条件？招标方式有哪几种类型？

本章延伸阅读书目

1. 孟兆祯等．园林工程［M］．北京：中国林业出版社，1996。
2. 张建林．园林工程［M］．北京：中国农业出版社，2002。
3. 梁尹任．园林建设工程［M］．北京：中国城市出版社，2000。
4. 中国城市规划设计院等单位．园林施工［M］．北京：中科多媒体电子出版社，2003。
5. 董三孝．园林工程概预算与施工组织管理［M］．北京：中国农业出版社，2003。

第七章　城市园林绿化行政与法制

城市园林绿化管理与法制建设是社会发展到一定阶段的产物，是随着城市园林绿化事业的发展而逐步建立并不断完善的。当它建立之后又对城市园林绿化事业的发展起着规范、促进和推动作用，成为这个行业的行为准则。园林景观规划设计作为园林绿化行业中重要的组成部分，必须加强管理，依法实施，才能做到科学有序的发展。

第一节　城市园林绿化管理

广义的管理是指管理者或管理机构，在一定范围内，通过计划、组织、指挥、协调、控制、监督等行为，对所拥有的资源（包括人、财、物、时间、信息）进行合理配置和有效利用，以实现预定目标的过程。而城市园林绿化管理则是指：城市园林绿化行政主管部门，通过对城市园林绿化资源进行规划、控制、利用，对园林绿化的实施进行组织、协调，对园林绿化的市场进行规范和引导，从而达到既定的城市园林绿化目标的过程。在这个过程里，城市绿化行政主管部门可以通过编制绿地系统规划来设定符合城市绿化目标绿化空间和状态，并对整个城市的绿量进行控制使之在实际环境的限制下最大程度的符合城市园林绿化目标的需要。并通过对不同建设类型的绿地率进行界定，对各种绿地直接进行规划、景观设计和施工管理，保证城市园林绿化质和量的要求。

一、城市园林绿化管理的原则和作用

1. 原则

城市园林绿化管理的基本属性是行政和行业管理，管理的基本原则跟一般的行政和行业管理的原则是一致的，都必须做到坚持共产党的领导，为民服务，民主集中制，民族平等、团结互助，公平、公正、效率和法制的基本原则。但是为了实现城市园林绿化改善生态环境，美化城市，增进人民身心健康，促进经济社会、环境全面协调可持续发展的目的，在城市园林绿化管理中还必须强化以下原则：

1）为民原则

城市园林绿化的出发点和归属点都是为了人民的生存和生活、精神需要，因此在城市园林绿化管理上应该以满足人民群众的基本需求为标准。由于人民的需求是随着整个经济社会的发展而不断变化的，城市园林绿化是经济社会的有机组成部分，在管理中应该把握不同阶段人民群众的基本需求，因势利导，加强管理，才能达到为民的原则。

2）以人为本

从城市园林绿化的本质出发，坚持为民原则，必须要树立以人为本的理念。在城市园林绿化管理中要遵循自然规律，促进人与自然和谐协调。管子曾提出“人与天调，然后天地之美生”。道家也提出“人法地，地法天，天法道，道法自然”，就是明确把自然作为人

的精神价值来源。在人与自然的关系上，主张返璞归真。虽然城市园林绿化的管理是现代才逐步规范和发展的，但是它的理念直接影响到这个行业的发展。在园林绿化管理上树立以人为本的理念，就是要求园林绿化的建设将数千年的中国传统园林的设计与建设，将自然之美营造于现代城市建设之中。通过强调人与自然协调、人与自然共同持续发展，改善人们的生存环境、提升城市景观的整体品质为目的，从而使它不仅关注环境方面的视觉审美感受，更注重环境品质，也就是说，城市园林绿化必须关注城市中人的心理需求、娱乐需求与审美需求。真正做到“以人为本”。

3）实效原则

行政管理的基本手段就是通过制定方针政策，提出任务，实现目标。城市园林绿化是专业性较强的行业，与经济社会发展和人民群众的需求联系密切，因此不仅在制定方针政策和确定目标的时候，要特别注重实效，而且在组织实施中也要因地制宜，实事求是，根据新的形势制定与时俱进的政策、方针、目标与任务。例如，在国家住房城乡建设部、环境保护部于2016年12月联合印发的《全国城市生态保护与建设规划（2015～2020年）》中，就根据我国现实社会经济发展情况，特别是生态环境保护与人居理想环境需求实际，提出了到2020年，我国城市园林绿化建设应达到的目标任务为，增加生态空间整体规模，完善绿色空间网络，提高生态修复水平。城市规划区内水域、山体、绿地、湿地、林地等生态空间得到有效管控，生态用地占比合理增长，城市建成区绿地率达到38.9%，城市建成区绿化覆盖率达到43.0%，城市人均公园绿地面积达到14.6平方米，水体岸线自然化率不低于80%，受损弃置地生态与景观恢复率大于80%。提升公园绿地、绿道等生态产品的服务功能，公园绿地服务半径覆盖率不低于80%，城市新建、改建居住区绿地达标率大于95%，林荫路推广率不低于90%。生物多样性保护更加完善，增加城市生物栖息地规模，保护栖息地的完整性、连续性，增加景观异质性，防治外来物种入侵，丰富城市物种多样性，本地木本植物指数不低于0.8。城市园林绿化固定资产投资占城市市政公用设施建设固定投资比例不低于12%。全国地级及以上城市编制完成城市自然生态资源调查与评价报告，地级及以上城市编制完成城市生态保护与建设规划，设市城市颁布蓝线、绿线管理实施细则，完成城市绿线、蓝线的划定，各省、自治区编制完成省域城乡绿道网络规划，地级及以上城市完成市域绿道规划，地级及以上城市绿地系统规划编制覆盖率达到100%。地级及以上城市每年完成生态绿化推广工程1处，每年完成老旧街区、小区或老旧公园增绿提质工程1处，完成城市生态修复示范工程1处，指导一批城市创建国家生态园林城市。设市城市编制城市生物多样性保护规划，建立城市生物多样性保护、监测信息系统。地级及以上城市至少拥有1个40公顷以上科普植物园，建立不少于1处大中型城市生物栖息地保护和建设示范，面积不少于5公顷，建立不少于3处乡土野生植物群落恢复和生境重建示范地，每处不少于2公顷，古树名木及古树名木后备资源（树龄≥50年的树木）调查、建档立案、挂牌和保护实施完成率达到100%。城市建成区20%以上的面积达到海绵城市建设目标要求。由此看出，城市园林绿化的管理主要是通过行政的手段规范，来引导城市园林绿化事业健康可持续发展。

2. 作用

1）强制作用

强制性是行政管理的基本特征，而城市园林绿化管理的强制作用就是通过组织、协调和控制功能保证各项相关工作能够开展和进行，在遇到困难时克服困难，发现问题时解决问题，使它们不能随意地停止或者偏离，从而达到既定的目标。根据在城市建设中绿地屡遭破坏的情况，国务院通过《加强城市绿化建设的通知》明确指出：“要建立并严格实行城市绿化‘绿线’管理制度”“要严格按照规划确定的绿地进行绿化管理，绿线内的用地不得改作他用，更不得进行经营性开发建设。”这就强制性规定了城市绿地的专项使用性质，从而保证城市绿地的不可侵犯。城市园林绿化管理的强制性往往通过行政审批来加以实现。比如建设项目的附属绿地建设，就是通过对建设项目绿地指标的审批和绿化设计方案的审查给予保证的。重庆市在《建设领域行政审批制度改革试点》中明确规定，城市园林部门在规划环节和设计环节完成绿地指标和设计方案的审批行为，从而把指标量化的规定，强制性地落实为建设项目的配套绿地建设。

2）指导作用

在行政管理中，为了达到既定目标，管理者会不断地根据出现的问题，发生的原因寻找解决的方法，并将成功的经验进行分析和吸收，然后用这些经验对未来的工作进行指导。城市绿化行政主管部门通常在具体的实践中通过行政管理的指导性，不断推动和促进各项工作。

例如，为了实现城市园林绿化目标，园林绿化行政主管部门不仅需要对绿化的数量有明确的规定，而且对质量也要提出明确规定，也就是人们通常说的城市园林绿化总的效果是由数量和质量构成的。园林绿化的数量要求可以通过具体的数字和指标进行刚性的、直接的控制，而对于绿化质量的控制往往是比较间接的、是柔性的控制。在这个过程中，城市绿化行政主管部门起到的不仅是刚性的强制作用而是柔性的指导和促进作用。通常城市绿化行政主管部门会通过视察、评优、推荐等方式在行业中树立一批典范，为风景园林的设计和规划建立一个软性的指标，指明一个发展方向，用以点带面的形式将先进的风景园林理念进行推广使之融入城市总体环境的建设之中。如重庆市每年都进行“园林三创”的评比，即评选出“园林式单位”、“园林式小区”、“园林式街道”，社会单位通过园林的创建，通过对创建成功的典型的学习和模仿，提高对绿化的建设和管护水平，带动整个城市园林绿化质量更上一层楼。

3）规范作用

城市园林绿化管理除了强制作用和指导作用外还起着重要的规范作用。它的规范作用主要表现在以下两方面：

首先，表现在对绿地使用上的规范。城市绿化行政主管部门通过行政立法和技术立法规定城市总体和各类用地园林绿化指标，各类功能区域的绿地率。并用这些指标和绿地率作为编制城市园林绿化规划的依据，促进城市绿地系统规划的实现。并且通过行政立法和技术立法规定使每个城市都要制定城市园林绿化规划并纳入城市总体规划。对规划绿地范围内的土地，进行严加控制，不允许随意新建构筑物、建筑物或改作他用。现有地不许任意侵占或改作他用。必须占用的须报上级园林绿化行政主管部门审批，提出修改规划，给予加倍补偿。通过这些规定，使绿化用地在实际的使用过程中的用途得到严格的规范。

其次，表现在城市绿化行政主管部门对城市园林绿化建设的主体进行的规范。城市绿化行政主管部门针对园林绿化工作的特点出台了园林企业资质管理办法，城市园林绿化企业资质标准、重庆市风景园林规划设计单位资质认定办法等。在这些标准中详细的规定了不同级别的绿化工程所需要的企业资质，从而为城市风景园林规划设计、建设和管理的质

量提供了保障，也防止了由于低质量的施工和管理对社会资源造成的浪费。

二、城市园林绿化管理的体系

我国城市园林绿化的管理按照分级管理、按级负责的原则，主要通过国家的宏观管理和地方的具体管理来实现的。

1. 城市园林绿化的国家管理

城市园林绿化的国家管理要体现在制定方针政策、行业规范、规章制度，进行宏观控制和规范，以及编制行业发展规划进行宏观指导等，这项职能是由国家建设部负责。具体是由建设部城建司负责我国城市园林绿化的日常管理工作。城建司的职责主要有：研究拟定城市园林绿化的发展战略、中长期规划、改革措施、规章；指导城市规划区的绿化工作；负责对国家重点风景名胜区及其规划的审查报批和保护监督工作；指导城市规划区内生物多样性工作。近年来城建司通过对地方园林绿化部门进行行业指导，对园林绿化工作的引导和规范起到了积极的推动和促进作用。以“国家园林城市”、“国家生态园林城市”、“中国人居环境奖”等评选活动为载体，积极引导地方政府大力实施园林绿化，提高城市生态环境质量，切实改善人居环境。

2. 城市园林绿化的地方管理

根据我国行政组织体系，城市园林绿化的地方管理主要是指县级以上地方人民政府对城市园林绿化的行政和行业管理，主要是由各级政府城市园林绿化行政主管部门具体实施。由于城市园林绿化管理的特殊性，在不同的管理机关其名称不尽相同，省、自治区的园林绿化行政主管部门是由建设厅具体负责，直辖市都设有园林（绿化）局专门负责城市园林绿化的管理，其他城市的城市绿化行政主管部门实际上即是负责本市城市绿化工作的园林局、建委、市政、城建局等行政主管部门。

省级（直辖市）园林绿化主管部门要对全省（市）城市园林绿化工作进行宏观决策，编制中长期城市园林绿化规划目标，制定年度绿化工作计划，并将任务落实到各城市园林绿化主管部门和各区人民政府实施。各级地方的城市绿化行政主管部门要参与编制园林绿化规划，行使行业审核、协调、服务、监督的行政职能，管理城市各类园林绿地的建设和维护。对经营园林绿化设计、施工，苗木花卉生产、销售等的单位和个人，要依法进行行业监督管理。

3. 重庆市对园林绿化的管理

重庆市园林绿化的管理由重庆市园林事业管理局负责，主要职能有：

1）应起草城市园林绿化地方性法规、规章草案；根据职权和授权制定有关的实施细则和规范性文件。

2）拟定园林行业发展战略和方针政策；拟定城市园林绿化发展规划并监督实施；组织拟定园林绿化专业规划和绿地系统详细规划；指导区县和有关部门拟定有关绿化规划。

3）指导城市规划区内的绿化工作，组织开展城市义务植树工作；向市政府提出创建山水园林城市的工作目标，并协调有关工作；负责城市规划区古树名木的保护管理工作；负责园林植物保护工作。

4）组织审定重点园林绿化工程项目的规划设计方案，并负责监督实施；审查限额以上城市建设项目设计方案的绿化工程设计方案（或园林绿地比例和布局），并监督实施；负责城市园林绿化工程设计和施工单位的资质管理。

5）拟定绿化赔偿费、城市园林绿地建设费、集中绿化建设费收缴管理办法；审查和审批占用（含临时占用）城市绿地和移、伐树木，以及集中绿化事项；负责城市园林绿化的行政执法工作。

6）制定园林绿化工程的质量标准、定额标准和养护质量等级标准；规范园林绿化市场；指导监督园林绿化工程监理和工程招投标；负责重点绿化工程和绿地养护管理工作。

7）管理全市风景名胜区工作；组织拟定和实施风景名胜区管理法规、实施办法和管理标准；负责风景名胜区资源调查评价和等级申报工作；按权限审查风景名胜区规划；提出市级以上风景名胜区建设项目定点建议，并审批园林景点建设等规划设计方案；负责市级以上重点风景名胜区的保护监督工作；承担市风景名胜区管理委员会的日常工作。

8）负责城市公园（包括综合性公园、动物园、植物园、专类园、游艺机游乐园等）的行业管理工作；组织新建城市公园的验收和定级工作；管理市属公园；指导动物园、城市公园野生动物的保护管理工作。

9）制定园林绿化科技发展规划；组织重大科技项目攻关及成果推广，开展科技合作与交流；开展城市规划区生物多样性保护工作。

10）制定园林绿化行业人才培养规划；指导园林绿化行业职工队伍建设和专业教育、培训工作；组织实施园林绿化专业技术职称评审和技术等级考核工作。

根据重庆行政管理体系，重庆市的园林绿化管理统一领导，分级负责，由区、县（还自治县、市）城市园林绿化主管部门负责本辖区城市园林绿化管理工作，街道办事处、镇人民政府负责本辖区城市园林绿化管理工作。

第二节　城市园林绿化法制

人类的社会生活经验证明，只有法治才能保证国家的长治久安，才能保证社会处于有序状态，才能保证各种利益之间的合理关系，才能使社会处于和谐状态。依法行政是建立社会主义法治国家的重要方面，是控制、规范行政权力的有效保障。城市园林绿化作为行政管理，必须要有法制来保障，特别是作为专业性极强，涉及面较宽，行业交叉较多的一个行业管理，更需要有法律的支撑，必须依法管理，否则行业的发展势必受到影响。城市园林绿化法制主要就是指行政立法、行政执法、依法管理的全过程。

一、城市园林绿化法制与风景园林规划设计

城市的风景园林规划设计必须服务于和服从于园林绿化事业的发展，并依法予以规范。通过对实施园林景观规划设计的主体资格进行规范与管理，达到对园林景观规划设计的控制。《城市绿化条例》规定：城市绿化工程的设计应当委托持有相应资格证书的设计单位承担。通过对园林景观规划设计技术的要求，保证城市园林绿化水平和质量。重庆市《城市建设项目配套绿地管理技术规定》《重庆市城市园林绿地系统规划编制技术要求》这些规章制度，都是城市园林景观规划设计必须遵循的。

二、城市园林绿化法制的作用

城市园林绿化法制在一个城市的园林绿化管理中主要起到强制作用、示范作用和规范

作用。

1. 强制作用

法制最大的特点就是它的强制性，法律之所以有别于其他社会规范，就是因其制定的规则是由国家的强制力来保证实施的。城市园林绿化法制的强制作用也不例外，通过国家和地方制定的法律法规和规范性文件，明确地告诉人们什么事情是不允许做或者是必须做的，反之将有何种不利的后果。如《城市绿化条例》中对擅自移植、砍伐树木，擅自占用绿地等行为的禁止性规定，及其相应的法律责任的惩罚性规定即体现了这种强制作用。

2. 示范作用

城市园林绿化既是技术性专业性较强的行业，又是一个涉及面宽的综合性行业，因此在城市园林绿化法制体系中，通过法规和规范性文件形式对一些专业性和技术性较强的事项制定标准，提出相应要求和规定，引导行业的科学发展。如重庆市的《城市公园管理规范》，对公园管理中的园林植物管理、园容卫生、园林设施管理、文化活动管理、经营服务管理这几个方面作了详细的规定，全市的公园管理者们都可以从中找到管理和服务的标准，为他们的管理工作起到了示范作用。

3. 规范作用

在我国的法制体系中，有一个重要的组成部分，就是规范性文件，这些文件虽然强制力较弱，但是它的规范性极强，在行业管理中起到了必不可少的规范作用，是不可或缺的。城市园林绿化的管理正是在这些规范性文件的规范作用下得以健康有序地发展。如：为了保障城市园林绿化规划设计、建设和管理的质量，城市绿化行政主管部门制定了园林企业资质管理办法、城市园林绿化企业资质标准、重庆市园林景观规划设计单位资质认定办法（试行）、重庆市园林景观规划设计师资格认证办法等；来对从事城市园林绿化规划设计、建设的主体进行规范，使之合理运作。城市绿化行政主管部门还通过制定苗木指导价格、绿化工程实施细则等，对园林绿化建设行为进行规范，使之有序发展。

城市园林绿化法制的规范作用还体现在对绿化工作的各个工作环节的规范上。各地的城市绿化行政主管部门都会针对自身城市的特点对部分绿化作业制订了相应的规范和标准，例如重庆市的《都市区城市建设项目配套绿地管理技术规定》等。通过这些规定，使绿化工作可以在进行的过程中有一定的标准进行参照，从而避免了盲目施工，不当管理的弊端。

三、城市园林绿化法制体系

为了保障园林绿化事业健康有序的发展，国务院先后颁布了《开展全民义务植树运动的实施办法》、《城市绿化条例》等法规和文件，国家住房和城乡建设部也相应出台一系列加强园林绿化工作的通知、规定，同时各地方人民代表大会和人民政府也在全国性的法规文件基础上根据自身的需要发布了园林绿化方面的相应的政策法规及规范性文件，城市绿化行政主管部门也制定了一系列规范园林绿化工作的技术规程与实施细则等。这些全国性的和地方性的法规政策、规范性文件、技术性规定等构成了目前符合我国园林事业发展需要的法制体系。良好的法制体系是园林绿化事业正常运作的基础。

1. 城市园林绿化的国家法制体系

1982 年，第五届全国人民代表大会第四次会议确定了关于开展全民义务植树运动的决议，国务院颁布《关于开展全民义务植树运动的实施办法》，标志着我国园林绿化工作的全面开展，也构成了城市园林绿化国家法制体系的基础。其后，根据国家加强城市绿化建设方针的确立，1992年，国务院颁布《城市绿化条例》，作为城市园林绿化建设与管理、地方园林绿化条例编制的基本依据。同时，作为城市绿化行政主管部门，建设部相继出台了《关于加强古树名木保护和管理的通知》（1991年）、《城市园林绿化当前产业政策实施办法》（1992年）、《城市绿化规划建设指标的规定》（1993年）、《关于加强城市绿地和绿化种植保护的规定》（1994年）、《城市园林绿化企业资质管理办法》（1995年）、《城市园林绿化企业资质标准》（1995年）等规范性文件，初步建立了园林绿化法制体系。

2001年，由国务院下发《关于加强城市绿化建设的通知》，重新定义了在新形势下城市绿化的重要意义，确立了城市绿化工作新的指导思想和任务，提出了加快城市绿化建设步伐的措施，要求对城市绿化工作加强组织领导。

2. 城市园林绿化的地方法制体系

各级地方的城市园林绿化主管部门根据国务院、建设部制定下发的规章制度、规范性文件，都制定了本地相应的制度和文件，来构成城市园林绿化的地方法制体系。以重庆为例，先后制定了《重庆市城市园林绿化条例》（1997年）、《重庆市公园管理条例》（2000年）、《重庆市风景名胜区管理条例》（1998年）等法规，《重庆市人民政府关于加强城市绿化建设的通知》、《重庆市城市园林绿地系统规划编制技术要求（试行）》、《重庆市园林绿化工程招标投标实施细则》、《重庆市园林绿化工程施工监理试行办法》等规范性文件，并由重庆市园林局制定了《重庆市园林绿化工程招标投标实施细则》、《主城区占用城市园林绿地审查办法》、《建设项目配套绿地建设竣工指标核定办法》等规章制度，这些法规制度构成了重庆市的园林绿化法制体系。

3. 重庆市园林绿化法制建设的主要内容

1）法规

重庆市人民代表大会审议通过地涵盖了重庆市园林绿化事业的三个主要的方面，构成了我市园林绿化法制的主要框架。作为具有法律效力的这三个条例，同时也是制定效力等级较低的规章制度的基础和依据，如《重庆市园林绿化工程施工监理试行办法》、《重庆市园林局城市公园规划审查办法》等。

2）规范性文件

规范性文件是指国家机关和其他团体、组织制定的具有约束力的非立法性文件的总和，具有约束和规范人们行为的性质。在这里，城市园林绿化的规范性文件是指由重庆市人民政府、重庆市城市园林主管部门下发的各种通知、规定、要求等文件。这些文件，在重庆市辖区范围内具有普遍效力，规范了园林绿化行业的相关工作。如：《重庆市人民政府关于加强城市绿化建设的通知》、《重庆市都市区配套绿地管理技术规定》、《城市园林绿地系统规划编制技术要求》等。

3）技术规程

技术规程是针对某种专业技术各方面的一些界定与规范。园林绿化工作中有很大一部分是技术性工作，有其较为固定的流程、操作要求等，技术规程作为一种标准，为行业的普遍性工作提供了可参照的程序和数据。如：《重庆市园林绿化工程施工技术操作规程》等。

第三节　城市园林绿化管理与法制的发展趋势

随着国民经济的不断发展和人民生活水平的不断提高，新时代给城市园林绿化事业提出了新的要求。如何才能让园林绿化事业与时俱进，跟得上时代的步伐，既要“法治”，也要“人治”。“法治”是指园林绿化事业应有完善的法制体系来支撑，依法治绿，让园林绿化管理规范化、法治化。“人治”是指，园林绿化行业应补充大量的具有专业知识与技能的人才，让懂园林的人来管园林，让园林绿化管理专业化、制度化。同时，走科技兴绿的路子，带动行业发展，逐步建立生态园林，让园林绿化这个朝阳行业真正的兴旺起来。

一、城市园林绿化管理的发展趋势

城市园林绿化要发展，首先应理顺管理体制，依法强化行业管理。城市绿化行政主管部门应由侧重于微观管理转向宏观管理，把主要精力用在绿化规划的制订与实施上，绿化市场的监控和引导上，绿化法规的制订、修订和实施上，以及发展科学技术和人才培养上。在管理范围上，要由侧重于行政序列内的管理转向对全社会绿地、树木的管理。在管理手段上，由直接管理转向间接管理，逐步建立市场管理、招投标管理、质量管理、工程监理等中介组织。发挥对城市绿化指导、协调、服务、监督的功能。

目前，我国对园林绿化的研究已经提到了科学生态的层面上，园林已经越来越多地与生态学结合起来，以解决当前城市中越来越严重的人居环境恶化问题。园林绿化建设正逐步由以审美价值取向为主转换到以生态价值取向为主，加强园林科学研究，依靠科技，促进园林事业的发展，已经成为现代园林绿化行业的发展趋势。

改变传统的管理方式，吸收应用管理科学的新成果，改变园林绿化事业的落后面貌。应广泛开展国内外园林绿化建设方面的交流，引进行之有效的管理理念和管理方法，以更先进的手段来管理园林、发展园林。学习国外先进的管理体系，以市场化运作来带动园林的全面发展，同时带动园林经济。

加强市场导向，引导社会建绿，搞活园林经济。园林行业通过加速改革进程，走市场化发展的新路子，发挥行业优势，搞活经济，带动整个社会建绿护绿，切实增强行业发展的活力。逐步建立鼓励社会建绿的机制，积极引导社会力量进入园林绿化行业，并健全相关法规进行保障，使之良性发展。对园林日常管护进行市场化运作中，引入竞争机制，力求各方利益的最大化。

二、城市园林绿化法制建设的发展趋势

1. 依法治绿，健全完善园林绿化法制

目前，我国的城市园林绿化法制已经初成体系，但还远远不到健全的程度，有法必依的前提是有法可依，为使城市园林绿化事业有序发展，必然要完善园林绿化法制，使之成为园林绿化建设与管理强有力的保障和坚实的后盾。

首先，法律是应该有预见性的，即事先预料到随着经济和社会的发展，可能出现的变化和问题，通过立法手段进行调控，充分发展调节控制和导向的功能。要使园林法制体系对园林活动起到调节控制和向导的作用，应把握好立法的适度超前，发挥其承前启后的核

心作用，并需要对园林行业的现状进行深入的研究和分析，使其适合现代园林的基本性质和特点。针对现在社会经济的发展，目前园林绿化法制内规定的一些行业的标准和要求已然不能适应，应做进一步的修改与细化。

其次，园林绿化法制应考虑到园林行业的发展趋势，把握好一个管理“度”的问题。就现状而言，园林的营造手段发生了改变，开始呈现多元化的趋势，现代园林既是传统与现代的结合，同时园林的性质也从公益逐渐走向市场化，这一方面繁荣了园林市场，另一方面，也对园林绿化的统一管理造成了一定的难度，在园林法制的完善中应该考虑进园林绿化的发展方向，既要给予市场化发展一定的鼓励与推动，同时也要从宏观上予以控制，引导它积极正面的发展。

2. 加大执法力度，增强法制的后期执行力

从城市园林法制目前的实践来看，园林绿化法制目前最大的问题，是执法能力较弱的问题。许多立法上已经解决的问题，在执行起来往往力不从心，难以落到实处。与市政、工商等相关部门的执法情况相比较，园林行业的执法力度显得很脆弱。加强执法力度是园林行业发展的必然要求，是保障园林法规顺利实施的重要手段。

为做到有法必依、严格执法，须做到以下几点：一是规范执法行为，严格遵照法律法规确定的范围和程序进行执法，杜绝因程序的不合法而导致实体的不合法现象发生。目前的执法实践中，这种情况较为普遍，有些执法人员虽是严格按照法律法规做出了正确的处罚决定，但因执行中不重视程序，而导致整个的处罚行为无效。二要整合执法资源，加强与市政、工商相关部门间的联系、协调和配合，相互支持，形成合力，实行联动执法，加大联合执法力度，形成部门联动的综合整治局面和强大的工作合力。三是要加强执法队伍建设，提高执法人员的政治素质和业务素质。建立培训执法人员的长效机制，不断更新他们的知识结构和业务技能，保证执法水平。增强执法人员的责任感，执法人员既是园林法规的直接执行者，同时也是园林人素质的直接体现者，他们做到文明执法，才能使园林执法合法、健康、有序地进行（表 7-1）。

国家园林绿化法规、标准 **表 7-1**

序号	名　　称	政策法规	规章	规范性文件	标准
1	城市绿化条例(1992.8)	●			
2	风景名胜区条例(2006.9)	●			
3	国务院关于加强城市绿化建设的通知(国发〔2001〕20 号)	●			
4	国家重点公园管理办法(试行)(2006.3)		●		
5	国家城市湿地公园管理办法(试行)(2005.2)		●		
6	城市绿线管理办法(2002.9)		●		
7	城市绿化规划建设指标的规定(1993.11)		●		
8	城市绿地系统规划编制纲要(试行)(2002.10)		●		
9	城市古树名木保护管理办法(2000.9)		●		
10	城市园林绿化企业资质管理办法(1995.7)		●		
11	城市动物园管理规定(2001.9)		●		
12	游乐园管理规定(2001.4)		●		

续表

序号	名称	政策法规	规章	规范性文件	标准
13	风景名胜区管理处罚规定(1995.1)		●		
14	国家风景名胜区总体规划编制报批管理规定(2003.6)		●		
15	关于加强公园管理工作的意见(建城〔2005〕17号)			●	
16	关于印发创建"生态园林城市"实施意见的通知(建城〔2004〕98号)			●	
17	城市园林绿化企业资质标准(2009年修订)				●
18	国家园林城市标准(2005年)				●
19	国家园林城市申报与评审办法(2005)				●
20	国家园林县城标准(2006)				●
21	中国人居环境奖评价指标体系(试行2010)				●
22	城市湿地公园规划设计导则(试行)(2005.6)				●
23	城市道路绿化规划与设计规范(CJJ75-97)(98.5.1)				●
24	城市绿地分类标准(CJJ/T 85—2002)(02.6.3)				●
25	风景园林图例图系标准(CJJ-67-95)(96.3.1)				●
26	公园设计规范(CJJ48-92)(92.6.18)				●
27	园林基本术语标准(CJJ/T91-2002)(2002.12)				●
28	居住区环境景观设计导则(2006)				●
29	市政公用行业工程设计资格分级标准(92.7.1)				●
31	城市绿化工程施工及验收规范(CJJ/T82-99)(99.8)				●

重庆市园林绿化法规、标准 表7-2

序号	名称	政策法规	规章	规范性文件	标准
1	重庆市实施全民义务植树条例(1998.3)	●			
2	重庆市绿化条例(1998.7)	●			
3	重庆市公园管理条例(2000.11)	●			
4	重庆市风景名胜区管理条例(1998.7)	●			
5	重庆市人民政府关于加强城市绿化建设的通知(渝府发〔2001〕38号)	●			
6	新建城市公园验收办法(2004.9)		●		
7	移植古树名木审查办法(2004.9)		●		
8	主城区占用城市园林绿化审查办法(2004.9)		●		
9	城市建设工程项目配套绿地审批办法(2004.9)		●		
10	建设项目配套绿地建设竣工指标核定办法(2004.9)		●		
11	风景名胜区规划审查办法(2004.9)		●		
12	城市园林绿化赔偿补偿规定(1998.6)		●		
13	主城区修剪移植砍伐树木和临时占用城市园林绿地审批办法(2004.9)		●		
14	主城各区绿地系统规划审查办法(2004.9)		●		
15	城市公园规划审查办法(2004.9)		●		
16	市级国家重点风景名胜区等级申报办法(2004.9)		●		

续表

序号	名　　称	政策法规	规章	规范性文件	标准
17	主城区公共绿地统计试行办法(2005.8)		●		
18	重庆市建设领域行政审批制度改革试点规划环节审查建设项目园林绿地指标实施办法(试行)(2006.1)		●		
19	重庆市建设领域行政审批制度改革试点设计环节审查建设项目附属绿化工程初步设计实施办法(试行)(2006.1)		●		
20	重庆市风景名胜区核心景区管理办法(试行)(2005)		●		
21	重庆市园林绿化工程施工监理试行办法(1999.10)			●	
22	重庆市城市公园管理规范(2002.4)			●	
23	城市园林绿化企业资质认定办法(2004.9)			●	
24	都市区配套绿地管理技术规定(2004)			●	
25	重庆市山水园林城市区(市、镇)标准(2001)				●
26	城市园林绿地系统规划编制技术要求(2002.7)				●
27	重庆市园林绿化工程招标投标实施细则(2003.10)				●

本章思考题

1. 城市园林绿化管理的规范作用主要表现在哪些方面？
2. 简述我国城市园林绿化管理体系。
3. 园林绿化地方管理的行政部门有哪些？
4. 简述我国城市园林绿化法制体系。
5. 重庆市园林绿化法制建设的主要内容有哪些？并举例说明。
6. 如何健全完善园林绿化法制？
7. 阐述国家园林城市的基本指标要求。
8. 试比较分析国家园林城市与国家生态园林城市的差异。
9. 重庆市有哪些关于公园管理的法规、标准？
10. 阐述重庆市山水园林城市区（市、镇）标准中对基本绿化指标的规定。

本章延伸阅读书目

1. 金太军、赵晖．公共行政管理学新编［M］．上海：华东师范大学出版社，2006。
2. 胡锦光．行政法学概论［M］．北京：中国人民大学出版社，2006 年版。
3. 国家住房与城乡建设部、重庆市等相关时效性城市园林法规、条例、规定、规范等。

参考文献

[1] 李德华，等．城市规划原理 [M]. 北京：中国建筑工业出版社，2001.6.
[2] 邹德慈．城市规划导论 [M]. 北京：中国建筑工业出版社，2002.10.
[3] 沈玉麟．外国城市建设史 [M]. 北京：中国建筑工业出版社，1989.12.
[4] 董鉴泓，等．中国城市建设史 [M]. 北京：中国建筑工业出版社，2004.7.
[5] 全国城市规划执业制度管理委员会．城市规划管理与法规 [M]. 北京：中国建筑工业出版社，2000.7.
[6] 全国城市规划执业制度管理委员会．城市规划原理 [M]. 北京：中国建筑工业出版社，2000.7.
[7] 李敏．现代城市绿地系统规划 [M]. 北京：中国建筑工业出版社，2002.5.
[8] 谷康，等．园林设计初步 [M]. 南京：东南大学业出版社，2003.10.
[9] 周维权．中国古典园林史 [M]. 北京：清华大学出版社，1999.10.
[10] [日] 针之古钟吉．西方造园变迁史——从伊甸园到天然公园 [M]. 北京：中国建筑工业出版社，2004.12.
[11] 周武忠．寻求伊甸园—中西古典园林艺术比较 [M]. 南京：东南大学出版社，2001.12.
[12] 周进．城市公共空间建设的规划控制与引导——塑造高品质城市公共空间的研究 [M]. 北京：中国建筑工业出版社，2005.10.
[13] 彭一刚．中国古典园林分析 [M]. 北京：中国建筑工业出版社，1986.5.
[14] 唐学山，等．园林设计 [M]. 北京：中国林业出版社，1997.4.
[15] 胡长龙，等．园林规划设计 [M]. 北京：中国农业出版社，1995.7.
[16] 孟兆祯，等．园林工程 [M]. 北京：中国林业出版社，1996.6.
[17] 张建林，等．园林工程 [M]. 北京：中国农业出版社，2002.3.
[18] 梁尹任．园林建设工程 [M]. 北京：中国城市出版社，2000.3.
[19] 中国城市规划设计院等单位．园林施工 [M]. 北京：中科多媒体电子出版社，2003.5.
[20] 金太军，等．公共行政管理学新 [M]. 上海：华东师范大学出版社，2006.2.
[21] 胡锦光．行政法学概论 [M]. 北京：中国人民大学出版社，2006.3.